UWE SCHLÜTER

PFLANZE ALS BAUSTOFF
Ingenieurbiologie in Praxis und Umwelt

2. überarbeitete und erweiterte Auflage

PFLANZE
ALS BAUSTOFF

UWE SCHLÜTER

INGENIEURBIOLOGIE IN PRAXIS UND UMWELT

 PATZER VERLAG

Die Deutsche-Bibliothek-CIP-Einheitsaufnahme

Schlüter, Uwe:
Pflanze als Baustoff: Ingenieurbiologie in Praxis
und Umwelt/Uwe Schlüter: – 2. völlig überarb.
und erw. Aufl. – Berlin; Hannover: Patzer, 1996
ISBN 3-87617-087-7

1. Auflage 1986 (ISBN 3-87617-067-2 Erstausgabe)

Vorwort

Seit dem Erscheinen des Buches „Pflanze als Bau-stoff" sind 10 Jahre vergangen. In diesem Zeitraum haben nicht nur die Umweltprobleme erheblich zugenommen, sondern in der Bundesrepublik ist auch das Umweltbewußtsein deutlich angestiegen. Im Zusammenhang hiermit sind auch Interesse und Verständnis für ökologisches Bauen, zu dem nicht zuletzt auch die Verwendung von Pflanzen als lebende Baustoffe gehört, gewachsen, und natur-nahe Bauweisen werden in zunehmendem Maße angewandt. Dies dürfte eine Ursache dafür sein, daß das Buch „Pflanze als Baustoff" vergriffen ist. Da nach wie vor großes Interesse an dem Buch besteht, haben der Patzer Verlag und ich eine 2. Auflage konzipiert, die mit diesem Werk jetzt vorliegt.

In den vergangenen 10 Jahren hat es in der Bun-desrepublik auf den Gebieten des Umwelt- und Naturschutzes und der Ingenieurbiologie Entwick-lungen gegeben, die in dieser 2. Auflage nicht außer acht gelassen werden konnten; und zwar vor allem:
– Die sich immer stärker durchsetzende Erkenntnis, daß auch bei ingenieurbiologischen Maßnahmen ökologische Erwägungen sowie Aspekte des Natur- und Umweltschutzes noch stärker als bis-her berücksichtigt werden müssen.

– Die Weiterentwicklung der administrativen Hand-habung und Durchführung der Naturschutzge-setzgebung, insbesondere der Eingriffsregelung und der landschaftspflegerischen Begleitplanung.
– Der Erlaß des Gesetzes über die Umweltverträg-lichkeitsprüfung in der Bundesrepublik (UVPG) im Jahre 1990.
– Die Einführung neuer Verfahren auf dem Gebiet der Ingenieurbiologie, insbesondere in den Berei-chen „Ansaaten mit Begrünungshilfsmitteln", „Abwasserreinigung" und „Klärschlammbehand-lung".

Aus diesen Gründen war ein einfacher Nachdruck der 1. Auflage nicht möglich, sondern es mußte die 2. Auflage stark verändert werden.
So wurden Abschnitt I („Definition der Ingenieur-biologie") und Abschnitt IV („Planung ingenieurbio-logischer Baumaßnahmen") weitgehend umgear-beitet. Wegen der schnell fortgeschrittenen Ent-wicklung der Ansaatverfahren mit Begrünungshilfs-mitteln war es außerdem erforderlich, den betref-fenden Abschnitt V.2.2.2 völlig neu zu schreiben. Zusätzlich aufgenommen wurden Abschnitte über Abwasserreinigung und Klärschlammbehandlung durch höhere Pflanzen. Dagegen wurde auf den in der 1. Auflage vorhandenen Abschnitt über die

standörtliche Eignung der Pflanzen verzichtet, da diese Thematik, soweit sie Bäume und Sträucher betrifft, inzwischen ausführlich in dem Buch „Laubgehölze" (SCHLÜTER, 1990) behandelt worden ist.

Auch diese 2. Auflage ist vor allem als Hilfsmittel und Handbuch für Studenten der Landschaftsplanung, Landschaftsarchitektur, Landespflege und Studenten des Bauingenieurwesens, für Garten- und Landschaftsarchitekten, Wasserbau- und Straßenbauingenieure, für Betriebe des Garten- und Landschaftsbaus sowie für die Planungs- und Bauabteilungen von Behörden und freischaffenden Unternehmen gedacht.

Mein Dank gilt besonders Frau R. Achterkamp, die in altbewährter Weise die Schreibarbeiten ausführte, und Frau U. Jonczyk, die mit Geschick und Können die Zeichnungen vervollständigte.

Außerdem bin ich Frau Dipl.-Ing. B. von Kügelgen zu großem Dank verpflichtet. Ohne ihre sachkundige und engagierte Mitwirkung wäre das Korrekturlesen auf größte Schwierigkeiten gestoßen.
Zu danken habe ich aber nicht zuletzt auch dem Patzer Verlag; nicht nur für die Veröffentlichung und die hervorragende Ausgestaltung des Buches, sondern auch dafür, daß er wie bisher kooperativ und konstruktiv auf meine Vorstellungen und Wünsche einging.

Es ist zu hoffen, daß das Buch einen Beitrag dafür leistet, daß unser Lebensraum als lebensfreundliche Umwelt erhalten bleibt und nicht zur lebensfeindlichen „Unwelt" wird.

Hannover, November 1995

Uwe Schlüter

Inhalt

I. Definition der Ingenieurbiologie

Der Begriff „Ingenieurbiologie" wurde von VON KRUEDENER geprägt. Er verstand darunter ein biologisch ausgerichtetes Ingenieurwesen, das beim Bauen nicht nur technische Sachverhalte, sondern auch biologische Zusammenhänge und Gesetzmäßigkeiten berücksichtigt und das auch Pflanzenteile und Pflanzen als lebende Baustoffe verwendet (VON KRUEDENER, 1951).

In Anlehnung an VON KRUEDENER und unter Berücksichtigung der wissenschaftlichen Weiterentwicklung der biologischen bzw. ökologischen, der planerischen und der technischen Grundlagen wird der Begriff übernommen und erweitert wie folgt definiert:

> Die Ingenieurbiologie ist ein Arbeitsgebiet des Naturschutzes und der Landschaftspflege mit der Zielsetzung, durch Bauverfahren mit Pflanzen als lebende Baustoffe Nutzungen zu fördern und sie im Sinne der Naturschutzgesetzgebung umweltverträglich zu gestalten.

Erläuterungen

Ingenieurbiologie

Neben dem Begriff „Ingenieurbiologie" ist eine Reihe anderer gebräuchlich, und zwar insbesondere: Begrünung, Biologische Verbauung, Biologischer Verbau, Biotechnik, Grünverbau, Grünverbauung, Landeskulturbau, Lebendbau, Lebendverbau, Lebendverbauung, Lebende Verbauung, Naturnahe Verbauung, Naturnaher Verbau, Technischer Pflanzenbau, Vegetationsbau, Vegetationstechnik. Diese Begriffe werden unterschiedlich, teils synonym für Ingenieurbiologie im obigen Sinn, teils nur für Teilbereiche dieses Arbeitsgebietes benutzt. Da sich in der Praxis der Begriff „Ingenieurbiologie" am stärksten durchgesetzt hat, wird er hier verwendet.

Arbeitsgebiet des Naturschutzes und der Landschaftspflege

Die Zielsetzung der Ingenieurbiologie, die Nutzungen im Sinne der Naturschutzgesetzgebung umweltverträglich zu gestalten, deutet Übereinstimmung mit den Zielen des Naturschutzes und der Landschaftspflege an. Außerdem läßt sich ein nicht unbeträchtlicher Teil dieser Ziele durch ingenieurbiologische Maßnahmen erreichen (s. unten). Aus diesen Gründen ist es berechtigt, die Ingenieurbiologie als ein Arbeitsgebiet von Naturschutz und Landschaftspflege zu definieren. Dies schließt nicht aus, daß in der Praxis ingenieurbiologische Baumaßnahmen nicht nur von der Landschaftsplanung, sondern auch von Dienststellen anderer Fachrichtungen geplant und ausgeführt werden, wie z. B. die Landgewinnung von der Wasserwirtschaft oder die Lawinenverbauung von Wasser- und Forstwirtschaft.

Bauverfahren mit Pflanzen als lebende Baustoffe

Mit „Pflanzen als lebende Baustoffe" sind nicht nur vollständige Pflanzen, sondern auch Pflanzenteile und Pflanzengemeinschaften gemeint. Da sie bei ingenieurbiologischen Maßnahmen großenteils allein oder in Kombination mit totem Material im Sinne des heutigen Sprachgebrauchs tatsächlich „eingebaut" werden (z. B. beim Legen von Spreitlagen bzw. beim Bau von begrünten Trockenmauern, Pflasterungen oder Krainerwänden), wird hier für alle ingenieurbiologischen „Bau"maßnahmen der Ausdruck „lebende Baustoffe" den Begriffen „Pflanzenteile", „Pflanzen" oder „Pflanzengemeinschaften" vorgezogen.

Nutzungen

Unter „Nutzungen" sind die flächenbeanspruchenden Aktivitäten der verschiedenen Fachgebiete zu verstehen: wie z. B. die Nahrungsmittelproduktion durch die Landwirtschaft, die Holzproduktion durch die Forstwirtschaft, die Erzeugung von Gebrauchsgegenständen durch die Industrie, die Bewirtschaftung des Wassers durch die Wasserwirtschaft, der Straßenbau durch das Fachgebiet Verkehr, aber auch Aktivitäten auf dem Gebiet Freizeit/Erholung. Einbezogen ist hierin auch der Naturschutz in allen seinen Schutzformen. Man kann darüber geteilter Meinung sein, ob der Naturschutz als Nutzung anzusehen ist. Da er aber Flächen beansprucht und diese wiederum Bestandteile des Nutzungsmosaiks unseres Lebensraumes sind, wird der

Naturschutz hier in den Begriff „Nutzungen" mit eingeschlossen.

Förderung der Nutzungen

Die „Förderung" dieser Nutzungen ist als Verbesserung des Wirkungsgrades dieser Nutzungsaktivitäten zu interpretieren, die sich beispielsweise in der Erreichung einer hohen Produktivität pflanzenbaulich genutzter Gebiete durch Windschutzpflanzungen oder in der Erzielung einer bestmöglichen Verkehrssicherheit durch Straßenbepflanzungen äußert.

Hinsichtlich der Nutzungsförderung lassen sich unterscheiden: Prophylaktische ingenieurbiologische Maßnahmen zur Vermeidung möglicher Schäden bzw. zur Erzielung möglicher günstiger Effekte (z. B. Befestigung im Erdbau fertiggestellter Böschungen oder Windschutzpflanzungen zur Sicherung und Steigerung landwirtschaftlicher Erträge) sowie Maßnahmen zur Beseitigung bereits eingetretener Schäden oder nachteiliger Auswirkungen (z. B. Bauverfahren zur Auflandung von Kolken).

Umweltverträgliche Gestaltung der Nutzungen im Sinne der Naturschutzgesetzgebung

In § 1 Abs. 1 des Bundesnaturschutzgesetzes (BNatSchG) sind die Ziele des Naturschutzes und der Landschaftspflege folgendermaßen formuliert:

(1) Natur und Landschaft sind im besiedelten und unbesiedelten Bereich so zu schützen, zu pflegen und zu entwickeln, daß

1. die Leistungsfähigkeit des Naturhaushaltes,
2. die Nutzungsfähigkeit der Naturgüter,
3. die Pflanzen- und Tierwelt sowie
4. die Vielfalt, Eigenart und Schönheit von Natur und Landschaft als Lebensgrundlagen des Menschen und als Voraussetzung für seine Erholung in Natur und Landschaft nachhaltig gesichert sind.

Nach KIEMSTEDT (1992) ist das übergeordnete Ziel „die Sicherung der nachhaltigen Leistungsfähigkeit des Naturhaushaltes. Das heißt, das komplexe Wirkungsgefüge aller natürlichen Faktoren wie Boden, Wasser, Luft, Klima, Pflanzen- und Tierwelt mit seinen vielfältigen physikalischen, chemischen und biologischen Prozessen soll erhalten werden. Außerdem sind Beeinträchtigungen dieser Wirkungszusammenhänge zu vermeiden".

Diese Ziele von Naturschutz und Landschaftspflege werden nur dann bestmöglich erreicht, wenn die Auswirkungen der Nutzungsaktivitäten umweltverträglich gestaltet werden, so daß
a) von ihnen keine ungünstigen Einflüsse auf den Menschen ausgehen,
b) sie auch nicht die Pflanzen- und Tierwelt beeinträchtigen,
c) sie sich nicht nachteilig auf die Naturfaktoren Boden, Wasser, Luft und Klima auswirken,
d) von ihnen keine Beeinträchtigungen anderer Nutzungen zu befürchten sind, also durch sie der Nutzungsverbund verbessert wird.

Zur Erfüllung der Forderungen des BNatSchG können prophylaktische ingenieurbiologische Maßnahmen und solche zur Beseitigung bereits eingetretener Schäden wesentliche Beiträge leisten:
Großen Raum nehmen bodensichernde Maßnahmen ein, wie insbesondere der prophylaktische Schutz des Bodens vor Erosion (Deflation, Denudation), Rutschung und Bodenfließen (Solifluktion), aber auch die Beseitigung von Bodenschäden, z. B. von Rutschungen, Flächen- und Rinnenerosion, Uferabbrüchen usw.
Darüber hinaus können ingenieurbiologische Objekte aber auch der Kleinklimaverbesserung (z. B. Windschutzpflanzungen), der Gewässerreinigung (z. B. Röhrichtgürtel) dienen sowie bis zu einem gewissen Grade Schutz vor Lärm- und Staubemissionen und Blendlicht bieten (z. B. Lärm-, Staub- und Blendschutzpflanzungen).

Im einzelnen kann die Umweltverträglichkeit der Nutzungen durch ingenieurbiologische Maßnahmen folgendermaßen gefördert werden:

Ungünstige **Einflüsse der Nutzungen auf den Menschen** können beispielsweise dadurch gemindert oder aufgehoben werden, daß Erholungsgebiete durch bepflanzte Lärmschutzwälle von Verkehrswegen abgeschirmt werden.
Außerdem steigert die durch ingenieurbiologische Maßnahmen angesiedelte Vegetation die Erlebnisqualität der Landschaft, verbessert also das Landschaftsbild; z. B. wenn von Gehölzen ausgeräumte Landschaften in Heckenlandschaften oder technisch ausgebaute Fließgewässer in naturnahe Wasserläufe mit Röhrichten und Gehölzbeständen umgewandelt werden.

Pflanzen- und Tierwelt werden nicht nur nicht beeinträchtigt, sondern gefördert. Und zwar einmal dadurch, daß die ingenieurbiologischen Bauobjekte Biotope für Pflanzen- und Tierarten sind (Abb. 1). Außerdem wirken die ingenieurbiologischen Bauobjekte der „Verinselung" von Biotopen entgegen, indem sie als Vernetzungselemente, als „Korridore" und „Trittsteine" (SUKOPP, 1985) dienen.

Nachteilige **Auswirkungen der Nutzungen auf die Naturfaktoren** können z. B. dadurch vermieden werden, daß in Landschaftsräumen, die durch landwirtschaftliche Nutzung von Gehölzen ausgeräumt sind, Schutzpflanzungen gegen Wind- und Wassererosion angelegt werden, oder dadurch, daß Abwasser durch Pflanzenkläranlagen gereinigt wird.

Ingenieurbiologische Maßnahmen zur **Verbesserung des Nutzungsverbundes** bestehen einmal in der Minimierung oder Aufhebung von nachteiligen Einflüssen einer Nutzung auf eine andere, wie z. B. durch Pflanzungen zwischen einer Straße und einem Erholungsgebiet zur Minderung von Staub- und Lärmimmissionen oder durch Pflanzungen zwischen einer Siedlung und einer Kalihalde zur visuellen Abschirmung. Sie werden aber auch zur Minderung oder Vermeidung der von benachbarten Nut-

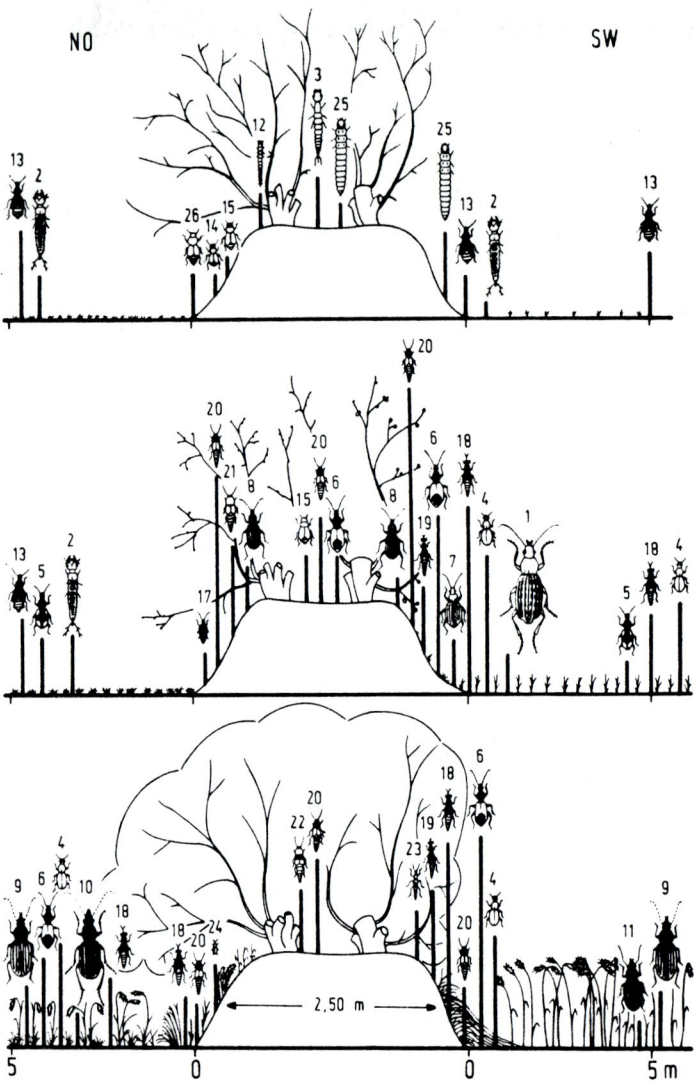

NO   SW

2,50 m

5   0   0   5 m

▲ *Abb. 1: Beispiel für die Bedeu-*
tung ingenieurbiologischer Bauob-
jekte als Biotope. Die Wallhecke ist
insgesamt von 25 Käferarten besie-
delt (TISCHLER, 1984).

zungen ausgehenden gegenseitigen Störeffekte durchgeführt, wie z. B. durch Pflanzungen zwischen einem Fließgewässer und landwirtschaftlichen Nutzflächen, die einerseits die landwirtschaftliche Nutzung vor Schäden durch das Gewässer (z. B. Uferabbrüche) schützen und andererseits den Wasserlauf gegen nachteilige Einwirkungen der Landwirtschaft (z. B. Eutrophierung, Insektizideinträge) abschirmen.

II. Ingenieurbiologische Bauobjekte als Ökosysteme

1. Bestandteile und Eigenschaften von Ökosystemen

Um die Wirkungsweise ingenieurbiologischer Bauobjekte, wie z. B. Windschutzpflanzungen oder Ufersicherungen aus Röhricht- und Weidenarten beurteilen und richtig einschätzen zu können, ist zu bedenken, daß durch ingenieurbiologische Bauverfahren natürliche oder naturnahe Ökosysteme (Abb. 2) bzw. Teil-Ökosysteme aufgebaut werden. Denn durch die Ansiedlung lebender Baustoffe wird eine der wichtigsten Grundlagen für die Entwicklung derartiger Ökosysteme geschaffen (s. unten). An dieser Stelle können nur einige typische Eigenschaften dieser Ökosysteme angedeutet werden; vor allem diejenigen, die das Verständnis für die Bedeutung dieser durch ingenieurbiologische Bauverfahren aufgebauten Ökosysteme für die Umwelt des Menschen fördern. Hinsichtlich Einzelheiten über Ökosysteme wird auf die einschlägige Literatur, wie z. B. auf BICK (1989), REMMERT (1989) und TISCHLER (1984) verwiesen.

Ökosysteme sind Wirkungsgefüge von Lebewesen und deren abiotischer Umwelt bzw. Wirkungsgefüge von Biozönosen (Lebensgemeinschaften aus Pflanzen- und Tiergesellschaften) und deren Biotopen (Lebensstätten), die sich mehr oder weniger weitgehend durch Selbstregelung erhalten. Sie sind räumlich und zeitlich offene Systeme.
D. h., sie haben einmal i. d. R. keine räumlich scharfen Grenzen, werden von „außen", also von benachbarten Ökosystemen beeinflußt und üben selbst Einflüsse auf die Umgebung, also auf angrenzende Ökosysteme aus, wie z. B. durch Austausch von Lebewesen, Nährstoffen und Energie. Zum anderen haben sie auch eine zeitlich offene Dimension, indem sie sich kontinuierlich von Systemen einfacher Struktur zu komplizierter strukturierten Systemen weiterentwickeln, aber auch – insbesondere durch menschliche Eingriffe – in entgegengesetzter Richtung entwickeln können.
(Es soll hier nicht näher untersucht werden, ob die sich im Verlauf derartiger progressiver oder regressiver Sukzessionen [Abschn. V. 1.1.3] ändernden Biotope und Biozönosen als ein sich weiter- oder zurückentwickelndes Ökosystem oder als eine Abfolge verschiedener Ökosysteme zu definieren sind).

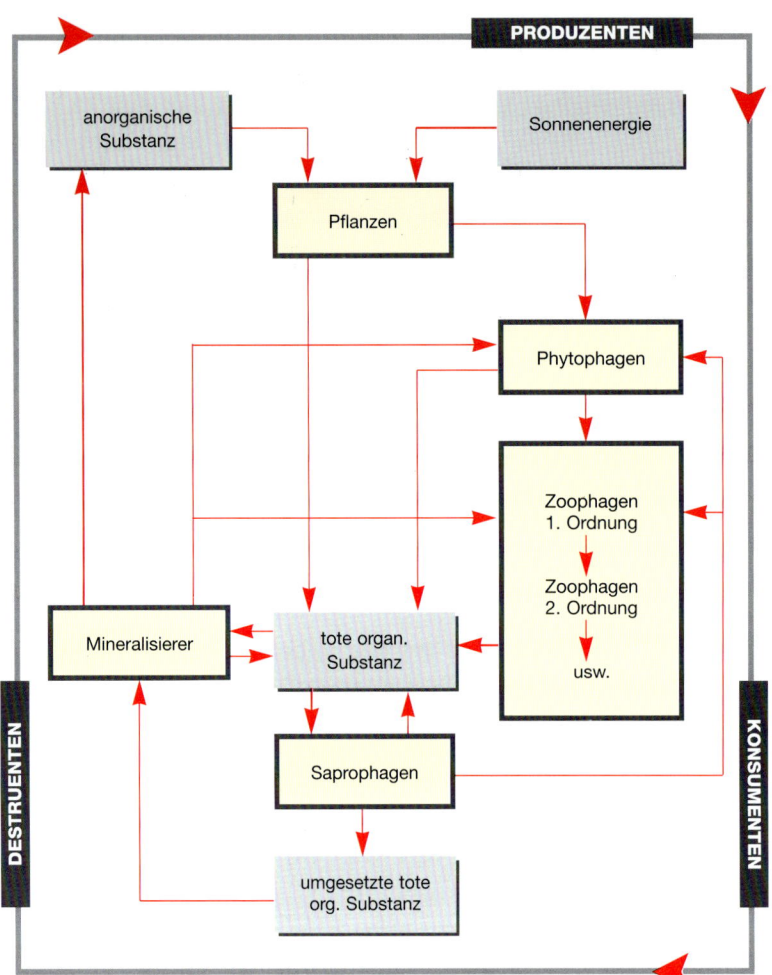

Abb. 2: Vereinfachtes Schema
eines Ökosystems.

In Ökosystemen lassen sich vor allem vier Haupt-bestandteile unterscheiden, die infolge enger Wechselbeziehungen untereinander in einem dyna-mischen Gleichgewicht (Fließgleichgewicht) stehen (s. unten und Abb. 2):
– Primärproduzenten (Erzeuger)
  autotrophe Organismen, also zur Photosynthese fähige (grüne) Pflanzen,
– Konsumenten (Verbraucher, Lebendfresser)
  heterotrophe Organismen, also Tiere, die sich in Phytophagen (Pflanzenfresser), Zoophagen (Tier-fresser, Räuber) und Parasiten (Schmarotzer) unterteilen lassen,
– Destruenten (Zersetzer)

Mineralisierer, die in erster Linie aus Bakterien und Pilzen bestehen sowie Saprophagen (Abfallfresser),
– Abiotische Umwelt
  Strahlung, nämlich Licht und Wärme; Stoffe, nämlich Mineralstoffe, Wasser, Sauerstoff (O_2) und Kohlendioxyd (CO_2); Raumstruktur, nämlich Medien (z. B. Wasser) und deren Bewegung sowie Fläche, Höhe und Substrat; sonstige abio-tische Einflüsse wie Druck, Feuer usw.

Sehr vereinfacht dargestellt, vollzieht sich in Ökosy-stemen vor allem folgendes:
Die Primärproduzenten, also die Pflanzen, bilden

durch Photosynthese unter Verwendung von Sonnenstrahlung, Kohlendioxyd, Wasser und Mineralstoffen organische Materie bzw. sie wandeln Lichtenergie in chemische Energie um, von der sich die übrigen Organismen der Ökosysteme ernähren. Die Pflanzen dienen den Konsumenten, und zwar den Phytophagen, und diese den Zoophagen als Nahrung. Bei den Zoophagen lassen sich verschiedene Gruppen oder Glieder unterscheiden, die zueinander in einem Beute-Räuber-Verhältnis stehen.

Durch Absterben von Pflanzen oder Pflanzenteilen sowie durch Kotabgabe und Absterben der Tiere entsteht tote organische Substanz, die von den Destruenten zersetzt wird. Ein Teil wird dabei von den Saprophagen als Nahrung aufgenommen und bis zu einem gewissen Grade als Kot wieder ausgeschieden. Die Mineralisierer greifen den anderen Teil der toten organischen Stoffe sowie die Abbauprodukte der Saprophagen an und bauen sie, soweit sie nicht zum Aufbau körpereigener Biomasse verwendet werden, zu Mineralstoffen, Kohlendioxyd und Wasser ab. Saprophagen und Mineralisierer sind außerdem eine Nahrungsgrundlage verschiedener Konsumentengruppen.

Die Abbauprodukte, Mineralstoffe, Kohlendioxyd und Wasser werden, sofern sie nicht aus dem Ökosystem verfrachtet werden, wiederum von den Produzenten aufgenommen und z. T. in Verbindung mit der Photosynthese zum Aufbau neuer organischer Substanz benutzt.

Diese angedeuteten Vorgänge in Ökosystemen sind durch teilweise recht verwickelte Stoffkreisläufe und durch Energiefluß gekennzeichnet, auf die hier nicht näher eingegangen werden kann. Erwähnt seien nur der Wasserumsatz, der Kohlenstoff- und Sauerstoffkreislauf sowie die Kreisläufe der Mineralstoffe. Besonders mit den Mineralstoffen gehen zahlreiche Ökosysteme sehr sparsam um, indem sie sie weitgehend zurückgewinnen und wiederholt in ihre Kreisläufe einbeziehen. Durch Stoffkreisläufe werden aber auch verschiedene Ökosysteme miteinander verbunden, indem Lebewesen und abiotische Stoffe ausgetauscht werden.

Im Gegensatz zu den Stoffkreisläufen muß bei energetischer Betrachtung der Ökosysteme von Energiefluß gesprochen werden. Wie angedeutet, speichern die autotrophen Pflanzen mittels Photosynthese Strahlungsenergie der Sonne in chemischer Form. Dabei verwerten die Pflanzen nur einen sehr geringen Teil der Sonnenenergie, dessen Maximum nach bisheriger Kenntnis etwa bei 5 % liegt. Diese in den Pflanzen gebundene Energie wird dann durch Nahrungsketten, oder besser: durch Nahrungsnetze, weitergegeben, immer wieder umgeformt und fließt letzten Endes als ungenutzte Atmungswärme aus dem Ökosystem hinaus (ELLENBERG, 1973).

2. Ingenieurbiologische Wirkungsweise

Ökosysteme sind im Gegensatz zu „technischen", ausschließlich aus toten Bestandteilen zusammengesetzten Systemen durch abiotische und biotische Elemente gekennzeichnet und unterliegen daher nicht nur chemisch-physikalischen, sondern auch biologischen bzw. ökologischen Gesetzmäßigkeiten. Aufgrund dieses Sachverhaltes haben Ökosysteme im Hinblick auf ihre ingenieurbiologische Wirksamkeit vor allem die folgenden Eigenschaften (SCHLÜTER, 1971b, 1986):

a) Sie haben die Fähigkeit der Selbstregulation, können sich also ohne menschliche Eingriffe über kürzere oder längere Zeit selbst erhalten. Sie können bis zu einem gewissen Grade ihre Elemente in unterschiedlicher Weise kombinieren, vorhandene Elemente durch neue ersetzen, andere Elemente zusätzlich aufnehmen, aber auch vorhandene Elemente ohne Ersatz ausschalten. Beispiele: Lebende Pflanzen übernehmen Funktionen abgestorbener Pflanzen. Einzelne Pflanzen- und Tierarten werden unterdrückt und dann ggf. durch neue ersetzt.

▲ *Abb. 3: Tide-Röhricht an der Unterweser etwa drei Monate nach der Pflanzung (Sommer 1988).*

b) Sie weisen Regenerationsvermögen auf und sind in der Lage, teilweise beschädigte Elemente wiederherzustellen. Beispiel: Abgebrochene Pflanzen regenerieren sich.

c) Sie können einen Teil ihrer Elemente selbständig zu solchen mit größerer Wirksamkeit entwickeln. Beispiel: Zunehmende Bodendurchwurzelung bewirkt steigende Festigung des Bodens (Abb. 3 u. 4).

d) Sie vermögen sich durch Vergrößerung oder Vermehrung ihrer Elemente räumlich auszudehnen. Beispiel: Die Pflanzen weisen Zuwachs auf (Abb. 3 u. 4).

Aus diesen Eigenschaften lassen sich Vorteile, aber auch Nachteile ingenieurbiologischer Bauwerke im Vergleich zu „technischen" Bauten ableiten.

Ingenieurbiologische Bauwerke weisen gegenüber „technischen" Bauten folgende Vorteile auf (SCHLÜTER, 1971b, 1986):

a) Sie sind nicht wie ein großer Teil der „techni-schen" Bauten nach ihrer Fertigstellung der Verwitterung und dem Zerfall ausgesetzt, sondern erlangen im Gegenteil oft im Laufe ihrer Entwicklung eine zunehmende Stabilität und bleiben nachhaltig funktionsfähig. „Sie bauen selbst weiter" (VON KRUEDENER, 1951). Dieses beruht in erster Linie auf folgenden Fähigkeiten:

– Sie sind in der Lage, kleinere Beschädigungen selbständig auszugleichen oder zu beseitigen.

– Sie vermögen sich selbständig veränderten Bedingungen bis zu einem gewissen Grade anzupassen.

– Sie können sich selbständig zu ausgedehnteren, komplizierteren, wirksameren und stabileren Objekten weiterentwickeln (Abb. 3 u. 4).

b) Obwohl auch „technische" Bauten landschafts-ökologisch wirksam werden können (z. B. Windschutz durch Matten), üben ingenieurbiologische Objekte landschaftsökologische Wirkungen aus, die durch „technische" Bauwerke nicht erreicht werden können: z. B. Beeinflussung des Was-

▲ *Abb. 4: Dasselbe Tide-Röhricht am Ende der 3. Vegetationsperiode (Herbst 1990).*

serkreislaufs durch Transpiration.

c) Zwar können auch „technische" Bauten wesentliche landschaftsgestalterische Beiträge leisten; doch gehen von ingenieurbiologischen Bauwerken, vor allem durch die Struktur der Pflanzen, optische Wirkungen aus, die sich durch „technische" Bauten nicht erzielen lassen.

Ingenieurbiologische Bauten haben jedoch im Vergleich zu „technischen" Bauten auch unbestreitbare Nachteile:

a) Während für „technische" Bauten eine große Anzahl von Baustoffen zur Verfügung steht (z. B. Naturstein, Kunststein, Beton, Metalle, Kunststoffe), werden bei ingenieurbiologischen Bauverfahren vor allem Pflanzen als Baustoffe verwendet. Diese engen infolge ihrer Fähigkeiten und Eigenschaften die Anwendungsmöglichkeiten ingenieurbiologischer Bauverfahren ein:
   – Sie müssen auf Bereiche beschränkt bleiben, in denen die Standortverhältnisse der Vegetation Lebensbedingungen bieten.
   – Ingenieurbiologische Bauten sind nicht immer den Belastungen gewachsen, denen „technische" Bauten ausgesetzt werden können.
   – Sie können daher auch nicht alle Aufgaben lösen, die durch „technische" Bauverfahren erfüllt werden können.

b) Im Gegensatz zu „technischen" Bauten, die in der Regel sofort nach der Fertigstellung ihre Funktion voll ausüben, weisen lebende Bauwerke oft zunächst nur geringe Wirksamkeit auf, die allmählich zunimmt und nicht selten erst nach mehreren Jahren ihr Optimum erreicht (Abb. 3 u. 4).

c) Ingenieurbiologische Bauten beanspruchen meist mehr Platz als „technische" Bauwerke (Abb. 3 u. 4).

Um die Vorteile beider Bauverfahren auszunutzen, werden daher oft ingenieurbiologische Baustoffe mit Baustoffen aus totem Material kombiniert (Abschn. V. 1.1.1.3).

19

III. Beiträge zur Geschichte der Ingenieurbiologie

Der Einsatz von Pflanzen für ingenieurbiologische Zwecke ist keine Erfindung der heutigen Zeit. Bereits bis Ende der vierziger Jahre – diese Zäsur erscheint berechtigt, da etwa ab 1950 die Anzahl von Veröffentlichungen und ausgeführten Arbeiten auf dem Gebiet der Ingenieurbiologie sprunghaft zunimmt – wurden ingenieurbiologische Baumaßnahmen in der Literatur beschrieben, aber auch geplant und ausgeführt.

Wie die nachstehenden, keinen Anspruch auf Vollständigkeit erhebenden Beispiele aus Deutschland bzw. ehemaligen deutschen (preußischen) Gebieten, aus Österreich und der Schweiz zeigen, wurden bis zu diesem Zeitpunkt, z. T. auf verschiedenen Arbeitsgebieten unabhängig voneinander, ingenieurbiologische Baumaßnahmen entwickelt und angewandt. (Die folgenden Sachverhalte sind teilweise veröffentlicht bei SCHLÜTER, 1984, 1986).

1. Wildbach- und Lawinenverbauung

Im Zusammenhang mit der Wildbach- und Lawinenverbauung und der damit verbundenen Sicherung von Hängen und Böschungen im Alpenraum wurden bereits 1826 Flechtzaunbau, Steckholzbesatz und Rasenmauern beschrieben (DUILE, 1826).

Darüber hinaus finden sich bis Ende der vierziger Jahre vor allem bei folgenden Autoren Hinweise und Beschreibungen ingenieurbiologischer Baumaßnahmen auf dem Gebiet der Wildbach- und Lawinenverbauung: DEMONTZEY (1880); SECKENDORF (1884); SCHINDLER (1888); ENGLER (1900); WANG (1901/03); STINY (1908, 1934, 1939); VOLKART (1927); HOFMANN (1936); STELLWAG-CARION (1936a); KELLER (1936, 1937, 1938a, 1938b, 1938c); HÄRTEL (1942, 1946, 1948); KIRWALD (1942/44, 1944), PRÜCKNER (1942, 1948); VON LÜRZER (1943). Vegetationskundliche und pflanzenökologische Grundlagen erarbeiteten insbesondere: STELLWAG-CARION (1936b); GAMS (1939, 1940, 1941); DUMLER (1946) und AICHINGER (1948).

2. Wasserbau im Flach-, Hügel- und Bergland

Nach BUCHWALD et al. (1973) ist „seit den dreißiger Jahren auch in der planaren bis montanen Stufe Mitteleuropas der Lebendbau an Gewässern entwickelt worden". Es mag sein, daß auf diesen Gebieten des Wasserbaus in den dreißiger Jahren in Vergessenheit geratene ingenieurbiologische Bauverfahren wiederentdeckt bzw. erneut entwickelt worden sind.

Tatsache ist jedoch, daß bereits 1735 der Preußenkönig Friedrich Wilhelm I. anordnete: „Wo Grabens seynd, müssen auch auf beyden Seiten Weyden gepflanzt werden, um das Ufer dadurch fester zu machen" (zit. bei DÄUMEL, 1961).

1821 wird die Bepflanzung von Gewässerufern empfohlen; denn eine solche Bepflanzung „ist sehr geeignet, das Erdreich zusammenzuhalten, ohne den Wiesen selbst schädlich zu werden" (VOIT, 1821).

Schon um 1770 bis 1790 liegen zahlreiche Schriften vor, in denen nicht nur ingenieurbiologische Bauverfahren beschrieben werden, sondern auch von ihrer erfolgreichen Anwendung im Wasserbau berichtet wird. Die damaligen Wasserbaumeister kannten z. B. lebende Faschinen, Steckholzbesatz, Spreitlagen, Flechtwerke, Pflanzungen und Aussaaten und empfahlen Hecken zur Auflandung, „Lebendige Abweiser" zum Uferschutz (Abb. 5) sowie „Stromgitter" zur Minderung der Fließgeschwindigkeit (u. a. SILBERSCHLAG, 1772/73; FRANCK, 1781; FUCHS, 1791; AUGUST, 1792; WIEBEKING, 1792; WOLTMANN, 1791/1792; SCHEYER, 1794, 1795; KIRCHMANN, 1797).

SILBERSCHLAG (1772/73) schreibt z. B.:
„Die allerwohlfeilste und leichteste Uferbevestigung ist die Bespickung mit Weiden, Reisern, die überhaupt etwa eine Elle lang seyn dürfen. Diese Reiser schlagen aus, bebuschen sich, legen auf dem

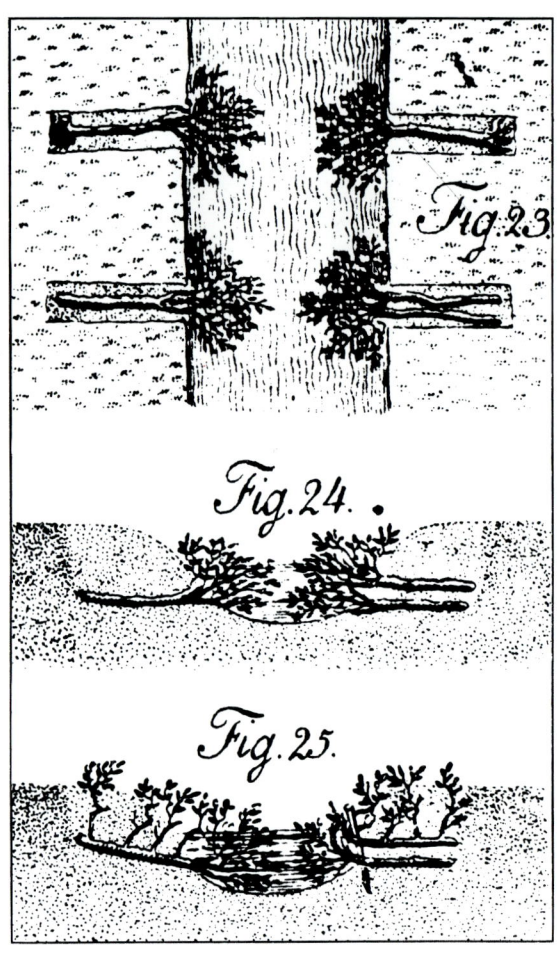

Abb. 5: „Lebendige Abweiser" (WOLTMANN, 1791/1792).

Grunde Schlick und Sand an, widerstehen der Ausspuehlung sowohl, als dem reißenden Eißgange, können im folgenden Jahre wieder niedergebunden werden, und bedecken zuletzt das Ufer mit einem undurchdringlichen Harnische. Findet man nicht fuer noethig sie ferner niederzubinden; so bieten sie eine gute Aerndte von Faschinen an, sie schuetzen, sie nuetzen."

AUGUST (1792) beschreibt im folgenden offenbar eine Kombination von Spreitlage und Steckholzbesatz:

„Zu einem solchen Ufer ... nehme man weidene Reiser, stecke solche so tief als moeglich mit den Stutz-Enden in den Grund des Wassers, und lege solche laengst der Uferlaenge ... dichte an einander hin; nachhero ueberlege man selbige mit Wuersten ..., etwa 2 auch 2 1/2 Elle breit aus einander, verpfaehle solche feste, und ueberschuette sie noch mit ein wenig Sand. Hierauf stecke man hin und wieder einzelne Weiden eines Fingers dicke, auch noch schwaecher, und ohngefaehr 1 Elle lang, senkrecht zwischen der Lage ein, damit die Weiden durchgängig in den Ufern sich verwurzeln können. Diese Bepflanzung braucht man nicht auf einmal, noch weniger zu dichte vorzunehmen, bis man nach und nach siehet, wie sich die Unterlagen zu begruenen und auszuwachsen anfangen. Wenn nun diese Anlage im Fruehjahre ausgeschlagen, so muß man sich die Muehe nehmen, und doch wenigstens die mehresten Reiser knicken lassen, daß ihre Spitzen gegen das Wasser hangen, so wird sich alsdenn von selbst nach und nach die Pflanzung zusammen faelzen, und sehr dauerhaft werden."

In einer Besprechung eines italienischen Werkes (BETTONI, 1782) geht WOLTMANN (1791/1792) auf zahlreiche ingenieurbiologische Bauweisen ein, wie u. a.:

„Man mache Graeben in das abbrechende Ufer, die senkrecht auf den Strom, und etwa 6 Fuß von einander abstehen; so tief beynahe als der Strom und etwa 8, 10 oder 12 Fuß lang sind. In diese Graeben lege man Weidenbaeume mit der Wurzel ausgegraben, oder auch nur große Aeste, so daß die Stammenden in der Grube liegen, und die kleinen Aeste und Zweige in den Fluß hervortreten, und bis dicht an Grund gedrueckt werden ... man bewerfe die Staemme mit Erde, doch so, daß die Aeste und Zweige, welche noch an dem Stamm oder Hauptast sitzen, aufwaerts gebogen und ueber die eingeworfne Erde hervor stehen; die Zweige welche in den Strom reichen, kann man

auch aufwaerts biegen, und an eingeschlagene Pfaele befestigen, auch etwas durch einander flechten, daß sie ziemlich dicht werden und die aeußersten Gipfelzweige über Wasser hervor ragen. So wird, wenn dieses im Fruehling geschieht, der ganze Baum ausschlagen; der horizontal liegende Stamm wird in der ganzen Laenge unterwaerts Wurzel schlagen, die aufwaerts stehenden Aeste werden neue Sproeßlinge schießen; die Aeste und Zweige am Strom werden sich in dem Sand und Schlamm, welchen der Strom anwirft, bewurzeln und in neuen gruenen Zweigen sich laengs dem Ufer ausbreiten, dasselbe zum Anwachs geschickt machen, und gegen allen Angriff des Stroms beschützen. Sie sind lebendige Abweiser (pennelli vegetabili) ... Er hat auch bloße Weidenstoecke (abgeschneitelte gruene Aeste) mitten durch den Strom, der 4 Fuß tief war, in das Strombette eingesetzt, und mit andern horizontalen durchflochten; auch diese Stoecke sind ueber Wasser ausgeschlagen, und schon zwey Jahre (weiter reichte die Erfahrung des H. Verf. nicht als er das schrieb) gruen geblieben. Das gaebe ein lebendiges Stromgitter (rastello aquatico) wodurch man den Strom aufhalten und seine Geschwindigkeit maeßigen koennte."

Und SCHEYER (1794) berichtet beispielsweise von einer Ufersicherung, die er um 1774 durchgeführt hat:

„Hierauf schneidet man Weiden-Schoeßlinge 8 Schuh lang und pflanzt sie uebers Kreuz 1 Schuh tief ans Ufer und saeet Klee- und Heusaamen dazu. So ist denn das Ufer fest und sicher. An der Unstruth bey der Commende Grifstedt war ein solches unterwaschenes senkrechtes Ufer, ... ich ließ das Ufer ... schraeg abstechen und mit Weiden-Reisern bepflanzen, und legte, um der Anpflanzung Dauer zu geben, nach der Schraege eine Uferdecke an, ... die Uferdecke hat sich verschlaemmt, die Weiden sind gewachsen, und 20 Jahre steht bereits der Bau ganz unbeschaedigt."

Ein Beispiel für ingenieurbiologische Baumaßnahmen bei einer damaligen Flußregelung gibt auch Abb. 6. Aus ihr und der dazugehörigen Beschrei-

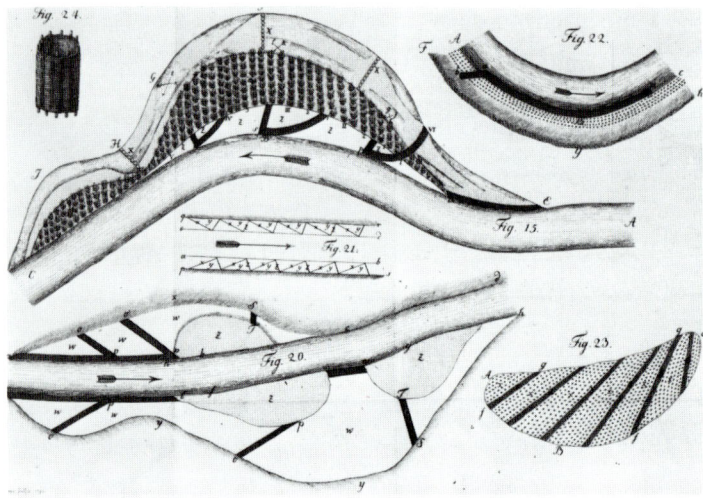

 Abb. 6: Ingenieurbiologische Baumaßnahmen bei einer damaligen Flußregelung (FUCHS, 1791).

bung (FUCHS, 1791) die hier wegen ihrer Ausführlichkeit nicht wiedergegeben werden kann, geht hervor, daß neben totem Material in großem Maße auch lebende Baustoffe verwendet wurden. Auf der Abbildung ist ein zwischen Altarm und Ausbaustrecke bepflanzter „Sandanhäger" zu erkennen. Bei den dunklen, langgestreckten, in unterschiedlicher Weise angeordneten Bauten handelt es sich um „Abweiser", deren „Kappen" mit „Krebsweiden" bepflanzt worden sind.

Die Ansiedlung von Schilf (Phragmites australis) durch Halmstecklingsbesatz wurde nicht erstmalig von BITTMANN (1973) entwickelt, sondern war schon vor 1893 bekannt. Allerdings wurde der Halmstecklingsbesatz damals offenbar nicht zur Ufersicherung, sondern für die Anlage von Schilf-Nutzflächen benutzt (BURCKHARDT, 1893).

Betrachtet man die neuere Zeit, so nehmen Veröffentlichungen über Bauverfahren mit lebenden Baustoffen zum Uferschutz und zur Beseitigung von Schadstellen vor allem in den dreißiger und vierziger Jahren dieses Jahrhunderts zu. In einigen dieser Schriften werden auch ingenieurbiologische

Baumaßnahmen an Schiffahrtskanälen behandelt. (SCHINDLER, 1888; STELLWAG-CARION, 1936a; KELLER, 1936, 1937, 1938a, 1938b; SEIFERT, 1938a, 1941a, 1941b; KIRWALD, 1940, 1941, 1942, 1942/44, 1944, 1949; VON KRUEDENER, 1941 a; HAUTUM, 1941; BECKER et al., 1943; HEUSON, 1946; PRÜCKNER, 1947, 1948; WALTL, 1948; SCHRODT, 1949).

3. Wattenmeer

Wie das folgende Zitat zeigt, war schon gegen Ende des 18. Jahrhunderts die Bedeutung von Pflanzenarten für Landgewinnung und Sicherung des Deich-Vorlands gut bekannt:
„Die Graeser wachsen, wenn der Schlamm zur gehoerigen Hoehe der taeglichen Fluth gekommen, von selbst auf, und zwar nachdem das Wasser mehr oder weniger salz ist in folgender Ordnung; 1) Glas. Schmalzkraut (salicornia, vulgo Quendel, Querl, Queller); 2) Salzkraut (salsola); 3) Meer-Aster

(aster maritimus Zuddick); 4) dreyseitig Binsengras (Scirpus maritimus Haehnnich, Hennie, Haehnk; 5) Seewegerich (plantago maritima, Roehlk); endlich 6) ordentliches Riedgras (carex); Rispengras (Poa); womit es ein fester und hoher Rasen wird, auf welchem bald mehrere Viehgraeser wachsen. Die ersten drey Sorten wachsen fast unmittelbar am salzigen Meerstrande oder Seewatte. Das dreyseitige Binsengras, weil es hoch und dichte aufwaechst befoerdert am besten von allen die Aufschlaemmung, kann aber kein sehr bitteres Seewasser vertragen, sondern waechst nur in der Gegend der Stroeme, wo das Seewasser mit dem Stromwasser schon etwas versueßt ist" (WOLTMANN, 1791/92).

Trotzdem werden m. W. erst seit verhältnismäßig kurzer Zeit, nämlich erst seit den dreißiger Jahren dieses Jahrhunderts, ingenieurbiologische Bauverfahren im Wattenmeer durchgeführt (HINRICHS, 1931; KOLUMBE, 1932, 1933; WOHLENBERG, 1933a, 1933b, 1934, 1936). 1934 wurde die Gründung des „Wattenmeer-Laboratoriums" verfügt, das 1935 in Büsum errichtet und dann von WOHLENBERG geleitet wurde. In dieser Forschungsstelle wurden vor allem die Einsatzmöglichkeiten von Pflanzen für die Landgewinnung und Landerhaltung untersucht und geeignete ingenieurbiologische Verfahren entwickelt (WOHLENBERG, 1938).

4. Küstendünen

Auf den Nordseeinseln waren Festlegung und Sicherung der Dünen für den Menschen lebensnotwendig. Daher verwundert es nicht, daß dort, wie HESMER et al. (1963) mitteilen, schon 1657 das Setzen von Helm (Strandhafer bzw. Strandroggen; Ammophila arenaria bzw. Elymus arenarius) zu diesem Zweck allgemein gebräuchlich war. HESMER et al. (1963) berichten außerdem von Helmpflanzungen auf Borkum in den Jahren 1709 bis 1712,

auf Norderney 1736 und von umfangreichen Helmpflanzungen auf allen ostfriesischen Inseln aus der Zeit um 1764.

Veröffentlichungen über Methoden der Festlegung und Sicherung von Inseldünen erschienen schon Ende des 18. Jahrhunderts:
„Zwischen den Strohpflanzen oder Strohbuescheln haeuft sich nun der Sand bald so hoch als das Stroh an, alsdann wird neues Stroh wieder darauf gesetzt und so fort an, bis man in wenig Jahren ordentlich kleine Sandhuegel oder Duenen erhaelt, die 6, 7 bis 8 Fuß ueber die taegliche Fluthoehe erhaben sind. Hierauf werden Sandgraeser theils sich von selbst zwischen dem Stroh einfinden, theils gepflanzt. Die besten zum Pflanzen sind 1) Flugsandgras (arundo arenaria, vulgo: Helm); 2) Strandhafer (elymus arenarius); 3) Sanddornstaude (hyppophae rhamnoides); 4) Sandquekengras (argrostis stolonifera); 5) Sandrindgras (carex arenaria) und 6) Quekwurzel (triticum repens); mit welchen letztern drey Arten der Sand zum festen Rasen wird" (WOLTMANN, 1791/92).

In neuerer Zeit, etwa seit der Jahrhundertwende, veröffentlichten vor allem die folgenden Autoren Arbeiten über Methoden und vegetationskundliche Grundlagen der Dünenbefestigung: BUCHENAU (1889); GERHARDT et al. (1900); GRAEBNER (1910); CHRISTIANSEN (1927); BENNECKE (1930); BENNECKE et al. (1931); VAN DIEREN (1934); SPERLING (1939).

1944 wurden nach vegetationskundlichen Vorarbeiten von TÜXEN erstmals von LEVSEN Versuche unternommen, vegetationslose Flächen im Graudünenbereich durch Ansaaten standorteigener Kleingräser festzulegen (LEVSEN, 1961).

5. Vegetationslose Sand-flächen des Binnenlandes

Frühzeitig wurde auch versucht, vegetationslose, verwehungsgefährdete Sandflächen des Binnenlandes durch Pflanzen festzulegen. HESMER et al. (1963) berichten über Strandhafer-Ansaaten zur „Sanddämpfung" 1590 in der Grafschaft Lingen, 1704 in der Grafschaft Oldenburg, 1736 bei Hude, 1748/49 im Raum Osnabrück, 1786 in der Grafschaft Bentheim und ab 1780 in Ostfriesland.
In der „Erneuerten Marcken Ordnung" für die Lembecker Marken im Oberstift Münster heißt es 1798: „... 30. Dem Wehe-Sand soll in einer Marck durch setzung des Sandhabers und Anlegung von Bircken Wällen gesteuert, und derselbe gedämpfet werden" (zit. bei HESMER et al., 1963).
Im 18. Jahrhundert wurden außerdem nach HESMER et al. (1963) Versuche unternommen, offene Sandflächen in den Räumen Osnabrück und Tecklenburg/Lingen, im Oberstift Münster, im Amt Meppen und in der Grafschaft Oldenburg durch Pflanzung von Eichen, Buchen, Wachholder, Akazien, Aspen, Birken, Eschen und Weiden festzulegen.

Wie DÄUMEL (1961) mitteilt, stiftete 1821 die Königlich preußische märkische ökonomische Gesellschaft zu Potsdam eine Prämie für die Bedeckung von „Sandschellen" („dürres trockenes Land, wo der Sand ganz ohne Graswuchs zutage liegt") im Regierungsbezirk Potsdam. Dabei wurde unter „Bedeckung" auch die Bepflanzung dieser Schadstellen verstanden.

Abb. 7: Vermehrung von Gehölzen durch Wurzeln zur Wiederaufforstung und zum Aufbau von Feldgehölzen (AGRICOLA, 1772).

6. Kippen und Halden

Die Begrünung von Industriekippen und -halden wurde insbesondere von HEUSOHN (1928, 1929, 1935) bzw. HEUSON (1947) gefördert. Allerdings kann in diesem Zusammenhang hier nicht eindeutig entschieden werden, ob die von ihm vorgeschlagenen und durchgeführten Aufforstungen in erster Linie ingenieurbiologische oder forstwirtschaftliche Ziele erfüllen sollten.

7. Landwirtschaftliche Nutzflächen

Bereits 1731 ordnete der König von Preußen, Friedrich Wilhelm I., an: „Sollen Beambte sowohl als Bauren, auch Preußen und Cölmer, fleißig Weyden- und Dorn-Hecken um die Aeker und Gaerten pflantzen" (zit. bei DÄUMEL, 1961).

Auch bedeutende Vertreter der Gartenkunst (HIRSCHFELD, 1785) und der Landwirtschaft (THAER, 1798) wiesen schon Ende des 18. Jahrhunderts auf günstige Windschutzwirkungen von Hecken für die landwirtschaftlichen Nutzflächen hin (DÄUMEL, 1961).

Wesentliche Anstöße zur Einhegung der Felder durch Hecken gab auch die in Bayern entstandene Bewegung der „Landesverschönerung". In diesem Zusammenhang erschienen vor allem in der ersten Hälfte des 19. Jahrhunderts zahlreiche Veröffentlichungen, in denen die Anpflanzung von Hecken empfohlen wurde; in erster Linie zur Verschönerung der Landschaft, zur Holzerzeugung und zur Abgrenzung des Eigentums, aber auch z. T. zur Förderung des Wachstums landwirtschaftlicher Kulturpflanzen. Da die wichtigste diesbezügliche Literatur bei DÄUMEL (1961) angegeben ist, wird hier auf die Nennung der einzelnen Autoren verzichtet.

Im Westerwald wurde 1841 mit dem Aufbau eines großzügigen, sich über zahlreiche Gemeinden erstreckenden Systems von Windschutzpflanzungen begonnen (KREUTZ, 1952).

1842 entwarf Lenné den Plan zur „Einhägung des Gutes Bornim" (zit. bei WIEPKING, 1963), in dem er die Feldflur des Gutes durch Schutzpflanzungen gliederte.

In diesem Beitrag zur Geschichte der ingenieurbiologischen Maßnahmen auf landwirtschaftlichen Nutzflächen dürfen die Wallhecken bzw. Knicks nicht unerwähnt bleiben. Hierunter sind mit Gebüsch und einzelnen Überhältern bewachsene Erdwälle, die auf einer oder auf beiden Seiten mit Gräben versehen waren, zu verstehen.

Nicht vollständig geklärt ist die Vorgehensweise bei der Anlage. Einerseits ist es möglich, daß zunächst die Hecke gepflanzt wurde, dann der oder die Gräben angelegt und der Aushub in die Hecke geworfen wurde und der so entstandene Wall in den folgenden Jahren mit dem bei der Grabenreinigung anfallenden Material weiter aufgehöht wurde. Andererseits kann auch zunächst der Wall aufgeworfen und dann mit Gehölzen begrünt worden sein. Nicht ausgeschlossen ist, daß beide Verfahren angewendet wurden. Zu bemerken ist außerdem noch, daß nicht nur Pflanzen eingebracht, sondern auch „Flechtsteckzäune mit bewurzelungsfähigen Zweigen" angelegt wurden (SCHUPP et al., 1992), und Abb. 8, Fig. 13, 15, 16).

Der Name „Knick" ist auf die Unterhaltung der Wallhecken zurückzuführen: Alle 8 bis 15 Jahre wurden auf ihnen die Gehölze abgeschlagen oder niedergeknickt. Teilweise wurden sie auch in eine waagerechte Stellung oder nach unten umgebogen und die in den darauffolgenden Jahren neu ausgetriebenen Zweige miteinander verflochten (SCHUPP et al., 1992, und Abb. 8, Fig. 17).

Die Knicks in Schleswig-Holstein entstanden im Zuge der Agrarreformen des ausgehenden 18. und 19. Jahrhunderts. Bei der „Verkoppelung" in den Jahren 1766 bis 1771 wurde jedem Bauern sein Grund und Boden gesondert zugeteilt mit der Verpflichtung, ihn einzukoppeln. Um den Raubbau an den Wäldern für Zaunmaterial einzuschränken, mußte das Einkoppeln mit „lebendem Pathwerk" durchgeführt werden (EIGNER, 1977, und Abb. 9).

Nach SCHUPP et al. (1992) grenzten im nordwestlichen Niedersachsen schon die ersten Bauern, die dort auf den höher gelegenen Geestinseln seßhaft wurden, ihre dortigen Ackerflächen (Gasten) durch Wallhecken, durch die sog. Esching- oder Gastringwälle (Abb. 10), von der tiefer gelegenen Allmende ab. In Verbindung mit der Urbarmachung neuer Ackerflächen (Kämpe) in der Allmende außerhalb der Gasten etwa ab 1000 n. Chr. sowie der Aufteilung der Allmende etwa ab Mitte des 18. Jahrhunderts und der Flurneuordnung Mitte des

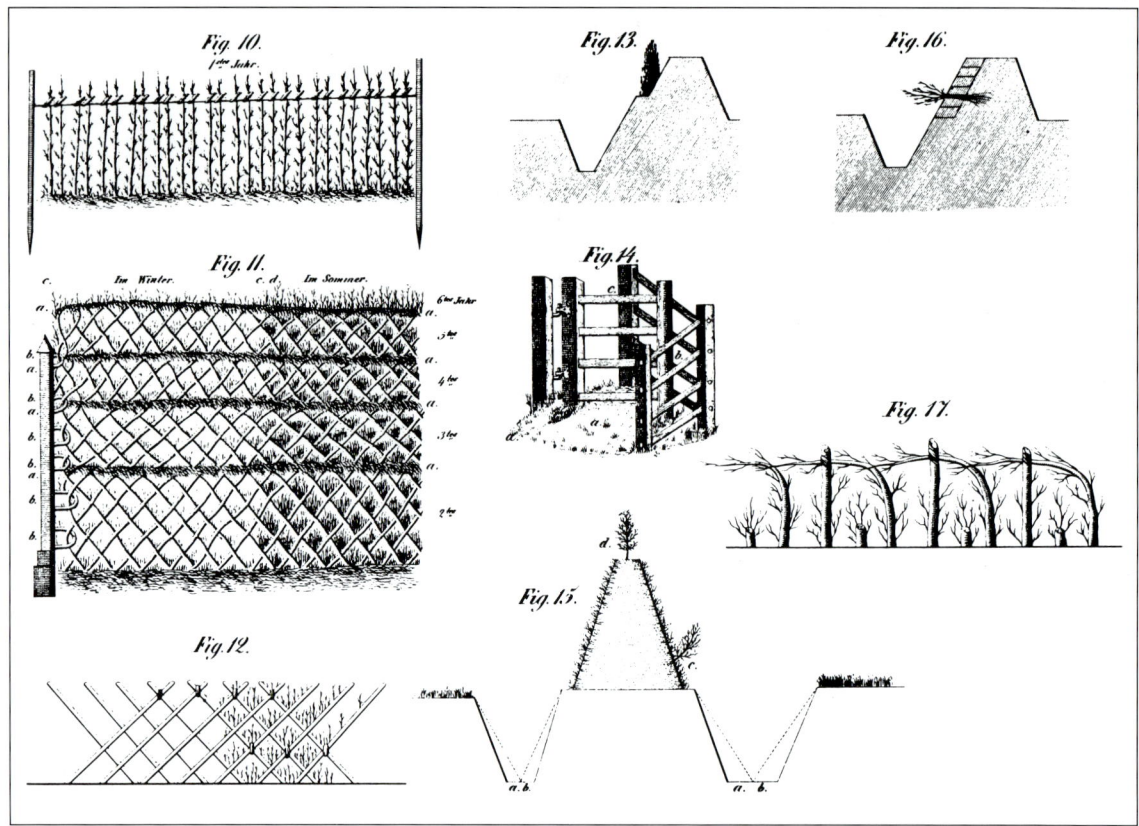

Taf: II.

◀ *Abb. 8: Anlage und Pflege von Flechtzäunen und Wallhecken (VON LENGERKE, 1847). Fig. 10 bis 12 zeigen die Anlage von Flechtzäunen, Fig. 13, 15, 16 und 17 die Anlage und Unterhaltung von Wallhecken.*

Text zu Fig. 15 und 16:

„In den Heidegegenden Holsteins und Hannovers legt man die Heckenpflänzlinge (3- bis 4jährige Birken) beim Erbauen der Wälle mit ihren Wurzeln zwischen eine Heiderasen-schicht; selbige bekommen hierbei zwar eine horizontale Lage, allein sie wachsen schon im 2ten Jahre senkrecht in die Höhe, und um der Hecke Dichtigkeit zu geben, biegt man weiterhin einzelne Zweige nieder und bindet dieselben fest oder flicht sie ein. Eine Anlage dieser Art versinnlicht Fig. 16; wenn dagegen Fig. 15 eine gewöhnliche Wallhecke mit zwei Gräben darstellt, wobei der Abhang des Dammes, ohngefähr in dessen Mitte (c), koppelwärts mit einer Reihe struppiger Dornstauden besetzt ist, damit das Vieh gleich beim ersten Versuche, sich an der Häge einen Weg zu bil-den, abgeschreckt wird."

Text zu Fig. 17:

„Es besteht solches darin, daß man etwa den dritten Theil der Heckenbäume 6 Zoll über dem Boden abhauet, daß man ein anderes Drittel der Bäume so hoch absägt, als die Hecke sein soll (4–5 Fuß), und daß man zuletzt die noch übrigen Bäume umbiegt und an die abgesägten Stämme bindet. (Fig. 17). Die Stöcke, welche nahe am Boden abge-hauen sind, treiben dann eine Menge Schößlinge, wodurch die Hecke unten dicht wird, während die niedergebogenen Bäume dieselbe oben in einen undurchdringlichen Zaun ver-wandeln. Bedeutendere Lücken müssen aber gleichfalls auch hier durch Ableger oder junge Bäume ausgefüllt wer-den."

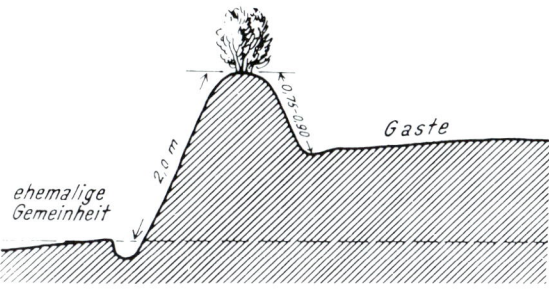

◀ Abb. 10: Profil eines Eschring-
oder Gastringwalles nach SIEBELS
(zit. bei SCHUPP et al., 1992).

◀ Abb. 9: Anlage von Knicks in
Schleswig-Holstein im ausgehenden
18. Jahrhundert (Minister für
Ernährung, Landwirtschaft und Forsten, 1977).

– Kennzeichnung des Eigentums,
– Holznutzung,
– Nutzung für Laubfutter, indem die Gehölze, vor
   allem Eschen, Linden und Hainbuchen,
   geschneitelt wurden (SCHUPP et al., 1992).
– Wenn die Gehölze dafür auch nicht gepflanzt
   wurden, so hatten sie auf den Wallhecken jedoch
   außerdem den günstigen „Nebeneffekt", die
   Wälle mit ihren recht steilen Böschungsneigungen vor Erosion zu schützen.

Frühzeitig sind auch die günstigen Windschutzwirkungen der Wallhecken erkannt worden. So empfiehlt beispielsweise VON LENGERKE (1847): „Was
Richtung und Lauf der Wallhecken anlangt, so gilt
auch hier ganz das in dieser Beziehung bei den
Plainehecken Gesagte. Man suche den Befriedi-
gungen wo möglich eine solche Richtung zu
geben, daß sie im Stande sind, rauhe Nordost-,
Nord- und Nordweststürme abzuwehren, ohne den
angrenzenden Feldfrüchten die Sonne merklich zu
entziehen."

Die Anlage von Hecken bzw. von Windschutzpflanzungen mit dem Oberziel, landwirtschaftliche Erträge zu steigern, wurde jedoch erst etwa seit den
dreißiger Jahren dieses Jahrhunderts in stärkerem
Maße propagiert. In dieser Zeit begann man auch,
die Wirkungen von Windschutzpflanzungen wissen-

19. Jahrhunderts wurden weitere Wallhecken
(Kampwälle) geschaffen. Auf diese Weise entstanden im Laufe der Zeit im nordwestlichen Niedersachsen zusammenhängende Wallheckensysteme.

Die Wallhecken hatten ursprünglich vor allem folgende Aufgaben:
– Schutz der Ackerflächen vor Vieh und Wild,

schaftlich zu untersuchen (LEHMANN, 1926; KREUTZ, 1937, 1938; WOELFLE, 1938a, 1938b; NÄGELI, 1941, 1943, 1946; WIEPKING-JÜRGENSMANN, 1942; SEIFERT, 1944; OLBRICH, 1949a, 1949b).

8. Straßenbau

Zur optischen und ökologischen Eingliederung von Straßen in die Landschaft wurden m. W. Pflanzen besonders seit den dreißiger Jahren dieses Jahrhunderts verwendet, wenn man von Baumpflanzungen absieht, die bereits im 19. Jahrhundert an Straßen vorgenommen wurden.

So schrieb z. B. 1821 die Königliche preußische märkische ökonomische Gesellschaft eine Prämie für die Verbesserung der Wege im Regierungsbezirk Potsdam aus. Bei der Beurteilung von neuangelegten oder verbesserten Straßen sollte u. a. auch die „Bepflanzung der Landstraßen mit Bäumen, welche für den Boden passen" berücksichtigt werden (DÄUMEL, 1961).

Nicht unerwähnt soll bleiben, daß im 19. Jahrhundert Weidenzweige zum Bau „lebendiger Straßen" benutzt wurden (ANONYMUS, 1825). In der zu Abb. 11 gehörenden Beschreibung heißt es u. a.: „... Ist nun der Fahrdamm gehörig und convex abgeglichen, so werden die herbeigeschafften Weidenäste dermaßen auf beiden Seiten desselben aufgelegt, daß die dicken oder Stammenden auf dem Straßenrücken, wie der Grundriß der Zeichnung andeutet, wechselsweise über einander greifen, und die Spitzenden in die Gräben hinein ragen. ... Wenn nun die Weidenbettung in einer Längenstrecke von mehreren Klaftern nach der gegebenen Vorschriften hergestellt ist, so werden ungefähr in einer Entfernung von 4 bis 5 Zollen von der Kante des Grabens, die Wippen der Straße entlang auf der Bettung aufgezogen. ... Nach dieser Arbeit

wird die Weidenbettung in der Mitte des Fahrdammes 6 Zolle hoch, und an den Seitengräben der Wippe gleich mit Erde bedeckt, diese mit Rechen convex abgeglichen und sodann mit Sand oder Schotter 4 bis 6 Zolle hoch überfahren. Ist nun dies geschehen, so werden die in den Seitengräben hervorragenden Spitzenden der Weidenäste nach einer Schnur bis auf 4 Zolle lang abgeschnitten, und die Straßenanlage ist damit vollendet. Um die Bewurzelung der eingelegten Weidenäste, und ihre dichte Verwebung zu befördern, und baldigst eine undurchdringbare vegetabilische Grundfeste zu erhalten, ist es nothwendig, daß in den ersteren Jahren nach der Anlegung der Straße die aus den hervorragenden Spitzenden außerordentlich üppig hervortreibenden Sprossen und Zweige stets abgeschnitten werden, wodurch die, nun als Wurzeln zu betrachtenden, eingelegten Aeststämme sich ihrer ganzen Länge nach desto stärker zu verweben und zu verwachsen gezwungen werden. Nach einigen Jahren kann man die aus den Spitzenden und den Wippen vertical herauswachsenden Sprossen 2 bis 3 Fuß hoch, als lebendige Hecke ziehen, und in einer beliebigen Entfernung zu beiden Seiten einen schlankwüchsigen Zweig hochstämmig heranwachsen lassen ..."

Hauptanlaß der modernen Straßenbepflanzung war wohl der Autobahnbau, bei dem sich vor allem die Notwendigkeit ergab, Hänge und Böschungen zu befestigen. Zur Lösung dieser Aufgabe griff man auf die im Alpenraum gewonnenen ingenieurbiologischen Erfahrungen zurück (Abschn. III. 1), paßte jedoch Bauweisen und lebende Baustoffe den Erfordernissen des derzeitigen Straßenbaus und den andersgearteten Standortverhältnissen außerhalb des Alpenraums an (SEIFERT, 1934, 1936, 1938b, 1939, 1941a; ERXLEBEN, 1935; SCHURHAMMER, 1939; BECKER, 1940; VON KRUEDENER et al., 1940; VON KRUEDENER, 1941b; LORENZ, 1942; BECKER et al., 1943; CZERMAK, 1944).

Während in Süddeutschland besonders GAMS (1939, 1940, 1941) und AICHINGER (1948) vege-

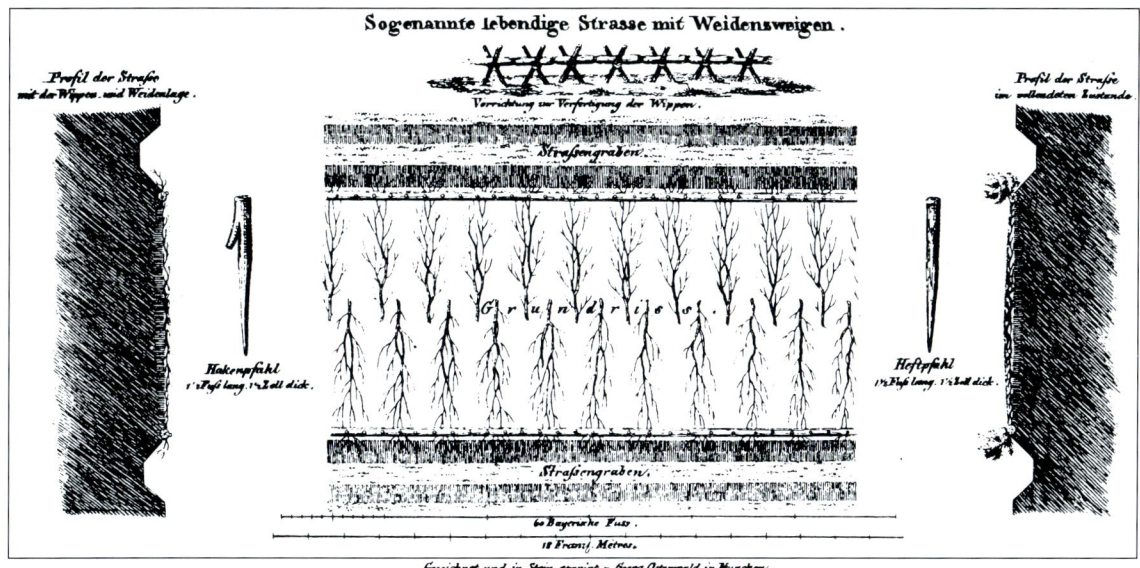

Abb. 11: „Lebendige Straße mit Weidenzweigen" (ANONYMUS, 1825).

tationskundliche Grundlagen erarbeiteten, führten in Norddeutschland vor allem TÜXEN (1935) und PREISING (1942) pflanzensoziologische Untersuchungen durch und schlugen geeignete Pflanzenarten für Aussaaten und Pflanzungen an Autobahnen vor. In München gründeten TODT und HUBER 1934 die „Forschungsgesellschaft für das Straßenwesen" (LUDWIG, 1979). In dieser Institution wurde 1936 die „Forschungsstelle für Ingenieurbiologie" eingerichtet, die bis 1945 bestand. Sie wurde von VON KRUEDENER geleitet und hatte die Aufgabe, ingenieurbiologische Bauverfahren in Verbindung mit dem Straßenbau zu entwickeln und zu fördern (MRASS, 1970; BUCHWALD et al., 1973; LUDWIG, 1979).

Für die „landschaftliche Eingliederung" der Autobahnen war der Architekt, Garten- und Landschaftsgestalter SEIFERT zuständig. Er wurde 1940 von TODT, dem Generalinspekteur für das Straßenwesen, zum „Reichslandschaftsanwalt des Generalinspekteurs für das deutsche Straßenwesen" ernannt (BARNARD, 1981; SEIFERT, 1962). Als

wesentliche Aufgabengebiete für die Eingliederung der Autobahnen sah SEIFERT die Mitarbeit bei der Linienführung und der Formgebung sowie die Durchführung der Bepflanzung an. 1934 erhielt jede Oberste Bauleitung der Autobahnverwaltung einen Landschaftsanwalt als Mitarbeiter (LUDWIG, 1979).

9. Mißbrauch der Ingenieurbiologie im Dritten Reich

In einem Abschnitt über die Geschichte der Ingenieurbiologie darf nicht unerwähnt bleiben, daß im Dritten Reich die Ingenieurbiologie auch für die Verwirklichung nationalsozialistischer Ziele mißbraucht wurde. Einzelheiten finden sich bei WOLSCHKE (1980) und GROENING et al. (1987).

Bei den oben angedeuteten Versuchen LEVSENs dürfte es sich z. B. um eine Maßnahme zur Tarnung militärischer Bauwerke gehandelt haben; denn LEVSEN schreibt in seinem Bericht: „Im letzten Weltkrieg wurden in großer Zahl Bauwerke errichtet, welche die Dünen an der Nordsee oft gefährlich zerstörten" (LEVSEN, 1961).

In seinem Buch „Der wehrtechnische Einsatz der Ingenieurbiologie" schreibt BECKER (1944): „Die Gesetze, die im friedlichen Schaffen als Grundlage des Lebens und der Technik eines Volkes erkannt und betrachtet werden müssen, gewinnen in gesteigertem Kampf um den völkischen Bestand erhöhte Bedeutung. Die aus den wissenschaftlichen Erkenntnissen und der Praxis erworbenen ingenieurbiologischen Arbeitsmethoden und -mittel sind hierbei nicht nur der kriegsmäßigen Ausrichtung der Landestechnik verpflichtet, sie werden, insbesondere bei langer Kriegsdauer und in weiten Räumen, unmittelbare Bestandteile der Wehrtechnik selbst."

In seinen folgenden Ausführungen präzisiert BECKER dann die Aufgaben der Ingenieurbiologie für die Kriegsführung:
– Als Mittel für die Freihaltung von Nachschubwegen von Schnee für Angriff und Verteidigung,
– für die Tarnung gegen Erd- und Luftbedrohung,
– für die „Gestaltung von Wehrlandschaften" und
– für die „Geländeerkundung" zu militärischen Zwecken.

Schließen soll dieser Beitrag mit Zitaten aus der Allgemeinen Anordnung Nr. 20/VI/42 des Reichsführers SS, Reichskommissars für die Festigung deutschen Volkstums, über die Gestaltung der Landschaft in den eingegliederten Ostgebieten (MÄDING, 1943) und einer Einführung MÄDINGs (1943) in diese Allgemeine Anordnung.

In der Allgemeinen Anordnung heißt es u. a.:
„B. Die Feldflur. Die Feldflur erhält ihr Gesicht durch den Grünaufbau, also durch Gehölze, Waldstreifen, Baumgruppen, Hecken und Büsche; sie schützen gegen Wetter und Wind. Dabei können sie weitgehend genutzt werden, müssen jedoch überall und ständig in Wirkung bleiben. Sie verleihen zugleich unserer Landschaft ihre wesenseigene Schönheit, vermitteln dem germanischen Menschen das Gefühl heimatlichen Geborgenseins und geben ihm die Kraft zu lebensbejahender und kämpferischer Haltung ..."

MÄDING interpretiert diesen Teil B. folgendermaßen: „Die Schutzpflanzungen werden das Gesicht der neuen ostdeutschen Landschaft entscheidend bestimmen. Durch ihren landeswirtschaftlichen Nutzen und ihre Erträge werden sie den Wert der Flächen, die sie beanspruchen, reichlich wieder zurückerstatten. Sie werden dem Siedler helfen, die Grenzen seiner engeren Heimat klar zu sehen und die Eigenart seiner täglichen Lebensumwelt unverwischbar in sein Bewußtsein aufzunehmen. Dadurch wird auch er seine Eigenart, Besonderheit und Persönlichkeit besser erkennen, selbst im Boden verwurzeln. Diese Landschaft umgibt die aufwachsende Jugend als vielgestaltige, bunte, früchtereiche und belebte Welt, deren Erscheinungen dem Denken und Gestalten Anhaltspunkte bieten. Haus und Hof und die bebaute Scholle werden nicht als verlorener, namenloser Ort in einer grenzenlosen Weite, sondern als einmalige, greifbare Heimat empfunden. Dadurch wird die Festigung deutschen Volkstums durch Pflanzungen in der Feldflur und bei den Siedlungen bewirkt."

Ein längerer Kommentar zu der Geisteshaltung, die aus den oben angeführten, im Dritten Reich verfaßten Schriften spricht, kann in diesem Kurzbeitrag zur Geschichte der Ingenieurbiologie nicht gegeben werden. Gesagt werden soll nur folgendes:
Bei der Erforschung der geschichtlichen Entwicklung der Ingenieurbiologie ist nicht zuletzt die Zeit des Dritten Reiches aufzuarbeiten und auszuwerten, um zu verhindern, daß in Zukunft die Ingenieurbiologie wieder in dieser Weise mißbraucht wird.

IV. Planung ingenieurbiologischer Baumaßnahmen

Bei den folgenden Ausführungen wird davon ausgegangen, daß entsprechend Abschnitt I. die Ingenieurbiologie ein Arbeitsgebiet des Naturschutzes und der Landschaftspflege ist und deswegen die ingenieurbiologischen Maßnahmen von Fachleuten des Naturschutzes und der Landschaftspflege geplant werden.

Wie aus Abschnitt I. hervorgeht, können die Ziele und Forderungen des Naturschutzes und der Landschaftspflege zu einem nicht unwesentlichen Anteil durch ingenieurbiologische Baumaßnahmen erfüllt werden, die die Umweltverträglichkeit der Nutzungen erhalten oder verbessern. Daher sind die Aussagen über derartige ingenieurbiologische Maßnahmen in die Planwerke des Naturschutzes und der Landschaftspflege einzuarbeiten.

1. Planwerke des Naturschutzes und der Landschaftspflege

Planungsinstrumente zur Erfüllung der Ziele und Forderungen des Naturschutzes und der Landschaftspflege (Abschn. I.) sind die Landschaftsplanung und die landschaftspflegerische Begleitplanung. Die Aussagen dieser beiden Planwerke erstrecken sich auf die folgenden Arbeitsschwerpunkte (KIEMSTEDT, 1992):
- – Arten und Lebensgemeinschaften,
- – Natur- und Landschaftserlebnis und
- – Boden, Wasser, Luft und Klima.

1.1 Landschaftsplanung

Mittels der Landschaftsplanung stellt das Fachgebiet Naturschutz und Landschaftspflege in eigenständiger Fachplanung die überörtlichen Erfordernisse und Maßnahmen zur Verwirklichung seiner Ziele dar (§ 5 und § 6 BNatSchG).

Die Landschaftsplanung gliedert sich in folgende Planwerke (Tab. 1):

Planungsraum	Planwerk
Land	Landschaftsprogramm
Region, Reg.-Bez., Kreis	Landschaftsrahmenplan
Gemeinde	Landschaftsplan
Teil des Gemeindegebietes	Grünordnungsplan[1]
Objekt	Ausführungsplan[1]

Tab. 1: Planwerke der Landschaftsplanung (KIEMSTEDT, 1992; SCHLÜTER, 1986).

Die Vorschläge für ingenieurbiologische Baumaßnahmen sind in diese Planwerke so frühzeitig wie möglich einzubringen; einmal, um sie rechtzeitig und aus einem besseren Überblick über die ökologischen Gesamtzusammenhänge in Verbindung mit allen anderen Maßnahmen planen zu können; zum anderen aber auch, um die administrativen Realisierungschancen zu verbessern. So sind schon in den Landschaftsprogrammen und Landschaftsrahmenplänen programmatische Aussagen über ingenieurbiologische Maßnahmen zu treffen und Rahmenkonzeptionen zu entwickeln. Darauf aufbauend sind diese dann in den Landschaftsplänen und Grünordnungsplänen zu konkretisieren. In den Ausführungsplänen erfolgt dann die Detaillierung bis zu Bauzeichnungen, Bepflanzungsplänen und der Aufstellung von Ansaatmischungen.

Daß die Forderung nach einer so frühzeitigen Aufnahme ingenieurbiologischer Vorschläge schon in die Landschaftsprogramme und Landschaftsrahmenpläne nicht unrealistisch ist und daß bereits auch so verfahren wird, zeigen die folgenden Beispiele:

Niedersächsisches Landschaftsprogramm (Der Niedersächsische Minister für Ernährung, Landwirtschaft und Forsten, 1989):
„8.1 Bodenabbau ... Luftverunreinigungen, Lärmeinwirkungen und optische Beeinträchtigungen sind auch durch landschaftspflegerische Maßnahmen, wie z. B. Schutzwälle und Anpflanzungen, gering zu halten."
„8.9 Wasserwirtschaft ... Maßnahmen zur Begradigung von Bach- und Flußläufen sind grundsätzlich zu vermeiden, dasselbe gilt für Verrohrungen und in der Regel auch für Stauwehre. Es sind alle Maßnahmen zu fördern, die Gewässer, begrenzte Gewässerstrecken oder Teile von Gewässern wieder in einen naturnahen Zustand versetzen, z. B. Verlängerungen ehemals verkürzter Gewässerstrecken, naturgemäße Ausgestaltung naturferner Uferstrecken, Abbau bzw. Entschärfung von Sohlabstürzen und Stauanlagen, naturgemäße Umgestaltung naturferner Profile."

Vorläufiges gutachtliches Landschaftsprogramm (Die Umweltministerin des Landes Mecklenburg-Vorpommern, 1992):
„5.2.10 Naturschutzfachliche Anforderungen an die Abfallwirtschaft. Zielkonzept: ... Die Wiederherrichtung soll in räumlich und zeitlich geordneten Teilabschnitten bereits während der Deponierung soweit wie möglich vollzogen oder zumindest vorbereitet werden. Luftverunreinigungen, Lärmeinwirkungen und optische Beeinträchtigungen sollen bereits während der Deponierung auch durch landschaftspflegerische Maßnahmen, wie z. B. Geländemodellierung und Anpflanzungen, so gering wie möglich gehalten werden."

---

[1] Nicht im BNatSchG aufgeführt.

Landschaftsrahmenplan Landkreis Hannover (Landkreis Hannover, 1990):
„8.9 Anforderungen an die Wasserwirtschaft ... Entwicklung/Renaturierung ... Anpflanzung von Erlen bzw. entsprechenden Bachgehölzen."

Landschaftsrahmenplan Landkreis Wesermarsch (Landkreis Wesermarsch, 1992): „4.2.3 Anforderungen an Nutzungen ... Wasserwirtschaft/Wasserbau ... die Verwendung naturnaher ingenieurbiologischer Bauweisen, soweit auf technische Maßnahmen nicht verzichtet werden kann; Durchführung von Baumaßnahmen zur Verbesserung der ökologischen Qualität ..."

1.2 Landschaftspflegerische Begleitplanung

Mit der landschaftspflegerischen Begleitplanung leistet das Fachgebiet Naturschutz und Landschaftspflege Beiträge zu Bauvorhaben anderer Fachgebiete, wie z. B. der Wasserwirtschaft oder der Verkehrsplanung. Es untersucht und beurteilt diese Planungen der anderen Fachgebiete im Hinblick darauf, ob und inwieweit die in § 1 BNatSchG formulierten Ziele des Naturschutzes und der Landschaftspflege erfüllt oder nicht erfüllt werden und schlägt bei zu erwartenden Beeinträchtigungen von Natur und Landschaft Vorgehensweisen und Maßnahmen zur Vermeidung, Beseitigung oder Minderung dieser Beeinträchtigungen vor (§ 8 BNatSchG). Das Planwerk ist der landschaftspflegerische Begleitplan.

Die landschaftspflegerische Begleitplanung steht in Zusammenhang mit der **Umweltverträglichkeitsprüfung (UVP[1])** bzw. der **Umweltverträglichkeitsstudie (UVS[1])** und der **Eingriffsregelung**. Daher muß zunächst kurz auf diese beiden Planungsinstrumente eingegangen werden.
Die **UVS/UVP** basiert auf dem Gesetz über die Umweltverträglichkeitsprüfung (UVPG).

Nach § 1 UVPG ist es Zweck des Gesetzes „sicherzustellen, daß bei den in der Anlage zu § 3 aufgeführten Vorhaben zur wirksamen Umweltvorsorge nach einheitlichen Grundsätzen
1. die Auswirkungen auf die Umwelt frühzeitig und umfassend ermittelt, beschrieben und bewertet werden,
2. das Ergebnis der Umweltverträglichkeitsprüfung so früh wie möglich bei allen behördlichen Entscheidungen über die Zulässigkeit berücksichtigt wird".

Nach § 2 UVPG umfaßt die UVS/UVP „die Ermittlung, Beschreibung und Bewertung der Auswirkungen eines Vorhabens auf
1. Menschen, Tiere und Pflanzen, Boden, Wasser, Luft, Klima und Landschaft einschließlich der jeweiligen Wechselwirkungen,
2. Kultur- und sonstige Sachgüter".

Darauf hinzuweisen ist, daß nach § 6 (4) UVPG zu den vom Vorhabensträger beizubringenden Unterlagen auch eine „Übersicht über die wichtigsten, vom Träger des Vorhabens geprüften Vorhabensalternativen und Angaben der wesentlichen Auswahlgründe unter besonderer Berücksichtigung der Umweltauswirkungen des Vorhabens" gehört. Hieraus folgt, daß die UVS/UVP nicht nur ein Instrument der Prüfung der Zulässigkeit eines Vorhabens, sondern auch ein Instrument zur Auswahl einer möglichst umweltfreundlichen Vorhabensalternative ist.

---

[1] Neben dem Begriff Umweltverträglichkeitsprüfung (UVP) hat sich der Begriff Umweltverträglichkeitsstudie (UVS) eingebürgert. Bezeichnet werden:
– mit UVP der verfahrensrechtliche, administrative Prozeß und
– mit UVS der fachlich-methodische Beitrag.

Die rechtlichen Voraussetzungen für die **Eingriffsregelung** bietet – 8 BNatSchG:

„§ 8 Eingriffe in Natur und Landschaft

(1) Eingriffe in Natur und Landschaft im Sinne dieses Gesetzes sind Veränderungen der Gestalt oder Nutzung von Grundflächen, die die Leistungsfähigkeit des Naturhaushaltes oder das Landschaftsbild erheblich oder nachhaltig beeinträchtigen können.

(2) Der Verursacher eines Eingriffs ist zu verpflichten, vermeidbare Beeinträchtigungen von Natur und Landschaft zu unterlassen sowie unvermeidbare Beeinträchtigungen innerhalb einer zu bestimmenden Frist durch Maßnahmen des Naturschutzes und der Landschaftspflege auszugleichen, soweit es zur Verwirklichung der Ziele des Naturschutzes und der Landschaftspflege erforderlich ist ...
Ausgeglichen ist ein Eingriff, wenn nach seiner Beendigung keine erhebliche oder nachhaltige Beeinträchtigung des Naturhaushalts zurückbleibt und das Landschaftsbild landschaftsgerecht wieder hergestellt oder neu gestaltet ist.

(3) Der Eingriff ist zu untersagen, wenn die Beeinträchtigungen nicht zu vermeiden oder nicht im erforderlichen Maße auszugleichen sind und die Belange des Naturschutzes und der Landschaftspflege bei der Abwägung aller Anforderungen an Natur und Landschaft im Range vorgehen."

Liegt ein Eingriff vor, ist ein landschaftspflegerischer Begleitplan aufzustellen:

(4) „Bei einem Eingriff in Natur und Landschaft, der aufgrund eines nach öffentlichem Recht vorgesehenen Fachplanes vorgenommen werden soll, hat der Planungsträger die zum Ausgleich dieses Eingriffs erforderlichen Maßnahmen des Naturschutzes und der Landschaftspflege im einzelnen im Fachplan oder in einem landschaftspflegerischen Begleitplan in Text und Karte darzustellen; der Begleitplan ist Bestandteil des Fachplanes."

Ist der Eingriff nicht ausgleichbar, so sind Ersatzmaßnahmen durchzuführen:

(9) „Die Länder können zu den Absätzen 2 und 3 weitergehende Vorschriften erlassen, insbesondere über Ersatzmaßnahmen der Verursacher bei nicht ausgleichbaren, aber vorrangigen Eingriffen."

Aus Abb. 12 sind die einzelnen Arbeitsschritte der Eingriffsregelung zu ersehen. Der dort auch angeführte Fall 1, daß kein Eingriff vorliegt, das Vorhaben also ohne Zusatzmaßnahmen realisiert werden kann, dürfte wohl nur in den seltensten Fällen vorkommen. Da er aber auch nicht auszuschließen ist, wurde er in das Ablaufschema mit übernommen.

Zwischen UVS/UVP, Eingriffsregelung und landschaftspflegerischer Begleitplanung bestehen folgende Zusammenhänge (Abb. 13):

Die **UVS/UVP** ist ein von der landschaftspflegerischen Begleitplanung unabhängiger und vor ihr liegender Planungsschritt. Sie berührt aber die landschaftspflegerische Begleitplanung insofern, als sie neben der Prüfung der Zulässigkeit eines Vorhabens auch eine möglichst umweltfreundliche Vorhabensalternative auswählt, zu der ein landschaftspflegerischer Begleitplan erforderlich sein kann. Die **Eingriffsregelung** untersucht dann die mittels der UVS/UVP ausgewählte Vorhabensalternative darauf, ob ein landschaftspflegerischer Begleitplan erforderlich ist und ob in ihm Ausgleichs- oder Ersatzmaßnahmen vorzusehen sind. Die Eingriffsregelung kann als eigenständiger Planungsschritt zur Einleitung der landschaftspflegerischen Begleitplanung, aber auch als erster Planungsschritt innerhalb der landschaftspflegerischen Begleitplanung aufgefaßt werden.
In den **landschaftspflegerischen Begleitplänen** werden dann die zu erwartenden Beeinträchtigungen von Natur und Landschaft genauer untersucht und Maßnahmen zur Vermeidung, Beseitigung oder Minderung dieser Beeinträchtigungen vorgeschlagen. Sehr oft handelt es sich dabei um ingenieurbiologische Maßnahmen.

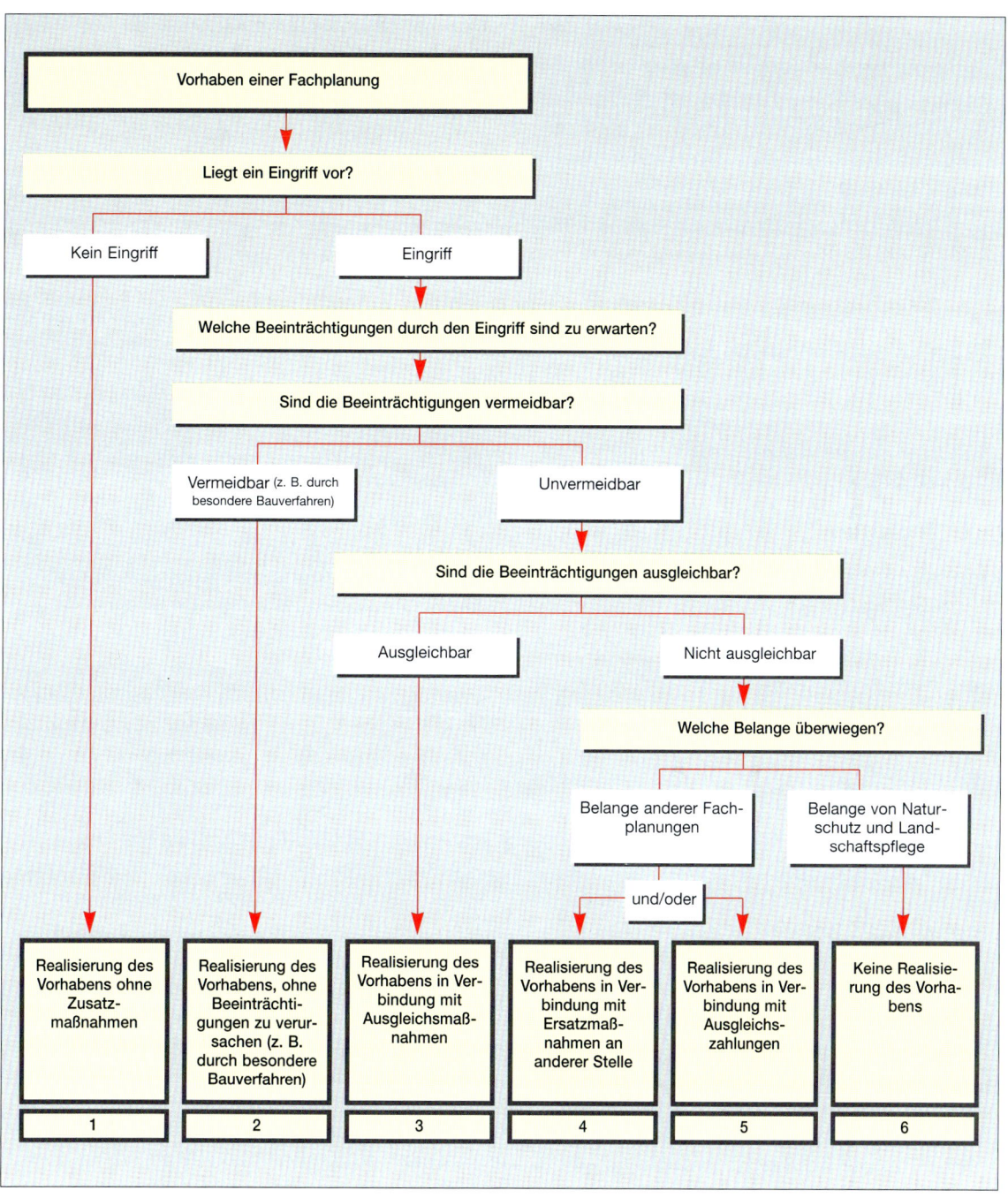

Abb. 12: Ablauf der Eingriffsregelung (SCHLÜTER, 1993).

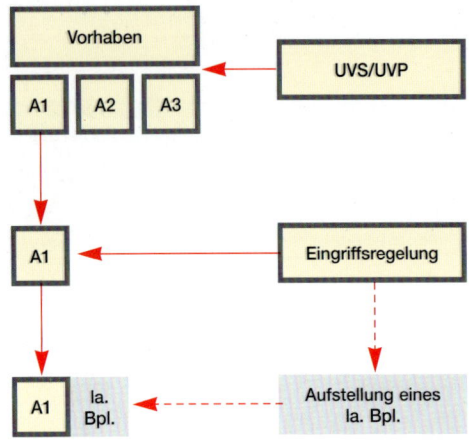

*Abb. 13: UVS/UVP, Eingriffsre-
gelung und landschaftspflegerische
Begleitplanung als Beiträge des
Umwelt- und Naturschutzes zu Vor-
haben anderer Fachgebiete
(SCHLÜTER, 1993).*

UVS/UVP, Eingriffsregelung und landschaftspflegerische Begleitplanung erstrecken sich auf unterschiedliche Vorhaben, die außerdem verschiedenen
Fachgebieten zuzuordnen sind, wie z. B. der Wasserwirtschaft und dem Verkehr. Da diese Fachgebiete überdies noch jeweils eigene, teilweise stark
voneinander abweichende Planungssysteme
haben, können die Planungsinstrumente UVS/UVP,
Eingriffsregelung und landschaftspflegerische
Begleitplanung von Vorhaben zu Vorhaben in sehr
unterschiedlicher Weise angewandt werden. Da es
nicht möglich ist, diese zahlreichen Möglichkeiten
hier gesondert zu behandeln, können die folgenden
Angaben über Vorschläge für ingenieurbiologische
Maßnahmen in diesem Planungsbereich nur sehr
allgemeiner Art sein.
Wie in der Landschaftsplanung (Abschn. IV. 1.1)
sollten ingenieurbiologische Maßnahmen auch hier
schon auf den oberen Planungsebenen angespro-

chen werden. Für ihre Planung und Durchsetzung
ist es am günstigsten, wenn schon in der vor der
landschaftspflegerischen Begleitplanung liegenden
UVS/UVP Hinweise auf ingenieurbiologische Baumaßnahmen gegeben werden. Diese sind dann in
dem Verfahren der Eingriffsregelung und in der
landschaftspflegerischen Begleitplanung zunehmend zu konkretisieren. In der Ausführungsplanung
sind sie dann detailliert auszuarbeiten.

Die folgenden Beispiele zeigen, daß eine derartige
Vorgehensweise durchaus möglich ist.

Möglichkeiten, schon in den UVS/UVPen derartige
Maßnahmen einzuleiten, bietet § 6 Absatz 3 UVPG:
„Die Unterlagen nach Absatz 1 müssen zumindest
folgende Angaben enthalten ...
3. Beschreibung der Maßnahmen, mit denen
erhebliche Beeinträchtigungen der Umwelt vermieden, vermindert oder soweit möglich ausgeglichen
werden sowie der Ersatzmaßnahmen bei nicht ausgleichbaren, aber vorrangigen Eingriffen in Natur
und Landschaft."

Als Beispiel für solche Aussagen über ingenieurbiologische Maßnahmen schon in den UVS/UVPen sei
die Umweltverträglichkeitsstudie zu den geplanten
Industrie-/Gewerbegebieten VW-Wolfsburg und
Roiwekamp (LANGER et al., 1989) ausgeführt:
„4.1 Bodenpotential ... 4.1.5 Entwicklungsmöglichkeiten ... Anlage von Windschutzhecken."
„4.5 Erholungspotential ... 4.5.5 Entwicklungsmöglichkeiten ... Denkbare Entwicklungsmöglichkeiten
liegen dabei vor allem in der Renaturierung der
Kleinen Aller ... sowie einer stärkeren Strukturierung
der ackerbaulich genutzten Flächen durch Feld-
gehölze ...."

In den Verfahren der Eingriffsregelung und in den
landschaftspflegerischen Begleitplänen sind dann
die Vorschläge für ingenieurbiologische Baumaßnahmen detaillierter auszuarbeiten. Sie kommen hier sehr häufig vor, so daß auf sie an dieser
Stelle nicht näher eingegangen zu werden braucht.

◣ *Abb. 14: Erhaltenswerter Uferabbruch.*

2. Entscheidung für oder gegen ingenieurbiologische Maßnahmen

Stehen ingenieurbiologische Baumaßnahmen zur Diskussion, so ist zunächst zu entscheiden, ob ingenieurbiologische Maßnahmen überhaupt durchzuführen sind oder nicht.

Denn nicht in jedem Fall müssen „Schäden" oder „Beeinträchtigungen" durch ingenieurbiologische Maßnahmen „in Ordnung gebracht" werden. Insbesondere der zunehmende Mangel an Biotopen verschiedenster Art, aber auch der Bedarf an Forschungs- und Demonstrationsobjekten, zwingt zu Überlegungen, ob derartige Maßnahmen anzuwenden sind oder nicht. Denn durch ingenieurbiologische Maßnahmen werden zwar neue Biotope geschaffen, es können aber ggf. gleichzeitig andere, seltenere Biotope zerstört und Forschungs- oder Demonstrationsobjekte vernichtet werden.

So sind beispielsweise Uferabbrüche an Fließgewässern bei ökonomischer Betrachtungsweise Schäden, wenn sie angrenzende Nutzungen beeinträchtigen. Ökologisch gesehen stellen sie aber oft wertvolle Brutbiotope für Eisvögel und Uferschwalben dar (Abb. 14). Mehr oder minder steile Steinbruchböschungen müssen nicht – um ein weiteres Beispiel anzuführen – in jedem Fall abgeflacht und begrünt werden, da sie Standorte für seltene oder vom Aussterben bedrohte Pflanzen sein können, sich ggf. für Sukzessionsbeobachtungen eignen oder als geologische Demonstrationsobjekte benutzt werden können. Derartige Beispiele lassen sich auf Kolke an Fließgewässern, auf Steilböschungen an Baggerseen, auf Wanderdünen, Hochlagen usw. ausdehnen.

Entscheidungen, ob versucht werden soll, durch ingenieurbiologische Baumaßnahmen günstige Auswirkungen zu erzielen bzw. „Schäden" zu beseitigen (Abschn. I.), sind daher nur nach sorgfältiger Abwägung aller Vor- und Nachteile zu treffen (SCHLÜTER, 1986).

3. Entwicklung ingenieurbiologischer Rahmenkonzepte

Ist die Entscheidung für ingenieurbiologische Maßnahmen gefallen, besteht der zweite Planungsschritt in der Entwicklung ingenieurbiologischer Rahmenkonzepte. Unter ingenieurbiologischen Rahmenkonzepten sind Aussagen darüber zu verstehen, welche Nutzungen entsprechend dem ingenieurbiologischen Oberziel zu fördern und umweltverträglich zu gestalten sind und durch welche Maßnahmen bzw. Unterziele dieses Oberziel erreicht werden soll (Beispiel: Betroffene Nutzung: Wasserwirtschaft; Maßnahme bzw. Unterziel: Uferschutz durch Röhricht- und Weidensäume). In diesem Planungsschritt sind auch die Vegetationsstrukturen festzulegen, durch die die ingenieurbiologischen Unterziele erfüllt werden sollen; z. B. durch Röhricht, Wiese, Gebüsch oder waldartige Vegetation.

Diese Rahmenkonzepte sind vor allem aus Informationen über die betroffenen Nutzungen und die Standortverhältnisse einschließlich vorhandener bzw. möglicher Schäden zu entwickeln (Abb. 15). Zunächst ist zu klären, welchen Nutzungen die ingenieurbiologischen Baumaßnahmen dienen sollen. Dies klingt selbstverständlich, es bedeutet aber auch, daß ingenieurbiologische Maßnahmen nur dann erfolgversprechend geplant werden können, wenn die Nutzungen festliegen. So ist es z. B. nicht ratsam, ingenieurbiologische Baumaßnahmen zur Ufersicherung von Baggerseen zu planen, bevor deren Folgenutzungen festgelegt sind.
In diesem Planungsstadium sind außerdem zumindest annähernd diejenigen Standorte zu analysieren, an denen die ingenieurbiologischen Maßnahmen durchgeführt werden sollen. Mit dem Begriff „Standort" sind hier Wuchsorte mit vorhandener oder fehlender Vegetation und die Gesamtheit der dortigen Einwirkungen der mehr oder minder vom Menschen beeinflußten Naturfaktoren bezeichnet.

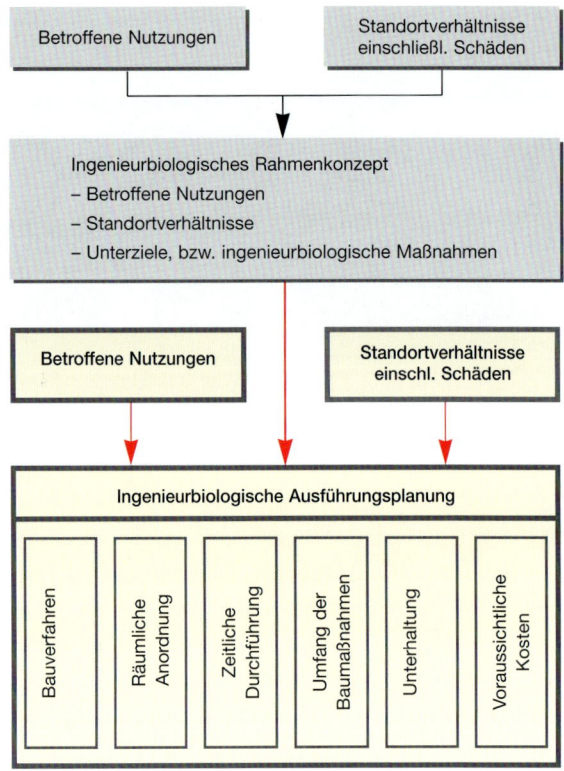

Abb. 15: Ablauf der Planung ingenieurbiologischer Baumaßnahmen.

Für ingenieurbiologische Rahmenkonzepte genügen in der Regel überschlägliche Informationen, vor allem über Klima (Temperatur, Niederschlag, Wind, anthropogene Luftverunreinigungen), Boden (Bodenart, Bodentyp, Feuchtigkeitsverhältnisse, toxische Stoffe), ggf. Gestein, Relief sowie über die reale und die heutige potentiell natürliche Vegetation (Abschn. V. 1.1.3) als Gesamteffekte der Standortverhältnisse.
Da die Förderung von Nutzungen auch in der Beseitigung vorhandener sowie in der Vermeidung möglicher Schäden oder Beeinträchtigungen besteht, wie z. B. im Verbau von Erosionsrinnen, ist außerdem zu untersuchen, ob derartige Schäden vorliegen oder zu erwarten sind.
Die ingenieurbiologischen Rahmenkonzepte enthalten also vor allem Angaben über die (Abb. 15):
– betroffenen Nutzungen,
– Standortverhältnisse,
– ingenieurbiologischen Maßnahmen bzw. Unterziele.

Sie sind in der Landschaftsplanung, in den Landschaftsrahmenplänen oder Landschaftsplänen und in der landschaftspflegerischen Begleitplanung in den landschaftspflegerischen Begleitplänen darzustellen. Die ingenieurbiologischen Rahmenkonzepte sind Grundlagen für die ingenieurbiologischen Ausführungsplanungen.

4. Ausarbeitung ingenieurbiologischer Ausführungsplanungen

Unter ingenieurbiologischen Ausführungsplanungen sind die detaillierten Entwürfe der erforderlichen ingenieurbiologischen Baumaßnahmen zu verstehen.

Wie aus Abb. 15 hervorgeht, sind sie aus den Rahmenkonzepten zu entwickeln. Wegen der größeren Planungsgenauigkeit sind bei Bedarf nun die betroffenen Nutzungen genauer zu erfassen. Außerdem sind jetzt die Standortverhältnisse genauer zu untersuchen. In dieser Hinsicht sind insbesondere die folgenden Informationen wichtig:

– Klima (Temperatur und Niederschlag, die bei der planungsbezogenen Auswertung zweckmäßigerweise zu Klimadiagrammen (WALTER et al., 1960) zu verknüpfen sind; Häufigkeit der Windrichtungen und Windstärken; anthropogene Luftverunreinigungen);
– Boden (Bodentypen und Bodenarten, für die es sich oft empfiehlt, sie auch in Bodenprofilen darzustellen; Gehalt an Humus und Nährstoffen einschl. Spurenelementen; pH-Werte, Gehalt an toxischen Stoffen wie z. B. Schwermetallen; Bodenverdichtungen; Bodenwasserhaushalt einschl. Naßstellen, Wasseraustritten und Grundwasserständen);
– ggf. Gestein (Gesteinsarten; Struktur wie z. B. Schichtungen, Horizontal- und Vertikalklüfte);

– ggf. Relief (Hangneigungen; Hanghöhen; Expositionen);
– Vegetation (reale Vegetation; heutige potentiell natürliche Vegetation (Abschn. V. 1.1.3) als Ausdruck der Standortbedingungen; gefährdete Arten);
– Fauna (insbesondere vom Aussterben bedrohte Arten);
– reale und potentielle Schäden oder Beeinträchtigungen als Effekt des Zusammen- oder Gegeneinanderwirkens von Standortfaktoren (z. B. Flächen- und Rinnenerosion, Uferabbrüche, Böschungsrutschungen) einschl. Feststellung der Schadensursachen.

Darüber hinaus sind objektspezifische Informationen einzuholen und auszuwerten, wie z. B. für ingenieurbiologische Maßnahmen an Gewässern: Angaben über Nährstoffgehalt und Verunreinigungen des Wassers sowie über Höhe und Jahresgang der Wasserstände. Oder für ingenieurbiologische Maßnahmen an Mülldeponien: Angaben über die Zusammensetzung des Mülls, über die Bodentemperaturen und Gase, wie z. B. Methan.

Die Ausarbeitung ingenieurbiologischer Ausführungsplanungen erstreckt sich vor allem auf (Abb. 15):

– die Auswahl ingenieurbiologischer Bauverfahren,
– die räumliche Anordnung der ingenieurbiologischen Bauobjekte,
– die zeitliche Durchführung der Baumaßnahmen,
– Schätzungen über den Umfang der Baumaßnahmen,
– Unterhaltungsmaßnahmen,
– die Ermittlung der voraussichtlichen Kosten.

Bei der **„Auswahl der ingenieurbiologischen Bauverfahren"** sind diejenigen ingenieurbiologischen Bauverfahren zu bestimmen, die zur Verwirklichung der betreffenden Rahmenkonzeptionen erforderlich sind, wie z. B. Spreitlagenbau zum Uferschutz oder Heckenlagenbau zur Hangbefestigung. Die Bauverfahren lassen sich untergliedern in: Wahl der (lebenden und toten) Baustoffe, Wahl der Bauweise, Veränderung der Standortverhältnisse und in Maßnahmen zur Fertigstellungspflege

(Abb. 16). (Weil die ingenieurbiologischen Bauverfahren im Mittelpunkt dieses Buches stehen, sind ausführliche Vorbemerkungen in Abschn. V. 1. bis V. 1.4 zu finden.)

Mit **„räumlicher Anordnung"** ist die Lage der ingenieurbiologischen Bauobjekte im Gelände gemeint. Sie umfaßt z. B. die Planung eines Systems von Windschutzpflanzungen oder die Bestimmung derjenigen gefährdeten Flußufer-Abschnitte, an denen zur Sicherung eine Spreitlage zu legen ist. Die Planung erfolgt meistens in den Maßstäben 1:500 bis 1:5000.

In diesem Stadium der Planung ingenieurbiologischer Baumaßnahmen ist zwar noch keine echte Ablaufplanung zur zeitlichen, räumlichen und kapazitiven Koordination der Bauprozesse vorzunehmen. Trotzdem sind schon zu diesem Zeitpunkt Vorstellungen über die **„zeitliche Durchführung"** der Baumaßnahme zu entwickeln; z. B. Vorstellungen über Zeitpunkt des Beginns und die Dauer der Baumaßnahme, über Reihenfolge, Beginn und Dauer einzelner Bauabschnitte sowie über die Dauer der Fertigstellungspflege.

Dies ist nicht nur notwendig, um dem Auftraggeber einen Überblick über voraussichtliche Bauzeiten und -kosten zu geben, sondern auch, um die rechtzeitige Ausführung der Baumaßnahme sicherzustellen. Letzteres ist besonders zu beachten. Denn weil Landschaftsbaumaßnahmen infolge des verhältnismäßig langsamen Pflanzenwachstums oft erst in einigen Jahren die volle Wirksamkeit erreichen, sind sie so frühzeitig wie möglich auszuführen, um diesen Nachteil bis zu einem gewissen Grade auszugleichen. Meistens kann und sollte mit der Ausführung schon begonnen werden, wenn die betreffenden Objekte, wie z. B. Straßen, Fließgewässer, Deponien, Trocken- und Naßabbaustellen, noch im Bau bzw. in Betrieb sind.

Unter **„Schätzung des Umfanges der Baumaßnahme"** sind Angaben einmal über das z. Z. der Planung absehbare Ausmaß von Arbeitsleistungen (z. B. m^3 Bodenabtrag, m^2 zu planierende Flächen, Zeitaufwand für die Fertigstellungspflege) und zum anderen über das voraussichtlich benötigte Baumaterial (z. B. Pflanzenmengen, m^3 Steine, Stk. Baum-

pfähle, Draht) zu verstehen. Sie ist nicht nur Voraussetzung für die Kostenschätzung und die spätere Ausschreibung, sondern auch ein Beitrag zur Sicherstellung der geplanten zeitlichen Baudurchführung. Aufgrund dieser Angaben können nämlich die erforderlichen Baustoffe rechtzeitig zu Baubeginn zur Verfügung gestellt werden. In diesem Zusammenhang sei nur auf die Möglichkeit hingewiesen, frühzeitig mit Baumschulen Anzuchtverträge über zu liefernde Pflanzenarten und -mengen zu schließen.

Um zu gewährleisten, daß auch nach Fertigstellung des ingenieurbiologischen Bauwerks (Abschn. V. 1.4) mindestens für eine gewisse Zeit finanzielle Mittel für die Unterhaltung zur Verfügung stehen, sind schon in der ingenieurbiologischen Ausführungsplanung **„Unterhaltungsmaßnahmen"** vorzusehen und auch in der Kostenschätzung bzw. im Kostenvoranschlag zu berücksichtigen. Hierbei ist es nicht unbedingt erforderlich und auch oft kaum möglich, genaue Zeitpunkte anzugeben, an denen die Unterhaltung durchzuführen ist. Vielmehr kommt es darauf an, auf unausweichliche Unterhaltungsmaßnahmen rechtzeitig hinzuweisen und die voraussichtlichen Kosten zu schätzen, damit dafür von vornherein Mittel eingeplant werden.

Endlich ist in **„Kostenschätzungen"** bzw. **„Kostenvoranschlägen"** der voraussichtliche finanzielle Aufwand für die Baumaßnahmen einschl. Fertigstellungspflege und auch für Unterhaltungsmaßnahmen zu ermitteln.

Derartige Kostenschätzungen bzw. -voranschläge geben einmal dem Auftraggeber einen Überblick über die zu erwartende finanzielle Belastung. Wichtiger ist jedoch, daß sich dann der Auftraggeber rechtzeitig um die benötigten Gelder bemühen kann.

Die Ausarbeitung ingenieurbiologischer Ausführungsplanungen erfolgt in der Regel in den Ausführungsplanungen der Landschaftsplanung und der landschaftspflegerischen Begleitplanung.

V. Ingenieurbiologische Bauverfahren

1. Allgemeines

Wie in Abschn. IV. 4. und Abb. 16 angedeutet, lassen sich ingenieurbiologische Bauverfahren in die folgenden Komponenten untergliedern: Wahl der Baustoffe, Wahl der Bauweise, Veränderungen der Standortverhältnisse und Fertigstellungspflege. Zwischen den erstgenannten drei Arbeitsschritten bestehen Wechselbeziehungen, indem jede Maßnahme durch eine der beiden anderen oder durch die beiden anderen bedingt sein kann. Dagegen ist die Fertigstellungspflege von den drei erstgenannten Schritten abhängig, verändert diese aber in der Regel nicht (Abb. 16). Pläne für die Ausführung ingenieurbiologischer Bauverfahren werden vorwiegend in den Maßstäben 1:10 bis 1:250 ausgearbeitet.

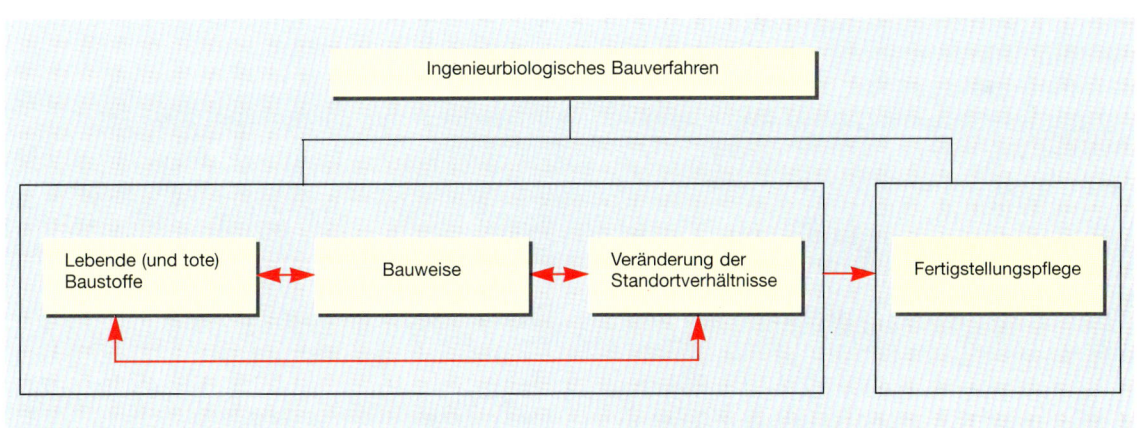

Abb. 16: Arbeitsschritte ingenieurbiologischer Bauverfahren.

1.1 Wahl der Baustoffe

Ingenieurbiologische Bauverfahren werden entweder ausschließlich mit lebenden oder in „kombinierter Bauweise" mit lebenden und toten Baustoffen ausgeführt (Abschn. V. 1.1.1.3).

Wie in Abschn. I. ausgeführt wurde, sind unter „lebenden Baustoffen" Pflanzenteile, Pflanzen und Pflanzengemeinschaften zu verstehen, die bei ingenieurbiologischen Baumaßnahmen zum Teil tatsächlich eingebaut und deswegen mit dem Begriff lebende Baustoffe bezeichnet werden.

Die Wahl der Baustoffe richtet sich nach (Abb. 15 u. 16):

a) Dem ingenieurbiologischen Rahmenkonzept,
b) den unveränderten oder im Rahmen der Baumaßnahme veränderten Standortverhältnissen (Abschn. V. 1.3) und
c) ggf. nach der vorgesehenen Bauweise; z. B. dann, wenn Bauweisen geplant sind, die die Bewurzelungsfähigkeit voraussetzen. So sind z. B. für den Bau von Flechtwerken Ruten von Salix-Arten erforderlich.

1.1.1 Baustoffarten

1.1.1.1 Lebende Baustoffe

Die lebenden Baustoffe lassen sich in Einzel-Bauelemente und zusammengesetzte Bauelemente untergliedern (SCHLÜTER, 1971 b, 1986):

Die Einzel-Bauelemente werden einzeln angeliefert und erst auf der Baustelle zu dem geplanten ingenieurbiologischen Bauobjekt zusammengesetzt. Hierunter sind zu verstehen (in Anlehnung an DIN 18917, 1990 und DIN 18918, 1990):

a) Pflanzen
  vollständige, aus Wurzel und oberirdischem Sproß bestehende, verholzte oder krautige Pflanzen;
b) Pflanzenteile
  – Steckholz
    25 bis 40 cm langer, mindestens 1 cm dicker, bewurzelungsfähiger unverzweigter Teil eines verholzten oberirdischen Sprosses,
  – Setzpflock
    50 bis 100 cm langer, mindestens 3 cm dicker, bewurzelungsfähiger unverzweigter Teil eines verholzten oberirdischen Sprosses,
  – Setzstange
    über 100 cm langer, mindestens 4 cm dicker, bewurzelungsfähiger unverzweigter Teil eines stärkeren, verholzten oberirdischen Sprosses,
  – Rute
    über 120 cm langer, bewurzelungsfähiger unverzweigter Teil eines biegsamen, verholzten oberirdischen Sprosses,
  – Zweig
    dünnerer, mindestens 50 cm langer, bewurzelungsfähiger verzweigter Teil eines verholzten oberirdischen Sprosses,
  – Ast
    stärkerer, mindestens 50 cm langer, bewurzelungsfähiger verzweigter Teil eines verholzten oberirdischen Sprosses (der Übergang von „Zweig" zu „Ast" ist fließend und nicht genau abgrenzbar),
  – Busch
    Gemisch aus bewurzelungsfähigen Zweigen und Ästen,
  – (Halm)Steckling
    bewurzelungsfähiger, in der Regel unverzweigter Teil eines nicht verholzten oberirdischen Sprosses,
  – Sprößling
    unterirdischer, aufwärts gerichteter Sproß,
  – Wurzelstück
    ausschlagfähiger Teil einer verholzten oder unverholzten Wurzel;
c) Saatgut
  Gemisch aus Samen und Samenträgern wie Früchten, Fruchtständen, Hüllen usw.

Die zusammengesetzten Bauelemente bestehen aus mehreren Einzel-Bauelementen und können in dieser Form vorgefertigt zur Baustelle geliefert und dort eingebaut werden. Zu dieser Gruppe gehören insbesondere:

a) lebende Faschine
zusammengebundene Ruten oder Äste bewurze-lungsfähiger Salix-Arten von ca. 10 bis 40 cm Durchmesser und ca. 4 bis 20 m Länge;

b) Vegetationsfaschine
walzenförmiger Körper aus Naturfaserstoffen von etwa 30 bis 75 cm Durchmesser, der mit Pflan-zenarten der Röhrichtzone besetzt ist;

c) Vegetationsmatte, Vegetationspalette
Matten aus Naturfaserstoffen, die mit Pflanzen der Röhrichtzone besetzt sind. Abmessungen: Länge bis 600 cm, Breite 50 bis 200 cm, Dicke ca. 4 cm;

d) Sode, Plagge
ca. 30 x 30 cm großes und 2,5 bis 4 cm dickes Stück einer Rasen- bzw. Wiesengesellschaft;

e) Fertigrasen, Rollrasen
30 x 167 cm großes und 1,5 bis 2,5 cm dickes teppichartiges Stück einer Pflanzengemeinschaft, meist einer Gräsergemeinschaft. Die Abmessun-gen von 30 x 167 cm wurden deshalb gewählt, weil dann zwei Bahnen 1 m^2 ergeben;

f) Saatgutmatte, Saatmatte
aus organischer Substanz bestehendes größeres teppichartiges Stück mit ein- oder aufgearbeite-tem Saatgut.

Außerdem sind die lebenden Baustoffe nach Pflan-zenarten zu unterscheiden. D. h. beispielsweise, daß ein Weidenast ein anderer lebender Baustoff als ein Pappelast ist.

1.1.1.2 Tote Baustoffe

An toten Baustoffen, die für ingenieurbiologische Baumaßnahmen geeignet sind, sind insbesondere zu nennen:
– Holz (Bretter, Stangen, Pflöcke, Reisig = Graß),
– Naturstein (Steine, Kies, Schotter, Pflastersteine, Platten usw.),
– Kunststeine (z. B. Vollsteine, Lochsteine, Hohl-blocksteine aus verschiedenem Material wie Ton, Kalksandstein, Beton usw.),

– Metall (Rohre, Stäbe, Drahtgeflechte, Draht, Nägel, Schrauben usw.),
– feste Kunststoffe (Blöcke, Bahnen, Gewebe, Kiese usw.),
– flüssige Kunststoffe (Emulsionen).

Im Rahmen dieses Buches kann auf die toten Bau-stoffe nicht näher eingegangen werden, sondern es wird verwiesen auf die DIN-Normen sowie auf LEHR (1981) und VOLGMANN (1979).

1.1.1.3 Kombinationen aus lebenden und toten Baustoffen

Ingenieurbiologische Bauverfahren sind möglichst ausschließlich mit lebenden Baustoffen auszu-führen.
Trotzdem sind Kombinationen lebender und toter Baustoffe oft günstig, da sich dann beide Baustoffe ergänzen und sowohl die Vorteile der Bauweisen mit lebenden Baustoffen als auch diejenigen der Bauweisen mit totem Material zur Wirkung kommen (Abschn. II. 2).

Die vielen toten Baustoffe sind jedoch nicht gleicher-maßen für Kombinationen mit lebenden Baustoffen geeignet. Es sind nur diejenigen brauchbar, die keine pflanzentoxischen Stoffe enthalten und die nicht bewirken, daß Pflanzungen oder Ansaaten nur eine Garnierung der toten Sicherung darstellen. Sie müssen vielmehr einen echten Verbund mit den lebenden Baustoffen bilden. Dieser sollte im Prinzip darin bestehen, daß das tote Material im Boden oder an der Bodenoberfläche ein festigendes Gerüst oder Skelett bildet, dessen Zwischenräume von den Pflanzen ausgefüllt werden und das von den Pflanzenwurzeln umwachsen wird (Abb. 17). Daher sollten nur tote Baustoffe verwendet werden, die den Boden zwar schützen, ihn aber nicht, wie Beton, Steinpflaster ohne Zwischenräume und Bitu-mendecken, durch eine ununterbrochene Decke abschließen. Besonders geeignet sind u. a. Stein-

Abb. 17: Wirkungsvoller Verbund zwischen lebenden und toten Baustoffen.

und Kiesschüttungen, Pflasterungen mit verhältnismäßig breiten Fugen, aber auch Trockenmauern, Krainerwände usw. (SCHLÜTER, 1980, 1986).

Oft wird die Frage gestellt, ob nicht die Gehölze durch ihr Wachstum Pflasterungen und Trockenmauern zerstören können.
Dies ist nur dann möglich, wenn die Steine dem Druck der Pflanzen nachgeben können, wenn also die Steine dem Pflanzendruck einen geringeren Gegendruck entgegensetzen. Auf diese Weise heben z. B. eingepflasterte Einzelbäume durch ihr Dicken- und Wurzelwachstum die Pflastersteine an.

Sind Pflasterungen oder Trockenmauern dagegen dicht mit Sträuchern besetzt, so können die Steine einmal nicht seitlich ausweichen, da die benachbarten Pflanzen auf sie einen ebenso starken oder größeren Gegendruck ausüben. Zum anderen können sie auch nicht hoch- bzw. bei Trockenmauern herausgedrückt werden, da die Pflanzen die Steine überwallen sowie oben über ihnen Zweige bilden

und somit durch die sich daraus ergebenden Verdickungen eine Verschiebung der Steine in diesen Richtungen verhindern. Es erfolgt also keine Lockerung, sondern im Gegenteil eine Festigung der Pflaster- und Mauergefüge.

1.1.2 Grundsätzliches über den Aufbau von Gehölz- und Wiesengesellschaften

Unabhängig davon, welche Pflanzengesellschaft angestrebt wird, und auch davon, ob ausschließlich lebende oder lebende und tote Baustoffe kombiniert verwendet werden, werden in der Regel nicht alle Arten der betreffenden Gesellschaft angesiedelt. Eingebracht werden nur einige Arten der vorgesehenen Gesellschaft, und zwar möglichst solche mit weiter ökologischer Amplitude und großem ingenieurbiologischem Leistungsvermögen.

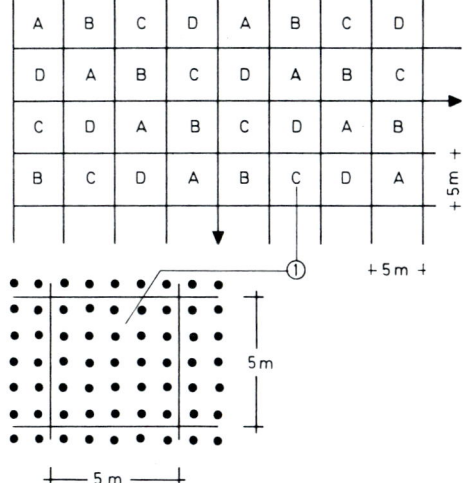

▲ Abb. 18: Holzartenkombination
bei der Aufforstung kleinerer Baustellen (Schema).
1 = je 25 Pflanzen einer Holzart.

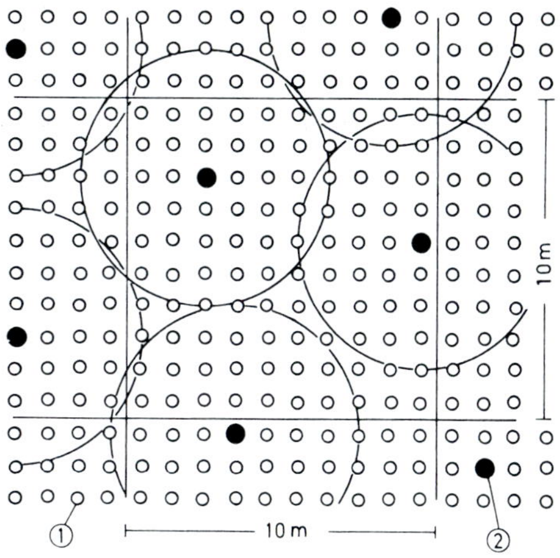

▲ Abb. 19: Holzartenkombination
bei der Aufforstung ausgedehnter
Baustellen (Schema).
1 = je 100 Junggehölze einer Holzart,
2 = übrigbleibende ausgewachsene Bäume.

Die übrigen wandern im allgemeinen natürlich zu, und schließen sich mit den eingebrachten zu der geplanten Pflanzengesellschaft zusammen.

In diesem Zusammenhang ist die Frage zu disku-tieren, ob artenreiche oder artenarme Pflanzen- oder Saatgutmischungen zu verwenden sind. Nach Untersuchungen von BOEKER (1970) ent-wickelten sich aus artenarmen Saatgutmischungen auf der Basis von Schafschwingel (Festuca ovina), Rotschwingel (Festuca rubra), Wiesenrispe (Poa pratensis) und Agrostis-Arten eher dichte Rasen als aus artenreichen Mischungen. Dagegen empfiehlt SCHIECHTL (1973) die Aussaat artenreicher Mischungen, da sie stabiler und wider-standsfähiger seien als artenarme. Auch m. E. sind bei ingenieurbiologischen Bau-maßnahmen aus folgenden Gründen artenreiche Pflanzenkombinationen und Saatgutmischungen günstiger als artenarme:
a) Die Standortverhältnisse ingenieurbiologischer Baustellen sind meistens nicht in allen Einzelhei-

ten übersehbar. Außerdem weisen die Baustellen oft in vertikaler und horizontaler Richtung stand-örtliche Inhomogenitäten auf. Durch Einbringen artenreicher Mischungen wird die Wahrschein-lichkeit vergrößert, daß trotz dieser unbekannten Standorteigenschaften und der Standortunter-schiede zumindest einige Arten günstige Wachs-tumsbedingungen vorfinden.
b) Im Vergleich zu einer artenarmen Ausgangsve-getation hat eine artenreiche vielfältigere Mög-lichkeiten der Weiterentwicklung, indem sie sich besser unterschiedlichen und sich verändernden Standortverhältnissen anpassen kann.

Um allen als Pflanzen, Pflanzenteile oder als Saat-gut einzubringenden Arten etwa die gleichen Start-chancen zu geben, ist folgendes zu beachten:
a) Jede Art ist mit nicht zu geringen Mindestantei-len anzusiedeln. Ist dies gewährleistet, ist es in der Regel von untergeordneter Bedeutung, ob in einer Pflanzenkombination oder Saatgutmi-schung die eine oder andere Art prozentual

etwas stärker oder geringer vertreten ist.

b) Es ist die Kampfkraft der einzelnen Arten zu berücksichtigen. Arten mit hohem Verdrängungsvermögen sind in niedrigeren Anteilen einzuplanen als Arten mit geringer Kampfkraft.

Pflanzungen sind nicht in Einzelmischungen zu erstellen, da dann Gefahr besteht, daß schwachwüchsige Arten durch starkwüchsige unterdrückt werden. Sehr verallgemeinert ist zu sagen, daß die Gruppengröße mit Zunahme der Baustellenfläche steigen kann. Bei kleineren Baustellen müssen die Gehölze einfach deswegen in kleinen Gruppen eingebracht werden, weil sich dort andernfalls nicht genügend verschiedene Arten unterbringen und somit auch keine Mischbestände erzielen lassen. Sofern derartige Baustellen einen flächenförmigen und keinen streifenförmigen Zuschnitt aufweisen, sind daher zweckmäßigerweise Gruppen von nur etwa 10 bis 50 Pflanzen einer Art zu bilden. Dies entspricht bei einem Pflanzverband von 100 x 100 cm ungefähr Flächen mit Seitenlängen von 3 bis 7 m (Abb. 18). Sind Baustellen langgestreckt und streifenförmig, wie z. B. niedrige längere Böschungen, so sind die Gehölze nach Gesichtspunkten anzuordnen, die auch für die Anlage von Windschutzpflanzungen maßgebend sind (Abschn. V. 7.2).

Auf ausgedehnten Baustellen ist es dagegen insbesondere aus Gründen der Arbeitserleichterung ohne weiteres möglich, Gruppen von etwa 100 bis 250 Pflanzen einer Art zu pflanzen, d. h. bei einem Pflanzverband von 100 x 100 cm auf Flächen mit Seitenlängen von rd. 10 bis 15 m eine Holzart anzusiedeln. Bei dieser Gruppengröße ist zu erwarten, daß im Laufe der Bestandsentwicklung und nach evtl. vorgenommenen Durchforstungen pro Gruppe nur etwa 1 bis 5 ausgewachsene Bäume übrigbleiben und somit trotz der verhältnismäßig großen Gruppen eine befriedigende Holzartenmischung erreicht wird (Abb. 19).

Zum Abschluß sei noch auf folgendes hingewiesen: Um zu erwartende Ausfälle bis zu einem gewissen Grade auszugleichen, ist um so enger zu pflanzen bzw. dichter zu säen, je ungünstiger die Standortverhältnisse sind.

1.1.3 Ansiedlung von Arten der heutigen potentiell natürlichen Vegetation

Nach Möglichkeit ist als Bestandsziel (= geplante endgültige Vegetation) die heutige potentiell natürliche Vegetation (= HPNV) anzustreben und anzusiedeln. Denn, wie nachstehend ausgeführt wird, hat sie wohl in der Regel die größte Stabilität (= Fähigkeit, sich weitgehend ohne menschliche Eingriffe durch Selbstregelung zu erhalten), so daß sie die ingenieurbiologischen Aufgaben wohl am vollständigsten und nachhaltigsten ausüben kann und bei ihrer Ansiedlung wohl auch der Unterhaltungsaufwand herabgesetzt wird.

Die HPNV ist die denkbare, ohne menschliche Eingriffe und ohne Sukzession entstandene, höchstentwickelte natürliche Pflanzengesellschaft, die den augenblicklichen Standortverhältnissen entspricht (SCHLÜTER, 1970, 1986).

Zum besseren Verständnis des Begriffs „HPNV" sei auf folgendes hingewiesen (LOHMEYER, 1961; SCHLÜTER, 1970, 1986; SEIBERT, 1962, 1968; TRAUTMANN, 1966; TÜXEN, 1956):

a) Es handelt sich um eine natürliche Pflanzengesellschaft, menschliche Eingriffe bei ihrer Entstehung und Entwicklung sind ausgeschaltet. Sie erhält sich über längere Zeiträume durch ihr eigenes Regelungs- und Regenerationsvermögen.

b) Sie ist eine gedankliche Konstruktion. Sie stimmt daher oft nicht mit der heute tatsächlich vorhandenen, der realen Vegetation überein, z. B. dann nicht, wenn an dem betreffenden Wuchsort Ersatzgesellschaften angesiedelt sind, wie es auf Ackerflächen der Fall ist.

(An derartigen Wuchsorten bzw. Baustellen ist aber trotzdem eine HPNV denkbar und auch meistens aufgrund von Standort- und Vegetationsuntersuchungen konstruierbar.)

Wenn die HPNV auch oft nicht mit der vorhandenen Vegetation übereinstimmt, so gibt es doch zahlreiche Fälle, in denen die HPNV der realen

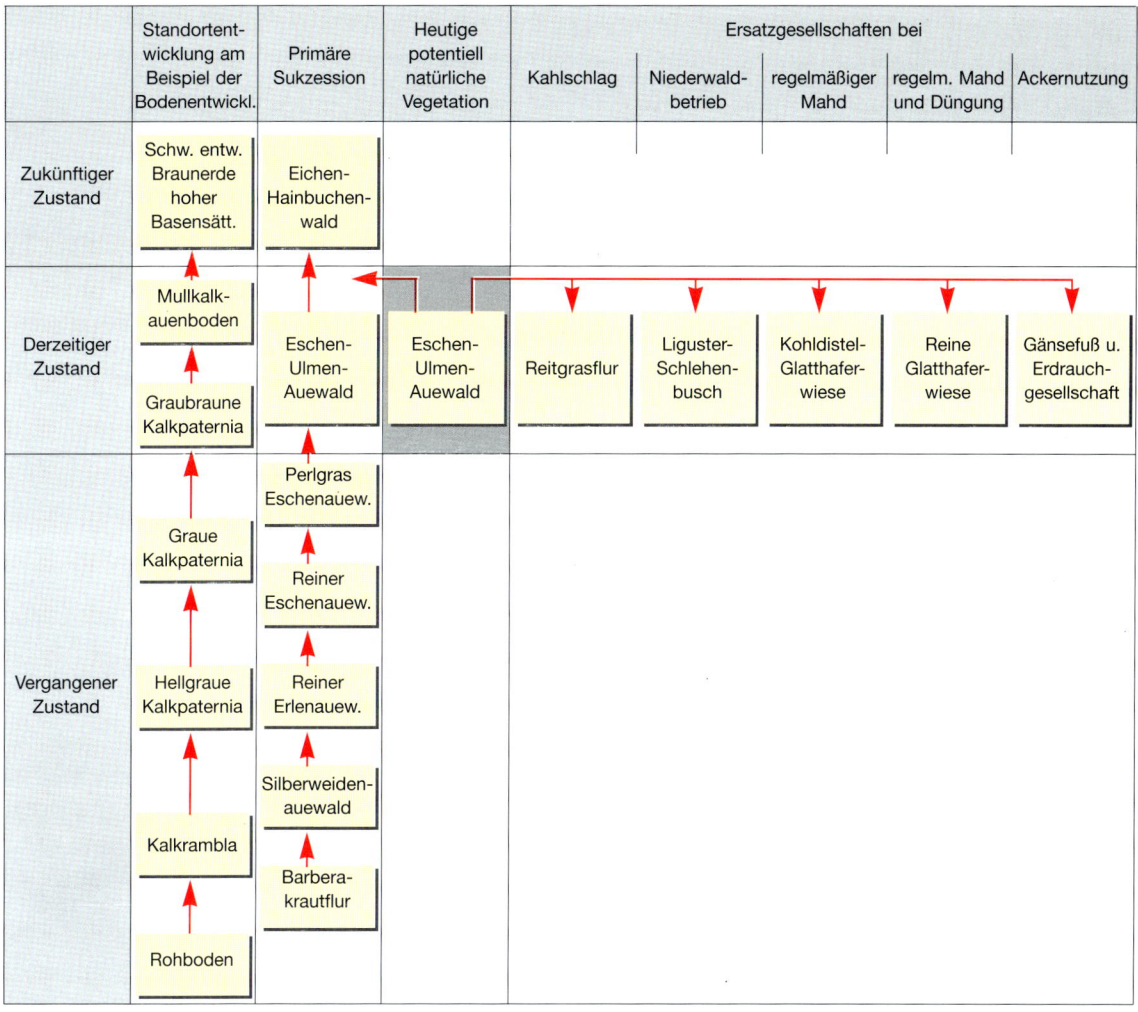

	Standortent-wicklung am Beispiel der Bodenentwickl.	Primäre Sukzession	Heutige potentiell natürliche Vegetation	Ersatzgesellschaften bei				
				Kahlschlag	Niederwald-betrieb	regelmäßiger Mahd	regelm. Mahd und Düngung	Ackernutzung
Zukünftiger Zustand	Schw. entw. Braunerde hoher Basensätt.	Eichen-Hainbuchen-wald						
Derzeitiger Zustand	Mullkalk-auenboden / Graubraune Kalkpaternia	Eschen-Ulmen-Auewald	Eschen-Ulmen-Auewald	Reitgrasflur	Liguster-Schlehen-busch	Kohldistel-Glatthafer-wiese	Reine Glatthafer-wiese	Gänsefuß u. Erdrauch-gesellschaft
Vergangener Zustand	Graue Kalkpaternia / Hellgraue Kalkpaternia / Kalkrambla / Rohboden	Perlgras Eschenauew. / Reiner Eschenauew. / Reiner Erlenauew. / Silberweiden-auewald / Barbera-krautflur						

Abb. 20: Heutige potentiell natürliche Vegetation (HPNV), primäre
Sukzession und Ersatzgesellschaften
am Beispiel der Isaraue (in Anlehnung
an SEIBERT, 1962, 1968).

Vegetation gleicht. So sind z. B. Reste natürlicher Wälder, Schwimmblattgesellschaften (Nym-
phaeion), Süßwasserröhrichte (Phragmition),
Großseggen-Riede (Magnocaricion), Queller-
Gesellschaften (Salicornion strictae), Andel-
Gesellschaften (Puccinellion maritimae), Helmdünen-Gesellschaften (Ammophilion) sowie Gräser-

gesellschaften alpiner Matten oberhalb der
Baumgrenze gleichzeitig reale und HPNV.
c) Die HPNV entspricht nicht nur den ursprünglichen natürlichen, sondern auch den derzeitigen,
durch menschliche Einflüsse veränderten natürlichen Standortverhältnissen. So dürfen z. B. bei
der Erfassung der HPNV an und in Gewässern

anthropogene Gewässereutrophierungen nicht unberücksichtigt bleiben.

(Die Berücksichtigung derartiger anthropogener Einflüsse bei der Bestimmung der HPNV und die später darauf aufbauende Wahl der lebenden Baustoffe dürfen selbstverständlich nicht dazu führen, daß Maßnahmen zur Behebung der Umweltbelastungen unterlassen werden.)

d) Man muß sich die HPNV nicht im Verlauf einer Sukzession, sondern augenblicklich entstanden vorstellen.

e) Die HPNV ist zwar meistens eine Waldgesellschaft, jedoch nicht immer. Sie kann z. B. im Hochgebirge eine Wiesengesellschaft, in Gewässern eine Wasserpflanzen- oder eine Röhrichtgesellschaft sein.

Zur Veranschaulichung des Begriffs „HPNV" kann Abb. 20 beitragen: Z. Zt. ist die Standortentwicklung1 bis zur „Graubraunen Kalkpaternia" bzw. bis zum „Mullkalkauenboden" fortgeschritten, die einem Eschen-Ulmen-Auewald entspricht. Wahrscheinlich werden sich die Standortverhältnisse[1] in Richtung einer „schwach entwickelten Braunerde hoher Basensättigung" weiterentwickeln, deren höchstmögliche Pflanzengesellschaft ein Eichen-Hainbuchen-Wald sein wird, der auch mit einiger Sicherheit die Schlußgesellschaft darstellt.
Z. Zt. ist aber die HPNV ein Eschen-Ulmen-Auewald, unabhängig davon
– ob die Entwicklung tatsächlich bis zum Eichen-Hainbuchen-Wald fortschreitet
– und ob z. Zt. der Eschen-Ulmen-Auewald oder die Ersatzgesellschaften „Reitgrasflur", „Liguster-Schlehenbusch", „Kohldistel-Glatthafer-Wiese" usw. vorhanden sind.
Wäre in Abb. 20 die Standortentwicklung[1] erst bis zur „Hellgrauen Kalkpaternia" verlaufen, wäre die HPNV ein „Reiner Erlenwald".

Die HPNV ist bei ingenieurbiologischen Baumaßnahmen aus folgenden Gründen anzustreben: An einem Wuchsort vollzieht sich die natürliche, ungestörte Vegetationsentwicklung in Form einer Folge verschiedener Pflanzengesellschaften, in Form einer progressiven Sukzession. Sie beginnt am vegetationslosen Standort mit der Entstehung einer Initialgesellschaft, setzt sich dann über verschiedene Übergangsgesellschaften fort und endet mit einer Schlußgesellschaft (Klimax- oder Dauergesellschaft). Die Sukzession geht in stetiger Wechselwirkung mit der Veränderung des Standortes vor sich. Im Verlauf der Sukzession vergrößern sich in der Regel ökologische Differenzierung, soziologische Selbständigkeit, Stabilität und Dauer der einzelnen Gesellschaften mit zunehmender Nähe zur Schlußgesellschaft.

Die Folge der Pflanzengesellschaften im Verlauf der Sukzession kann in Verbindung mit den sich dabei ändernden Standortverhältnissen als eine Folge verschiedener Ökosysteme aufgefaßt werden (Abschn. II. 1). Nach den heutigen Erkenntnissen steigt dabei in der Regel die Stabilität der Ökosysteme mit zunehmender Nähe des vorhandenen Ökosystems zu dem Ökosystem, das dort aus der derzeitig möglichen höchstorganisierten Pflanzengesellschaft, also der HPNV und ihrem Standort, gebildet wird. D. h., die HPNV stellt mit ihrem Standort in der Regel das stabilste Ökosystem dar. In Abb. 20 ist also der Eschen-Ulmen-Auewald mit seinem Standort „Graubraune Kalkpaternia" bzw. „Mullkalkauenboden" ein Ökosystem größerer Stabilität als diejenigen, die z. B. der Perlgras-Eschen-Auewald und die Reitgrasflur mit ihren Standorten bilden würden.
Durch Ansiedlung der HPNV wird also in der Regel ein ingenieurbiologisches Bauwerk geschaffen, das sich am weitestgehenden durch Selbstregelung selbst erhält und das deswegen den geringsten Pflegeaufwand beansprucht.
Die HPNV wird in Karten dargestellt. Diese enthalten auch Angaben über die Pflanzenarten. Zu beachten ist allerdings, daß diese Angaben nur die standörtliche Eignung der lebenden Baustoffe, also

---

[1] Die von SEIBERT (1962, 1968) aufgezeigte Bodenentwicklung ist wohl stellvertretend für die gesamte Standortentwicklung anzusehen.

ihre Fähigkeit, an dem betreffenden Standort bzw. an der Baustelle zu wachsen, berücksichtigen, nicht aber ihre bautechnische Eignung, also die Fähigkeit, die Ziele der ingenieurbiologischen Baumaßnahmen zu erfüllen.

Liegen keine Angaben über die HPNV vor, ist die Auswahl der Arten aufgrund eines Vergleichs ihrer Ansprüche mit einzelnen, an der Baustelle besonders wirksamen Standortbedingungen vorzunehmen, wie z. B. Bodenart, Säuregrad, Wasserhaushalt und Temperatur.

Die HPNV darf nicht mit der „potentiellen natürlichen Vegetation" verwechselt werden. Hierunter ist die Vegetation zu verstehen, „die sich einstellen würde, wenn der menschliche Eingriff aufhörte ..." (BOHN, 1981; TRAUTMANN, 1966; TÜXEN, 1956). Da hierbei im Gegensatz zur HPNV menschliche Einflüsse weitgehend ausgeschlossen sind, eignet sich diese gedankliche Konstruktion nicht sonderlich für die Ingenieurbiologie. Denn ingenieurbiologische Baumaßnahmen werden in der Regel an anthropogenen Standorten durchgeführt, wie z. B. an verschmutzten Wasserläufen, Hochwasserrückhaltebecken, Abbaustellen, Deponien und Straßen.

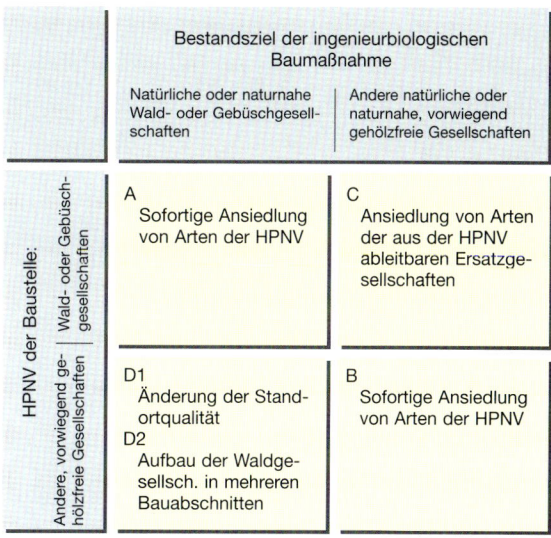

Abb. 21: Beziehungen zwischen der heutigen potentiell natürlichen Vegetation (HPNV) und den Bestandszielen ingenieurbiologischer Baumaßnahmen.

1.1.4 Ansiedlung anderer Pflanzengesellschaften

Obwohl also aus Gründen der nachhaltigen Wirksamkeit ingenieurbiologischer Bauobjekte und des zu erwartenden geringen Unterhaltungsaufwandes Pflanzenarten der HPNV angesiedelt werden sollten, kann die HPNV jedoch nicht immer das Bestandsziel sein.

Es besteht z. B. die Möglichkeit, daß Wiesengesellschaften angesiedelt werden müssen, wenn die HPNV eine Waldgesellschaft ist. So müssen z. B. oft für die Aufnahme einer Waldgesellschaft geeignete Baustellen, wie Gewässer- oder Straßenbö-

schungen, aus wasserbaulichen oder verkehrstechnischen Gründen eine Rasenansaat erhalten. In derartigen Fällen ist eine wenig Pflege beanspruchende Ersatzgesellschaft der Schlußgesellschaft anzustreben, da diese mit ihrem Standort ebenfalls ein relativ stabiles Ökosystem darstellt (Abb. 20 und 21). (Ersatzgesellschaften sind Gesellschaften, die an dem betreffenden Wuchsort bei unterschiedlicher Nutzung bzw. bei unterschiedlichen anthropogenen Eingriffen anstelle natürlicher Gesellschaften auftreten.)
Müßte z. B. in Abb. 20 anstelle des Eschen-Ulmen-Auewaldes Rasenvegetation angesiedelt werden, so ist die der HPNV relativ nahestehende Ersatzgesellschaft „Kohldistel-Glatthafer-Wiese" zu empfehlen.

Abb. 22: Ausnutzung der Suk-
zession zur Ufersicherung. Auf der
Steinschüttung haben sich Gräser,
Kräuter und Gehölze natürlich ange-
siedelt, da keine Mahd mehr erfolgt
(Sommer 1981).

Zum anderen kommt es beispielsweise vor, daß die HPNV eine Wiesengesellschaft ist, die Ziele der ingenieurbiologischen Baumaßnahme aber nur durch eine Waldgesellschaft erfüllt werden können.
In diesem Falle sind entweder die Standortverhältnisse der Baustelle (z. B. durch Bodenauftrag) so zu verändern, daß dort als neue HPNV eine Waldgesellschaft Lebensbedingungen findet oder es ist die geplante Waldgesellschaft in einer Art künstlich herbeigeführter Sukzession in mehreren Bauabschnitten einzubringen, wie z. B.: Aussaat von Arten der heutigen potentiell natürlichen Gräsergesellschaft → natürliche Standortveränderung → Pflanzung von Pionierholzarten → natürliche Standortveränderung → Pflanzung von Arten der geplanten Waldgesellschaft (Abb. 21).

1.1.5 Ausnutzung der Sukzession

Selbstverständlich ist, wie in Abschn. V. 1.1.3 ausgeführt wurde, in der Regel als Bestandsziel die derzeitig mögliche höchstentwickelte (HPNV) oder eine ihr weitgehend nahestehende Vegetation (Ersatzgesellschaft) anzustreben und auch anzusiedeln, um eine möglichst schnelle und große Stabilität der ingenieurbiologischen Bauobjekte zu erreichen.Das schließt aber nicht aus, daß es auch Fälle gibt, in denen die Bestandsziele „HPNV" oder „ihr weitgehend nahestehende Ersatzgesellschaften" nicht durch die Ansiedlung von Arten dieser Gesellschaften, sondern völlig ohne Hilfe des Menschen oder durch Einbringen von Arten vorhergehender Sukzessionsstadien oder von Ersatzgesellschaften erreicht werden soll. In diesen Fällen erfolgt also

Abb. 23: Dasselbe Ufer im Sommer 1986.

bestenfalls eine „Initial-Pflanzung" oder „-Ansaat", und es wird dann die Sukzession für die Erreichung des endgültigen Bestandszieles ausgenutzt. (Darauf hinzuweisen ist, daß auf diese Weise „nur" ein Entwicklungsprozeß in Richtung des vorgesehenen Bestandszieles eingeleitet wird, der längere Zeit beansprucht, als wenn von vornherein Arten der geplanten Endgesellschaft angesiedelt würden.) So dürfte sich beispielsweise die in Abb. 20 dargestellte derzeitig mögliche höchstentwickelte Vegetation (HPNV), der Eschen-Ulmen-Auewald, auch dadurch erzielen lassen, daß Arten der Ersatzgesellschaft „Glatthaferwiese" angesiedelt werden und dann diese Aussaat der Sukzession überlassen bleibt.

Solche „unvollständigen" ingenieurbiologischen Baumaßnahmen sind aus ökologischen Gründen zu empfehlen, da die in den Sukzessionsstadien aufeinander folgenden Pflanzengesellschaften die Erhaltung der biologischen Vielfalt fördern, indem sie z. B. die Überlebenschancen von Pflanzen- und Tierarten erhöhen, die sich im Verlauf der Evolution an derartige Sukzessionstadien angepaßt haben. Es braucht nicht näher erläutert zu werden, daß bei ingenieurbiologischen Maßnahmen eine derartige Vorgehensweise nur dann angebracht ist, wenn die eingebrachte „Initial-Vegetation" schon in der Lage ist, die ingenieurbiologischen Zielsetzungen vollständig zu erfüllen (Abb. 22 u. 23).

Die Ausnutzung der Sukzession für die Ingenieurbiologie ist streng genommen keine ingenieurbiologische Baumaßnahme. Deshalb kann hier auf diese Vorgehensweise nicht weiter eingegangen werden. Eine gute Einführung in die Problematik gibt SKALLER (1981), dessen Arbeit auch wichtige weiterführende Literatur enthält.

1.1.6 Verwendung von Gast-, Pionier- und Pflegeholzarten

Gastholzarten

Nicht immer können jedoch ausschließlich Pflanzenarten einer an der Baustelle natürlich vorkommenden Gesellschaft angesiedelt werden. Die Zielsetzung kann die Verwendung sog. Gastholzarten erforderlich machen. Gastholzarten sind standortmögliche, aber nicht standorteigene Pflanzen. Sie wachsen zwar an der Baustelle, kommen dort aber in den Gesellschaften der Sukzessionsstadien und in den Ersatzgesellschaften nicht natürlich vor. Meist dienen Gastholzarten einer vorübergehenden Aufgabe, wie z. B. der schnellen Vorsicherung. Sie werden dann oft im Verlauf der Entwicklung von den standorteigenen lebenden Baustoffen unterdrückt. Bei der Sicherung von Hängen durch Buschlagenbau muß z. B. vor allem auf Salix-Arten zurückgegriffen werden, da sie ein ausgeprägtes Bewurzelungsvermögen aufweisen. Sie sind an diesen Baustellen zwar in den meisten Fällen standortmöglich, aber selten standorteigen. Sofern die Verwendung von Gastholzarten erforderlich ist, sollten diese auf das unbedingt notwendige Maß beschränkt bleiben.

Pionier- und Pflegeholzarten

Oft müssen oder können zusätzlich zu den Pflanzen, die den endgültigen Bestand bilden sollen, sog. Pionier- oder Pflegeholzarten verwendet werden. Es sind Pflanzen, die das Wachstum der übrigen Pflanzen ermöglichen oder fördern. Pionierholzarten üben ihre günstigen Wirkungen vor der Bestandsgründung aus, Pflegeholzarten dagegen während der Bestandsentwicklung. Beide können standorteigen, aber auch Gastpflanzen sein. Ihre fördernden Eigenschaften beruhen vor allem auf der Fähigkeit, den Boden, z. B. durch Stickstoff- und Humusanreicherung, zu verbessern sowie auf einem schnellen Wachstum, das an der Baustelle ein günstiges Kleinklima infolge Beschattung, Windschutz und Schutz vor Früh- und Spätfrösten bewirkt.

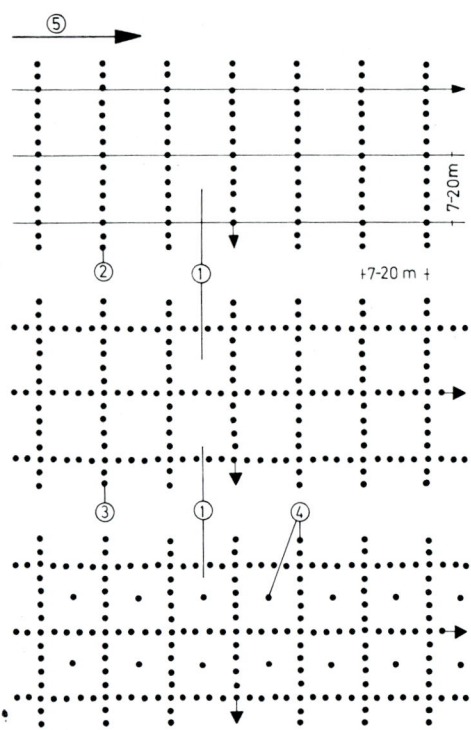

Abb. 24: Anordnung von Pflegeholzarten bei Aufforstungen.
1 = Junggehölze des Endbestandes, 2 = reihenweise Anordnung der Pflegeholzarten senkrecht zur Hauptwindrichtung, 3 = Kammerung durch Pflegegehölze, 4 = Kammerung sowie Pflanzung einzelner Pflegegehölze zum zusätzlichen Früh- und Spätfrostschutz, 5 = Hauptwindrichtung.

Pionier- und Pflegegehölze zeichnen sich oft durch Starkwüchsigkeit aus. Bei ihnen muß deshalb gewährleistet sein, daß sie rechtzeitig „auf den Stock gesetzt" werden, da sie andernfalls schwachwüchsige Holzarten unterdrücken können.

Typische Pioniergehölze sind z. B. Aspe (Populus tremula) und Birke (Betula pendula). In diesem Zusammenhang sind auch Pioniersaaten von Leguminosen zu erwähnen, die u. a. auf Sandspülflächen eine Vegetationsperiode vor deren Aufforstung vorgenommen werden (Abschn. V. 1.1.7).

Das Wachstum der Gehölze kann durch Verwendung von Pflegeholzarten, insbesondere von Roterlen (Alnus glutinosa), gefördert werden. Sie reichern Stickstoff im Boden an. Ihr Laub verrottet leicht und ist Ausgangsmaterial für günstige Humusarten. Wahrscheinlich steigern sie auch infolge ihres starken Wachstums zumindest das Wachstum anderer schnellwüchsiger Gehölze. Bei richtiger Anordnung (s. unten) können sie zudem die übrigen Junggehölze vor Wind, Früh- und Spätfrösten schützen und somit bei der Aufforstung größerer Flächen besonders wirksam werden.

In schmalen Pflanzungen können sie wie in Windschutzpflanzungen (Abschn. V. 7.2.2) schräg in den Pflanzungen oder, wenn ausreichend Land zur Verfügung steht, parallel zu ihnen in besonderen ausschließlich aus Pflegeholzarten bestehenden Reihen angeordnet werden. Ihr Anteil beträgt im Mittel rd. 20 bis 33 %.
Bei Pflanzungen auf ausgedehnten Flächen dürften die günstigen Effekte weitestgehend erreicht werden, wenn die Erlen entweder reihenweise senkrecht zur Hauptwindrichtung oder in Form einer Kammerung angeordnet werden. Infolge ihrer Vorwüchsigkeit bilden sie nach kurzer Zeit „Windschutzpflanzungen" für die übrigen Gehölze. Ergänzend hierzu können an früh- und spätfrostgefährdeten Standorten einzeln zwischen die Holzarten des Endbestandes gepflanzte Erlen einen Schirm bilden und frostempfindliche Arten schützen (Abb. 24).

1.1.7 Pionier und Zwischensaaten von Leguminosen und anderen Arten

Für diese Ansaaten sind auch die Bezeichnungen „Voranbau", „Vorkultur" und „Zwischenbegrünung" gebräuchlich. Es sind Ansaaten vorwiegend von Leguminosen, die vor Gehölzpflanzungen oder danach zwischen den Gehölzen vorgenommen werden. Unterscheiden lassen sich vorübergehende Pionier- oder Zwischensaaten, bei denen ein- und zweijährige Arten verwendet werden, sowie mehrjährige, bei denen ausdauernde Arten angesiedelt werden (Abb. 25). Pioniersaaten werden vor der Pflanzung und Zwischensaaten nach dem Einbringen der Gehölze ausgeführt.

Für Pionier- und Zwischensaaten lassen sich vor allem die folgenden Arten verwenden: Leguminosen: Wundklee (Anthyllis vulneraria), Hornschotenklee (Lotus corniculatus), Sumpfschotenklee (L. uliginosus), Einjährige weiße Lupine (Lupinus albus), Einj. blaue Lupine (L. angustifolius), Einj. gelbe Lupine (L. luteus), Ausdauernde Lupine (L. perennis), Gelbklee (Medicago lupulina), Luzerne (M. sativa), Weißer Steinklee (Melilotus albus), Gelber Steinklee (M. officinalis), Esparsette (Onobrychis viciaefolia), Seradella (Ornithopus sativus), Fadenklee (Trifolium dubium), Schwedenklee (T. hybridum), Inkarnat-Klee (T. incarnatum), Rotklee (T. pratense), Weißklee (T. repens), Persischer Klee (T. resupinatum), Sommerwicke (Vicia sativa), Winterwicke (V. villosa). Cruciferen: Raps (Brassica napus), Gelber Senf (Sinapis officinalis).
Sonstige: Büschelschön (Phacelia tanacetifolia).
Sind Pionier- oder Zwischensaaten im Herbst erforderlich, kann außerdem Wintergetreide angesät werden.

Die Arten werden i. d. R. durch normale Ansaat oder Drillsaat eingebracht (Abschn. V. 2.2.1.2). Da auf den Baustellen oft die mit Leguminosen in Symbiose lebenden Knöllchenbakterien (Rhizobium) mangelhaft vorhanden sind oder fehlen, ist bei

Abb. 25: Junge Roteiche (Quercus rubra) in einer Leguminosenansaat (Foto: DARMER).

Leguminosenansaat eine Impfung angebracht (Abschn. V. 1.3.2).
Die zeitliche Abfolge von Pionier- bzw. Zwischensaat und Gehölzpflanzung ist vor allem von dem Zeitpunkt abhängig, an dem die Baustelle ansaat- bzw. pflanzbereit ist. Zur möglichst schnellen Erzielung einer dichten, erosionsverhindernden und bodenverbessernden Bedeckung der Pflanzflächen (s. unten) mit den oben angegebenen Arten ist folgendes zu empfehlen:

a) Bei Abschluß der Erdarbeiten im Januar bis März:
   Pflanzung unmittelbar nach Abschluß der Erdarbeiten bzw. nach Frostperioden im Frühjahr und dann ebenfalls in diesem Frühjahr Zwischensaat.
b) Bei Abschluß im April:
   je nach Witterung
   – Pflanzung unmittelbar nach Abschluß der Erdarbeiten und sofort anschließend Zwischensaat,
   – Pioniersaat unmittelbar nach Abschluß der Erdarbeiten und Pflanzung im Herbst.
c) Bei Abschluß im Mai bis August:
   Pioniersaat unmittelbar nach Abschluß der Erdarbeiten und Pflanzung im Herbst.
d) Bei Abschluß im September:
   je nach Witterung
   – möglichst noch Pioniersaat (ggf. Wintergetreide) unmittelbar nach Abschluß der Erdarbeiten und Pflanzung im selben Herbst (u. U. auch noch im Winter oder nach Frostperioden im folgenden Frühjahr),
   – wenn es sich auf keinen Fall vermeiden läßt, Pflanzung im Herbst, Winter oder nach Frostperioden im folgenden Frühjahr und Zwischensaat ebenfalls in diesem Frühjahr.
e) Bei Abschluß im Oktober bis Dezember:
   Pflanzung unmittelbar nach Abschluß der Erdarbeiten bzw. im Winter oder nach Frostperioden im folgenden Frühjahr und dann ebenfalls in diesem Frühjahr Zwischensaat.

Wird zunächst angesät und dann gepflanzt, also beim Einbringen von Gehölzen in Pioniersaaten, werden die Jungpflanzen entweder in die ungemähte oder aber in die vorher gemähte Pioniervegetation gepflanzt. In diesem zweiten Fall sollte das Mähgut als Mulchmaterial liegen bleiben, sofern es nicht zu sehr die Pflanzarbeiten behindert. Das bisweilen empfohlene Unterpflügen der Pioniervegetation vor der Pflanzung ist nur dann günstig, wenn Pioniersaaten ausschließlich zur Bodenverbesserung und nicht auch zur Erosionsverhütung vorgenommen wurden (s. unten).
Unabhängig davon, ob es sich um Pionier- oder

Zwischensaaten handelt, ist bei mehrjährigen Saaten diese Vegetation u. U. bis zum Heranwachsen der Gehölze einige Vegetationsperioden lang zu mähen, um die von ihr ausgehenden Konkurrenzwirkungen (Nährstoff- und Wasserentzug; s. unten) möglichst gering zu halten.

Pionier- und Zwischensaaten üben vor allem die folgenden günstigen Wirkungen aus:
– Sie schützen durch Durchwurzelung und oberflächige Bedeckung des Bodens die Pflanzflächen vor Wind- und Wassererosion.
– Sie reichern den Boden mit organischer Substanz bzw. Humus an.
– Leguminosen verbessern den Stickstoffgehalt des Bodens.
– Außerdem verhindern sie das Aufkommen von Pflanzenarten, insbesondere von hochwüchsigen, ausdauernden Gräsern (z. B. Waldschilf = Calamagrostis epigeios), die Neuanpflanzungen von Gehölzen erheblich schädigen oder sogar ganz zerstören können.
Nachteilig ist jedoch, daß die Pionier- und Zwischensaaten den Gehölzen Nährstoffe und Wasser entziehen.

Unter Abwägung dieser Vor- und Nachteile sind Pionier- und Zwischensaaten daher auf Baustellen zu empfehlen, auf denen Pflanzflächen und Junggehölze durch Wind- und Wassererosion gefährdet sind und bzw. oder auf Baustellen, die vor allem durch Humus- und Stickstoffmangel gekennzeichnet sind.
Der Nachteil der Nährstoff- und Wasserkonkurrenz durch die Pionier- und Zwischensaaten kann bis zu einem gewissen Grad dadurch gemindert werden, daß, sofern es die Ziele der Baumaßnahmen zulassen, für die Saaten flachwurzelnde und für die Gehölzpflanzungen tiefwurzelnde Arten gewählt werden.

Vorübergehende Pionier- und Zwischensaaten haben den Vorteil, daß den Gehölzen nur kurzfristig durch die Saaten Nährstoffe und Wasser entzogen werden. Sie verhindern aber auch nur kurze Zeit

die Erosion. (Dieser Nachteil ist an erosionsgefährdeten Baustellen besonders schwerwiegend, weil die Gehölze mehrere Vegetationsperioden benötigen, um selbst erosionsschützend zu wirken.) Dagegen sichern mehrjährige Pionier- und Zwischensaaten die Pflanzflächen nachhaltig vor Erosion, entziehen den Junggehölzen aber längere Zeit Nährstoffe und Wasser.

Aus diesen Gründen ist zu empfehlen, bei geringer Erosionsgefahr vorübergehende und bei stärkerer Erosionsgefahr mehrjährige Pionier- und Zwischensaaten vorzunehmen.

1.2 Wahl der Bauweise

Unter der Bauweise ist im engeren Sinne die Einbringungsart der lebenden Baustoffe zu verstehen, wie z. B. das Stecken von Steckholz und das Legen von Spreit- und Buschlagen. Auch Pflanzung und Saat sind nach der obigen Definition einfache ingenieurbiologische Bauweisen, sofern sie der Erfüllung ingenieurbiologischer Ziele dienen (Abschn. V. 2). Im weiteren Sinne schließt der Begriff auch die Kombination der Pflanzenarten mit ein.
Die Wahl der Bauweise in abhängig von (Abb. 15 u. 16):
a) Dem ingenieurbiologischen Rahmenkonzept;
b) den unveränderten oder im Rahmen der Baumaßnahme veränderten Standortverhältnissen (Abschn. V. 1.3) und
c) ggf. von den anzusiedelnden lebenden Baustoffen, und zwar dann, wenn diese nur in bestimmten Bauweisen angesiedelt werden können wie z. B. der Queller (Salicornia) durch Ansaat.

Die zahlreichen ingenieurbiologischen Bauweisen sind auf die wenigen in Abschn. V. 1.1.1.1 beschriebenen lebenden Bauelemente zurückzuführen. Tab. 2 und Tab. 3 geben eine Übersicht darüber, mit welchen Bauelementen die wichtigsten Bauweisen ausgeführt werden. Die derzeitige, auch in den Tabellen benutzte Nomenklatur ist uneinheitlich und nicht immer logisch; denn sie hat sich großenteils in den verschiedenen Fachrichtungen, wie z. B. Wasserbau, Straßenbau, Wildbach- und Lawinenbau und außerdem in den verschiedenen Landschaften mehr oder weniger unabhängig voneinander entwickelt. Da sich jedoch die meisten Begriffe in der Praxis durchgesetzt haben, ist auf die Ausarbeitung einer neuen Nomenklatur verzichtet worden.

Bei unterschiedlicher Tiefenwirkung lassen sich die ingenieurbiologischen Bauweisen in flächig (z. B. Ansaaten), streifenförmig (z. B. Buschlagen, Faschinen) und punktförmig (z. B. Krainerwand) wirkende Bauweisen gliedern. Darüber hinaus können ingenieurbiologische Bauweisen ihre Funktionen frühzeitig (z. B. Spreitlage) oder erst zu einem späteren Zeitpunkt (z. B. Pflanzung) ausüben.

Die verschiedenen Wirkungen bedingen, daß oft mehrere ingenieurbiologische Bauweisen in unterschiedlicher Weise gleichzeitig oder nebeneinander, aber auch in mehreren Bauabschnitten nacheinander kombiniert werden müssen, wie z. B. Buschlagen mit Pflanzungen oder Spreitlagen mit Faschinen. Nicht selten werden auch Kombinationen zwischen Lebend- und Totbauweisen ausgeführt, so u. a. bei Schilfpflanzung in Steinschüttung oder beim Besatz eines Böschungspflasters mit Steckholz. Diese Kombination hat sich in vielen Fällen bewährt, da sich meist beide Bauweisen ergänzen (Abschn. V. 1.1.1.3).

Ingenieur-biologische Bauweisen	Einbau von: Spreitlagen, Faschinen, Faschinen-schwellen, Faschinendräns, Flechtwerken, Flechtzaun-schwellen	Bau von Objekten aus toten Baustoffen in Kombination mit Pflanzenteilen (Ästen, Zweigen, Steckhölzern, Setzpflöcken, Wurzelstücken), Pflanzen oder Samen; insbesondere: Begrünte Steinpflasterungen und Steinschüttungen, begrünte Holz- und Beton-Krainerwände, begrünte Trockenmauern, begrünte Drahtschotterkästen (Gabionen), begrünte Holz- und Steinschwellen.				
		Einbau von: Gitterbuschbau-werken, Busch-bautraversen, Ast- und Zweig-packungen (Buschmatrat-zen), Ast- und Zweiglagen, Buschlagen, Hecken-buschlagen, Ausbuschungen, Buschschwellen, Buschdräns	Einbau von: Steckhölzern, Setzpflöcken, Setzstangen, Lebenden Bürsten, Setzstan-genschwellen	Einbau von: Wurzelstücken	Pflanzung in zahlreichen Varianten. Einbau von: Heckenlagen, Heckenbuschla-gen	Ansaaten ohne Begrünungs-hilfsmittel in zahlreichen Varianten
Lebende Baustoffe			Pflanzenteile		Pflanzen	Samen Saatgut
	Ruten	Äste Zweige	Steckhölzer Setzpflöcke Setzstangen	Wurzelstücke		

Tab. 2: Ingenieurbiologische Bauweisen und die zur Ausführung erforderlichen lebenden Baustoffe von Gehölzen.

Ingenieurbiologische Bauweisen	Bau von Objekten aus toten Baustoffen in Kombination mit Pflanzenteilen, Pflanzengemeinschaften (Ballen, Soden, Stücken) oder Samen, insbesondere: Begrünte Steinpflasterungen und Steinschüttungen, begrünte Holz- und Beton-Krainerwände, begrünte Trockenmauern, begrünte Drahtschotterkästen (Gabionen), begrünte Fang- und Ableitungsmulden.		Belag mit Saatgut-matten
	Besatz mit: Rhizomen, Sprößlingen, Halmstecklingen	Besatz mit Ballen, Einbau von Röhrichtwalzen, Belag mit Fertigrasen, Bau von Rasensoden-mauern	Ansaaten ohne und mit Begrünungshilfsmitteln in zahlreichen Varianten
Lebende Baustoffe	Pflanzenteile	Pflanzengemeinschaften	Samen
	Rhizome, Sprößlinge, Halmstecklinge	Fertigrasen (Ballen, Soden, Stücke, Rollra-sen, Rasenmatten)	Saatgut / Saatgutmatten

Tab. 3: Ingenieurbiologische Bauweisen und die zur Ausführung erforderlichen lebenden Baustoffe von Gräsern und Kräutern.

1.3 Veränderung der Standortverhältnisse

Unter diesem Begriff sind diejenigen Maßnahmen zusammengefaßt, die das Wachstum der lebenden Baustoffe ermöglichen oder fördern.

1.3.1 Allgemeines

Die Veränderung der Standortverhältnisse hängt ab von (Abb. 15 u. 16):
a) Dem ingenieurbiologischen Rahmenkonzept;
b) den an der Baustelle herrschenden Standortverhältnissen und
c) ggf. von den lebenden Baustoffen und den ingenieurbiologischen Bauweisen. Dies ist z. B. dann der Fall, wenn an einer Baustelle z. Zt. die HPNV eine Gesellschaft aus Gräsern und Kräutern ist, die ingenieurbiologische Baumaßnahme aber die Ansiedlung von Gehölzen und außerdem Bauweisen erfordert, durch die diese Gehölze einzubringen sind, wie u. a. durch Einbau von Flechtwerken oder Buschlagen. Dieses Ziel ist dann nur durch die Standortveränderung „Bodenauftrag" zu erreichen.

Standortverändernde Maßnahmen sind beispielsweise:
Bodenauftrag und -abtrag, Mulchen, Düngen, Be- und Entwässern, Schutz gegen Wind, Schutz gegen Vieh- und Wildverbiß.
Auch die in Abschn. V. 1.1.6 und V. 1.1.7 angedeutete Verwendung von Pionier- und Pflegepflanzen dient der Veränderung der Standortbedingungen. Bei den in Abschn. V. 2.2.2 beschriebenen Ansaaten mit Begrünungshilfsmitteln werden teilweise in einem Arbeitsgang standortverbessernde Substanzen und lebende Baustoffe (Saatgut) eingebracht.

Veränderungen der Standortverhältnisse sind nicht in jedem Falle erforderlich, und zwar dann nicht, wenn an einer Baustelle günstige Wachstumsbedingungen vorhanden sind. Andererseits können

Baustellen durch solche Maßnahmen weitgehend verändert werden, z. B.. durch Aufbringen einer starken Bodenschicht. Die Spannbreite reicht also von fehlenden standortändernden Maßnahmen bis zur Schaffung eines vollkommen neuen Standortes. Standortveränderungen werden vor allem vor dem Einbau der lebenden Baustoffe (z. B. durch Bodenauftrag) oder während der Fertigstellungspflege (z. B. zur „Unkraut"-Bekämpfung; Abschn. V. 1.4) vorgenommen.

1.3.2 „Impfung" mit Mikroorganismen

Da zahlreiche ingenieurbiologisch wichtige Pflanzenarten fakultativ oder obligatorisch in Symbiose mit Mikroorganismen leben, ist auch die „Impfung" mit diesen Lebewesen als eine Veränderung der Standortverhältnisse aufzufassen.

Ingenieurbiologisch von Bedeutung sind folgende, im Wurzelbereich der höheren Pflanzen vorkommende Symbiosen:

a) Symbiosen zwischen Leguminosen und „Knöllchenbakterien" (Gattung: Rhizobium; ehemalige Sammelbezeichnung: Bacterium radicicola).
Hierbei dringen die Bakterien in die Wurzeln ein, in der Regel durch die Wurzelhaare der Leguminosen.
Nach gegenseitigen Reaktionen von Leguminose und Bakterium, auf die hier nicht näher eingegangen werden soll, erfolgt dann die Bildung von Knöllchen an den Leguminosen-Wurzeln (SCHAEDE, 1962).
Bei den in Europa vorkommenden Leguminosen, zu denen auch die meisten der bei uns ingenieurbiologisch verwendeten krautigen und holzigen Leguminosenarten gehören, wurden bei 94 % der untersuchten Arten Knöllchen festgestellt (SCHAEDE, 1962).

b) Symbiosen zwischen einigen Holzarten und Strahlenpilzen (Actinomyceten).

Die Strahlenpilze sind den Bakterien verwandt. Auch in diesem Fall dringen die Strahlenpilze in die Wurzelhaare der Gehölze ein, und es kommt dann durch wechselseitige Reaktionen von Gehölz und Strahlenpilz, auf deren Beschreibung an dieser Stelle verzichtet werden kann, zur Knöllchenbildung (SCHAEDE, 1962). Die Knöllchen verzweigen sich wiederholt und können zu Gebilden von Tennisballgröße werden. Von den in unserem Klima ingenieurbiologisch wichtigen Arten, die Symbiosen mit Strahlenpilzen eingehen, sind insbesondere zu nennen: Alnus glutinosa, Hippophae rhamnoides und Elaeagnus.

c) Symbiosen zwischen zahlreichen Holzarten und Mykorrhiza-Pilzen.
Nach MEYER (1980) infizieren die Pilze entweder die Rindenzellen der Gehölzwurzeln und leben dort intrazellulär (Endomykorrhiza) oder sie verbleiben außerhalb der Rindenzellen, leben interzellulär in der Wurzelrinde und überziehen außerdem die Wurzel mit ihrem Hyphen-Geflecht bzw. Pilzmantel (Ektomykorrhiza).

Während „Knöllchenbakterien" und Strahlenpilze den Stickstoffhaushalt der höheren Pflanzen verbessern, fördern die Mykorrhiza-Pilze die Nährstoffversorgung der höheren Pflanzen insgesamt und außerdem deren Wasserversorgung.
In feinmaterialreichen, gut durchlüfteten, humushaltigen, sauren bis neutralen Böden mit ausgeglichenen Feuchtigkeits- und Temperaturverhältnissen sind die oben angeführten Mikroorganismen meist in ausreichender Menge und Artenzahl vorhanden. Dagegen kann es aber infolge Fehlens oder zu geringen Vorkommens dieser Mikroorganismen vor allem an folgenden Standorten zu Wachstumsbeeinträchtigungen der angesiedelten Pflanzen kommen:
- seit längerer Zeit von Leguminosen freie bzw. unbewaldete Standorte,
- feinmaterialarme Substrate,
- (Sand-)Spülflächen,
- Aufforstungsflächen an der alpinen Waldgrenze (Hochlagen),
- Kippen und Halden.

Abies	4	Malus	2	
Acer	2	Picea	4	
Alnus	2	Pinus	4	
Betula	3	Populus	2	
Carpinus	4	Prunus	2	
Castanea	3	Pyrus	2	
Corylus	2	Quercus	4	
Crataegus	2	Salix	2	
Fagus	4	Sorbus	2	
Fraxinus	1	Taxus	1	
Juglans	3	Tilia	2	
Juniperus	2	Ulmus	2	
Larix	4			

Tab. 4: Mykorrhiza-Symbiosen bei einigen einheimischen Gehölzgattungen (MEYER, 1980). Bedeutung der Ziffern: 1 = mit Endomykorrhiza oder frei von Mykorrhiza, 2 = vorwiegend mit Endomykorrhiza, auch mit fakultativer Ektomykorrhiza, 3 = mit fakultativer Ektomykorrhiza, 4 = mit obligater Ektomykorrhiza.

Hier können „Impfungen" mit den Mikroorganismen das Wachstum der einzubringenden Pflanzen fördern und damit auch deren ingenieurbiologische Leistungen steigern.

Impfmethoden

Knöllchenbakterien, Strahlenpilze und Mykorrhiza-Pilze sind größtenteils auf bestimmte Pflanzenarten spezialisiert. Dies ist vor allem dann zu berücksichtigen, wenn im Handel erhältliche Impfmittel oder im Laboratorium gezüchtete Impfkulturen verwendet werden.

Impfung mit Knöllchenbakterien

Es sind vor allem zwei Methoden zu erwähnen:
a) Erde von mit Leguminosen bewachsenen Flächen, deren Standortverhältnisse und Leguminosen-Arten möglichst denen der zu begrünenden Flächen ähneln sollten, wird auf der Baustelle verteilt und sofort eingearbeitet.
b) Das Leguminosen-Saatgut wird unmittelbar vor der Aussaat mit im Handel erhältlichen Präparaten, z. B. mit Radicin, vermischt.

Impfung mit Strahlenpilzen

Strahlenpilz-Impfungen in der ingenieurbiologischen Praxis sind mir nicht bekannt. Die Bakterien können dadurch übertragen werden, daß frische Knöllchen zerrieben werden und die Masse sofort den Pflanzenwurzeln zugefügt wird (mündl. Auskunft von F. H. MEYER). In der Praxis dürfte dieses Impfverfahren jedoch infolge der Schwierigkeit, ausreichende Mengen von Knöllchen zu beschaffen, nur geringe Bedeutung haben.

Impfung mit Mykorrhiza-Pilzen

Symbiosen zwischen Gehölzen und Mykorrhiza-Pilzen können vor allem durch die folgenden Verfahren ermöglicht werden:
a) Aus Gehölzflächen, deren Standortverhältnisse und Holzarten denen der Baustelle möglichst weitgehend entsprechen sollten, wird Humus mit Mykorrhizen entnommen und auf der Baustelle in den Wurzelbereich eingearbeitet. Vorsicht vor Austrocknung, da hierdurch die Pilze inaktiviert werden.
b) Zu den mit Mykorrhiza zu impfenden Gehölzen werden Mykorrhiza tragende Holzarten dazugepflanzt. Die Pilze breiten sich aus und gehen dann auch mit den zu impfenden Pflanzen Symbiosen ein.
c) Die folgende Methode kann nur von Spezialisten durchgeführt werden und erfordert einen hohen Laboraufwand. Sie wird hier nur der Vollständig-

keit halber erwähnt. Auf Torfmull, Torfstreu o. ä. werden Reinkulturen der gewünschten Mykorrhiza-Pilze herangezogen. Anschließend wird das mit den Pilzen durchsetzte Substrat in den Boden oder in Pflanzlöcher eingebracht. Dieses Verfahren dürfte wohl vor allem für die Impfung von Baumschulkulturen geeignet sein.

Eine Variante besteht darin, daß auf Torfmull, Torfstreu o. ä. Impfkulturen gezüchtet werden, die nicht nur die geplante Mykorrhiza, sondern auch andere Mikroorganismen enthalten. Da diese „Begleit-Organismen" z. T. wachstumsfördernde Wirkungen auf die Gehölze ausüben (z. B. Pilzarten hinsichtlich der Zersetzung organischer Substanzen), waren verschiedentlich Impfungen mit diesen „Mischkulturen" effektiver als die obigen Impfungen mit „Reinkulturen". Diese Variante ist wohl ebenfalls in erster Linie für Baumschulkulturen anwendbar.

1.4 Fertigstellungspflege

Fertigstellungspflege ist keine Unterhaltung (Abschn. IV. 3), sondern der abschließende Bestandteil der Baumaßnahme. Nach HÄNSLER (1969) umfaßt die Fertigstellungspflege von Pflanzungen diejenigen Arbeiten, „die zur Sicherung des Anwachsens notwendig sind" und erstreckt sich auf einen Pflegezeitraum „in der Regel bis zur Jahresmitte". Nach DIN 18916 (1990) besteht die Fertigstellungspflege aus allen „Leistungen, die jeweils zur Erzielung eines abnahmefähigen Zustandes erforderlich sind".

Bei Berücksichtigung der Ingenieurbiologie ist die kurze Zeit der Fertigstellung der „Pflanzungen" zu kritisieren, da sie für ingenieurbiologische Baumaßnahmen nicht angemessen ist. Ein ingenieurbiologisches Bauwerk ist oft nicht schon dann fertig, wenn die Pflanzen „angewachsen" sind oder ein „abnahmefähiger Zustand" erreicht ist, sondern erst dann, wenn es seine ingenieurbiologischen Aufgaben erfüllt.

Bei ingenieurbiologischen Baumaßnahmen sind daher unter Fertigstellungspflege diejenigen Maßnahmen zu verstehen, die nach dem Einbringen der lebenden (und toten) Baustoffe bis zur Funktionsfähigkeit der ingenieurbiologischen Bauwerke erforderlich sind.

Sie hängt ab von (Abb. 15 und 16):
a) dem ingenieurbiologischen Rahmenkonzept;
b) den unveränderten oder im Rahmen der Baumaßnahme veränderten Standortverhältnissen (Abschn. V. 1.3);
c) den eingebrachten lebenden Baustoffen und
d) den angewandten ingenieurbiologischen Bauweisen.

An Maßnahmen sind vor allem zu nennen:
bei Verwendung von Gehölzen: insbesondere „Unkraut"-Bekämpfung, Rückschnitt, Wässern, Düngen und Nachpflanzen;
bei Verwendung von Gräsern und Kräutern: insbesondere Mahd, Wässern, Düngen und Nachbessern.

2. Pflanzung und Ansaat

Sofern sie ingenieurbiologischen Zielen dienen, sind Pflanzung und Ansaat einfache ingenieurbiologische Bauweisen, die mit den Baustoffen „vollständige Pflanzen" und „Samen" ausgeführt werden. Da sie in fast allen Bereichen ingenieurbiologischer Bautätigkeit angewendet werden, wie an Binnengewässern, an der Küste, an Hängen und Böschungen, auf ebenen bis schwach geneigten Flächen usw., werden sie hier zur Vermeidung von Überschneidungen gesondert behandelt.

2.1 Pflanzung

2.1.1 Pflanzung von Jungpflanzen

Es gibt zahlreiche Pflanzverfahren (Bauweisen). Sie
wurden vor allem im Waldbau entwickelt. Da die
übliche Einteilung der Pflanzweisen in Verfahrensgruppen und ihre Nomenklatur nicht einheitlich
sind, die Namensgebungen der einzelnen Pflanzweisen sich oft auch nicht logisch entsprechen und
außerdem nicht alle Pflanzweisen für ingenieurbiologische Baumaßnahmen von Bedeutung sind, wird
versucht, hier eine neue Einteilung der ingenieurbiologisch wichtigen Pflanzverfahren zu entwickeln.
Aus ingenieurbiologischer Sicht ist es zweckmäßig,
die Pflanzverfahren zu unterscheiden nach:

a) Reliefgestaltung der Bodenoberfläche;
b) Einbringungstechnik;
c) Beschaffenheit der Wurzeln der lebenden Baustoffe;
d) Anzahl an einer Pflanzstelle anzusiedelnder
   Pflanzen;
e) Einbringungstiefe.

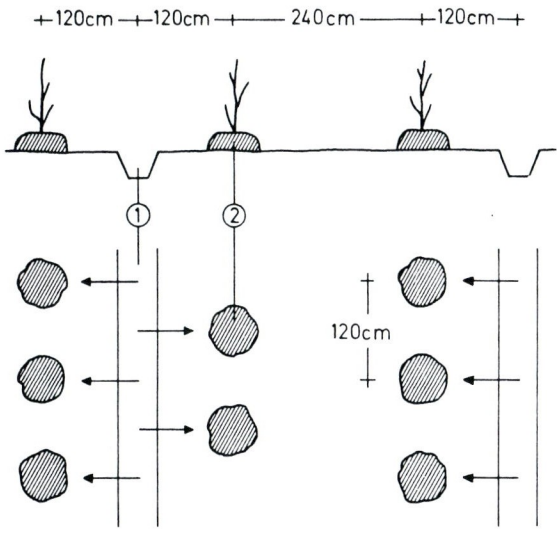

Abb. 26: Hügelpflanzung
(GUTSCHICK, 1963).
1 = Graben, 2 = Hügel.

2.1.1.1 Pflanzweisen unter Berück-
sichtigung der Reliefgestaltung der
Bodenoberfläche

Pflanzung in Höhe der Bodenoberfläche
(niveaugleiche Pflanzung)

Lebende Baustoffe
Pflanzen aller Größen.

Bauweise
Die Pflanzen werden in den Boden eingebracht,
ohne daß die derzeitige Bodenoberfläche in ihrem
Relief verändert wird.

Anwendungsbereich
Die niveaugleiche Pflanzung kann überall dort ausgeführt werden, wo keine außergewöhnlich ungünstigen Standortverhältnisse vorliegen.

Pflanzung auf Hügeln oder Erdwällen
(Hügelpflanzung, Hochpflanzung)

Lebende Baustoffe
Kleinere und größere Junggehölze bis etwa 80/100
cm Höhe.

Bauweise
Eine Variante dieser Methode besteht darin, Gräben
aufzupflügen und die auf diese Weise entstandenen
Erdwälle in Reihen zu bepflanzen. Abstände und
Größe der Gräben bzw. der Erdwälle richten sich
insbesondere nach den Boden- und Wasserverhält-
nissen sowie nach den einzusetzenden Geräten.
Bei einer zweiten Variante werden im Abstand von

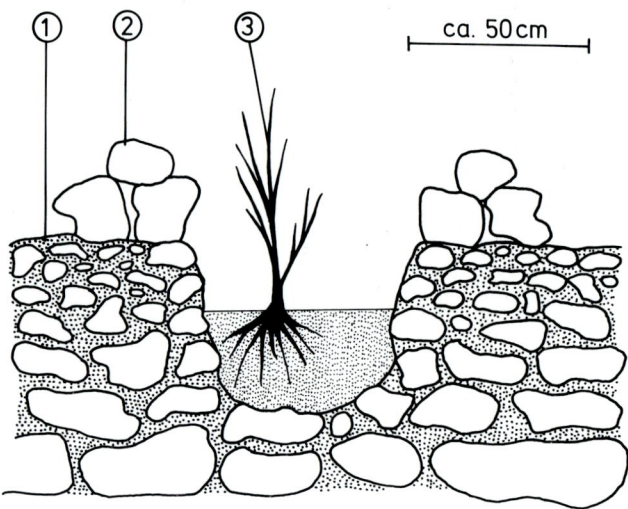

ca. 50 cm

Abb. 27: Pflanzung in Tieflöchern (BARNER, 1978).
1 = anstehendes Substrat, 2 = aus
Steinen des Tieflochs aufgesetzter
ringförmiger Steinwall, 3 = Junggehölz.

4 bis 5 m Gräben von etwa 35 cm Breite und 25 cm Tiefe ausgehoben.
Der Aushub wird zur Herstellung je einer Hügelreihe auf jeder Seite des Grabens benutzt. Die Hügel werden anschließend bepflanzt (Abb. 26). Auf stark vergrasten Flächen haben sich Varianten der Hügel-pflanzung, die „Rasenhügelpflanzung" und die „Plaggenpflanzung", bewährt (GUTSCHICK, 1963).

Anwendungsbereich

Mittels Hügel- oder Hochpflanzung werden dau-ernd oder periodisch vernäßte Flächen aufgeforstet.

Pflanzung in Tieflöchern

Lebende Baustoffe

Kleinere Junggehölze bis etwa 60 cm Höhe.

Bauweise

Entsprechend Abb. 27 werden die Pflanzen in ver-tieften Pflanzstellen eingebracht. Zur Verbesserung der Wasserbilanz der Pflanzen ist es vorteilhaft, die Gehölze nicht in der Mitte des Tieflochs, sondern an derjenigen Böschungsseite zu pflanzen, die die Mittagsschattenseite des Tieflochs darstellt (BAR-NER, 1978).

Anwendungsbereich

Diese Methode ist besonders für Standorte zu empfehlen, die durch steinige Böden, Wind, starke Einstrahlung und Wassermangel gekennzeichnet sind.

Pflanzung in Rillen bzw. Riefen (Rillenpflanzung, Riefenpflanzung)

Lebende Baustoffe

Kleinere und größere Junggehölze bis etwa 80/100 cm Höhe.

Bauweise

In geneigtem Gelände (s. unten) werden je nach Gefälle und Substrat Rillen im Abstand von etwa 80 bis 150 cm eingehackt oder gepflügt, wobei der Aushub talseitig aufgeworfen wird. Die Rillen sind mit leichtem Gefälle von etwa 10 bis 15 Grad her-zustellen. Die Pflanzung der Gehölze erfolgt in den Rillen reihenweise, meist in Abständen von etwa 80 bis 150 cm (Abb. 28 u. 29).

◀ Abb. 28: Rillenpflanzung zur
Aufforstung entwaldeter Hänge in
Süditalien.

Anwendungsbereich

Die Rillenpflanzung ist vor allem für Böschungsbefestigungen geeignet. Da die Rillen das Oberflächenwasser auffangen und überschüssige Wassermengen verhältnismäßig schadlos abführen können, hat sich dieses Pflanzverfahren besonders in Gebieten bewährt, in denen oft Starkregen mit Trockenzeiten wechseln.

Pflanzung auf „Pulten" (Pultpflanzung)

Lebende Baustoffe

Kleinere Junggehölze bis etwa 50 cm Höhe.

Bauweise

In der Literatur wird die sog. „Lochpultpflanzung" der Hacklochpflanzung bzw. der Lochpflanzung zugeordnet (GUTSCHICK, 1963; VOLGMANN, 1979). Sie dürfte aber besser unter der Bezeichnung „Pultpflanzung" an dieser Stelle aufzuführen sein, da sie in der Ausführungstechnik der Rillenpflanzung nahesteht. An Hängen wird zunächst die

Gras- und Krautvegetation hangabwärts abgeschält. Anschließend wird der verbleibende Boden nach Lockerung z. T. hangaufwärts angehäuft. Im unteren Bereich der von Vegetation befreiten Stelle wird dann mit dem Rest des Bodens eine pultförmige Erhöhung hergestellt, auf die die Pflanze gesetzt wird. Das Gehölz wird zum Abschluß mit dem obenliegenden Boden bedeckt (Abb. 30).

Anwendungsbereich

Die Pflanzweise wird vor allem zur Ansiedlung kleinerer Junggehölze an Hängen mit geringer Feinmaterialauflage benutzt.

Literatur, Abschn. V. 2.1.1.1: BARNER (1978); GUTSCHICK (1963);
SCHIECHTL (1973); VOLGMANN (1979).

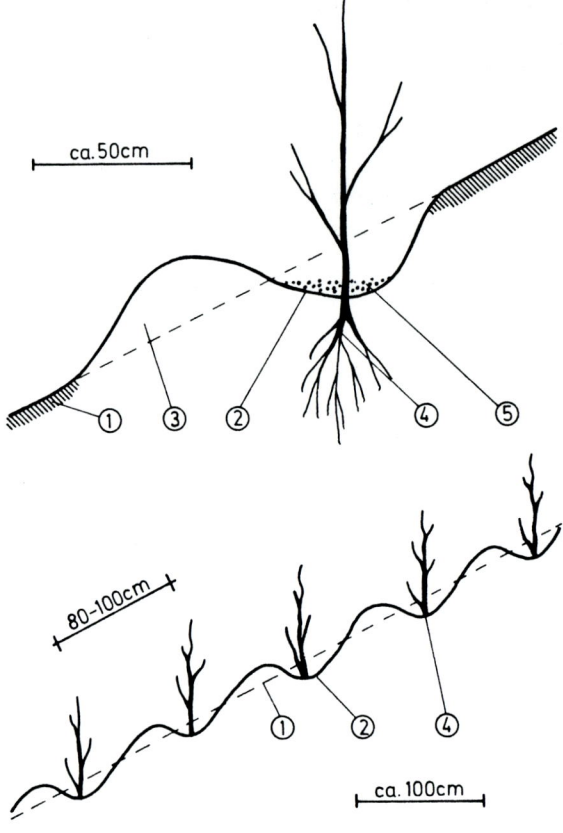

ca. 50cm

80-100cm

ca. 100cm

Abb. 29: Rillenpflanzung.
1 = Hangoberfläche, 2 = Rille (Riefe),
3 = talseitig aufgeworfener Aushub,
4 = Junggehölz, 5 = Mulchschicht.

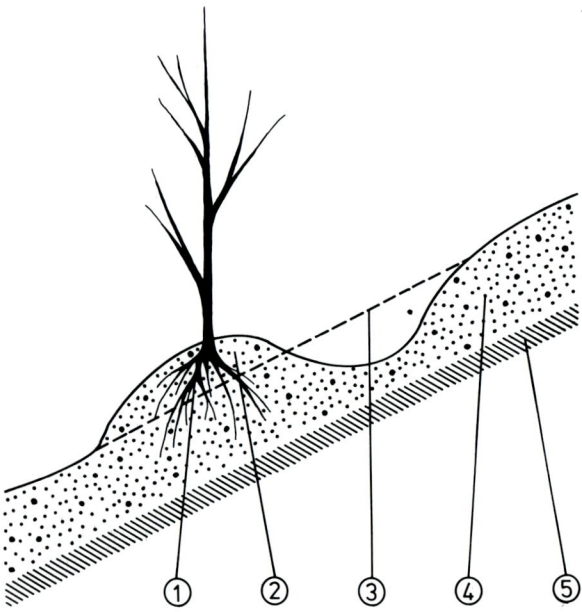

Abb. 30: Pultpflanzung
(GUTSCHICK, 1963).
1 = Junggehölz, 2 = hangabwärts
aufgehäuftes Feinmaterial,
3 = ehemalige Bodenoberfläche,
4 = anstehendes Feinmaterial,
5 = anstehendes Gestein.

2.1.1.2 Pflanzweisen unter Berücksichtigung der Einbringungstechnik

Spaltpflanzung

Lebende Baustoffe

Kleinere Junggehölze bis etwa 60 cm Höhe.

Bauweise

Hierbei wird der Boden mit spaltenden oder schneidenden Geräten geöffnet und nach dem Einbringen der Pflanzen sofort wieder geschlossen und angedrückt. Es gibt zahlreiche Varianten: Schrägpflanzung (Hackenschlagpflanzung), Winkelpflanzung, Klapppflanzung, Kreuzstichpflanzung und Hohlhackenpflanzung (GUTSCHICK, 1963).

Anwendungsbereich

Diese Pflanzweise ist besonders für die Aufforstung von Böden zu empfehlen, die nicht zu locker und nicht allzu stark mit Gräsern und Kräutern bewachsen sind.

Klemmpflanzung

Lebende Baustoffe

Kleinere Junggehölze bis etwa 60 cm Höhe.

Bauweise

In den unbeeinflußten oder etwas gelockerten Boden werden manuell Pflanzlöcher gestoßen oder maschinell Pflanzrillen gedrückt. Nach dem Einsetzen der Pflanzen werden die Löcher durch Schließstiche mit Pflanzspaten, Pflanzholz oder mit der Hand geschlossen. Nach den verwendeten Geräten lassen sich mehrere Varianten unterscheiden: Hand-Klemmpflanzung, Spatel-Klemmpflanzung, Klemmspaten-Pflanzung, Stoßeisenpflanzung, Furchenpflanzung.

Anwendungsbereich

Die Klemmpflanzung ist vor allem für feinmaterialreiche Böden geeignet, die weitgehend vegetationsfrei sind.

Pfropflochpflanzung

Lebende Baustoffe

Kleinere und größere Junggehölze bis etwa 80/100 cm Höhe.

Bauweise

Mittels Hohlspaten oder Hohlbohrer werden Pflanzlöcher ausgehoben. Nach dem Einsetzen der Pflanzen an die Lochwände werden die Löcher entweder mit dem unzerkleinerten oder aber mit dem zerkrümelten Pfropf geschlossen. Entsprechend den verwendeten Geräten läßt sich die Pfropflochpflanzung in Hohlspaten- und Hohlbohrerpflanzung unterteilen.

Anwendungsbereich

Durch Propflochpflanzung werden vor allem Gehölze zur Nachbesserung von Pflanzungen eingebracht. Während sich die Hohlspatenpflanzung besonders in mäßig bindigen bis schweren, steinfreien, oberflächig nicht durchwurzelten Böden bewährt hat, wird die Hohlbohrerpflanzung in erster Linie für steinhaltige, stärker durchwurzelte Böden geringerer Bindigkeit vorgeschlagen.

Lochpflanzung

Lebende Baustoffe

Pflanzen aller Größen.

Bauweise

Mit allen ihren Varianten ist die Lochpflanzung die Pflanzweise, die bei ingenieurbiologischen Baumaßnahmen am häufigsten angewendet wird.
Bei allen Varianten der Lochpflanzung werden Pflanzlöcher mit Spaten, Hacken oder Pflanzlochbohrern ausgehoben. Sie sind meist quadratisch, dreieckig oder rund und haben bei der Ansiedlung von Junggehölzen je nach Größe der Pflanzen einen Durchmesser von etwa 25 bis 50 cm. Sie müssen eine ausreichende Tiefe erhalten, damit die Gehölze ohne Umbiegen ihrer Wurzeln so tief gepflanzt werden können, wie sie vorher gestanden haben. Beim Pflanzen wird das Gehölz in dem

Loch in die erforderliche Tiefe gehalten und mit Boden umfüllt. Durch leichten Zug am Sproß wird das Erdreich an die Wurzeln geschüttelt. Dann wird das eingefüllte Material festgedrückt.

An Varianten sind vor allem die Grabloch-, Bohrloch- und die Hacklochpflanzung zu erwähnen.

A n w e n d u n g s b e r e i c h

Alle Bodenarten, auch steinige Böden.

Literatur, Abschn. V. 2.1.1.2: BARNER (1978); GUTSCHICK (1963); SCHIECHTL (1973); VOLGMANN (1979).

2.1.1.3 Pflanzweisen unter Berücksichtigung der Wurzelbeschaffenheit

Neben der Pflanzung von Gehölzen mit entblößter Wurzel werden auch lebende Baustoffe mit Ballen oder Töpfen eingebracht:

Einbringen von Pflanzen mit Kleinballen

L e b e n d e   B a u s t o f f e

Kleinere Junggehölze und andere Pflanzen mit Naturballen; kleinere Pflanzen, die in „Containern" herangezogen sind, wie insbesondere in Tontöpfen, Torftöpfen, Zellulosefaser-Töpfen, Papiertöpfen, Schaumstoff-Töpfen, gelochten Polyäthylen-Tüten (Abb. 31).

B a u w e i s e

Die Pflanzen werden mit ihren Ballen bzw. Töpfen in Löcher gesetzt, die möglichst doppelt so breit wie die Ballen sein sollen. Anschließend sind die Löcher mit Feinmaterial zu verfüllen, und der Boden ist festzutreten. Sofern die Ballen oder Töpfe ausgetrocknet sind, sind sie vor dem Einbringen zu durchfeuchten, oder es sind nach Beendigung der Pflanzarbeiten die Pflanzstellen sorgfältig zu wässern.

A n w e n d u n g s b e r e i c h

Pflanzen mit Naturballen oder „Containern" werden bei ingenieurbiologischen Baumaßnahmen vor allem an Standorten verwandt, die durch feinmaterialarme Böden, Austrocknungsgefahr und bzw. oder durch kurze Vegetationszeiten gekennzeichnet sind. Außerdem können diese Pflanzen den ganzen Sommer hindurch angesiedelt werden.

Einbringen von Pflanzen mit Großballen

L e b e n d e   B a u s t o f f e

Größere Junggehölze, deren Wurzeln in Ballen eingebettet sind, die durch Jutetücher, Kunststoffgeflechte, aber bisweilen auch durch Drahtgeflechte zusammengehalten werden.

B a u w e i s e

Nach dem Herstellen von Löchern, die etwa die doppelte Breite der Ballendurchmesser aufweisen sollten, sind die Gehölze einzusetzen. Danach sind die Ballenumhüllungen am Wurzelhals zu öffnen. Die leicht verrottenden Jutetücher und schnell rostenden Drahtgeflechte können auf den Boden des Pflanzloches gedrückt und dort ausgebreitet werden. Dagegen sind Kunststoffgeflechte und langsam rostende Drahtgeflechte zu entfernen. Hierdurch wird vermieden, daß die Umhüllungen das Dickenwachstum der Sprosse und der Wurzeln beeinträchtigen und es infolgedessen zu Wachstumsstörungen kommt. Bei trockenen Ballen oder Austrocknungsgefahr nach der Pflanzung sind die Pflanzen vor oder nach dem Einbringen ausreichend zu wässern.

A n w e n d u n g s b e r e i c h

Für ingenieurbiologische Baumaßnahmen ist die Ansiedlung von Großballen-Pflanzen von untergeordneter Bedeutung. Sie kann ggf. für Nachbesserungen und zur Erzielung optischer Wirkungen erforderlich sein.

Literatur, Abschn. V. 2.1.1.3: BARNER (1978); GUTSCHICK (1963); SCHIECHTL (1973); VOLGMANN (1979).

Abb. 31: Anzucht von Junggehölzen in Töpfen, um Pflanzen mit
Kleinballen zu erhalten.

2.1.1.4 Pflanzweisen unter Berücksichtigung der Anzahl anzusiedelnder Pflanzen

An einer Pflanzstelle können nicht nur eine Pflanze (Einzelpflanzung), sondern auch mehrere angesiedelt werden:

Büschelpflanzung (Nestpflanzung)

Lebende Baustoffe
Kleinere Junggehölze bis etwa 60 cm Höhe.

Bauweise
An ein und derselben Pflanzstelle werden mehrere, oft 2 bis 4 Gehölze gleicher oder verschiedener Art dicht beieinander eingebracht.

Anwendungsbereich
Nach SCHIECHTL (1973) wird die Büschelpflanzung nicht mehr oft angewandt, da die Pflanzen zusammenwachsen und schlecht Schäfte ausbil-

den können sowie Rotfäule auftreten kann. Aus forstlicher Sicht sind dies zweifellos Nachteile. Da die Ingenieurbiologie aber kein Nutzholz produzieren will, ist die Büschelpflanzung für sie, wie auch SCHIECHTL betont, eine durchaus wichtige Bauweise. Durch das Einbringen mehrerer Pflanzen bzw. Arten wird die Wahrscheinlichkeit vergrößert, daß zumindest ein Teil der Gehölze überlebt. Aus diesem Grund eignet sich die Büschelpflanzung besonders für die Begrünung extremer Standorte, also für Standorte, an denen ein oder mehrere Standortfaktoren in pflanzenschädlichem Überfluß oder Mangel vorliegen.
Sie ist z. B. für Baustellen zu empfehlen, die Austrocknungsgefahr, Starkwinde, Schneedruck oder kurze Vegetationsperioden aufweisen.

Literatur, Abschn. V. 2.1.1.4: SCHIECHTL (1973); VOLGMANN (1979).

2.1.1.5 Pflanzweisen unter Berücksichtigung der Einbringungstiefe

Neben der Pflanzung in „normaler" Tiefe können die Pflanzen auch tiefer eingebracht werden als sie vorher gestanden haben:

Tiefpflanzung

Lebende Baustoffe

Kleinere Laubgehölze bis etwa 100 cm Höhe.

Bauweise

Es hat sich bewährt, die Pflanzen so tief einzusetzen, daß der Haupttrieb ungefähr 1/3 bis 2/3 seiner Länge mit Boden bedeckt ist. Die Gehölze können senkrecht oder schräg eingepflanzt werden (Abb. 32).

Anwendungsbereich

Windexponierte Standorte mit ungünstiger Wasserversorgung.

An diesen Baustellen wird das Wachstum „normal" gepflanzter Gehölze in den ersten Jahren nach der Pflanzung oft durch folgende Einwirkungen beeinträchtigt:

– Durch den Wind werden die oberirdischen Teile in verschiedene Richtungen bewegt, so daß im Bereich der Wurzelhälse Bodentrichter entstehen (DARMER, 1973). Dadurch können die Wurzelhälse austrocknen oder durch Reibung am Boden verletzt werden. Als weitere Folgen können insbesondere die neuentwickelten Wurzeln gelockert oder abgerissen und die Wasser- und Nährstoffversorgung der Pflanzen gestört werden.

– Bei fehlender oder noch geringer Wurzelneubildung sind die oberirdischen Teile in voller Länge dem Wind, aber auch Strahlung und hohen Temperaturen ausgesetzt. Dadurch kann der Wasserhaushalt der Holzarten ungünstig beeinflußt werden.

Diese Wachstumsbeeinträchtigungen können mit einiger Sicherheit durch tieferes Einbringen der Gehölze als bei „normaler" Pflanzung vermieden

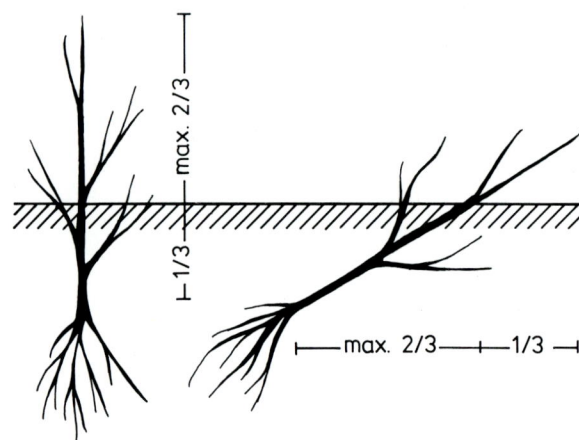

▲ Abb. 32: Tiefpflanzung.

▲ Abb. 33: Schräg eingelegter Bergahorn (Acer pseudoplatanus) nach vier Vegetationsperioden. Zu beachten sind die Adventivwurzel-Bildung und das Aufrichten des Sprosses (SCHLÜTER, 1976).

oder gemindert werden. Es gelangen dann oberirdische Teile in den Boden. Auf diese Weise wird zum einen der dem Wind ausgesetzte Hebelarm verkürzt, so daß sich die Gefahr der Trichterbildung und des Abreißens von Wurzeln verringert; zum anderen sind weniger oberirdische Teile von den austrocknenden Standortbedingungen betroffen, so daß die Wasserbilanz der Pflanzen verbessert wird.

	Niveaugleiche Pflanzung	Hügelpflanzung	Pflanzung in Tieflöchern oder Gräben	Rillenpflanzung	Pultpflanzung	Spaltpflanzung	Klemmpflanzung	Propflochpflanzung	Lochpflanzung	Pflanzen mit entblößter Wurzel	Pflanzen mit Kleinballen	Pflanzen mit Großballen	Einzelpflanzung	Büschelpflanzung	Pflanzung in „normaler" Einbringungstiefe	Tiefpflanzung
Niveaugleiche Pflanzung																
Hügelpflanzung																
Pflanzung in Tieflöchern oder Gräben																
Rillenpflanzung																
Pultpflanzung																
Spaltpflanzung	+	+	+	+	+											
Klemmpflanzung	+	+		+												
Pfropflochpflanzung	+															
Lochpflanzung	+	+	+	+	+											
Pflanzen mit entblößter Wurzel	+	+	+	+	+	+	+	+	+							
Pflanzen mit Kleinballen	+	+	+	+	+			+	+							
Pflanzen mit Großballen	+								+							
Einzelpflanzung	+	+	+	+	+	+	+	+	+	+	+					
Büschelpflanzung	+	+	+		+	+				+	+	+				
Pflanzung in „normaler" Einbringungstiefe	+	+	+	+	+	+	+	+	+	+	+	+	+	+		
Tiefpflanzung	+							+	+	+	+		+	+		

Tab. 5: Ingenieurbiologisch wichtige Kombinationsmöglichkeiten verschiedener Pflanzweisen.

Allerdings ist darauf hinzuweisen, daß die Tiefpflanzung größeren Arbeitsaufwand erfordert als die Pflanzung in „normaler" Höhe.

Über die Frage, ob sich die weitgehende Bedeckung der oberirdischen Pflanzenteile mit Boden auch nachteilig auf das Wachstum auswirken und damit die oben angedeuteten Vorteile wieder aufheben kann, liegt zwar nur wenig Untersuchungsmaterial vor, dieses spricht aber für die Tiefpflanzung. Senkrecht und schräg in Tiefpflanzung eingebrachte Jungpflanzen des Bergahorns (Acer pseudoplatanus) zeigten, statistisch gesehen, ein ebenso gutes Wachstum wie „normal" gepflanzte Bergahorn-Gehölze (SCHLÜTER, 1976; Abb. 33). Auch das gute Wachstum zahlreicher Holzarten, die als Heckenlagen eingelegt wurden (Abschn. V. 6.2.3), deutet an, daß die Bodenbedeckung nicht zu Wachstumsminderungen führen muß.

2.1.1.6 Übergänge und Kombinationen verschiedener Pflanzweisen

Innerhalb eines Teils der oben beschriebenen Pflanzweisen-Gruppen gibt es fließende Übergänge; z. B. zwischen niveaugleicher Pflanzung und Pflanzung in Tieflöchern (Abschn. V. 2.1.1.1), indem Pflanzstellen geringerer und größerer Tiefe hergestellt werden.

Zum anderen können aber auch verschiedene Pflanzverfahren miteinander kombiniert werden. Beispielsweise lassen sich lebende Baustoffe gleichzeitig durch Hügelpflanzung (Abschn. V. 2.1.1.1), Spaltpflanzung (Abschn. V. 2.1.1.2) und Einzelpflanzung bzw. Büschelpflanzung (Abschn. V. 2.1.1.4) einbringen. In Tab. 5 wird versucht, die ingenieurbiologisch wichtigen Kombinationen verschiedener Pflanzweisen anzugeben.

2.1.2 Umpflanzen von Großgehölzen

Ingenieurbiologisch gesehen ist das Einbringen von Großgehölzen (Abb. 34) von untergeordneter Bedeutung. Wenn hier trotzdem darauf eingegangen wird, dann einmal der Vollständigkeit halber und zum anderen deswegen, weil die Verwendung von Großgehölzen bei ingenieurbiologischen Baumaßnahmen aber auch nicht vollständig auszuschließen ist.

Umpflanzen von Großgehölzen

Lebende Baustoffe

Ältere Bäume und Sträucher. WIEPKING (1963) berichtet z. B. vom Verpflanzen einer etwa 35 Jahre alten Krimlinde (Tilia euchlora). Nach BLAUERMEL (1978) ist bei entsprechender Ballenvorbereitung die Umpflanzung von Bäumen mit Stammumfängen bis zu 60 bis 70 cm problemlos.

Bauweise

Selbstverständlich können Großgehölze nur mit Ballen verpflanzt werden. Diese Ballen sind in der Regel mindestens ein halbes bis ein Jahr, besser zwei Jahre, vor dem Umpflanzen vorzubereiten. Zu diesem Zweck ist um das Großgehölz ein etwa 30 cm breiter, kegelförmig in den Boden reichender Graben zu ziehen. Durchmesser und Tiefe dieses Ringgrabens richten sich nach dem vorwiegend durchwurzelten Bodenraum. In jedem Fall soll aber der Ballen den achtfachen Stammdurchmesser aufweisen, den das Großgehölz 1 m über der Bodenoberfläche hat (BLAUERMEL, 1978).

Beim Ausheben des Grabens sind die Wurzeln glatt abzuschneiden. Sofern ihr Durchmesser mehr als 2 cm beträgt, sind sie mit Wundverschlußmitteln, z. B. mit Lac-Balsam, zu überstreichen.

Zur Erhaltung ausreichender Standfestigkeit des Gehölzes wird empfohlen, den Graben im Bereich der Hauptwindrichtung nicht vollständig herzustellen, also hier Boden und Wurzeln unberührt zu lassen (VOLGMANN, 1979).

Um die Faserwurzelbildung anzuregen, ist der Graben mit gut durchwurzelbarer Erde zu verfüllen, z. B. mit einem Kompost-Torf-Gemisch.

Unabhängig davon, ob der Ringgraben vollständig oder teilweise hergestellt worden ist, ist das auf diese Weise zum Verpflanzen vorbereitete Großgehölz zum Schutz vor Windwurf durch dreiseitig verspannte Ketten, Drähte bzw. Seile aus Kunststoff oder Pflanzenfasern sorgfältig zu verankern.

Zum Zeitpunkt des Umpflanzens wird an der Außenseite des alten Grabens ein neuer Ringgraben ausgehoben. Die Sicherung des nun weitgehend freiliegenden, in der äußeren Schicht dicht durchwurzelten Ballens, erfolgt durch Umwicklung mit Jute-Ballentüchern, durch Eindrahten, Einketten, Eindauben, Einkisten, Einkübeln oder durch Einbetonieren (Abb. 35).

Weitere Sicherungsmaßnahmen für den Transport des Großgehölzes bestehen im Schutz des Stammes durch Stricke aus Pflanzenfasern, durch Latten, Matratzen u. ä. und ggf. im Zusammenbinden der Krone sowie in der Sicherung des Haupttriebes durch Anbringen eines Stabes.

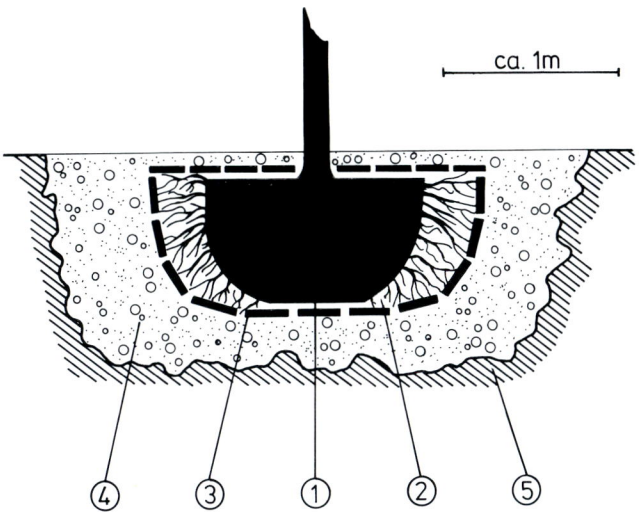

ca. 1m

▲ *Abb. 34: Umpflanzen von Großgehölzen.*
1 = zu verpflanzendes Gehölz mit seinem vor dem Umpflanzen durch den Ringgraben abgegrenzten, besonders stark durchwurzelten Bodenraum, 2 = neugebildete Wurzeln im verfüllten Ringgraben, 3 = Ballen während des Verpflanzens, 4 = in die Pflanzgrube eingefüllter Boden, 5 = anstehendes Substrat.

Das zu verpflanzende Großgehölz wird am besten durch Kräne oder speziell konstruierte Baumhebe- und -transportwagen aus seinem derzeitigen Wuchsort gehoben, wobei das Transportgeschirr in der Ballenumhüllung verankert oder um den Ballen herumgelegt wird. Anheben, Transport und Einbringen des Großgehölzes werden oft dadurch erleichtert, daß der Stamm ungefähr 50 bis 100 cm über der Bodenoberfläche durchbohrt und durch das Bohrloch ein Metallstab oder -rohr gesteckt wird. In diesem Fall wird das Großgehölz mit entsprechendem Transportgeschirr, das auch an den aus dem Stamm herausragenden Enden des Metallstabes bzw. -rohres befestigt ist, angehoben, auf dem Transportfahrzeug verankert und an der vorgesehenen Pflanzstelle eingesetzt. Zum schadlosen Überwallen des Bohrlochs ist es abschließend durch Holzpropfen zu verschließen und mit Wundverschlußmitteln zu behandeln.

Das Großgehölz wird senkrecht stehend oder waagerecht bzw. schräg liegend, am besten auf Spezial-Transportwagen, zu seinem neuen Wuchsort gefahren. Dabei ist es auf dem Fahrzeug sorgfältig zu befestigen. Im Vergleich zum waagerechten hat der senkrechte Transport den Vorteil, daß der Bal-

len und damit auch die Wurzeln, aber auch Stamm, Äste und Zweige, weitgehend vor Beschädigungen geschützt sind. Nachteilig ist jedoch bei dieser Transportweise, daß dann das Großgehölz mit Brücken, elektrischen Oberleitungen u. ä. in Berührung kommen kann.

Zum Gelingen des Umpflanzens muß die neue Pflanzgrube sorgfältig vorbereitet sein. Sie sollte so tief sein, daß auf dem Boden der Pflanzgrube eine ausreichend starke Erdschicht aufgebracht und anschließend nach dem Einsetzen des Großgehölzes sein Ballen auch noch mit einer dünnen Erdschicht bedeckt werden kann. Außerdem sollte sie eine Breite haben, die gewährleistet, daß der Ballen des einzubringenden Großgehölzes nach dem Einsetzen ausreichend mit Erde umfüllt werden kann (s. unten).

Unter allen Umständen ist zu vermeiden, daß das Gehölz in einem „Blumentopf", also in einer Pflanzgrube zu stehen kommt, die durch besonders günstige oder auch nur andersgeartete Bodenverhältnisse von dem angrenzenden Substrat mehr oder weniger isoliert ist.

Abb. 35: Für das Umpflanzen vorbereiteter Ballen eines Groß-gehölzes.

Zu diesem Zweck sollten einmal anthropogen verdichtete oder von Natur aus dicht gelagerte Böden im näheren Umkreis und im Untergrund der Pflanzgrube aufgelockert werden. Außerdem sind Ränder und Boden der Grube nicht „ordentlich" herzustellen, sondern unregelmäßig zu belassen, damit die Poren des angrenzenden Bodens nicht verschlossen werden. Endlich sollte das Substrat, mit dem die Grube verfüllt wird, zwar eine intensive Durchwurzelung ermöglichen, aber auch nicht allzusehr von dem angrenzenden Boden abweichen. Bei Bedarf ist daher durchwurzelungsförderndes Füllmaterial mit dem Aushub aus der Pflanzgrube zu mischen.

Zu vermeiden ist, daß organische Substanz, wie Kompost, Torf o. ä., in den unteren Bereich der Grube eingebracht wird. Der hier nach dem Verfüllen mögliche Sauerstoffmangel kann zu anaeroben Abbauprozessen und damit zur Bildung von Faulgasen führen, die das Anwachsen des Großgehölzes gefährden.

Um Schäden durch zu starke Sonneneinstrahlung zu vermeiden, ist das Gehölz in der gleichen Exposition zu pflanzen, in der es vorher gestanden hat.

Nach dem Einsetzen ist die Ballenumhüllung zu entfernen oder, wenn es sich um Jute oder leicht rostende Drahtgeflechte handelt, am Wurzelhals zu lösen und auf dem Boden der Pflanzgrube auszubreiten. Anschließend wird die Grube mit Boden (s. oben) verfüllt und das Großgehölz ausreichend eingeschlämmt.

Für ein erfolgreiches Anwachsen sind außerdem folgende Maßnahmen erforderlich:
Verletzungen an Stamm und Ästen sind glattzuschneiden und mit einem Wundverschlußmittel zu überstreichen. Großgehölze, deren Stammumfang mehr als 30 cm beträgt, müssen einen Schutz gegen zu starke Verdunstung und vor zu starker Sonneneinstrahlung erhalten. Er erstreckt sich im allgemeinen auf den Stamm und die Äste 1. Ordnung und besteht aus Umwickelungen mit Strohseilen, Schilfmatten oder mit Jutebändern, die mit Lehm verstrichen werden, aber auch aus Anstrichen durch Kaolin-Erde oder Lac-Balsam. Die neugepflanzten Großgehölze sind überdies sorgfältig durch ein bis mehrere Schrägpfähle, ein bis mehrere Senkrechtpfähle, drei- bis vierbeinige Veranke-

rungsböcke aus Holz oder Metallrohren oder durch an drei Punkten am Boden befestigte Ketten, Drähte bzw. Seile aus Kunststoffen oder Pflanzenfasern gegen Windwurf zu schützen.

Beschleunigen und vereinfachen läßt sich das Umpflanzen von Großgehölzen durch sog. „Baumverpflanzungsmaschinen", die in den letzten Jahren in verschiedenen Modellen entwickelt worden sind. Vereinfacht dargestellt haben diese Maschinen hydraulisch zu öffnende bzw. zu schließende Rahmen, an denen Spaten unterschiedlicher Anzahl und Form angebracht sind. Die Spaten lassen sich ebenfalls hydraulisch senken und heben, ggf. auch drehen und kippen und können außerdem auf verschiedene Pflanzgruben- und Ballendurchmesser eingestellt werden.

Die „Baumverpflanzungsmaschinen" heben zuerst Pflanzgruben aus, die größer als die beabsichtigten Ballen der umzusetzenden Großgehölze sein müssen. Anschließend fahren die Maschinen mit geöffnetem Rahmen an das zu verpflanzende Gehölz heran. Nach Schließen des Rahmens und Einstellung der Spaten auf den gewünschten Ballendurchmesser wird durch Senken der Spaten der Ballen ausgestochen und das Gehölz durch Drehen bzw. Kippen der Spaten in die geplante Transportstellung gebracht.

Die Maschinen transportieren dann das Großgehölz zur neuen Pflanzgrube und setzen es dort ein. Dort wird es in der Art und Weise weiterbehandelt, wie es oben beim herkömmlichen Umpflanzen von Großgehölzen beschrieben ist.

Wenn sich auch einerseits durch „Baumverpflanzungsmaschinen" das Umpflanzen von Großgehölzen vereinfachen und beschleunigen läßt, so ist doch andererseits darauf hinzuweisen, daß sich in der Regel infolge nicht durchgeführter Ballenvorbereitung (s. oben) das Anwachsrisiko erheblich vergrößert. Daher sind die bisher entwickelten Maschinen besonders dann geeignet, wenn unvorhergesehene, schnelle Verpflanzungen erforderlich sind.

Anwendungsbereich

Wie oben angemerkt, ist das Umpflanzen von Großgehölzen aus ingenieurbiologischer Sicht nur von untergeordneter Bedeutung. Großgehölze können gelegentlich, wohl vor allem zur Erzielung optischer Wirkungen, in Verbindung mit anderen „echten" ingenieurbiologischen Baumaßnahmen eingebracht werden.

Literatur, Abschn. V. 2.1.2: BLAUERMEL (1978); VOLGMANN (1979); WIEPKING (1963).

2.1.3 Pflanzverbände und Pflanzenbedarf

Die oben beschriebenen Pflanzweisen lassen sich in unregelmäßigen und regelmäßigen Pflanzverbänden ausführen:

Bei unregelmäßigen Pflanzverbänden werden die Pflanzen regellos eingebracht; es werden also weder bestimmte Reihenabstände noch Pflanzenabstände eingehalten. Da es für unregelmäßige Pflanzverbände keine allgemeingültigen Berechnungsgrundlagen geben kann, ist der Bedarf an Pflanzgut von Fall zu Fall entsprechend der jeweiligen Gegebenheiten zu berechnen bzw. zu schätzen.

An regelmäßigen Pflanzverbänden sind vor allem die folgenden zu nennen (Abb. 36):
a) Verbände, deren Reihenabstände den Abständen der Pflanzen in der Reihe gleichen.
 – Stehen sich die Pflanzen benachbarter Reihen „gegenüber", ergibt sich ein Quadratverband.
 – Sind die Pflanzen benachbarter Reihen versetzt, stehen sie also „auf Lücke", entsteht ein gleichschenkeliger Dreieckverband.
 Die Reihen- und Pflanzenabstände bewegen sich meistens zwischen 0,80 und 1,50 m.
 Berechnung des Pflanzenbedarfs:
 In beiden Fällen $Z = F : R^2$ bzw. $Z = F : P^2$.

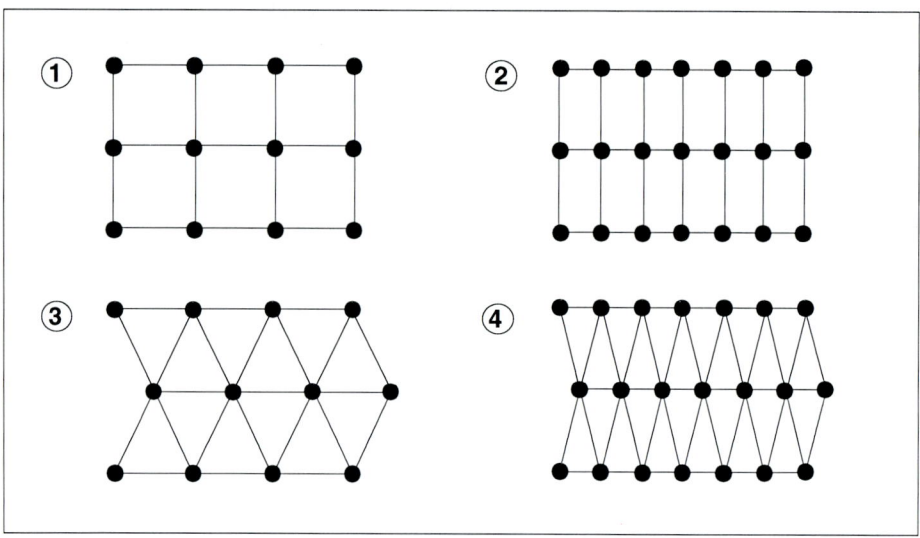

▲ Abb. 36: Pflanzverbände.
1 = Quadratverband, 2 = Rechteckverband, 3 = aus dem Quadratverband entwickelter gleichschenkeliger
Dreieckverband, 4 = aus dem
Rechteckverband entwickelter
gleichschenkeliger Dreieckverband.

Dabei ist Z die Anzahl der Pflanzen, F die Größe der zu bepflanzenden Fläche in m², R der Reihenabstand in m und P der Abstand der Pflanzen in der Reihe in m.

b) Verbände, deren Reihenabstände größer als der Abstand der Pflanzen in der Reihe sind.
   – Stehen sich die Pflanzen benachbarter Reihen „gegenüber", so entsteht ein Rechteckverband.
   – Werden die Pflanzen benachbarter Reihen versetzt gepflanzt, ergibt sich wieder ein gleichschenkeliger Dreieckverband.
   Die Reihenabstände liegen meistens zwischen 1,00 und 2,00 m, die Pflanzenabstände in der Reihe zwischen 0,30 und 1,00 m.
   Berechnung des Pflanzenbedarfs:
   Bei beiden Verbänden Z = F : (R x P).

Die verschiedenen regelmäßigen Pflanzverbände haben vor allem die folgenden Vor- und Nachteile:

a) Sofern von einer etwa kreisförmigen Ausdehnung der Wurzel- und Kronenräume ausgegangen wird, bieten die Dreieckverbände den Pflanzen bessere unter- und oberirdische Wuchsräume als der Quadrat- und Rechteckverband.

b) Der Rechteckverband und der aus ihm durch Versetzen der Pflanzen hervorgegangene Dreieckverband haben gegenüber dem Quadratverband und dem aus diesen durch Versetzen der Pflanzen entstandenen Dreieckverband den folgenden Vorteil: Es können durch Wahl größerer Reihenabstände, aber gleichzeitiger Verringerung der Pflanzenabstände in den Reihen die Reihenabstände den Arbeitsbreiten der Pflegegeräte angepaßt werden, ohne daß dadurch die Zahl der Pflanzen pro Fläche wesentlich vermindert wird.

2.2 Ansaat

An dieser Stelle wird nur auf diejenigen Ansaaten eingegangen, die in fast allen Bereichen ingenieurbiologischer Bautätigkeit ausgeführt werden. Ansaatverfahren mit speziellen Anwendungsbereichen, wie z. B. Ansaaten in Kombination mit Pflasterungen oder Rasengittersteinen, werden bei ihren Hauptanwendungsbereichen gesondert behandelt.

2.2.1 Ansaat ohne Begrünungshilfsmittel

Hierunter sind Ansaatverfahren zu verstehen, bei denen zum Zeitpunkt der Ausführung weder in einem noch in mehreren Arbeitsgängen zusätzlich zum Saatgut Stoffe ein- oder aufgebracht werden, die die Standortverhältnisse verändern. (Ausgenommen ist eine Düngung.) Es handelt sich also um Ansaatverfahren, bei denen zum Zeitpunkt der Ausführung ausschließlich Saatgut oder bestenfalls Saatgut und Dünger verwendet werden.

Nach der Einbringungstechnik lassen sich folgende ingenieurbiologisch wichtige Ansaatverfahren unterscheiden:

2.2.1.1 Gehölzsaaten

Vollsaat (Breitsaat)

Lebende Baustoffe
Gehölzsaatgut vorwiegend kleinerer Korngrößen.

Bauweise
Das Saatgut wird manuell oder maschinell mehr oder weniger breitflächig bzw. breitwürfig ausgestreut. Anschließend wird es bei Bedarf flach eingearbeitet.

Anwendungsbereich
Die Vollsaat kann überall dort vorgenommen werden, wo keine ungewöhnlich ungünstigen Standortverhältnisse vorliegen.

Rillensaat

Lebende Baustoffe
Vor allem Saatgut von Holzarten mit größeren Samen, wie z. B. Buche, Eiche, Kastanie.

Bauweise

Mittels Hacke oder Pflug werden in Abständen von etwa 100 bis 160 cm Rillen gezogen, die nach dem Einstreuen der Samen wieder geschlossen werden.

Anwendungsbereich
Die Rillensaat hat gegenüber der breitwürfigen Saat den Nachteil, daß die Pflanzen in der Rille dicht an dicht keimen und sich gegenseitig bedrängen. Sie hat aber den Vorteil, daß zwischen den Pflanzenreihen gehackt werden kann und ist deswegen besonders dort zu empfehlen, wo mit starker „Unkraut"-Konkurrenz zu rechnen ist.

Lochsaat (Löchersaat)

Lebende Baustoffe
Vor allem großkörnige Gehölzsamen, wie z. B. Samen von Buche, Eiche und Kastanie.

Bauweise
In Löcher bis zu ungefähr 10 cm Tiefe, deren Untergrund aufgelockert werden sollte, werden mehrere, meist zwei bis fünf, Samenkörner gelegt. Danach werden die Löcher mit Boden verfüllt.

Anwendungsbereich
Ingenieurbiologisch gesehen ist die Lochsaat einmal für Baustellen interessant, die nur stellenweise begrünungsfähige Substrate aufweisen, wie z. B. steinige Standorte mit nur stellenweise etwas tiefgründigeren Bodenansammlungen. Zum anderen kann sie m. E. dort zunehmende Bedeutung gewin-

nen, wo nur eine Einleitung der Begrünung durch ingenieurbiologische Initial-Maßnahmen vorgesehen ist (Abschn. V. 1.1.5).

Mit Ausnahme der Lochsaat werden in der Ingenieurbiologie durch die oben beschriebenen übrigen Ansaatverfahren ohne Begrünungshilfsmittel in der Regel Pflanzen flächendeckend angesiedelt. Die im Waldbau angewandte Methode, auf Flächen nur einzelne Streifen („Streifensaat"), mehr oder weniger größere Stellen („Plätzesaat") oder eng begrenzte Punkte („Punktesaat") anzusäen, ist ingenieurbiologisch kaum von Bedeutung. Es sei denn, diese Saatverfahren werden für ingenieurbiologische Initial-Begrünungen eingesetzt (Abschn. V. 1.1.5).

Literatur, Abschn. V. 2.2.1.1: GUTSCHICK (1963); SCHIECHTL (1973); VOLGMANN (1979).

2.2.1.2 Gräser- und Kräutersaaten

Bei diesen Ansaaten werden oft Artenmischungen verwendet, so daß das Saatgut aus Samen verschiedener Korngrößen besteht, die sich leicht entmischen. Um diese Gefahr zu vermeiden, sind die Saatgutmischungen erst unmittelbar vor der Aussaat zusammenzustellen und es ist ggf. während der Ansaat nachzumischen. Eine andere Möglichkeit besteht darin, klein- und großkörniges Saatgut gesondert aufzubringen. Die nachstehenden Ansaaten erfolgen am günstigsten von Mitte April bis Mitte Juni und von Anfang August bis Ende September.

Normale Ansaat (Einfache Ansaat, Breitwürfige Ansaat)

Lebende Baustoffe

Saatgut von Gräsern und Kräutern aller Korngrößen.

Bauweise und Anwendungsbereich

Angesät wird bei windstillem Wetter, um ein Verwehen des Saatgutes zu verhindern. Das Saatgut wird manuell oder maschinell mehr oder weniger breitflächig bzw. breitwürfig ausgestreut. Danach wird es per Hand flach eingearbeitet oder eingeeigelt und dann festgetreten oder angewalzt. Die Einarbeitungstiefe darf nur zwischen 0 und 1 cm liegen. Zur Minderung der Deflationsgefahr hat es sich bewährt, die angesäten Flächen mit Reisig abzudecken.

Drillsaat

Lebende Baustoffe

Saatgut von Gräsern und Kräutern aller Korngrößen.

Bauweise

Im Grunde genommen ist die Drillsaat eine maschinelle Rillensaat (Abschn. V. 2.2.1.1). Eine Sämaschine (Drillmaschine) zieht Rillen, streut aus einem Vorratsbehälter das Saatgut ein und schließt die Rillen. Die Maschinen lassen sich auf unterschiedliche Saatkorngrößen und Rillentiefen einstellen. Bei ingenieurbiologischen Maßnahmen ist es oft günstig, nicht nur parallel, sondern kreuzweise anzusäen.

Anwendungsbereich

Die Drillsaat ist bei ingenieurbiologischen Baumaßnahmen vor allem für die Ansiedlung von Gräsern und Kräutern auf ausgedehnten Flächen mit leichten, steinfreien Böden zu empfehlen. Da die Samen im Boden eingebettet werden, sind sie u. a. weitgehend vor Verwehung geschützt. Daher hat sich die Drillsaat z. B. bei der Begrünung von deflationsgefährdeten Spülsandflächen an der Küste bewährt.

Literatur, Abschn. V. 2.2.1.2: SCHIECHTL (1973); SCHLÜTER (1971b, 1986); VOLGMANN (1979).

2.2.2 Ansaat mit Begrünungs- hilfsmitteln

Hierunter sind Ansaaten zu verstehen, bei denen zum Zeitpunkt der Ausführung in einem oder mehreren Arbeitsgängen zusätzlich zum Saatgut Substanzen ein- oder aufgebracht werden, die die Standortverhältnisse verändern. Die Saatverfahren lassen sich unterteilen in Ansaaten mit losen Begrünungshilfsmitteln (Mittel, die in loser Form, also z. B. in Pulverform oder flüssig aufgebracht werden) und in Saatverfahren in Verbindung mit festen Begrünungshilfsmitteln (insbesondere Matten). Als lebende Baustoffe werden überwiegend Gräser- und Kräutersamen benutzt. Gehölzansiedlungen mittels der folgenden Verfahren haben in der Regel bisher nicht den gewünschten Erfolg gebracht.

2.2.2.1 Ansaatverfahren mit losen Begrünungshilfsmitteln

Vor allem in der älteren Literatur werden die in diesem Abschnitt zu behandelnden Verfahren als „Naßsaaten", „Hydrosaaten", „Hydraulische Ansaaten", „Anspritzverfahren" oder als „Spritzansaaten" bezeichnet. Aus den folgenden Ausführungen wird aber hervorgehen, daß Ansaaten mit losen Begrünungshilfsmitteln ausschließlich als Trockensaaten, ausschließlich als Naßsaaten, aber auch kombiniert in mehreren Arbeitsgängen als Trocken- und Naßsaaten ausgeführt werden können.

Sofern die Ansaatverfahren als Naßsaaten oder kombinierte Naß-Trocken-Saaten ausgeführt werden, erfolgt das Auf- und Einbringen der Ansaatgemische bzw. einzelner flüssiger Zuschlagstoffe durch selbstfahrende oder mit Fahrzeugen verbundene Spritzmaschinen, durch eigens für das betreffende Verfahren kombinierte Geräte oder – vor allem in unwegsamem Gelände – auch durch tragbare Spritzen.

In Anlehnung an die DIN 18918 (1990) und an FRÖSE (1993) lassen sich die losen Begrünungshilfsmittel einteilen in:
– **Bodenverbesserungsstoffe,**
– **Kleber** und
– **Mulchstoffe.**
Die nachstehende Vorstellung dieser Hilfsmittel stützt sich in erster Linie auf FRÖSE (1993).

Die im folgenden dargestellten Begrünungsverfahren sind nach den Verfahrensgruppen „Einsatz von Bodenverbesserungsstoffen", „Einsatz von Klebern" und „Einsatz von Mulchstoffen" geordnet. Hierzu ist aber zu bemerken, daß die Verfahren zwar in der beschriebenen Art und Weise gesondert ausgeführt werden können, daß aber in zunehmendem Maße Verfahren gleicher und unterschiedlicher Verfahrensgruppen miteinander kombiniert werden, wie beispielsweise Verfahren mit Klebern und solche mit Mulchstoffen. Innerhalb der drei Verfahrensgruppen wird in alphabetischer Reihenfolge ein Überblick über die derzeit in der Bundesrepublik wichtigsten Ansaatverfahren mit Begrünungshilfsmitteln gegeben. Dabei können nur die Hauptverfahren, nicht aber alle Varianten beschrieben werden. Auch wird auf Mengenangaben verzichtet, da sie infolge unterschiedlicher Standortverhältnisse von Baustelle zu Baustelle wechseln können. Einzelheiten sind den Informationsschriften der Firmen zu entnehmen. Die Beschreibung der Begrünungshilfsmittel muß sich auf Angaben über Zusammensetzung und standortverbessernde Effekte beschränken. Biologische, physikalische und chemische Vorgänge im Boden können nicht behandelt werden.

Einsatz von Bodenverbesserungsstoffen

Sie lassen sich folgendermaßen unterteilen:
a) Bodenverbesserungsstoffe aus Naturprodukten
  – Kalk,
  – Torf;
b) Bodenverbesserungsstoffe aus Produkten von Entsorgungsprozessen
  – Klärschlamm,
  – Kompost;

c) Bodenverbesserungsstoffe aus synthetischer
Gewinnung
  – Alginate. Produkte: Agricol, Alginure, Bio-al-
    geen, Bio-algihum, Verdyol;
  – Alkalisilikate. Produkt: Agrosil;
  – extrahierte letale mikrobielle Biomassen. Pro-
    dukte: Bactosol, Biosol;
  – Schaumstoffe. Produkte: Hygromull, Hygropor;
  – Stockosorb. Produkt: Stockosorb.

Diese Stoffe verbessern vor allem
– die physikalischen Bodeneigenschaften durch
  Veränderung der Korngrößenverteilung und des
  Bodengefüges,
– die chemischen Bodeneigenschaften durch Veränderung des pH-Wertes und des Nährstoffge-
  haltes und
– die biologische Aktivität der Böden durch Anreicherung mit organischer Substanz und durch die
  Verbesserung der physikalischen und chemischen Bodeneigenschaften.

Im folgenden wird nur auf Begrünungsverfahren mit
synthetischen Bodenverbesserungsstoffen eingegangen.

Begrünungsverfahren mit Agricol

Nähere Auskünfte erteilt:
Fa. Stähler Agrochemie, Stade.

Zusammensetzung:

Alginat. Grundstoffe der Alginate sind vor allem mit
Alkali- und Erdalkalimetallen gebildete Salze der
Alginsäure, einer Polyuronsäure, die aus Braunal-
gen gewonnen werden.

Hauptwirkungsweise:

Die Grundpräparate auf Alginatbasis begünstigen
die Pflanzenernährung durch pflanzenverfügbare
Anlagerung von Kationen. Sie steigern also die
Kationen-Austauschkapazität der Böden.
Sie verbessern die Wasserversorgung der Pflanzen.
Alginate können Wasser bis zum 300fachen ihres
Eigengewichtes aufnehmen.

Sie stabilisieren das Bodengefüge durch Bildung
von organo-mineralischen Verbindungen aus den
organischen Bestandteilen der Alginate und den
Tonmineralen der Böden.
Außerdem erhöhen Alginate den Scherwiderstand
der Böden.

Umweltverträglichkeit:

Da es sich bei den Alginaten um natürliche Pflan-
zenextrakte handelt, sind größere umweltschädliche
Auswirkungen nicht zu erwarten. Nicht auszuschließen ist allerdings, daß die Alginate die Mobi-
lität und Pflanzenverfügbarkeit der im Boden vorhandenen Schwermetalle erhöhen.

Bauweise:

Trockensaatverfahren:
– Ausstreuen und 5 bis 10 cm tiefes Einarbeiten
  von Agricol-Pulver,
– anschließend Ansaat.
Naßsaatverfahren:
– Herstellen und Aufbringen eines Begrünungsge-
  misches aus Wasser, Agricol-Pulver, Saatgut,
  Dünger und ggf. auch Zellulose.

Anwendungsbereich:

Ebene bis geneigte Flächen; vor allem leichte bis
mittelschwere Böden.

Begrünungsverfahren mit Agrosil

Nähere Auskünfte erteilt:
Fa. Compo, Münster.

Zusammensetzung:

Alkalisilikat. Agrosil besteht hauptsächlich aus Natri-
umsilikaten, einem nicht näher beschriebenen Elek-
trolyt-System auf Phosphat-Sulfat-Basis mit
flockenden Eigenschaften und einer organischen,
stickstoffhaltigen Komponente.

Hauptwirkungsweise:

Nach dem Aufbringen von Agrosil entstehen im
Boden Silikat-Gele und Silikat-Sole, wobei die eine

Zustandsstufe in die andere umgewandelt werden kann. Dieser Prozeß ist reversibel, so daß im Boden beide Zustandsformen in wechselnden Anteilen vorliegen. Diese Silikat-Gele und -Sole üben folgende Wirkungen aus:

Sie verbessern die Bodenstruktur, indem sie mit Bodenteilchen, organischen und anorganischen Komplexen Krümel bilden, Bodenteilchen miteinander vernetzen und indem sie die Porengrößenverteilung zugunsten eines höheren Anteils der mittleren und feinen Poren verändern.

Sie gestalten den Bodenwasser-Haushalt durch Verminderung der Wasserversickerung und Erhöhung des Wasser-Speicherungsvermögens günstiger.

Sie verbessern den Bodennährstoff-Haushalt, indem sie Phosphate pflanzenverfügbar anlagern und indem sie mit der Erhöhung des Wasser-Speicherungsvermögens auch das Nährstoff-Speicherungsvermögen steigern.

Außerdem sind sie in der Lage, mit Schwermetallionen unlösliche Silikatverbindungen einzugehen.

Umweltverträglichkeit:

Veröffentlichte Untersuchungen über die Umweltverträglichkeit liegen m. W. nicht vor. Die Zusammensetzung läßt aber den Schluß zu, daß Umweltbeeinträchtigungen wohl kaum zu erwarten sind.

Bauweise:

Trockensaatverfahren:
– Ausstreuen und 10 cm tiefes Einarbeiten von Agrosil-Granulat,
– anschließend Ansaat.
Naßsaatverfahren:
Entweder
– Aufbringen einer Dispersion von Wasser und Agrosil-Granulat,
– anschließend Ansaat.
Oder
– Herstellen und Aufbringen eines Begrünungsgemisches aus Wasser, Agrosil-Granulat und Saatgut.

Anwendungsbereich:

Ebene bis geneigte Flächen; kolloidarme Böden mit geringer Sorptionskapazität, z. B. Sandböden, Kies- und Geröll-Rohböden.

Begrünungsverfahren mit Alginure

Nähere Auskünfte erteilt:
Fa. Tilco Biochemie, Bad Segeberg.

Zusammensetzung:

Alginat. Siehe Agricol.

Hauptwirkungsweise:

Siehe Agricol.

Umweltverträglichkeit:

Siehe Agricol.

Bauweise:

Trockensaatverfahren:
– Ausstreuen und 5 bis 10 cm tiefes Einarbeiten von Alginure-Granulat,
– ausreichendes Bewässern und am folgenden Tag Aufharken der Flächen,
– anschließend Ansaat.
Naßsaatverfahren:
Entweder
– Aufbringen eines Gemisches aus Wasser und dem Flüssigkonzentrat Alginure 100 D,
– anschließend Ansaat.
Oder
– Herstellen und Aufbringen eines Begrünungsgemisches aus Wasser, Alginure 100 D, Saatgut und organischem Dünger.

Anwendungsbereich:

Ebene bis geneigte Flächen; lehmige Böden.

Begrünungsverfahren mit Alginure Tri-x

Nähere Auskünfte erteilt:
Fa. Tilco Biochemie, Bad Segeberg.

Zusammensetzung:
Mischung aus Alginat (s. Agricol) und Tonmineralen.

Hauptwirkungsweise:
Siehe Agricol. Alginure Tri-x bildet außerdem eine wasserunlösliche Schutzschicht auf der Bodenoberfläche.

Umweltverträglichkeit:
Siehe Agricol.

Bauweise:
Naßsaatverfahren.
– Herstellen und Aufbringen eines Begrünungsgemisches aus Wasser, dem Pulver
Alginure Tri-x, Saatgut und ggf. Dünger.

Anwendungsbereich:
Ebene bis geneigte erosionsgefährdete Flächen; sandige bis lehmig-sandige Böden.

Begrünungsverfahren mit Bactosol

Nähere Auskünfte erteilt:
Fa. Biochemie, Kundel/Österreich.

Zusammensetzung:
Bactosol ist ein „Abfallprodukt" der Penicillin-Herstellung und besteht überwiegend aus toter bakterieller Biomasse, die durch Erhitzung von Bakterienkulturen gewonnen wird. Es setzt sich überwiegend aus organischer Substanz zusammen und enthält außerdem geringere Mengen an Nährstoffen, vor allem an Stickstoff, aber auch an Kali, Kalk und Phospor.

Hauptwirkungsweise:
Bactosol fördert vor allem die Entwicklung der im Boden lebenden Pilze und Bakterien und fördert damit indirekt die günstigen Einwirkungen dieser Organismen insbesondere auf die Entwicklung höherer Bodenlebewesen, den Nährstoffhaushalt und die Bodenstruktur.
Außerdem ist Bactosol eine langsam fließende Nährstoffquelle.

Umweltverträglichkeit:
Da es sich um organische Substanz handelt, die vollständig abgebaut wird und die zudem noch durch Erhitzung hygienisiert ist, sind nachteilige Auswirkungen auf die Umwelt unwahrscheinlich.

Bauweise:
Trockensaatverfahren:
– Herstellen, Ausstreuen und Einarbeiten eines Begrünungsgemisches aus Bactosol-Granulat und Saatgut.
Naßsaatverfahren:
– Herstellen und Aufbringen eines Begrünungsgemisches aus Wasser, Bactosol-Granulat und Saatgut.

Anwendungsbereich:
Ebene bis geneigte Flächen; biologisch inaktive und nährstoffarme Böden.

Begrünungsverfahren mit Bio-algeen

Nähere Auskünfte erteilt:
Fa. Schulze und Hermsen, Dahlenburg.

Zusammensetzung:
Alginat. Siehe Agricol.

Hauptwirkungsweise:
Siehe Agricol.

Umweltverträglichkeit:
Siehe Agricol.

Bauweise:
Trockensaatverfahren:
– Ausstreuen und 5 bis 10 cm tiefes Einarbeiten von Bio-algeen-Granulat,
– anschließend Ansaat.

Naßsaatverfahren:

– Herstellen und Aufbringen eines Begrünungsgemisches aus Wasser, Bio-algeen-Flüssigkonzen-
 trat, Saatgut, Dünger und „organischer Rohmasse".

Anwendungsbereich:

Ebene bis geneigte Flächen; alle Bodenarten, in
erster Linie sterile feinmaterialarme Böden.

Begrünungsverfahren mit Bio-algeen THK

Nähere Auskünfte erteilt:
Fa. Schulze und Hermsen, Dahlenburg.

Zusammensetzung:

Mischung aus Alginat (s. Agricol) und Tonmineralen.

Hauptwirkungsweise:
Siehe Agricol.

Umweltverträglichkeit:
Siehe Agricol.

Bauweise:

Trockensaatverfahren:
– Ausstreuen und „leichtes" Einarbeiten des Pulvers
 Bio-algeen THK,
– anschließend Ansaat.
Naßsaatverfahren:
– Herstellen und Aufbringen eines Begrünungsge-
 misches aus Wasser, dem Pulver Bio-algeen
 THK, Saatgut, organischem Dünger und „organi-
 scher Rohmasse".

Anwendungsbereich:

Ebene bis geneigte Flächen; in erster Linie sterile
Sand- und Kiesböden.

Begrünungsverfahren mit Bio-algihum

Nähere Auskünfte erteilt:
Fa. Aquaterra Bioprodukt, Griesheim.

Zusammensetzung:

Alginat. Siehe Agricol.

Hauptwirkungsweise:
Siehe Agricol.

Umweltverträglichkeit:
Siehe Agricol.

Bauweise:

Trockensaatverfahren:
– Ausstreuen und 5 bis 10 cm tiefes Einarbeiten
 von Bio-algihum-Granulat,
– anschließend Ansaat.
Naßsaatverfahren:
– Herstellen und Aufbringen eines Begrünungsgemisches aus Wasser, Bio-algihum-Flüssigkonzen-
 trat und Saatgut.

Anwendungsbereich:

Ebene bis geneigte Flächen; alle Bodenarten, in
erster Linie sterile feinmaterialarme Böden.

Begrünungsverfahren mit Bio-algihum Ton-Humus-Pulver

Nähere Auskünfte erteilt:
Fa. Aquaterra Bioprodukt, Griesheim.

Zusammensetzung:

Mischung aus Alginat (s. Agricol) und Tonmineralen.

Hauptwirkungsweise:
Siehe Agricol.

Umweltverträglichkeit:
Siehe Agricol.

Bauweise:

Trockensaatverfahren:
– Ausstreuen und „leichtes" Einarbeiten des Pulvers
 Bio-algihum Ton-Humus,
– anschließend Ansaat.
Naßsaatverfahren:
– Herstellen und Aufbringen eines Begrünungsge-
 misches aus Wasser, dem Pulver Bio-Algihum
 Ton-Humus und Saatgut.

Anwendungsbereich:
Ebene bis geneigte Flächen; alle Bodenarten.

Begründungsverfahren mit Biosol

Nähere Auskünfte erteilt:
Fa. Biochemie, Kundl/Österreich.

Zusammensetzung:
Biosol ist ein „Abfallprodukt" der Penicillin-Herstellung und besteht überwiegend aus toter pilzlicher Biomasse, die durch Erhitzung der Pilzkulturen gewonnen wird. Es setzt sich überwiegend aus organischer Substanz zusammen und enthält außerdem geringere Mengen an Nährstoffen, vor allem an Stickstoff, aber auch an Kali, Kalk und Phosphor.

Hauptwirkungsweise:
Siehe Bactosol.

Umweltverträglichkeit:
Siehe Bactosol.

Bauweise:
Trockensaatverfahren:
– Herstellen, Ausstreuen und Einarbeiten eines
  Begrünungsgemisches aus Biosol-Granulat und
  Saatgut.
Naßsaatverfahren:
– Herstellen und Aufbringen eines Begrünungsge-
  misches aus Wasser, Biosol-Granulat und Saat-
  gut.

Anwendungsbereich:
Ebene bis geneigte Flächen; biologisch inaktive und nährstoffarme Böden.

Begrünungsverfahren mit Hygromull

Nähere Auskünfte erteilt:
Fa. Compo, Münster.

Zusammensetzung:
Offenporiger Harnstoff-Formaldehyd-Schaumstoff, der durch Aufschäumen von Harnstoff und Metha-

nol (Formaldehyd) entsteht. Nach Ablagerung wird das verfestigte Schaummaterial zu Flocken zerkleinert.

Hauptwirkungsweise:
Die Flocken bilden nach dem Einarbeiten mit dem Boden ein heterogenes Gemenge. Sie erhöhen in leichten und schweren Böden die Aufnahmefähigkeit für pflanzenverfügbares Wasser und der darin gelösten Nährstoffe. Außerdem verbessern sie den Lufthaushalt schwerer Böden. Durch den Abbau des Hygromulls im Boden – ein Vorgang, der sich über Jahre erstreckt – wird in geringem Maße Stickstoff frei. Beim Abbau frei werdende Kohlenstoffverbindungen erhöhen den Dauerhumusgehalt des Bodens.

Umweltverträglichkeit:
Beim Aufschäumen besteht Gefahr, daß das giftige Formaldehyd freigesetzt wird. Während dieses Prozesses sind also Sicherheitsmaßnahmen erforderlich. Das in Flockenform gelieferte Hygromull ist weitgehend ungefährlich. Allerdings kann beim Abbau des Hygromulls im Boden Formaldehyd in Spuren freigesetzt werden.

Bauweise:
Trockensaatverfahren:
– Aufbringen einer 1,5 bis 2,5 cm starken Schicht
  von Hygromull-Flocken.
– flaches Einarbeiten,
– Ansaat,
– intensive Bewässerung.

Anwendungsbereich:
Ebene bis schwach geneigte Flächen; leichte bis mittelschwere Böden.

Begrünungsverfahren mit Hygropor 73

Nähere Auskünfte erteilt:
Fa. Compo, Münster.

Zusammensetzung:

Gemisch aus 70 % Hygromull und 30 % Styromull. Styromull ist zu Flocken zerkleinertes Styropor, ein geschlossenporiger Schaumstoff aus Expandierbarem Polystyrol (EPS). Expandierbares Polystyrol wird aus monomerem Styrol (Venylbenzol) durch Aufschäumen mittels des Gases Pentan während des Polymerisationsprozesses gewonnen.

Hauptwirkungsweise:

Bei der Mischung von Hygromull und Styromull finden keine chemischen Reaktionen statt, so daß die Ausgangsstoffe unverändert bleiben und ihre Wirkungsweise gesondert betrachtet werden muß.

Die Wirkungsweise von Hygromull wurde unter „Begrünungsverfahren mit Hygromull" angedeutet. Das geschlossenporige und gegen Verwitterung beständige Styromull bewirkt vor allem eine Bodenlockerung und verbessert die Wasserdurchlässigkeit und die Durchlüftung schwerer, dichter Böden.

Umweltverträglichkeit:

Bestandteil Hygromull: Siehe Hygromull.
Bestandteil Styromull: Wegen der Beständigkeit gegen Verrottung sind nachteilige Auswirkungen auf die Umwelt nicht zu erwarten. Allerdings ist die Frage noch nicht geklärt, ob Styromull tatsächlich dauerhaft beständig gegen Zersetzung ist.

Bauweise:

Trockensaatverfahren:
– Ausstreuen und bis etwa 10 cm tiefes Einarbeiten der Hygropor-Flocken,
– Ansaat,
– bei Bedarf Bewässerung.

Anwendungsbereich:

Ebene bis geneigte Flächen; vorwiegend schwere, dicht lagernde Böden.

Begrünungsverfahren mit Stockosorb

Nähere Auskünfte erteilt:
Fa. Stockhausen Chemie, Krefeld.

Zusammensetzung:

Stockosorb wird vom Hersteller als „vernetztes Acrylamid-Acrylsäure-Copolymerisat als Kaliumsalz" bezeichnet. Acrylsäure ist eine Carbonsäure.

Hauptwirkungsweise:

Stockosorb geht keine Reaktion mit dem Boden ein. Es dient ausschließlich der Speicherung von pflanzenverfügbarem Wasser und darin gelöster Nährstoffe durch Absorption.

Umweltverträglichkeit:

Wie aus Untersuchungen zu schließen ist, sind Umweltbeeinträchtigungen durch Stockosorb nicht zu erwarten.

Bauweise:

Trockensaatverfahren:
– Ausstreuen von Stockosorb-Granulat,
– Einarbeiten,
– Ansaat,
– intensive Bewässerung.

Anwendungsbereich:

Zur Verbesserung des Wasserhaushaltes flachgründiger und bzw. oder sorptionsschwacher Böden bzw. von Böden in niederschlagsarmen Klimabereichen.

Begrünungsverfahren mit Verdyol

Nähere Auskünfte erteilt:
Fa. Verdyol International, Menzlingen/Schweiz.

Zusammensetzung:

Alginat. Siehe Agricol.

Hauptwirkungsweise:

Siehe Agricol.

Umweltverträglichkeit:

Siehe Agricol. Darauf hinzuweisen ist allerdings, daß in der Schweiz aufgrund einer möglichen Gewässergefährdung der Einsatz von Verdyol complex dry in Naturschutzgebieten, Rieden und Mooren, an Oberflächengewässern, im Fassungsbereich von Grundwasserschutzzonen und in Hecken und Feldgehölzen verboten ist.

Bauweise:

Trockensaatverfahren:
- Herstellen und Aufbringen eines Begrünungsgemisches aus Verdyol complex TAS oder Verdyol complex dry und Saatgut.
- Bei Verwendung von Verdyol complex dry wird eine anschließende Bewässerung empfohlen.

Naßsaatverfahren:
- Herstellen und Aufbringen eines Begrünungsgemisches aus Wasser, Verdyol complex oder Verdyol complex 50 oder Verdyol complex natura, Saatgut sowie ggf. Dünger und Verdyol mulch.

Anwendungsbereich:

Ebene bis geneigte Flächen; vor allem leichte bis mittelschwere Böden.

Einsatz von Klebern

Neben dem Begriff „Kleber" sind insbesondere die folgenden gebräuchlich: „Bodenfestiger", „Bodenstabilisierer", „Haftmittel" und „Erosionsschutzmittel". Unterscheiden lassen sich:
a) Kleber auf Emulsionsbasis
   - Kunststoffemulsionen. Produkt: Terravest;
   - Bitumenemulsionen.
b) Kleber auf Dispersionsbasis
   - Kunststoffdispersionen. Produkte: Agrofix, Curasol;
   - Latexdispersionen. Produkt: Terrasol.

Die Kleber werden als wässerige Emulsionen[1] oder wässerige Dispersionen[2] aufgebracht.
Die Emulsionen dringen in die oberste Bodenschicht ein. Dort kommt es zu einer Trennung der in den Emulsionen enthaltenen Stoffe, dem „Brechen" der Emulsionen, das auf Reaktionen der Emulgatoren mit den Bodenbestandteilen und bzw. oder der Verdunstung des Wassers beruht.
Die Dispersionen dringen weniger tief in den Boden ein oder verbleiben an der Bodenoberfläche. Sie entmischen sich durch Ausfilterung der dispergierten Stoffe und durch Verdunstung des Wassers.
Nach Entmischung der Emulsionen und der Dispersionen kommt es zu einer Verklebung bzw. „Vernetzung"
- des Begrünungsgemisches (z. B. Saatgut und Mulchstoffe),
- der Bodenteilchen und
- des Saatgutes bzw. des Begrünungsgemisches mit dem Boden.

Begrünungsverfahren mit Agrofix

Nähere Auskünfte erteilt:
Fa. Compo, Münster.

Zusammensetzung:

Agrofix ist ein in Wasser dispergiertes Kunststoffpolymer. Der Grundstoff ist Polyvinylpropionat.

Hauptwirkungsweise:

Agrofix wirkt an der Bodenoberfläche, da es nur wenig in den Boden eindringt. Es bildet an der Bodenoberfläche einen luftdurchlässigen Schutzfilm aus, der die Bodenteilchen und ggf. auch das Saatgut miteinander verklebt (s. oben).

Umweltverträglichkeit:

Mangels Informationen kann diese Frage hier nicht beantwortet werden. Eine Einstufung als Gefahrenstoff liegt nicht vor.

---

[1] Wässerige Emulsionen: kolloidale Verteilung flüssiger Stoffe in Wasser, z. B. Öl in Wasser. Die Stoffe werden durch Emulgatoren an einer Koagulation oder dem Ausfallen gehindert.
[2] Wässerige Dispersionen: kolloidale Verteilung fester Stoffe in Wasser, z. B. Kalk in Wasser. Die Stoffe werden durch ständiges Mischen an einer Koagulation oder dem Ausfallen gehindert.

Bauweise:

Trockensaatverfahren:

– Ansaat,

– Aufbringen des flüssigen Agrofix.

Naßsaatverfahren:

– Herstellen und Aufbringen eines Begrünungsge- misches aus Wasser, Agrofix, Saatgut und ggf. anderen Stoffen, wie Mulchstoffe oder Agrosil.

Anwendungsbereich:

Ebene bis geneigte Flächen; alle Bodenarten.

Begrünungsverfahren mit Bitumenemulsionen

Nähere Auskünfte erteilen:

Fa. VAT-Baustofftechnik, Dorsten, und der Fachver- band der Kaltasphaltindustrie.

Zusammensetzung:

Bitumen wird vor allem bei der Destillation von Erdöl gewonnen. Hauptbestandteile sind niedere Kohlenwasserstoffverbindungen.

Bei den Bitumenemulsionen handelt es sich um Bitumen, das in Wasser feinstverteilt ist und das durch zugesetzte Emulgatoren an der Koagulation gehindert wird. Da anionische Emulsionen nur lang- sam brechen, sind für Begrünungsverfahren in erster Linie kationische Emulsionen geeignet.

Hauptwirkungsweise:

Nach dem Aufbringen und Brechen der Emulsionen wird ein Schutzfilm auf der Bodenoberfläche gebil- det, der vor allem folgendes bewirkt:

– die oben angedeuteten Verklebungseffekte,

– eine Minderung der Erosion,

– eine Verringerung der Evaporation,

– durch die dunkle Färbung des Bitumenfilms eine erhöhte Adsorption der Sonneneinstrahlung, die sich positiv auf den Wärmehaushalt auswirken kann.

Aufgrund des hohen Kohlenstoffgehaltes des Bitu- mens kann es auf nährstoffarmen Böden beim mikrobiellen Abbau zu Stickstoffmangel kommen.

Umweltverträglichkeit:

Bitumenprodukte werden oft mit Produkten aus Steinkohlenteerpech verwechselt, die in hohen Konzentrationen die krebserregenden polycycli- schen aromatischen Kohlenwasserstoffe enthalten. Diese Stoffe sind zwar auch in Bitumenprodukten nachgewiesen worden, sie liegen dort aber in sehr geringen Konzentrationen vor.

Bauweise:

Trockensaatverfahren:

– Ansaat,

– Aufbringen der kationischen Bitumenemulsion. Bitumenemulsionen werden außerdem zur Verkle- bung von Mulchschichten benutzt. Dieses Verfah- ren ist unter „Einsatz von Mulchstoffen" beschrie- ben.

Anwendungsbereich:

Ebene bis geneigte Flächen; alle Bodenarten.

Begrünungsverfahren mit Curasol

Nähere Auskünfte erteilt:

Fa. Hoechst, Frankfurt/Main.

Zusammensetzung:

Bei Curasol AE und Curasol AH handelt es sich um vordispergierte Kunststoffpolymere. Curasol AE ist ein teilweise hydrolysiertes Polyvinylacetat.

Curasol AH besteht aus Polyvinylacetat und Äthy- lencopolymeren. Es hat eine höhere Klebkraft als Curasol AE.

Hauptwirkungsweise:

Curasol AE und AH dringen kaum in den Boden ein und bilden an der Bodenoberfläche ein filmartiges Netzwerk mit erosionshemmenden Eigenschaften. Die Evaporation wird um etwa 50 % gesenkt.

Umweltverträglichkeit:

Der Hauptbestandteil Polyvinylacetat ist physiolo- gisch unbedenklich und nicht in der Gefahrenstoffverordnung enthalten. Weitere Bestandteile sind nicht bekannt oder zu ungenau beschrieben, um ihre Umweltverträglichkeit beurteilen zu können.

B a u w e i s e
Trockensaatverfahren:
– Ansaat,
– anschließend Aufbringen der Curasol-Dispersion.
Naßsaatverfahren:
– Herstellen und Aufbringen eines Begrünungsgemisches aus Wasser, Curasol, Saatgut, Dünger, Tylose 666 (Natriumcarboxymethylzellulose), Zellulosefangstoff und ggf. Torf.

A n w e n d u n g s b e r e i c h :
Ebene bis geneigte Flächen; vor allem leichte bis mittelschwere Böden. Curasol AH wird außerdem für das Verkleben von Mulchschichten empfohlen (s. „Einsatz von Mulchstoffen").

Begrünungsverfahren mit Terrasol

Nähere Auskünfte erteilt:
Fa. Erogreen, Menwilen/Schweiz.

Z u s a m m e n s e t z u n g :
Terrasol ist ein Mischprodukt in Pulverform, dessen Hauptbestandteil eine Latexverbindung ist. Diese wird durch Mahlen aus dem Endosperm des Johannisbrotbaumsamens gewonnen. Latex, eine milchige Flüssigkeit, ist die Grundsubstanz des Naturkautschuks.

H a u p t w i r k u n g s w e i s e :
Nach Angaben der Fa. Erogreen entsteht nach dem Aufbringen von Terrasol auf den Boden ein plastischer, luftdurchlässiger Film.

U m w e l t v e r t r ä g l i c h k e i t :
Die Fa. Erogreen stuft das Produkt als „absolut ungiftig" und „entlang von Gewässern einsetzbar" ein.

B a u w e i s e :
Naßsaatverfahren:
– Herstellen und Aufbringen eines Begrünungsgemisches aus Wasser, Terrasol, Strohmulch, Baumwollmulch und Dünger.

A n w e n d u n g s b e r e i c h :
Ebene bis geneigte Flächen; erosionsgefährdete Rohbodenstandorte.

Begrünungsverfahren mit Terravest

Nähere Auskünfte erteilt:
Fa. Hüls, Marl.

Z u s a m m e n s e t z u n g :
Terravest ist ein flüssiges niedermolekulares Polybutadien, dem weitere Stoffe, wie Trocknungsbeschleuniger, Entschäumer und Netzmittel zugesetzt sind. Polybutadien gehört zu den ungesättigten Kohlenwasserstoffen.
Terravest K ist ein Flüssigkonzentrat; dagegen ist Terravest S bereits in Wasser zu einer Emulsion mit 30 % Wirkstoffgehalt emulgiert.

H a u p t w i r k u n g s w e i s e :
Da Terravest eine Emulsion ist, dringt es etwa 1 bis 2 cm in den Boden ein. Terravest hat eine hohe Affinität zum Luftsauerstoff, die die Bildung von Sauerstoffbrücken fördert. Durch diese entstehen höhermolekulare Strukturen, die die Bodenteilchen und die Bestandteile des Begrünungsgemisches miteinander vernetzen.
Hierdurch wird vor allem folgendes bewirkt:
– Schutz vor Erosion,
– eine Verminderung der Evaporation,
– eine Verringerung der Düngerauswaschung.
– Nachteilig ist eine Minderung der Keimkraft, die mit steigenden Terravest-Gaben zunimmt.

U m w e l t v e r t r ä g l i c h k e i t :
Terravest dürfte umweltverträglich sein. Die Grundstoffe sind in der Gefahrenstoffverordnung nicht aufgeführt.

Abb. 37: Aufspritzen einer
Mulchschicht aus Wasser, Zellulose und Hüls 801 (dem Vorläuferprodukt von Terravest).

Bauweise:

Trockensaatverfahren:
– Ansaat,
– anschließend Aufbringen von Terravest S.
Naßsaatverfahren:
– Herstellen und Aufbringen eines Begrünungsgemisches aus Wasser, Terravest K, Saatgut, Dünger und ggf. weiterer Zuschlagstoffe (Abb. 37).

Anwendungsbereich:
Ebene bis geneigte Flächen; alle Bodenarten.

Einsatz von Mulchstoffen

Als Mulchstoffe werden vor allem Zellulose, Stroh, Holz und Pflanzenfasern, wie z. B. Baumwollfasern, in zerkleinerter Form verwendet.

Eine Mulchschicht bewirkt für das Saatgut in erster Linie die folgenden günstigen Keim- und Wachstumsbedingungen:
– Das Mikroklima wird verbessert, indem insbesondere Windgeschwindigkeit und Temperaturextreme gemindert werden und die Luftfeuchtigkeit erhöht wird.
– Die Bodeneigenschaften werden verbessert.

Durch Herabsetzung der Evaporation erfolgt eine Verbesserung des Bodenwasserhaushaltes, so daß in vielen Fällen Wassermangel vermieden wird. Die beim Abbau der Mulchschicht entstehenden Humusstoffe bewirken im Boden eine Steigerung der Sorptions- und Austauschkapazität sowie des Wasserhaltevermögens und außerdem eine Intensivierung des Bodenlebens.
– Saatgut und Boden werden vor Denudation und Deflation geschützt.

Da bei allen Ansaatverfahren mit losen Begrünungshilfsmitteln die Ansaatflächen zusätzlich gemulcht werden können (s. oben), stellt der Einsatz von Mulchstoffen in der Regel keine eigenständige Verfahrensgruppe innerhalb der Ansaatverfahren mit losen Begrünungsmitteln dar.
Mulchschichten können in Trockenverfahren oder in Naßverfahren aufgebracht werden.

Das Aufbringen der Mulchschichten in Trockenverfahren wird manuell oder maschinell durchgeführt. Als Geräte haben sich Mulchstoffgebläse, die sogenannten „mulch-spreader" bewährt, die z. B. als Ballen vorliegendes Mulchmaterial zerkleinern und es etwa 20 bis 30 m weit auf die Begrünungsfläche blasen. Die Fixierung der Mulchschichten durch

Abb. 38: Strohdecksaat.
Aufbringen der Strohschicht.

Kleber erfolgt meist nach dem Aufbringen des Mulchmaterials. Bei der Mulchung durch „mulchspreader" besteht außerdem die Möglichkeit, das Mulchmaterial schon mit dem Kleber zu übersprühen, während es aus dem Gebläserohr austritt.

Bei den Naßverfahren wird das Mulchmaterial mit Wasser gemischt und flüssig aufgebracht. Die Fixierung der Mulchschicht erfolgt durch Kleber, die entweder dem Mulchgemisch zugesetzt sind oder die nach Ausführung der Mulchung in einem weiteren Arbeitsgang aufgespritzt werden.

Bei Anwendung der Naßverfahren können oft Vorschriften der DIN 18918 (1990) nicht eingehalten werden: Einmal ist, damit die Anspritzgeräte nicht verstopfen, kurzfaseriges Mulchmaterial erforderlich, das den Anforderungen der DIN 18918 nicht entspricht. Zum anderen können die Mulchschichten kaum oder nur in mehreren Arbeitsgängen in einer Mächtigkeit aufgebracht werden, wie sie die DIN 18918 fordert.

Strohdecksaat (System Schiechteln)

Die Strohdecksaat kann als eigenständiges Begrünungsverfahren mit Mulchstoffen aufgefaßt werden, da hierbei eine mit Bitumenemulsion verklebte Mulchschicht das einzige Begrünungshilfsmittel ist. Nähere Auskünfte erteilen:
Verschiedene Firmen des Landschaftsbaus.

Zusammensetzung:
Stroh und Bitumenemulsion (s. „Begrünungsverfahren mit Bitumenemulsionen").

Hauptwirkungsweise:
Siehe oben: Wirkungsweise von Mulchschichten und „Begrünungsverfahren mit Bitumenemulsionen".

Umweltverträglichkeit:
Siehe „Begrünungsverfahren mit Bitumenemulsionen".

Bauweise:
Trockensaatverfahren:
– Aufbringen einer ca. 8 bis 12 cm starken Mulchschicht aus gut durchgefeuchtetem Stroh (Abb. 38),
– Ansaat und Düngung,
– Übersprühen der Mulchschicht mit Bitumenemulsion. Ggf. können auch andere Kleber verwendet werden.

Anwendungsbereich:
Ebene bis stärker geneigte Flächen; alle Bodenarten, auch aus Fels, Steinen oder Kies bestehende Hänge und Böschungen mit geringer Humus- oder Feinmaterialauflage.

Literatur, Abschn. V. 2.2.2.1: DIN 18918 (1990); FROESE (1993); Informationsschriften der oben angeführten Firmen.

2.2.2.2 Ansaatverfahren in Verbindung mit Matten

Es lassen sich Matten mit eingearbeitetem Saatgut (Saatgutmatten) und Matten ohne Saatgut unterscheiden.

Saatgutmatten

Zu erwähnen sind vor allem die folgenden Produkte:

BonTerra-Saatgutmatten

Nähere Auskünfte erteilt:
Fa. Julius Wagner, Heidelberg.

Z u s a m m e n s e t z u n g :

Es handelt sich um Strohmatten (BonTerra S), Stroh-Kokos-Matten (BonTerra SK) und um Kokosmatten (BonTerra K), die beidseitig mit Jutefasern vernetzt sind und in die Saatgut eingearbeitet ist.

H a u p t w i r k u n g s w e i s e :

Die Matten bewirken bereits vor der Keimung des Saatgutes Bodenschutz. Sie verhindern außerdem, daß Saatgut und Keimlinge durch Wind und Wasser abgetragen werden und bieten ihnen Schutz vor hohen und niedrigen Temperaturen. Durch ihr Wasserspeichervermögen verbessern sie die Wasserversorgung des Saatgutes und der Pflanzen. Die Matten verrotten in einigen Jahren und führen dadurch dem Boden Humus zu.
Nachteilig ist, daß vielfach Standard-Saatgutmischungen verwendet werden, die nicht immer den Standortverhältnissen der Baustelle angepaßt sind.

B a u w e i s e :

Um einen guten Kontakt der Matten mit dem Boden zu erreichen, sollten die zu begrünenden Flächen nach Möglichkeit vor dem Auslegen der Matten planiert werden. An Böschungen geringer Höhe werden die Matten waagerecht, also parallel zu den Hangoberkanten und -unterkanten, ausgerollt. An höheren Hängen und Böschungen werden die Matten etwa 1 m hinter der Hangoberkante mit Holz-

pflöcken o. ä. befestigt oder etwa 20 cm tief eingegraben und festgestampft. Anschließend werden die Matten nach unten abgerollt.
Damit ein guter Bodenkontakt der Matten gewährleistet ist, dürfen diese nicht gespannt werden. Günstig ist auch ein Andrücken oder Anwalzen der Matten. Die Matten sind dann mit Holzpflöcken o. ä. am Boden zu befestigen. Unten sind sie ebenfalls mit Holzpflöcken anzunageln oder etwa 20 cm tief einzugraben.
Beim Einbau mehrerer Matten sind diese so auszulegen, daß sie sich an den Rändern etwa 10 bis 15 cm überlappen, und sie sind dann mit 3 bis 4 Holzpflöcken zu befestigen. Von oben nach unten gesehen, sind die Matten dachziegelartig übereinanderzulegen. Die Matten können nicht nur in der Vegetationsperiode, sondern auch im Winter gelegt werden.

A n w e n d u n g s b e r e i c h :

Wegen ihrer sofortigen Schutzwirkungen eignen sich Saatgutmatten besonders für die Sicherung von Fließgewässer-Böschungen, aber auch für den Schutz erosionsgefährdeter terrestrischer Hänge und Böschungen. Sie sind beispielsweise sehr gut zur Sicherung von im Herbst oder Winter fertiggestellten Böschungen geeignet, die wegen der fortgeschrittenen Jahreszeit nicht mehr angesät werden können. Sofern Einheits-Saatgutmischungen eingearbeitet sind, sollten sie an Böschungen mit „mittleren Standortbedingungen" eingesetzt werden, da hier am ehesten Gewähr gegeben ist, daß das Einheitssaatgut gute Lebensbedingungen vorfindet.
Anwendungsbereiche für BonTerra-Matten:
BonTerra S: ebene bis leicht geneigte Flächen mit geringer Erosionsgefahr. BonTerra SK: leicht geneigte bis steile Flächen mit mittlerer Erosionsgefahr. BonTerrra K: steile Flächen mit starker Erosionsgefahr.

Grünling-Saatgutmatte

Nähere Auskünfte erteilt:
Fa. Waldenfels, Haren/Ems.

▲ Abb. 39: Durch Grünling-Saatgut-
matten gesicherte Böschung. Die
Berme ist mit Röhrichtballen besetzt.

Z u s a m m e n s e t z u n g :
Sie besteht aus einer mit Schilfhalmen verstärkten
Strohmatte, die einseitig eine Schicht aus Wolle und
Torf enthält. In die Wolle-Torf-Trägerschicht sind
Saatgut und Dünger eingearbeitet (Abb. 39 und 40).

H a u p t w i r k u n g s w e i s e , B a u w e i s e
u n d A n w e n d u n g s b e r e i c h :
Siehe BonTerra-Saatgutmatten.

Mst-Grünfix-Erosionsschutz-Rasenmatten

Nähere Auskünfte erteilt:
Fa. A. Düsing und Sohn, Gelsenkirchen-Horst.

Z u s a m m e n s e t z u n g :
Es handelt sich um Matten aus einer Papierunterlage, auf die Mulchstoffe, Saatgut und eine Deck-

schicht aufgebracht sind. Die Deckschicht kann nur
aus Stroh, aus einem Kokos-Stroh-Gemisch oder
nur aus Kokos bestehen. Papierunterlage, Mulchstoffe und Deckschicht sind miteinander versteppt.

H a u p t w i r k u n g s w e i s e , B a u w e i s e
u n d A n w e n d u n g s b e r e i c h :
Siehe BonTerra-Saatgutmatten.

Matten ohne Saatgut

Zu nennen sind vor allem die folgenden Matten:

BonTerra-Matten ohne Saatgut

Nähere Auskünfte erteilt:
Fa. Julius Wagner, Heidelberg.

Z u s a m m e n s e t z u n g :
Es handelt sich um die gleichen S-, SK- und K-
Matten, die unter „Saatgutmatten" beschrieben
wurden. Sie enthalten jedoch kein Saatgut und sind
für die Abdeckung von Ansaaten vorgesehen.

H a u p t w i r k u n g s w e i s e :
Die auf den angesäten Flächen ausgelegten Matten
wirken wie eine Mulchschicht (Abschn. V. 2.2.2.1).

B a u w e i s e :
Die zu begrünenden Flächen werden zunächst
angesät und dann mit den Matten bedeckt. Verlegung der Matten: Siehe BonTerra-Saatgutmatten.

A n w e n d u n g s b e r e i c h :
Ebene bis geneigte Flächen, die wegen ihrer
ungünstigen Keim- und Wachstumsbedingungen
das Aufbringen einer Mulchschicht erfordern
(Abschn. V. 2.2.2.1).

Mst-Erosionsschutzmatte ohne Saatgut

Nähere Auskünfte erteilt:
Fa. Düsing und Sohn, Gelsenkirchen-Horst.

Z u s a m m e n s e t z u n g :
Die Matten bestehen aus Stroh, aus Stroh und
Kokos, nur aus Kokos oder aus einem Gemisch

Abb. 40: Grünling – Saatgutmatte mit sich entwickelnder Vegetation.

aus Kokos und Mulchstoffen auf einem Trevira-Vlies. Alle Mattentypen sind in sich versteppt und mit einem Netzgewebe versehen.

Hauptwirkungsweise:
Siehe „Mulchstoffe" (Abschn. V. 2.2.2.1).

Bauweise:
Die angesäten Flächen werden mit den Matten bedeckt. Verlegung der Matten: Siehe BonTerra-Saatgutmatten.

Anwendungsbereich:
Wie BonTerra-Matten ohne Saatgut.

Literatur, Abschn. 2.2.2.2: Informationsschriften der oben angeführten Firmen.

2.2.3 Saatgutbedarf

2.2.3.1 Gehölzsaaten

Angaben über den Saatgutbedarf für Gehölzsaaten liegen sehr wenig und aus der Sicht der Ingenieurbiologie nur unvollständig vor.
Sie befinden sich m. W. überwiegend in der forstwissenschaftlichen Literatur und erstrecken sich deswegen nur auf Reinsaaten (Ansaat einer Art) forstlich interessanter Baumarten (Tab. 6).

Art	Aussaatmenge (kg/ha)		Einbringungstiefe (cm)
	Rillensaat	Vollsaat	
Bergahorn (Acer pseudoplatanus)	25	Doppelte Menge wie bei Rillensaat	1 bis 2
Birke (Betula)	8		Keine Bedeckung
Buche (Fagus sylvatica)	80		1,5 bis 3
Esche (Fraxinus excelsior)	20		1 bis 2
Traubeneiche (Quercus petraea)	350		5 bis 7
Stieleiche (Quercus robur)	400		3 bis 5
Tanne (Abies alba)	20		1 bis 2
Fichte (Picea abies)	2		0,5 bis 1
Kiefer (Pinus)	1,5		0,5 bis 1,5

Tab. 6: Saatgutbedarf zur Ansiedlung einiger Baumarten (MAYER, 1977).

Im Schrifttum über Gehölzanzucht in Baumschulen (z. B. BÄRTELS, 1978, KRÜSSMANN, 1978) werden zwar auch Saatgutmengen für zahlreiche weitere Baumarten und auch für Sträucher genannt. Für ingenieurbiologische Baumaßnahmen können sie aber bestenfalls Anhaltspunkte ergeben, da die Zielsetzungen von Gehölzansaaten in Baumschulen und auf Baustellen völlig verschieden sind und außerdem die Standortverhältnisse der Baumschulen von denen ingenieurbiologischer Baustellen erheblich abweichen können.

2.2.3.2 Ansaaten von Gräsern und Kräutern

Saatdichte

Neben der richtigen Wahl des Bauverfahrens (Wahl der Arten und des Ansaatverfahrens, Veränderung der Standortverhältnisse, Fertigstellungspflege; Abschn. V. 1.1 bis 1.4) ist das Gelingen ingenieurbiologischer Ansaaten von Gräsern und Kräutern auch in starkem Maße von einer sehr hohen Saatdichte (= durchschnittliche Anzahl der Saatkörner pro Flächeneinheit) abhängig:

a) Da die Baustellen in den ersten Wochen und Monaten nach der Rasenaussaat stärker als in späterer Zeit nach Bildung einer dichten Grasnarbe gefährdet sind, ist davon auszugehen, sofort nach der Keimung wenigstens eine einigermaßen geschlossene oberirdische Bedeckung und relativ starke Bodendurchwurzelung zum Schutz gegen Deflation und Denudation zu erzielen. Dies kann nur durch eine hohe Ausgangs-Kornzahl erreicht werden.

b) Da es sich oft um Baustellen mit besonders ungünstigen Standortfaktoren handelt, ist mit erheblichen Samenverlusten vor allem durch Verwehung, Abspülung, Tierfraß sowie durch Absterben infolge pflanzenschädlicher Standortbedingungen (z. B. Bodensäure, Salz, Schwermetalle, Immissionen) zu rechnen. Diese Minderung der Keimzahlen kann durch große Aussaatmengen teilweise ausgeglichen werden.

Für Ansaaten ohne Begrünungshilfsmittel werden 30 000 bis 60 000 Körner/m^2 (= 3 bis 6 Körner/cm^2) empfohlen (alte DIN 18917, 1973; EISELE, 1973). Aus den obigen Gründen ist bei ingenieurbiologischen Ansaaten diese Saatdichte unbedingt einzuhalten.

Für Ansaaten mit Begrünungshilfsmitteln gibt die DIN 18918 (1990) folgendes an:
Saatgut mit mehr als 800 Korn/g: 10 bis 20 g/m^2,
Saatgut mit 100 bis 800 Korn/g: 15 bis 30 g/m^2,
Saatgut mit weniger als 100 Korn/g: 20 bis 60 g/m^2.

Bei Zugrundelegung der Saatdichte für Ansaaten ohne Begrünungshilfsmittel ist die Frage berechtigt, ob diese Ansaatmengen in jedem Fall ausreichen. Sicher wird beim Einsatz dieser Verfahren ein sofortiger Bodenschutz z. T. durch die Zuschlagstoffe bewirkt, und es sind in der Regel auch die Samenverluste durch Deflation und Denudation geringer als bei „normalen" Ansaaten. Andererseits ist jedoch eine Verringerung der Keimzahlen einzukalkulieren, die dadurch entsteht, daß Saatgut zu tief eingebracht wird sowie in gequollenem Zustand durch Pumpendruck und Aufprall oder durch toxische Wirkungen der Zuschlagstoffe (z. B. Bitumen) geschädigt wird.

In der Literatur finden sich oft Angaben, die für bestimmte Standorte und Flächeneinheiten (z. B. m^2) Saatmengen in g oder kg empfehlen, ohne daß die zu verwendenden Arten genannt werden. Derartige Aussagen sind für ingenieurbiologische Aussaaten unbrauchbar. Wegen der stark voneinander abweichenden Kornzahlen/g der gebräuchlichsten Arten, die mindestens etwa zwischen 250 und 18 000 liegen, können sich sehr unterschiedliche und teilweise auch geringere Kornzahlen/m^2 als die erforderlichen 30 000 bis 60 000 Körner/m^2 ergeben, wenn Saatmischungen nach Gewichtseinheit pro Flächeneinheit (also nicht, wie oben empfohlen, nach Kornzahl pro Flächeneinheit) zusammengestellt werden.

1	2	3	4	5	6	7	8	9	10	11	12
Art	Mischungsanteil in Gew.%	Körner in 1 g (Grasart)	Körner in 1 g (Mischung)	Geplante Gesamtkornzahl/m²	Vorl. Aussaatmenge in g/m²	Reinheit in Gew.%	Keimkraft in Gew.%	Gebrauchswert in %	Es fehlen (%)	Zuschlag (g/m²)	Aussaatmenge in g/m²
A	50	900	450								
B	30	3000	900								
C	10	3000	300	60000	$\frac{60000}{3150}$	90	85		100,0		19+4,5
D	10	15000	1500					$\frac{90 \times 85}{100}$	-76,5	$\frac{19 \times 23,5}{100}$	
	100		3150		~19			76,5	23,5	~4,5	23,5

◀ Tab. 7: Berechnung von Ansaatmengen. Beispiel nach HANSEN (1968).

A = Festuca rubra genuina, B = Festuca ovina, C = Festuca ovina capillata, D = Agrostis tenuis.

Berechnung von Ansaatmengen

Zum Verständnis des Folgenden seien einige Begriffserklärungen von Angaben vorangestellt, die für die Berechnung von Saatgutmischungen notwendig sind:

a) Samen in 1 g: Anzahl der Körner artenreinen Samens, also nur Körner der betreffenden Art, in 1 g;

b) Reinheit in Gew.-% (R): Durchschnittlicher Gewichtsanteil des artenreinen Samens am Gesamtgewicht, das sich aus Samen der betreffenden Art, Samen anderer Arten, Spelzen, Sand und anderen Verunreinigungen zusammensetzt;

c) Keimkraft in Gew.-% (K): Mittlerer keimfähiger Kornanteil reinen Samens am gesamten reinen Samen.

Angaben über Samen in 1 g, Reinheit und Keimkraft der einzelnen Arten finden sich u. a. bei EISELE (1973), LEHR (1981), KLAPP (1974), in Saatgutkatalogen und im Anhang (Abschn. VI. 1.3). Ist dort z. B. angegeben „R/K = 80/90", so bedeu-

tet das, daß 80 Prozent reine Samen vorliegen, von denen 90 Prozent keimfähig sind.

d) Gebrauchswert in Prozent: Er errechnet sich nach der Formel R x K : 100 und gibt an, welcher Anteil der Mischung unter Berücksichtigung von Reinheit und Keimkraft aller Voraussicht nach insgesamt keimen wird (EISELE, 1973; HANSEN, 1968). Im obigen Beispiel (R/K = 80/90) ist der Gebrauchswert also 80 x 90 : 100 = 72 %. Da die Gebrauchswerte immer unter 100 % liegen, sind die Aussaatmengen entsprechend zu erhöhen.

Tab. 7 zeigt eine Berechnung von Aussaatmengen, wie sie EISELE (1973) und HANSEN (1968) empfehlen, und die wohl eine der gebräuchlichsten sein dürfte. Diese Berechnungsweise ist gut geeignet, wenn für vorgegebene Saatgutmischungen mit festgelegten Anteilen der einzelnen Arten in Gew.-Prozenten die Aussaatmengen pro Flächeneinheit selbst errechnet werden sollen.

1	2	3	4	5	6	7	8	9	10
Art	Gesamtkornzahl pro m²	Einzelkornzahl pro m²	Körner in 1 g	Vorl. Aussaatmenge in g/m²	Reinheit in Gew.%	Keimkraft in Gew.%	Gebrauchswert in %	Aussaatmenge in g/m²	Aussaatmenge in kg/ha
E		30000	10000	3,0	90	80	72	4,2	42
F	60 000	15000	1000	15,0	80	80	64	23,4	234
G		15000	500	30,0	90	90	81	37,0	370
insgesamt		60000						64,6	646

Tab. 8: Beispiel für die Berechnung von Ansaatmengen bei Selbstzusammenstellung von Saatgutmischungen (SCHLÜTER, 1975).

Es wird von Mischungsverhältnissen in Gew.-Prozent ausgegangen. Die Mischungsanteile in Gew.-Prozent (Spalte 2) werden zunächst mit den Kornzahlen in 1 g der einzelnen Arten (Spalte 3) zu den Einzelkornzahlen in 1 g und der Gesamtkornzahl in 1 g der Mischung (Spalte 4) verrechnet. Aus der Gesamtkornzahl in 1 g und der geplanten Gesamtkornzahl/m² (Spalte 5) wird dann eine vorläufige Aussaatmenge in g/m² ermittelt (Spalte 6). Im Anschluß daran wird hieraus unter Berücksichtigung von Reinheit und Keimkraft (Spalte 7 und 8) die Aussaatmenge in g/m² (Spalte 12) berechnet.

Bei ingenieurbiologischen Baumaßnahmen sind Fachleute oft gezwungen, selbst Ansaatmischungen auszuarbeiten, da die Baustellen nicht selten Standortverhältnisse aufweisen, für die keine Ansaatmischungen vorliegen. In diesen Fällen ist es zweckmäßig, folgendermaßen vorzugehen (Tab. 8):
a) Auswahl der Arten (Spalte 1);
b) Festsetzung der Gesamtkornzahl pro Flächeneinheit (Spalte 2);
c) pro Art Festlegung der Einzelkornzahlen (Spalte 3);
d) Berechnung der Aussaatmengen der einzelnen

Mischungspartner und der Gesamt-Aussaatmenge in g/m² bzw. kg/ha:
Aus den vorgesehenen Einzelkornzahlen/m² (Spalte 3) und den Kornzahlen in 1 g (Spalte 4) erhält man pro Art die vorläufige Aussaatmenge in g/m² (Spalte 5). Zur Bestimmung der endgültigen Aussaatmengen sind dann unter Berücksichtigung von Reinheit (Spalte 6) und Keimkraft (Spalte 7) die Gebrauchswerte der einzelnen Arten (Spalte 8) zu errechnen. Die endgültigen Aussaatmengen in g/m² (Spalte 9) bzw. kg/ha (Spalte 10) ergeben sich, wenn die vorläufigen Aussaatmengen in g/m² (Spalte 5) so erhöht werden, daß ein Gebrauchswert von 100 Prozent erzielt wird (Formel für Art E: $72 : 3 = 100 : X; X = 3 \times 100 : 72$).

3. Bauverfahren an Binnengewässern

Die folgenden Ausführungen beziehen sich auf alle Oberflächengewässer des Binnenlandes. Sie umfassen vor allem natürliche, fließende und stehende Gewässer wie Ströme, Flüsse, Bäche, Seen und Teiche sowie künstliche Gewässer wie Kanäle, Talsperren und Rückhaltebecken. Der Umfang des Buches gestattet es nicht, auf ingenieurbiologische Bauverfahren an den einzelnen Gewässerarten und -typen gesondert einzugehen, sondern läßt nur allgemeine Hinweise zu. Es wird auf ingenieurbiologische Bauverfahren eingegangen, die an diesen Gewässern im vorwiegenden Einflußbereich des Wassers, d. h. bis zur Hochwasserlinie (HW-Linie) ausgeführt werden. Die höher gelegene Zone zwischen Hochwasser (HW) und höchstem Hochwasser (HHW) wird relativ selten vom Wasser erreicht und ist deswegen für ingenieurbiologische Ziele an Binnengewässern kaum von Bedeutung.

3.1 Natürliche Vegetationszonen

Jedes Gewässer hat bestimmte Eigenschaften besonders im Hinblick auf den Gehalt an Mineralstoffen, Gasen und festen Bestandteilen sowie im Hinblick auf Temperatur, Strömungsgeschwindigkeit, Höhe, Dauer und zeitliche Verteilung der Wasserstände. Insbesondere infolge der Verschiedenheit dieser Standortfaktoren ist die natürliche Gewässervegetation – pflanzensoziologisch gesehen – im Hinblick auf die Pflanzengesellschaften sehr unterschiedlich. (Hinsichtlich diesbezüglicher Einzelheiten wird vor allem auf ELLENBERG, 1982, OBERDORFER, 1983, RUNGE, 1990 und auf Abb. 41 verwiesen). Ingenieurbiologisch gesehen läßt sich diese Vielfalt an Pflanzengesellschaften aber in wenige Vegetationszonen zusammenfassen, die besonders von den Wasserstandsverhältnissen abhängen.

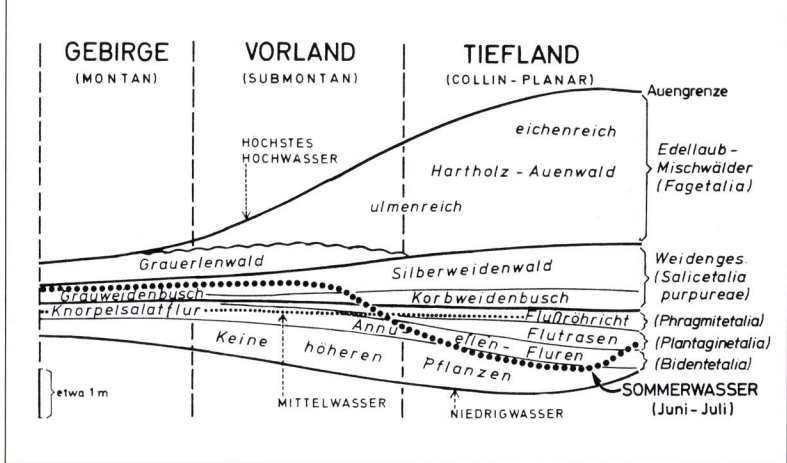

Abb. 41: Schematischer Längsschnitt durch die Vegetationsabfolge in Flußauen von den Alpentälern bis ins küstennahe Tiefland in Beziehung zum Jahresmittel (dünn punktiert) und Sommermittel (dick punktiert) sowie zur Schwankungshöhe des Wasserstandes (ELLENBERG, 1978).

 Abb. 42: Laichkraut- und Röhrichtzone an einem Fließgewässer.

In dieser Hinsicht lassen sich unterscheiden (pflanzensoziologische Systematik und Nomenklatur nach ELLENBERG, 1982, und RUNGE, 1990):

3.1.1 Breitere Fließgewässer

Es handelt sich um Wasserläufe mit Sohlbreiten etwa über 8 m (KRAUSE, 1975).

Zone I („Laichkrautzone")

Von etwa 3 m Wassertiefe bis ungefähr zum MNW – 1(2) m (Beginn der Röhrichtzone). Beim Fehlen der Röhrichtzone von ca. 3 m Wassertiefe bis etwa zum SoMW.
Unter Wasser und an der Oberfläche frei schwimmende Wasserpflanzen, im Boden wurzelnde submerse und Schwimmblattpflanzen (Abb. 42).

Insbesondere frei schwimmende Stillwasser-Pflanzengesellschaften (Lemnetea W. Koch et Tx., 1954), Schwimmblatt-Gesellschaften (Potamogetonetea bzw. Potametea Tx. et Prsg., 1942).

Zone II („Röhrichtzone")

Etwa zwischen MNW –1 (2) m und SoMW (Abb. 42) bzw. nach MANG (1974) etwa zwischen MThw –1,50 (2,00) und MThw.
Insbesondere Röhrichte und Seggenriede (Phragmitetea Tx. et Prsg., 1942).

Zone III („Weichholzzone")

Etwa zwischen SoMW und MHW (Abb. 43 und 44) bzw. nach MANG (1974) etwa zwischen MThw und MThw +1,00.
Insbesondere Weidengebüsche und -wälder (Salicetea purpureae Moor 1958), nach ELLENBERG

Abb. 43: Weichholzzone (Korbweidenbusch) am Altarm eines Fließgewässers.

Abb. 44: Weichholzzone (Silberweiden-Auenwald) an der Donau.

(1978) außerdem der Grauerlenwald (Alnetum incanae Aichinger et Sigrist, 1930).

Zone IV („Hartholzzone")

Etwa zwischen MHW und HW (Abb. 45) bzw. nach MANG (1974) etwa zwischen MThw +1,00 und MThw +1,50.
Insbesondere Hartholzauewälder (Alno-Ulmion Br.-Bl. et Tx., 1943), aber auch feuchte Eichen-Hainbuchen-Wälder (Carpinion betuli [Issler, 1931] Oberd., 1953) und Feuchte Stieleichen-Birken-Wälder (Quercetea robori-petraeae Br.-Bl. et Tx., 1943).

Die oben genannten Vegetationszonen treten oder traten an den Gewässern nicht immer vollständig auf. So kann es sein, daß abschnittsweise die eine

Abb. 45: Hartholzzone (Hartholz-Auenwald) an der Donau.

oder andere Zone gar nicht vertreten ist oder war. Eine Übersicht über die räumliche Verteilung der Vegetationszonen vom Gebirge bis zum Tiefland gibt Abb. 41.

3.1.2 Schmale Fließgewässer

Schmale Fließgewässer mit Sohlbreiten etwa unter 8 m (KRAUSE, 1975) wurden ursprünglich bis ungefähr zur MW-Linie vorwiegend von Hartholzauewäldern (Alno-Ulmion Br.-Bl. et Tx. 1943), und zwar insbesondere von erlenreichen Wäldern begleitet.

Gesellschaften der Zonen I, II und III traten zunächst nur in geringem Umfang, und zwar wohl vor allem an belichteten Stellen auf. Sie entwickelten sich meistens erst nach Rodung der Wälder und der damit verbundenen besseren Belichtung ihrer Standorte stärker (ELLENBERG, 1982; KRAUSE, 1975; LOHMEYER et al., 1975). Außerdem kann die zunehmende Eutrophierung dieser Wasserläufe die Verbreitung dieser Pflanzengesellschaften gefördert haben (Abb. 46 und 47).

3.1.3 Stehende Gewässer

Natürliche stehende Gewässer

Zone I („Laichkrautzone")

Von etwa 3 m Wassertiefe bis ungefähr zum MNW[1] – 1(2) m (Beginn der Röhrichtzone). Beim Fehlen der Röhrichtzone von ca. 3 m Wassertiefe bis etwa zum SoMW.
Unter Wasser und an der Oberfläche frei schwimmende Wasserpflanzen, im Boden wurzelnde submerse und Schwimmblattpflanzen.
Insbesondere frei schwimmende Stillwasser-Pflanzengesellschaften (Lemnetea W. Koch et Tx. 1954), Schwimmblatt-Gesellschaften (Potamogetonetea bzw. Potametea Tx. et Prsg. 1942), Strandlings-Flachwasserrasen (Littorelletea Br.-Bl. et Tx. 1934).

Zone II („Röhrichtzone")

Etwa zwischen MNW –1(2) m und SoMW (Abb. 48). Unterer Bereich: Insbesondere Süßwasser-Röhrichte (Phragmition W. Koch 1926); oberer Bereich: vor allem Großseggen-Rieder (Magnocaricion W. Koch 1926).

---

[1] Zum Zwecke einer besseren Vergleichbarkeit der Vegetationszonen-Höhen an Fließ- und stehenden Gewässern werden auch für stehende Gewässer die für Fließgewässer entwickelten Bezeichnungen MNW, SoMW usw. verwendet.

◢ Abb. 46: Reste der ehemals
bachbegleitenden Vegetation (erlenreiche Hartholzauenwälder) an
einem Mittelgebirgsbach.

◢ Abb. 47: Erlenreicher Baumbestand an einem Spreewald-Fließ.

Zone III („Weichholzzone")

Etwa zwischen SoMW und MHW (Abb. 48). Insbesondere Moorgebüsche (Salicetalia auritae Doing 1962 em. Westhoff 1968) und Erlenbrücher (Alnetalia glutinosae Tx. 1937).

Zone IV („Hartholzzone")

Da an stehenden Gewässern Hochwasserstände über MHW – wenn überhaupt – nur selten auftreten, gibt es in dieser Höhe i. d. R. keine, den Fließgewässern entsprechende, an diese Hochwasserstände angepaßte Vegetationszone. Es wachsen hier von Überflutungen unbeeinflußte Waldgesellschaften.

Künstliche stehende Gewässer

An natürlichen stehenden Gewässern ist der Standort u. a. durch sehr geringe Wasserspiegelschwankungen, hohe Grundwasserstände und organische Böden (Gyttja, Torf) gekennzeichnet. Die anthropogenen stehenden Gewässer, insbesondere Rückhaltebecken und Talsperren, weisen in der Regel von diesen Gewässern abweichende Wasserstandsverhältnisse auf, wie vor allem schnelle und starke Wasserspiegelschwankungen und eine andere jahreszeitliche Verteilung der Hoch- und Niedrigwasserstände. Außerdem stehen meistens keine organischen, sondern Mineralböden an. Diese andersgearteten Standortverhältnisse werden zwar von den Wasserpflanzen- und Schwimmblattgesellschaften sowie von den Röhrichten gut ertragen, jedoch nicht so sehr von den Seggenriedern, dem Weiden-Faulbaum-Gebüsch und den Bruchwäldern. Daher sind an den Gewässern oberhalb der Röhrichtgürtel andere Pflanzengesellschaften als diejenigen anzusiedeln, die in dieser Höhe an natürlichen stehenden Gewässern vorkommen. Es bietet sich an, hier die an Fließgewässern oberhalb der Röhrichtzone auftretenden Gesellschaften der Weichholzzone zu verwenden. Sie ertragen nämlich starke und schwache Wasserspiegelschwankungen und wachsen auf Mineralböden.

An künstlichen stehenden Gewässern ist also folgende Vegetationszonierung anzustreben: Laichkrautzone mit Unterwasser- und Schwimmblattpflanzen, Röhrichtzone mit Röhrichtarten und Weichholzzone mit Strauch- und Baumweidenarten. Oberhalb davon sind die dort standortgerechten Waldgesellschaften oder deren Ersatzgesellschaften anzusiedeln, sofern nicht sehr starke Wasserspiegelschwankungen hier die Ansiedlung von Hartholzauewäldern (Alno-Ulmion Br.-Bl. et Tx.1943) erfordern.

3.2 Bestimmung der Ansiedlungshöhen der Vegetationszonen

Wegen der starken Abhängigkeit der Vegetationszonen von den Wasserstandsverhältnissen ist die Ermittlung ihrer richtigen Ansiedlungshöhen für die erfolgreiche Ausführung ingenieurbiologischer Baumaßnahmen von entscheidender Bedeutung.

Vegetationszone	Pflanzen-gesellschaft	Alpentäler	Alpenvorland	Flachland	Nordseemündung (Tidebereich)
IV	Hartholzaue-wälder		oberhalb MHW	oberhalb MHW	oberhalb MThw + 1,00
III	Alnetum incanae	SoMW bis MHW oberer Bereich	SoMW bis MHW oberer Bereich		
III	Salicetum albo-fragilis		SoMW bis MHW oberer Bereich	SoMW bis MHW oberer Bereich	MThw + 1,00 bis MThw + 0,50
III	Salicetum eleagno-daphnoidis	SoMW bis MHW unterer Bereich			
III	Salicetum tri-andro-viminalis		SoMW bis MHW unterer Bereich	SoMW bis MHW unterer Bereich	MThw + 0,50 bis MThw
III	Salici-Myricarietum	etwas über SoMW			
II	Phalaridetum arundinaceae		etwas über SoMW	etwas über SoMW	MThw
II	Scirpo-Phrag-mitetum			etwas über SoMW	
II	Tide-Phragmitetum				MThw bis MThw - 0,50
II	Scirpetum maritimi (Bolboschoenetum maritimi)				MThw - 0,50 bis MThw – 1,50 (2,00)

Tab. 9: Ansiedlungshöhen für Arten einiger ingenieurbiologisch wichtiger, an Fließgewässern vorkommender Pflanzengesellschaften. Die Tabelle beruht in erster Linie auf Angaben von ELLENBERG (1982) und MANG (1974).

Darauf hinzuweisen ist, daß die Ansiedlungshöhen nicht immer mit den Höhenbereichen gleichzusetzen sind, in denen die Pflanzengesellschaften natürlich auftreten.

Liegen die wichtigsten Wasserstandshauptzahlen, also vor allem die MNW-, SoMW- und die HW-Linie vor, läßt sich die Vegetation ohne Schwierigkeiten entsprechend Tab. 9 ansiedeln.

Ist dies nicht der Fall, so sind die Wasserstandshauptzahlen (MNW, SoMW, MHW usw.) aus Pegelmeßdaten zu berechnen. Es braucht nicht näher erläutert zu werden, daß die Ergebnisgenauigkeit um so größer ist, je länger der Zeitraum ist, in dem die Pegelmessungen durchgeführt wurden.

Oft sind jedoch nicht einmal Pegelmeßdaten vorhanden. Sind in diesen Fällen ober- oder unterhalb sern, deren Wasserstände von denen natürlicher Gewässer stark abweichen können, wie z. B. bei Hochwasser-Rückhaltebecken und Talsperren, können die Ansiedlungshöhen zumindest annähernd auch dadurch ermittelt werden, daß aus den Pegelmessungen die Wasserstandsganglinie entwickelt wird. Darauf hinzuweisen ist, daß insbesondere bei Hochwasser-Rückhaltebecken und Talsperren Wasserstandsganglinien auch schon dann aufgestellt werden können, wenn sich diese wasserbaulichen Projekte noch in der Planungsphase befinden. Für die Berechnung zugrunde zu legen sind dann die

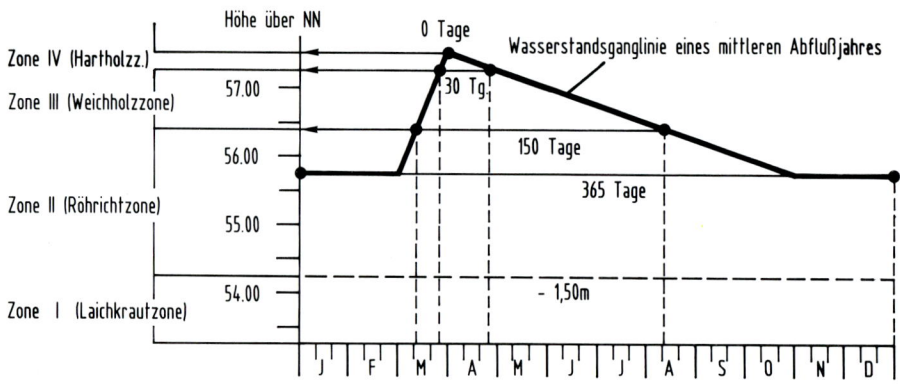

Abb. 49: Mittlerer jährlicher Wasserstandsgang eines geplanten Rückhaltebeckens mit Ermittlung der Ansiedlungshöhen der Vegetationszonen (SCHLÜTER, 1968; LECHER et al., 1994).

der Baustelle Röhricht-, Weichholz- und Hartholzbestände vorhanden, so können sie wichtige Hinweise für die Wahl der Ansiedlungshöhen geben. Sind weder die natürlichen Vegetationszonen noch Meßdaten vorhanden, so bleibt nichts weiter übrig, als die Ansiedlungshöhen zu schätzen. Die Wahrscheinlichkeit, günstige Ansiedlungshöhen zu treffen, kann dann dadurch vergrößert werden, daß innerhalb der Bereiche der vermuteten richtigen Ansiedlungshöhen nicht in einer Reihe, sondern in mehreren, unterschiedlich hoch an den betreffenden Böschungen angeordneten Reihen gepflanzt wird. Vor allem bei anthropogenen stehenden Gewäs-

Abflußmessungen derjenigen Fließgewässer, die den Rückhaltebecken bzw. Talsperren das Wasser liefern (Abb. 49).

Die Wasserstandsganglinie gibt den Ablauf der Wasserstände innerhalb eines bestimmten Zeitraums wieder, wobei die Zeit auf der Abszisse und die Wasserstandshöhen auf der Ordinate aufgetragen werden (Abb. 49). Sie gibt insbesondere die folgenden Informationen:

– Wie hoch steht das Wasser zu einem bestimmten Zeitpunkt?
– Wann sind bestimmte Wasserstände zu erwarten?

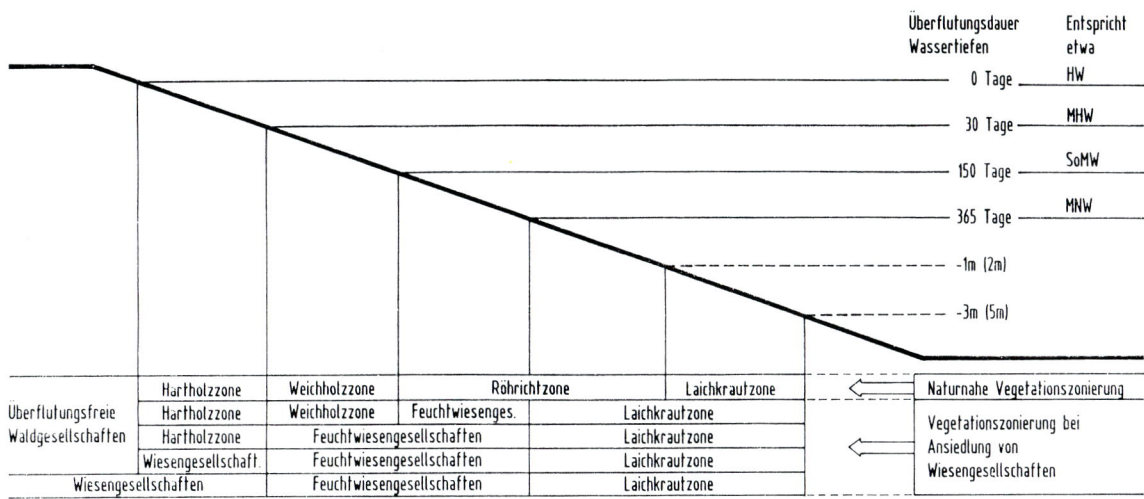

					Überflutungsdauer Wassertiefen	Entspricht etwa
					0 Tage	HW
					30 Tage	MHW
					150 Tage	SoMW
					365 Tage	MNW
					-1m (2m)	
					-3m (5m)	

	Hartholzzone	Weichholzzone	Röhrichtzone		Laichkrautzone	Naturnahe Vegetationszonierung
Überflutungsfreie Waldgesellschaften	Hartholzzone	Weichholzzone	Feuchtwiesenges.	Laichkrautzone		Vegetationszonierung bei Ansiedlung von Wiesengesellschaften
	Hartholzzone	Feuchtwiesengesellschaften		Laichkrautzone		
	Wiesengesellschaft	Feuchtwiesengesellschaften		Laichkrautzone		
Wiesengesellschaften		Feuchtwiesengesellschaften		Laichkrautzone		

Abb. 50: Abhängigkeit der Vegetationszonen bzw. ihrer Ersatz-gesellschaften (Wiesengesellschaf-ten) von Überflutungsdauer und Wassertiefe – unmaßstäbliche Skizze (SCHLÜTER, 1985).

– Wie lange treten bestimmte Wasserstände auf?
– Wie oft treten bestimmte Wasserstände auf?
Allerdings ist darauf hinzuweisen, daß die Wasser-standsganglinie eine statistisch errechnete Linie ist und deswegen die tatsächlichen Wasserstände von denjenigen der Wasserstandsganglinie mehr oder weniger stark abweichen können. Trotzdem liefert sie wertvolle Anhaltspunkte über günstige Ansied-lungshöhen; insbesondere, wenn sie auf langjähri-gen, beispielsweise auf 20- bis 40jährigen Pegel-messungen basiert.

Bei der Ermittlung der Ansiedlungshöhen aus der Wasserstandsganglinie ist von den in Abb. 50 angegebenen Überflutungszeiten auszugehen, also 365 Tage für Zone I, 365 bis 150 Tage für Zone II, 150 bis 30 Tage für Zone III und weniger als 30 Tage für Zone IV.
Aus Abb. 49 ist ersichtlich, wie sich die Ansied-lungshöhen aus der Wasserstandsganglinie relativ genau ermitteln lassen. Zunächst werden mit Hilfe

der auf der Abszisse aufgetragenen Zeit in Monaten und Tagen auf der Wasserstandsganglinie die Punkte bestimmt, die dort die Überflutungsdauer von 365 Tagen, 150 Tagen, 30 Tagen und 0 Tagen markieren. Werden diese Punkte dann durch waa-gerechte Linien zu den Wasserstandshöhen auf der Ordinate in Beziehung gesetzt, erhält man die Ansiedlungshöhen der einzelnen Vegetationszonen. Selbstverständlich bieten die auf diese Weise ermit-telten Ansiedlungshöhen nur Anhaltspunkte im Hin-blick auf die tatsächlich günstigsten Ansiedlungs-höhen. Bei ihrer Einhaltung ist aber zumindest zu erwarten, daß diese Ansiedlungshöhen den Pflan-zen längere Zeit Lebensbedingungen bieten, in der sie sich dann in Richtung der für sie am günstig-sten Wasserstände ausdehnen können. Zu beach-ten ist, daß die Ansiedlung der Laichkrautzone in der Regel der Natur überlassen bleibt.

3.3 Böschungsausbildung

Eine wesentliche Voraussetzung für das Gelingen prophylaktischer ingenieurbiologischer Baumaßnahmen ist die richtige Ausbildung der Uferböschungen.

Abgesehen von „Sonderformen", die aus ökologischen Gründen zu erhalten oder neu zu gestalten sind, wie z. B. Steilufer als Brutbiotope für Eisvögel und Uferschwalben, sollten die Böschungen nicht steiler als 1:2, möglichst aber flacher geneigt sein. Denn je flacher die Ufer sind, desto größer ist einmal die Breite, die den Vegetationszonen zur Verfügung steht (Abb. 51). Außerdem sind flache Böschungen standfester und unterstützen somit die böschungssichernde Wirkung der Vegetation.

Zur Erzielung einer großen ökologischen Vielfalt sollten die Böschungen aber nicht eintönig gleichmäßig, sondern abschnittsweise mit verschiedenen Neigungen und Formen, z. B. mit und ohne Überwasser- bzw. Unterwasserbermen ausgebildet sein. Fließgewässer sollten überdies nicht nur in symmetrischen, sondern vor allem in Krümmungen auch in asymmetrischen Querschnitten ausgebaut werden (Abb. 52). Einzelheiten sind u. a. zu finden bei: BEGEMANN et al. (1994); Deutscher Verband für Wasserwirtschaft und Kulturbau (1984); Landesamt für Wasser und Abfall Nordrhein-Westfalen (1980); LANGE et al. (1993); SCHLÜTER (1980, 1981 und 1992).

3.4 Verwendung von toten Baustoffen

Selbstverständlich sollten die Ufer möglichst nur mit lebenden Baustoffen gesichert werden. Da aber besonders zum Uferschutz Kombinationen toter und lebender Baustoffe oft erforderlich sind, werden hier die wichtigsten mit Pflanzen kombinierbaren Uferschutzbauten aus totem Material gesondert aufgeführt (DIN 19657, 1973; SCHLÜTER, 1971b, 1986).

a) Uferschutzbauten zur flächigen Böschungssicherung vorwiegend von der Sohle bis MW, aber ggf. auch bis MHW und bisweilen auch auf der Sohle:

– Steinschüttung, Kiesschüttung (Steinwurf, Steinberollung)

Unbearbeitete gedrungene Steine oder Kies werden manuell oder maschinell in einer Stärke von 15 bis 30 cm aufgebracht. Zur Vermeidung des Einsinkens der Schüttung ist in der Regel eine Unterlage aus Kunststoffvlies oder -geflecht als „Filter" bzw. ein filterartiger Aufbau der Schüttung erforderlich. Diese Bauweise wird vor allem an stark strömenden Gewässern angewandt.

Kombinationsmöglichkeiten mit lebenden Baustoffen: Besatz mit Röhrichtballen, Rhizomen, Sprößlingen, Halmstecklingen, Röhrichtansaat (Abschn. V. 3.5.1.2); Besatz mit Weidensteckholz oder -pflanzen (Abschn. V. 3.5.2.2) bzw. mit Pflanzen der Zone IV; Rasenansaat (Abschn. V. 3.5.2.2).

– Steinsatz

Unbearbeitete lagerhafte Steine werden mauerwerkartig aufgesetzt. Der Steinsatz muß in die Sohle einbinden und bei Bedarf durch Steinvorschüttung vor Unterspülung geschützt werden. Filterunterbau gegen Absinken: siehe Steinschüttung. Der Steinsatz ist vor allem für Böschungsfüße und steile Böschungen von Wasserläufen mit hohen Fließgeschwindigkeiten geeignet.

Kombinationsmöglichkeiten mit lebenden Baustoffen: Insbesondere Besatz mit Weidensteckholz, Rasenansaat (Abschn. V. 3.5.2.2).

– Rauhpflaster

Lagerhafte Bruch- und Spaltsteine von etwa 15 bis 60 cm Dicke werden im Verband gesetzt. Sie sind nur soweit zu behauen, wie es für die Herstellung des Verbandes notwendig ist. Filterunterbau gegen Absinken: siehe Steinschüttung. Auch diese Bauweise wird vor

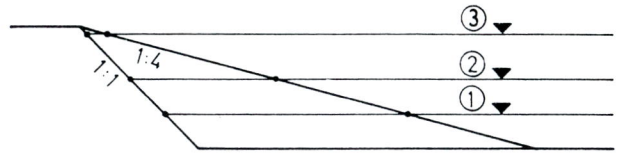

◀ *Abb. 51: Böschungslänge bei unterschiedlichen Böschungsneigungen.*
1 = MNW, 2 = SoMW,
3 = MHW.

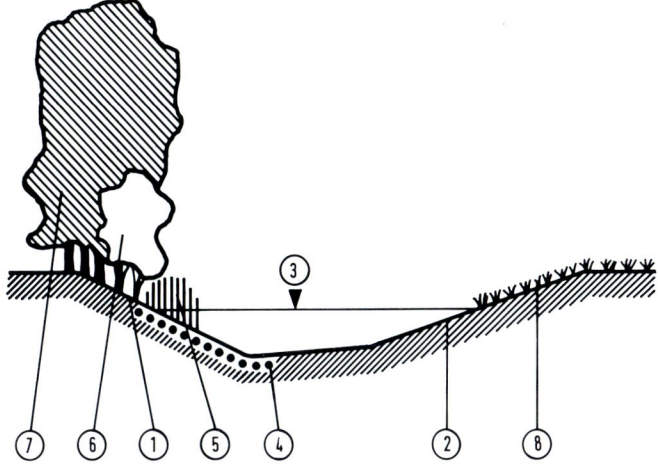

◀ *Abb. 52: Beispiel für einen asymmetrischen Gewässerquerschnitt.*
1 = Prallufer (Neigung 1:2),
2 = Gleitufer (Neigung 1:3),
3 = SoMW, 4 = bei Bedarf Steinschüttung, 5 = Röhrichtgürtel,
6 = Weidensaum (Weichholzaue),
7 = Hartholzaue,
8 = Wiesengesellschaft.

allem zum Uferschutz schnell fließender und durch Wellenschlag gekennzeichneter Gewässer angewandt.

Kombinationsmöglichkeiten mit lebenden Baustoffen: Insbesondere Besatz mit Weidensteckholz, Rasenansaat (Abschn. V. 3.5.2.2).

– Steinmatte

Sie besteht aus einer flächigen, etwa 20 cm starken Steinlage, die durch Maschendrahtgeflecht zusammengehalten wird. Steinmatten eignen sich zur flächigen Sicherung von Sohlen und Böschungen schnell fließender oder durch Wellenschlag gekennzeichneter Gewässer.

Kombinationsmöglichkeiten mit lebenden Baustoffen: Insbesondere Besatz mit Weidensteckholz, Rasenansaat (Abschn. V. 3.5.2.2).

– Gitterstein-Pflaster

Bei den Beton-Gittersteinen, von denen verschiedene Typen im Handel erhältlich sind,

handelt es sich um Betonplatten mit Aussparungen (Löcher, Schlitze usw.) für die Aufnahme von Boden und Vegetation. Die Gittersteine werden auf der planierten Böschung aneinanderstoßend verlegt. Während sie bei leichten Böden direkt auf den Uferboden gelegt werden können, empfiehlt es sich bei schweren Böden, als Unterbau eine einige cm starke Sandschicht aufzubringen. Bei steileren Böschungen sind die Gittersteine in Abständen von einigen Platten mit Holzpflöcken an den Uferboden zu nageln.

Kombinationsmöglichkeiten mit lebenden Baustoffen: Besatz mit Weidensteckholz, Rasenansaat (Abschn. V. 3.5.2.2).

b) Uferschutzbauten zur linienförmigen Sicherung von Böschungsfüßen und in Verbindung mit ingenieurbiologischen Bauverfahren zum linienförmigen Böschungsschutz im SoMW-Bereich:

– Drahtsenkwalze

Als Hülle dient verzinktes, viereckiges oder sechseckiges Drahtgeflecht, dessen Dicke sich nach der Beanspruchung richtet. Auf diesen Geflechten werden Steine oder Grobkies aufgeschüttet. Anschließend wird das Geflecht zusammengebogen und mit verzinktem Bindedraht zu walzenförmigen Körpern verflochten. Die Walzen können in beliebiger Länge und mit Durchmessern bis zu 80 cm hergestellt werden.

Kombinationsmöglichkeiten mit lebenden Baustoffen: Drahtsenkwalzen sind besonders geeignet, den Bereich um SoMW dann zu schützen, wenn die Ansiedlung von Röhricht – aus welchen Gründen auch immer – unmöglich ist und nur oberhalb der SoMW-Linie ingenieurbiologische Baumaßnahmen durchgeführt werden können. In diesen Fällen können Drahtsenkwalzen als Fußsicherungen für die oberhalb SoMW einzubringende Vegetation dienen, also insbesondere bei Ansiedlung von Weidenarten und bei Rasenansaat. Bei Verwendung von Weidenarten können sie vor allem kombiniert werden mit Weidenpflanzung, Spreitlage, Steckholzbesatz und Astbesatz (Abschn. V. 3.5.2.2).

3.5 Prophylaktischer Uferschutz breiterer Fließgewässer und stehender Gewässer

Es handelt sich um Baumaßnahmen, die zur Erhaltung bestehender oder gerade fertiggestellter Ufer geplant werden. Diese ingenieurbiologischen Maßnahmen werden vorwiegend in den Vegetationszonen II und III, aber auch bis zu einem gewissen Grade in Zone IV vorgenommen. Die Ansiedlung der Zone I bleibt in der Regel der Natur überlassen.

3.5.1 Bauverfahren in Zone II

3.5.1.1 Allgemeines

In dieser Zone, also zwischen MNW und SoMW, kann der Uferschutz durch Arten der dortigen HPNV, der Röhrichte und Seggenrieder erreicht werden (Abschn. V. 3.1.1 und V. 3.1.3). Beim Aufbau von Röhricht- oder Seggengürteln sind im allgemeinen die Hauptbestandsbildner Schilf, Wasserschwaden, Rohrglanzgras, Teichbinse und Seggen vorrangig einzubringen. Es empfiehlt sich jedoch zur Steigerung der ökologischen Vielfalt, weitere Röhrichtarten horstweise anzusiedeln.

Außerdem ist bei der Planung von Röhricht- oder Seggenbeständen zu beachten, daß die o. a. Pflanzenarten Lichtpflanzen sind. Sie können sich daher an besonnten Ufern, wie z. B. an Süd- und Westufern, sehr ausdehnen, während Beschattung, z. B. durch Gehölzpflanzungen, ihr Wachstum stark herabsetzen kann. Durch planerische Berücksichtigung dieser Sachverhalte ist es möglich, die zukünftige Ausdehnung des Röhricht- oder Seggengürtels von vornherein bis zu einem gewissen Grade zu beeinflussen.

An nicht schiffbaren Wasserläufen sind Röhrichte besonders an den dem Angriff des Wassers ausgesetzten Prallufern anzusiedeln. Gleitufer sollten freigehalten werden, da Gefahr besteht, daß Sedimentation und Auflandung zu schnell fortschreiten, der Stromstrich dadurch zu sehr an das ohnehin schon gefährdete gegenüberliegende Prallufer verlagert und dieses noch stärker angegriffen wird. Schiffbare Wasserläufe sollten dagegen beidseitig einen durchgehenden Röhricht- oder Seggengürtel erhalten, um die Ufer vor dem stark erodierenden Wellenschlag der Schiffe zu schützen. Sofern an stehenden Gewässern nur stellenweise ein Röhricht- oder Seggengürtel aufgebaut werden soll, ist die Ansiedlung an den durch Westwinde besonders gefährdeten Ostufern zu empfehlen.

🔺 *Abb. 53: Die verstärkte Sedi-*
mentation innerhalb des Röhricht-
gürtels hat zu einer ausgeprägten
Auflandung der Uferböschung
(Rehnenbildung) geführt.

Wirkungsweise

a) Ingenieurbiologische Wirkungen:

– Uferschutz. Triebe und Blätter zerteilen im Bereich zwischen Uferboden und Wasseroberfläche die Energie des Wassers und mindern Strömung und Wellenschlag. Dadurch wird nicht nur der Uferboden vor Erosion geschützt, sondern es wird darüber hinaus verstärkte Sedimentation mit Auflandung erreicht (Abb. 53). Außerdem festigen die Rhizome und Wurzeln den Boden. Röhricht- und Seggengürtel erreichen ihre volle Wirksamkeit im allgemeinen nach einer bis zwei Vegetationsperioden (Abb. 3 u. 4).

– Gewässerreinigung. Eine Reihe Pflanzen ist in der Lage, durch industrielle und häusliche Abwässer verschmutztes Wasser zu reinigen. Die Flechtbinse (Schoenoplectus lacustris) kann z. B. Phenole und Indol aufnehmen und diese Stoffe zur Aminosäure- und Peptidsynthese verwenden. Außerdem vermag sie dem Wasser Schwermetalle zu entziehen und Detergentien abzubauen. Durch Anwesenheit von Teichbinse (Schoenoplectus lacustris) und Wasserminze (Mentha aquatica) werden ferner Coli-Bakterien abgetötet (u. a. SEIDEL, 1966, 1967; SEIDEL et al., 1967). (Der Frage, ob der bakterizide Effekt durch die Pflanzen selbst oder durch ihren Aufwuchs, also durch auf den Pflanzen epiphytisch lebende Biozönosen aus pflanzlichen und tierischen Mikroorganismen, hervorgerufen wird, kann hier nicht weiter nachgegangen werden.)

b) Weitere Wirkungen:

– Biotop (Abschn. I.).

– Verschönerung des Landschaftsbildes (Abschn. I.).

3.5.1.2 Bauverfahren

Ballenbesatz (Ballenpflanzung)

Lebende Baustoffe

In erster Linie Ballen, Soden, Stücke der Sumpf-segge (Carex acutiformis), Schlanksegge (Carex gracilis), Wasserschwaden (Glyceria maxima), Rohr-glanzgras (Phalaris arundinacea), Schilf (Phragmites australis), Teichbinse (Schoenoplectus lacustris), Schmalblättriger Rohrkolben (Typha angustifolia), Breitblättriger Rohrkolben (Typha latifolia).

Abb. 55: Einbringen der Röhrichtballen in Reihen.

Abb. 54: Ballen der Meerbinse (Bolboschoenus maritimus).

Bauweise

Im Frühjahr werden nach Abmähen der oberirdischen Pflanzenteile aus Röhrichten oder Seggenbeständen rechtwinklige, quadratische oder abgerundete Stücke, Soden oder Ballen mit einem Durchmesser und einer Stärke bis zu rund 30 cm manuell oder maschinell gewonnen. Ballen mit frischen Trieben müssen sofort eingebracht werden. Andernfalls können Ballen in kleineren Mieten vor Austrocknung und Frost geschützt mehrere Wochen gelagert werden. Beim Transport zur Baustelle sind Beschädigungen der jungen Halmspitzen zu vermeiden (Abb. 54).

Die Ballen werden an der Baustelle einzeln in Reihen oder in sog. „Pulks" eingesetzt. Beim Einbringen in Reihen werden die Ballen in der Regel in Abständen von etwa 30 bis 50 cm in Gräben oder Einzellöcher gesetzt. Beim Einbringen in Pulks werden pro Pulk etwa fünf bis zehn Ballen dicht an dicht gesetzt. Die Abstände der einzelnen Pulks sollten etwa 3 bis 10 m betragen (Abb. 55 und 56). Das Einbringen in Reihen führt in der Regel zu einer schnelleren Begrünung der vegetationslosen Flächen. Nachteilig ist jedoch, daß die einzeln stehenden Pflanzen zunächst keinen Schutz durch Nachbarpflanzen haben.
Beim Einbringen in Pulks erfolgt wegen der größeren Entfernung der Pulks in der Regel ein späterer Flächenschluß der Vegetation, und es kann zwischen den Pulks zu Flächen- und Rinnenerosion kommen. Vorteilhaft ist aber, daß sich die dicht an dicht stehenden Pflanzen zunächst gegenseitig schützen. Zur Vermeidung der Rinnenerosion ist es günstig, die Pulks zusätzlich durch Ballenreihen zu verbinden.

Der Ballenbesatz kann nicht nur an unbefestigten
Ufern ausgeführt, sondern auch mit Steinsicherungen kombiniert werden (Abb. 57 und 58). Hierbei
ist zu beachten, daß die Ballen nicht auf die Steine
gesetzt werden dürfen, sondern Kontakt mit dem
Uferboden erhalten müssen. Es ist daher günstig,
die Schüttung vor dem Setzen der Ballen soweit
fortzuräumen, daß ein schmaler Graben entsteht
und dann die Ballen in diesen Graben einzubringen.
Um den Austrieb nicht zu sehr zu behindern, sollten die Ballen anschließend nicht vollständig mit
Steinen abgedeckt, sondern nur leicht mit einzelnen Steinen beschwert werden. Das überschüssige
Schüttmaterial kann zur Anlage eines kleinen,
etwas über die SoMW-Linie hinausragenden Walles
benutzt werden, der die Pflanzen vor Wellenschlag
schützt.
Während die Ballen von Schilf, Teichbinse, Wasserschwaden und Rohrkolben mit ihrer Oberkante
eben unter der Sommermittelwasserlinie liegen sollten, sind die Ballen der Seggen und des Rohr-
glanzgrases etwas oberhalb SoMW zu setzen. Im
Tidegebiet wird von MThw bis etwa 200 cm unter
MThw gepflanzt (Tab. 9).

Da im Tidebereich die Gefahr des Freispülens der
Ballen durch Längs- und Querströmungen sowie
durch Wellenschlag besonders hoch ist, sind hier
die Ballen etwa 20 cm tiefer einzubringen als sie
vorher in den Mutterbeständen gestanden haben.
Eine Röhrichtansiedlung an der Unterweser hat
gezeigt, daß die Pflanzen dies ohne weiteres gut
ertragen (ANSELM et al., 1994).
Die günstigste Ansiedlungszeit liegt bei allen Arten
vor dem Austrieb im Frühjahr nach dem Zurückgehen der Frühjahrshochwässer, also ungefähr zwischen Anfang März und Ende April. Bei frostfreier
Witterung und geringer Hochwassergefahr können
die Ballen außerdem von Anfang November bis
Ende Februar gesetzt werden.

Anwendungsbereich

Da die Uferböschungen der Binnengewässer in der
Regel schmal und langgestreckt sind, sind hier die
Ballen meistens in Reihen einzubringen. Der Besatz
in Pulks ist besonders für ausgedehntere Uferflä-
chen größerer Breite geeignet, z. B. für Uferschutzmaßnahmen im Mündungs- und Tidebereich der
größeren Wasserläufe.

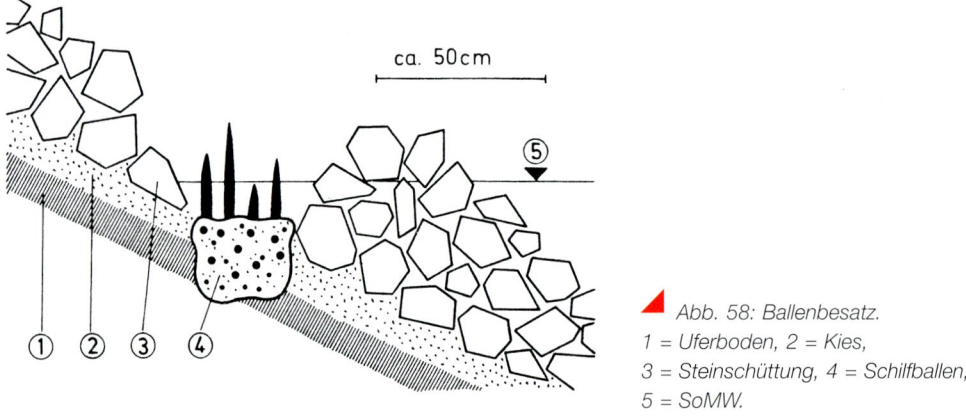

Abb. 57: Durch Röhricht
begrünte Steinschüttung.

ca. 50cm

⑤

① ② ③ ④

Abb. 58: Ballenbesatz.
1 = Uferboden, 2 = Kies,
3 = Steinschüttung, 4 = Schilfballen,
5 = SoMW.

Ohne Kombination mit Steinsicherungen ist der Ballenbesatz eine Baumaßnahme, mit der nicht sofort Uferschutz erzielt werden kann. Er wird dann frühestens in der zweiten Vegetationsperiode voll wirksam, wenn sich geschlossene Röhricht- oder Seggenbestände entwickelt haben (Abb. 2 und 3).

Der Ballenbesatz ohne Steinsicherung kann daher vor allem dort ausgeführt werden, wo keine besonders starke Ufergefährdung besteht.

Literatur: ANSELM et al. (1994); BITTMANN (1953, 1965, 1969); DIN 19657 (1973); SCHLÜTER (1971b, 1986).

Abb. 59: Freigespülte Rhizome der Teichbinse (Schoenoplectus lacustris).

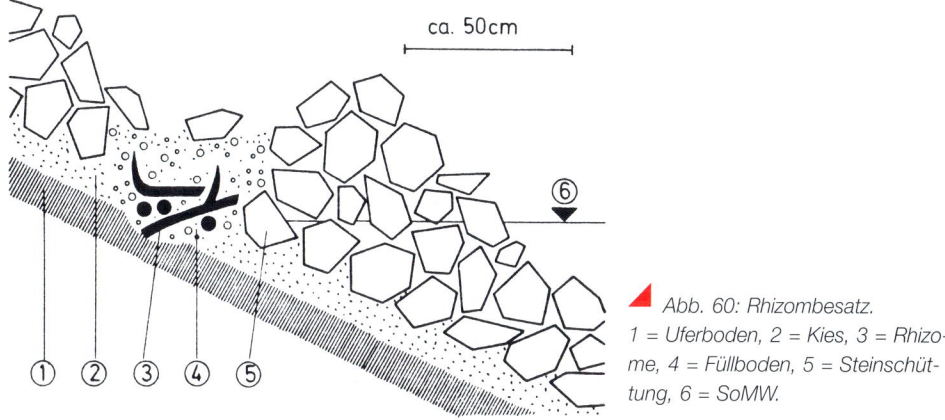

ca. 50cm

⑥

Abb. 60: Rhizombesatz.
1 = Uferboden, 2 = Kies, 3 = Rhizome, 4 = Füllboden, 5 = Steinschüttung, 6 = SoMW.

Rhizombesatz (Rhizompflanzung)

Lebende Baustoffe

Durch Rhizombesatz können die Seggen (Carex acutiformis, C. gracilis), Wasserschwaden (Glyceria maxima), Rohrglanzgras (Phalaris arundinacea), Schilf (Phragmites australis), Teichbinse (Schoenoplectus lacustris) und die Rohrkolben (Typha angustifolia, T. latifolia) eingebracht werden. In der Praxis werden jedoch vor allem Schilf und Teichbinse auf diese Weise angesiedelt (Abb. 59).

Bauweise

Nach dem Abmähen werden die waagerecht wachsenden Rhizome manuell oder maschinell, z. B. mit einem Greifer, in Röhrichtbeständen gewonnen und vom anhaftenden Boden getrennt. Sie müssen mindestens aus einem unverletzten Rhizomstück mit zwei Knoten bestehen, da andernfalls Fäulnis auftreten kann. Die Rhizome werden unter Schonung der Knospen unsortiert in ca. 20 bis 30 cm tiefe Gräben gelegt, die anschließend wieder mit Boden, Sand oder Kies verfüllt werden. Aus Gründen einer

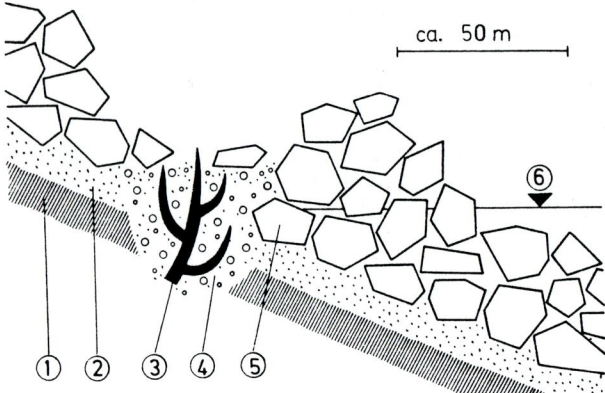

Abb. 61: Sprößlingsbesatz.
1 = Uferboden, 2 = Kies,
3 = Sprößling, 4 = Füllboden,
5 = Steinschüttung, 6 = SoMW.

ausreichenden Sauerstoffversorgung dürfte es zweckmäßig sein, die Gräben so anzulegen, daß ihre Sohle nicht zu tief, sondern etwa in Höhe der SoMW-Linie liegt (Abb. 60). Im Tidegebiet werden die Rhizome zwischen MThw und MTnw, jedoch höchstens bis 100 cm unter MThw eingebracht. Auch die Rhizompflanzung kann an unbefestigten Ufern und in Verbindung mit Steinschüttung vorgenommen werden. Bei der Kombination mit Steinschüttung ist es vorteilhaft, die mit Boden verfüllten Gräben gar nicht oder nur mit einzelnen Steinen zum Schutz vor Erosion abzudecken und aus dem überschüssigen Steinmaterial einen kleinen wasserseitigen Schutzwall gegen Strömung und Wellenschlag zu errichten.

Die Rhizome werden wie die Ballen am günstigsten zu Beginn des Wachstums, also etwa im März/April eingebracht, bei günstiger Witterung und geringer Hochwassergefahr jedoch auch zwischen Anfang November bis Ende Februar.

Anwendungsbereich

Da durch den Rhizombesatz zunächst ein noch geringerer Uferschutz als durch den Ballenbesatz erreicht wird, ist diese Bauweise besonders für stehende oder langsam fließende Gewässer geeignet. Im übrigen s. „Ballenbesatz".

Literatur: BITTMANN (1953, 1965, 1969); DIN 19657 (1973); SCHLÜTER (1971b, 1986).

Sprößlingsbesatz (Sprößlingspflanzung)

Lebende Baustoffe

In erster Linie Sprößlinge von Schilf (Phragmites australis) und Teichbinse (Schoenoplectus lacustris).

Bauweise

Der Sprößlingsbesatz kann als eine Variante des Rhizombesatzes aufgefaßt werden. Die jungen, senkrecht aus den Rhizomen herauswachsenden Halmsprosse werden am besten in Handarbeit mit Grabegabeln gewonnen und in Abständen von etwa 20 bis 50 cm senkrecht oder schräg eingesetzt. Dabei sollte der obere Teil des Sprößlings die SoMW-Linie und die oberste Triebspitze etwas die Bodenoberfläche überragen (Abb. 61).

An unbefestigten Ufern aus Feinsand oder Schlamm werden die Halmsprößlinge mit der Hand gesteckt. Bei festerem Substrat werden vorher mit dem Spaten Pflanzspalten oder mit dem Pflanzeisen Pflanzlöcher in den Boden gestoßen. Wird die Sprößlingspflanzung in Steinschüttungen vorgenommen, so ist die Anlage eines durchgehenden Pflanzgrabens günstig. Er wird vor dem Stecken mit Sand, Schlamm oder anderem Boden gefüllt. Das auf diese Weise anfallende Steinmaterial sollte wiederum für den Bau eines niedrigen wasserseitigen Schutzwalles verwendet werden. Die Grabenober-

Abb. 62: Schilfhalme mit Adventivwurzeln und Sprosse an den Halmknoten.

fläche kann durch einzelne Steine abgedeckt werden. Die Pflanzzeiten gleichen denjenigen des Rhizombesatzes.

Anwendungsbereich
Siehe „Rhizombesatz".

Literatur: BITTMANN (1953, 1965, 1969); DIN 19657 (1973); SCHLÜTER (1971b, 1986).

Halmstecklingsbesatz (Halmpflanzung)

Lebende Baustoffe
Der Halmstecklingsbesatz wird z. Z. nur mit Schilf (Phragmites australis) ausgeführt, obwohl sich auch Wasserschwaden (Glyceria maxima) und Rohrglanzgras (Phalaris arundinacea) auf diese Weise ansiedeln lassen, wie Versuche von DAHL (1972) und eigene Untersuchungen bestätigten.

Bauweise
Die Bauweise basiert auf der Fähigkeit einiger Röhrichtarten, an den Halmknoten Adventivwurzeln und Sprosse zu bilden (Abb. 62).
Aus Röhrichten werden junge, kräftige, ungefähr 80 bis 120 cm lange Halme dicht unter der Boden-

oberfläche abgestochen. Sie sollten möglichst 2 bis 3 (maximal 5) entfaltete Blätter haben. Um Austrocknung und Beschädigung der empfindlichen Halme zu vermeiden, werden sie locker gebündelt und abgedeckt zur Baustelle transportiert. Werden sie bis zu den Blattansätzen eingetaucht, können sie bis zu 3 Tage im Wasser aufbewahrt werden. An der Baustelle werden sie einreihig oder in mehreren Reihen zu 3 bis 5 Stück mit einem Pflanzeisen oder dem von BITTMANN entwickelten Schilfrohrpflanzer bis zu ihrer halben Länge in den Boden gesteckt. Der Reihenabstand beträgt 50 bis 100 cm, der Abstand in der Reihe 25 bis 50 cm. Bei einreihiger Pflanzung werden die Halme in knöcheltiefes Wasser bzw. etwa 10 bis 15 cm unter der SoMW-Linie eingebracht. Mehrreihige Pflanzungen sollen gleichmäßig bis 20 cm ober- und unterhalb SoMW angelegt werden. Im Tidebereich wird die Halmpflanzung bis 100 cm unter MThw ausgeführt. Vor allem an schiffbaren Gewässern hat es sich als günstig erwiesen, die Halme nicht senkrecht, sondern schräg einzubringen, so daß sie fast auf der Uferböschung aufliegen. Durch diese Maßnahme wird einmal die Gefahr des Abknickens der Halme durch Wellenschlag und Wind gemindert. Zum anderen werden Trieb- und Adventivwurzelbildung gefördert. Der Halmstecklingsbesatz kann an unbe-

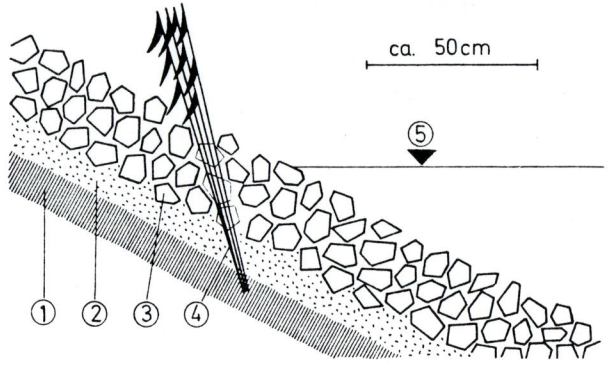

Abb. 63: Leichte Stein- oder Kiesschüttung mit Halmstecklingsbesatz.
1 = Uferboden, 2 = Kies, 3 = Steinschüttung, 4 = Halmstecklinge, 5 = SoMW.

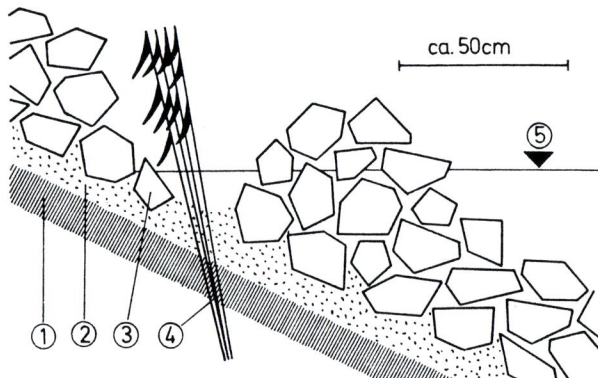

Abb. 64: Schwere Steinschüttung mit Halmstecklingsbesatz.
1 = Uferboden, 2 = Kies, 3 = Steinschüttung, 4 = Halmstecklinge, 5 = SoMW.

festigten und durch Steinschüttung befestigten Ufern ausgeführt werden. An Ufern mit leichten Stein- oder Kiesschüttungen kann durch die Schüttung hindurch in den Uferboden gesteckt werden (Abb. 63). Bei schweren Deckwerken ist es notwendig, die Halme in einen mit Feinkies, Sand oder Boden gefüllten Graben zu stecken (Abb. 64). In beiden Fällen sollte zweckmäßigerweise ein wasserseitiger Schutzwall geschaffen werden. Die Zeit, in der der Halmstecklingsbesatz ausgeführt werden kann, ist nur kurz und reicht von etwa Anfang Mai bis Ende Juni.

Anwendungsbereich

In erster Linie wie „Rhizombesatz".

Literatur: BITTMANN (1953, 1965, 1969); DAHL (1972); DIN 19657 (1973); SCHLÜTER (1971b, 1986).

Waagerechter Halmstecklingsbesatz (Waagerechte Halmpflanzung)

Lebende Baustoffe

Halme von Schilf (Phragmites australis)

Bauweise

Bis zu rd. 200 cm lange Halme werden senkrecht zur Uferlinie waagerecht oder leicht schräggeneigt eingegraben. Dabei sollten die Halme in feinkörnigen Substraten etwa 10 bis 20 cm und in grobkörnigen bis ungefähr 30 cm unter der Bodenoberfläche liegen. Die Halmspitzen müssen mit mindestens 3 bis 4 Blättern aus dem Boden herausragen. Aus Gründen einer ausreichenden Wasserversorgung sollten die Halmenden etwas unterhalb SoMW liegen (Abb. 65). Ausführungszeit: Wie „Halmstecklingsbesatz".

Anwendungsbereich

Die Halme bewurzeln sich schnell und entwickeln in kurzer Zeit eine größere Anzahl Tochterhalme. Sie gewährleisten jedoch zunächst nach dem Einlegen keinen besonders guten Uferschutz. Der waagerechte Halmstecklingsbesatz ist daher in erster Linie eine Bauweise, um mit relativ geringem Materialaufwand in kurzer Zeit auf ausgedehnteren Flächen Röhrichtbestände zu schaffen. Er dürfte aus diesen Gründen vor allem dann anzuwenden sein, wenn größere, zeitweise trockenfallende Schadstellen mit flachen Ufern schnell eine geschlossene Röhrichtdecke erhalten sollen.

Literatur: BITTMANN (1953); SCHLÜTER (1971b, 1986).

Röhrichtwalze

Lebende Baustoffe

In erster Linie Ballen von Schilf (Phragmites australis), Teichbinse (Schoenoplectus lacustris), Wasserschwaden (Glyceria maxima).

Bauweise

In Höhe der SoMW-Linie werden etwa 100 cm lange Pfähle im Abstand von 100 bis 150 cm so tief eingeschlagen, daß sie noch ungefähr 20 bis 30 cm über den Wasserspiegel hinausragen. Hinter der Pfahlreihe wird ein rd. 40 cm tiefer und breiter Graben ausgehoben, an dessen Seiten Bretter aufgestellt werden. Zwischen den Brettern wird Maschendraht ausgerollt und mit Grobkies oder Schilfsodenresten gefüllt. Bei Verwendung einer

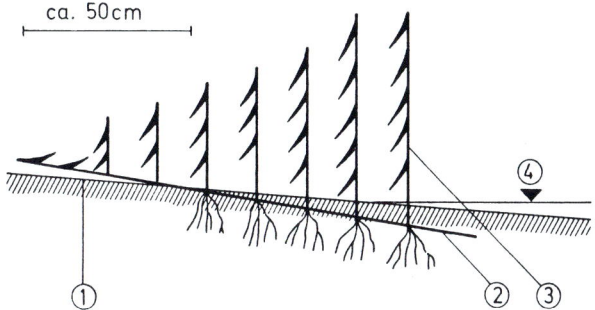

Abb. 65: Waagerechter Halmstecklingsbesatz (BITTMANN, 1953). 1 = Uferboden, 2 = eingelegter Halm, 3 = Tochterhalme, 4 = SoMW.

Anmerkung

Es dürfte außerdem möglich sein, Schilfhalme wie eine Weidenspreitlage zu verwenden, indem die Halme entsprechend einer Weidenspreitlage (Abschn. V. 3.5.2.2) dicht an dicht auf die Böschung gelegt, verpflockt und verdrahtet sowie übererdet werden und die Halmenden wie die Enden der Weidenruten vor Freispülung gesichert werden. (Es braucht nicht näher ausgeführt zu werden, daß eine derartige „Schilfspreitlage" nur im Bereich der für Röhricht günstigen Ansiedlungshöhen gebaut werden kann.) Sofern sich dieses Bauverfahren bewährt, kann es vor allem dazu dienen, besonders gefährdete Prallufer in der Röhrichtzone zu schützen.

Reisigunterlage auf dem Maschendraht kann auch Grabenaushub eingebracht werden. Das Füllmaterial wird anschließend so weit mit Röhrichtballen bedeckt, daß sich die Maschendrahtseiten mittels Draht straff miteinander verbinden lassen. Nach ihrer Fertigstellung soll die Röhrichtwalze etwa 5 bis 7 cm aus dem Wasser herausragen. Die Bretter werden dann herausgenommen, verbliebene seitliche Lücken durch Boden oder Röhrichtballen beseitigt, und die Pfähle bis in Höhe der Walzenoberfläche eingeschlagen (Abb. 66).
Röhrichtwalzen können von Oktober bis Mai gebaut werden. Die günstigste Ausführungszeit liegt im März/April.

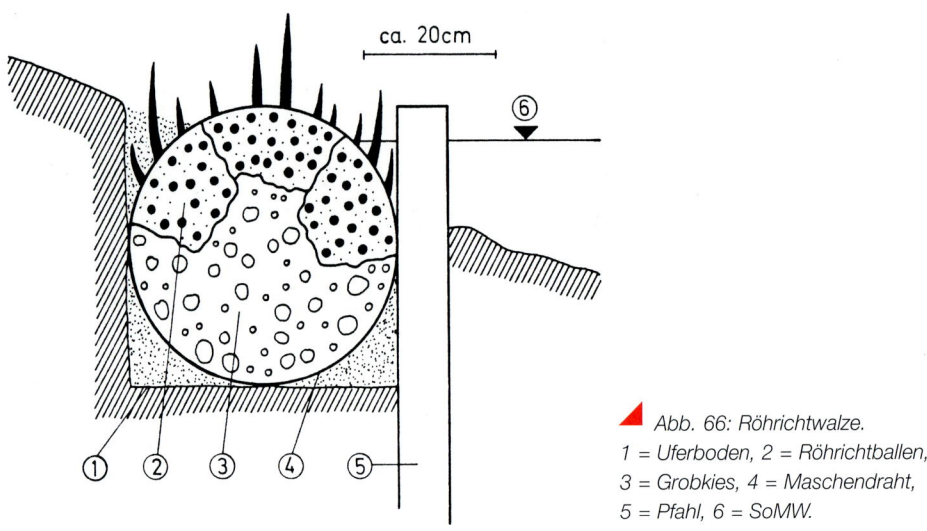

Anwendungsbereich

Im Gegensatz zum Ballen-, Rhizom-, Sprößlings- und Halmstecklingsbesatz stellt die Verwendung der Röhrichtwalze eine ingenieurbiologische Baumaßnahme dar, die das Ufer in Höhe der SoMW-Linie recht gut gegen Strömung und Wellenschlag schützt. Röhrichtwalzen werden daher vorwiegend an begrenzten gefährdeten Uferabschnitten eingebracht, z. B. an schnell fließenden oder schiffbaren Gewässern.

Literatur: DIN 19657 (1973); SCHLÜTER (1971b, 1986).

Vegetationsfaschinen

Lebende Baustoffe

Von den Arten, die vorwiegend für die Ufersicherung benutzt werden, eignen sich nach BEST-MANN die folgenden besonders gut: Seggen (Carex acutiformis, C. gracilis), Wasserschwaden (Glyceria maxima), Rohrglanzgras (Phalaris arundinacea), Teichbinse (Schoenoplectus lacustris) und Schmalblättriger Rohrkolben (Typha angustifolia).

Bauweise

Es handelt sich um walzenförmige Körper aus „Naturfaserstoffen", die mit einem weitmaschigen Kunststoffgeflecht umhüllt sind. Ihr Durchmesser beträgt 30 bis 75 cm, ihre Standardlänge 600 cm. Die Faschinen werden mit vorkultivierten Pflanzen der obigen Arten im Abstand von rd. 30 cm bepflanzt. Pro Pflanzloch wird eine Startdüngung mit ca. 3 g Langzeitdünger empfohlen (Abb. 67). Wie aus Abb. 68 und 69 hervorgeht, erfolgt der Einbau der Vegetationsfaschinen auf verschiedene Art und Weise.

Anwendungsbereich

Einmal sichern Vegetationsfaschinen wie Röhrichtwalzen das Ufer in Höhe der SoMW-Linie sofort gegen Strömung und Wellenschlag. Sie sind daher sehr gut zum Schutz besonders gefährdeter Ufer im Bereich der SoMW-Linie geeignet.
Außerdem mildern schwimmend angebrachte Vegetationsfaschinen vor Einfassungen aus totem Material, wie Spundwänden und Mauern, nicht nur deren unschönen Anblick, sondern schaffen auch einen gewissen ökologischen Ausgleich.

Literatur: Informationsschriften der Fa. BESTMANN, Wedel/Holstein.

▲ *Abb. 67: Unbepflanzte Vegetationsfaschinen.*

▲ *Abb. 69: Vegetationsfaschine mit älterer Vegetation (Foto: DAHL).*

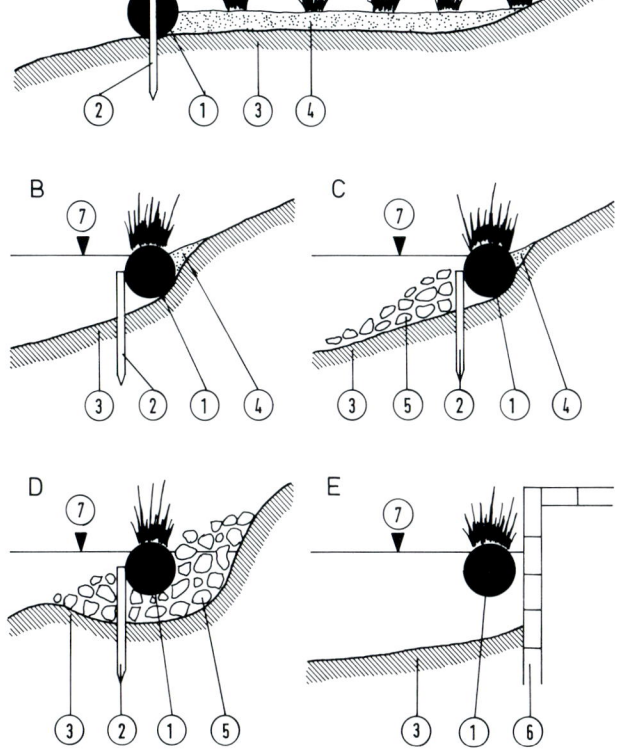

▲ *Abb. 68: Einige Möglichkeiten des Einbaus von Vegetationsfaschinen. Unmaßstäbliches Schema.*
A bis D: abgesenkt, E: schwimmend.
1 = Vegetationsfaschine, 2 = Pfahl,
3 = Uferboden, 4 = Bodenauftrag,
5 = Stein- oder Kiesschüttung,
6 = Mauer, 7 = SoMW.

Vegetationsmatten (Vegetationspaletten)

Lebende Baustoffe

Vor allem rhizombildende Röhrichtarten.

Bauweise

Die Matten bestehen aus ca. 4 cm dickem, abbaufähigem Naturfaser-Substrat. Sie sind bis zu 600 cm lang und 50 bis 200 cm breit. Zur Anzucht der Vegetation werden die Matten mit Jungpflanzen von rhizombildenden Röhrichtarten besetzt und in Anzuchtbecken mit Nährlösung gelegt. Innerhalb einer Vegetationsperiode entwickelt sich i. d. R. eine weitgehend geschlossene Vegetationsdecke, und die Matte wird dicht mit Wurzeln und Rhizomen durchwachsen. Die Matten werden gerollt oder gefaltet zur Baustelle transportiert und dort am Ufer im Bereich der SoMW-Linie oder auch unter Wasser bis zu einer Tiefe von rd. 60 cm ausgelegt. Befestigt werden sie mit Boden, Steinen oder Pflöcken bzw. Pfählen. Sofern kein sofortiger Einbau möglich ist, ist eine Zwischenlagerung im Wasser erforderlich (Abb. 70 bis 72).

Anwendungsbereich

Die Vegetationsmatten bieten einen sofortigen wirksamen Uferschutz. Sie sind daher besonders zur Sicherung stark gefährdeter Ufer im SoMW-Bereich geeignet.

Literatur: Informationsschriften der Fa. BESTMANN, Wedel/Holstein.

Ansaat

Lebende Baustoffe

Saatgut von Schilf (Phragmites australis) und Rohrglanzgras (Phalaris arundinacea).

Bauweise

Die Methode, Schilfbestände durch Saat aufzubauen, hat sich nur teilweise bewährt. Der Erfolg der Ansaat hängt primär vom Samengehalt der Rispen und der Keimfähigkeit des Saatgutes ab. Beides kann sowohl von Schilfbestand zu Schilfbestand als auch innerhalb desselben Bestandes von Jahr zu Jahr sehr unterschiedlich sein. Ansaaten sollten daher nur vorgenommen werden, wenn die Prüfung der Rispen einen Samenansatz von mehr als 10 % ergeben hat und wenn eine befriedigende Keimfähigkeit des Saatgutes festgestellt wurde.

Die Rispen werden im Januar/Februar geerntet und an einem luftigen und trockenen Ort gelagert. Die Saat kann auf verschiedene Weise vorgenommen werden:

a) Saat in Anzuchtbeeten;

b) Saat auf der Baustelle.

Bei der **„Saat in Anzuchtbeeten"** werden auf Schlick, Ton oder lehmigem Sand Beete angelegt und diese kurz vor der Aussaat umgegraben und leicht gewalzt. Die Saat erfolgt Anfang bis Mitte Mai in Form von Rispen- oder Schüttelsaat. Bei der Rispensaat werden die vollständigen Rispen reihenweise oder flächig ausgelegt und leicht mit der Schaufel angeklopft. Bei der Schüttelsaat werden die Rispen aneinander geschlagen und auf diese Weise die Samen herausgeschüttelt. Die Schüttelsaat hat den Vorteil einer gleichmäßigeren Verteilung des Saatgutes. Sie setzt aber Windstille und einen hohen Samenansatz voraus. Da Schilf ein Lichtkeimer ist, darf das Saatgut nicht mit Erde bedeckt werden. Nach der Ansaat muß ausreichend bewässert werden. Unter günstigen Bedingungen keimt der Samen schon nach 8 bis 10 Tagen. Die Pflege der Jungpflanzen erstreckt sich vor allem auf Unkrautbekämpfung und Bewässerung bei Trockenheit. Im Herbst oder im nächsten Frühjahr nach der Saat werden die Jungpflanzen als Ballen zur Baustelle transportiert und dort gesetzt (s. „Ballenbesatz").

Bei der **„Saat auf der Baustelle"** ist die Rispensaat der Schüttelsaat vorzuziehen, da die Rispen im Vergleich zu den einzelnen Scheinfrüchten länger die Feuchtigkeit halten und besser am Boden haften. Die flächig ausgelegten Rispen können zusätzlich mit Maschendraht oder Kunststoffnetzen überdeckt und befestigt werden. Zur Erzielung eines kräftigen Bestandes sollten in den ersten beiden Monaten zu dicht stehende Jungpflanzen auf

![Abb. 70](top image)

▲ Abb. 70: Mit Röhrichtarten
bepflanzte Vegetationsmatten im
Anzuchtbecken.

▲ Abb. 71: Intensiv durchwurzelte
Vegetationsmatte im Anzuchtbecken
(Foto: DAHL).

▲ Abb. 72: Eine Vegetationsmatte
wird für den Transport zur Baustelle
aufgerollt (Foto: BESTMANN).

einen Abstand von etwa 5 bis 10 cm vereinzelt werden. Während der ersten Vegetationsperiode ist vor allem darauf zu achten, daß die Bestände nicht austrocknen.

Die Ansaat von Rohrglanzgras dürfte im großen und ganzen erfolgversprechender als die Ansaat von Schilf sein.
WALLNER berichtet über gelungene Rohrglanzgrasansaaten am Neckar und an der Mittelweser. Dort wurde Rohrglanzglas mit Erfolg in Steinmatten bzw. Steinschüttungen gesät, die offenbar nicht übererdet waren. Saatgut von Rohrglanzgras ist im Samenhandel erhältlich. Es wird wie Rasen in Anzuchtbeeten oder auf der Baustelle angesät. Bei der „Saat auf der Baustelle" wirkt es sich günstig aus, daß Rohrglanzgras von Natur aus höher gelegene Bereiche der Röhrichtzone als Schilf besiedelt. Somit ist bei der Ansaat oberhalb des Wasserspiegels die Gefahr des Fortschwemmens des Saatgutes in der ersten Vegetationsperiode geringer als bei Schilf. Obwohl es offenbar möglich ist, Rohrglanzgras in nicht übererdete Steindeckwerke zu säen (s. oben), dürfte eine Abdeckung der Steinsicherungen mit Boden die Erfolgssicherheit der Ansaaten und das Wachstum der lebenden Baustoffe fördern.

A n w e n d u n g s b e r e i c h

Aus der „Saat in Anzuchtbeeten" gewonnene Ballen können wie die aus Röhrichtbeständen geworbenen verwendet werden (s. „Ballenbesatz"). Die „Saat auf der Baustelle" sollte nur an Gewässern mit sehr geringen oder fehlenden Wasserspiegelschwankungen vorgenommen werden, da hier die Gefahr des Fortschwemmens des Saatgutes gering ist.

Literatur: BITTMANN (1953, 1965, 1969); SCHLÜTER (1971b, 1986); WALLNER (1965).

3.5.2 Bauverfahren in Zone III

3.5.2.1 Allgemeines

In diesem Bereich, also zwischen SoMW und MHW, übernehmen meist natürliche Gehölzgesellschaften (Abschn. V. 3.1) und, sofern dort deren Ansiedlung aus irgendwelchen Gründen nicht möglich ist, Wiesengesellschaften den Uferschutz.
Als Bestandsziel ingenieurbiologischer Bauvorhaben sollten möglichst die natürlichen Gehölzgesellschaften angestrebt werden. D. h., daß insbes. die Fließgewässer stärker als bisher mit Gehölzen dieser Gesellschaften zu besiedeln sind. Ist dieses Ziel nur teilweise zu erreichen, so sind an Wasserläufen mit Sohlbreiten über etwa 8 m besonders die Prallufer durch diese Gehölzgesellschaften zu sichern.
Unabhängig davon, in welchem Umfang sich die Ansiedlung von Gehölzen erreichen läßt, sind aus folgenden Gründen im unteren, sich unmittelbar der Zone II anschließenden Bereich, die ingenieurbiologischen Baumaßnahmen überwiegend mit Strauchweidenarten durchzuführen:

a) Strauchweidenarten (Weidengebüsche) sind dort meist die HPNV, die möglichst anzustreben ist (Abschn. V. 1.1.3).

b) Die dort natürlich vorkommenden Strauchweidenarten haben ein besonders großes ingenieurbiologisches Leistungsvermögen, das vor allem durch ihre ökologischen Wirkungen und vielseitige Verwendbarkeit für ingenieurbiologische Bauverfahren infolge ihres Bewurzelungsvermögens gekennzeichnet ist (s. unten).

c) Der wenig über SoMW liegende untere Bereich der Vegetationszone III ist wie Zone II besonders stark gefährdet. Er benötigt deshalb verschiedene, den jeweiligen Gegebenheiten angepaßte ingenieurbiologische Sicherungen, für die sich diese Weidenarten besonders eignen.

Wiesengesellschaften sollten nur dann zum Uferschutz verwendet werden, wenn sie sich wegen Nutzungsansprüchen, die an die Gewässer gestellt werden, unter keinen Umständen vermeiden lassen, wenn sie aus ökologischen Gründen zu fordern sind oder wenn sie an den betreffenden Gewässern die HPNV darstellen.

Wirkungsweise:

a) Ingenieurbiologische Wirkungen:
   – Ufer- und Bauwerkschutz. Triebe und Blätter zerteilen im Bereich zwischen Uferboden und Wasseroberfläche bzw. bei begrünten Leit- und Querwerken zwischen Bauwerk- und Gewässeroberfläche die Energie des Wassers und mindern Strömung und Wellenschlag. Dadurch wird nicht nur der Uferboden vor Erosion geschützt, sondern es wird darüber hinaus verstärkte Sedimentation mit Auflandung erreicht. Außerdem festigen die Wurzeln den Uferboden und die Bauwerke.
   Diese Wirkungen üben sowohl Weidenbestände als auch Wiesengesellschaften aus. Allerdings ist die Schutzwirkung geschlossener Weidenbestände erheblich größer als diejenige der Wiesengesellschaften.
   Wie Messungen von RICKERT (zit. bei DAHL et al., 1983) ergeben haben, treten bei Hochwasser innerhalb geschlossener Weidensäume praktisch keine Fließgeschwindigkeiten auf. Bei der Ansiedlung von Weidengebüschen ist daher für eine ausreichende Dimensionierung der Abflußquerschnitte zu sorgen. Sofern Weidenarten nicht in Form einer Spreitlage oder ohne Sicherungen aus totem Material eingebracht werden, gewähren sie frühestens nach zwei bis drei Vegetationsperioden befriedigenden Uferschutz. Wiesengesellschaften werden bereits in der ersten Vegetationsperiode ausreichend wirksam.
   – Gewässerreinigung. Nach SKALSKI (1961) beschleunigen Weidenarten die Selbstreinigung der Gewässer sehr. Es wird vermutet, daß die Pflanzen mit ihren Wurzeln, die in die Gewässersohlen reichen, dem Wasser gelöste Verbindungen entziehen.

b) Weitere Wirkungen:
   – Biotop (Abschn. I.).
   – Verschönerung des Landschaftsbildes (Abschn. I.).

3.5.2.2 Bauverfahren

Spreitlage (Spreutlage)

Lebende Baustoffe

Das lebende Material wird nicht selten aus Weidenbeständen in der Nähe der Baustelle gewonnen. Abgesehen von dort vorhandenen bewurzelungsfähigen Hybriden kommen vor allem Ruten der folgenden Arten in Frage: Großblättrige Weide (Salix appendiculata = S. grandifolia), Ohrweide (S. aurita), Grauweide (S. cinerea), Reifweide (S. daphnoides), Lavendelweide (S. eleagnos = S. incana), Glanzweide (S. glabra), Schwarzweide (S. nigricans), Lorbeerweide (S. pentandra), Purpurweide (S. purpurea), Mandelweide (S. triandra), Korbweide (S. viminalis).

Bauweise

Zunächst wird die für die Spreitlage vorgesehene Böschung planiert. Auf der Fläche werden dann zwei oder mehr Reihen etwa 60 bis 100 cm langer Holzpflöcke in den Boden geschlagen, so daß sie noch 10 bis 20 cm herausragen. Der Abstand der Pflöcke in der Reihe richtet sich vor allem nach Böschungsneigung, Boden und Art des Gewässers und liegt etwa zwischen 70 und 100 cm. Anzahl und Abstand der Reihen sind von der Länge der Weidenruten und der Zahl der Lagen abhängig. Sie sind so zu wählen, daß die oberen und unteren Rutenenden etwa 20 cm über die Pflockreihen hinausragen. Bei einer Lage Ruten (s. unten) reichen in der Regel zwei bis drei Pflockreihen aus, bei mehreren Lagen sind mindestens drei Reihen notwendig. Zwischen die Pflockreihen werden Weidenruten von etwa 100 bis 200 cm Länge dicht an dicht oder in Abständen von maximal 3 bis 5 cm parallel zueinander und senkrecht zur Uferlinie gelegt. Sofern an lebenden Ruten Mangel herrscht, kann ihnen je nach Angriffskraft des Wassers bis zu 75 % totes Zweig- und Rutenmaterial beigemischt werden. Vor allem bei kurzen Weidenruten hat es sich bewährt, zwei oder mehr Lagen an der Böschung übereinander zu legen. In diesem Falle ist darauf zu achten, daß die Rutenspitzen der unteren

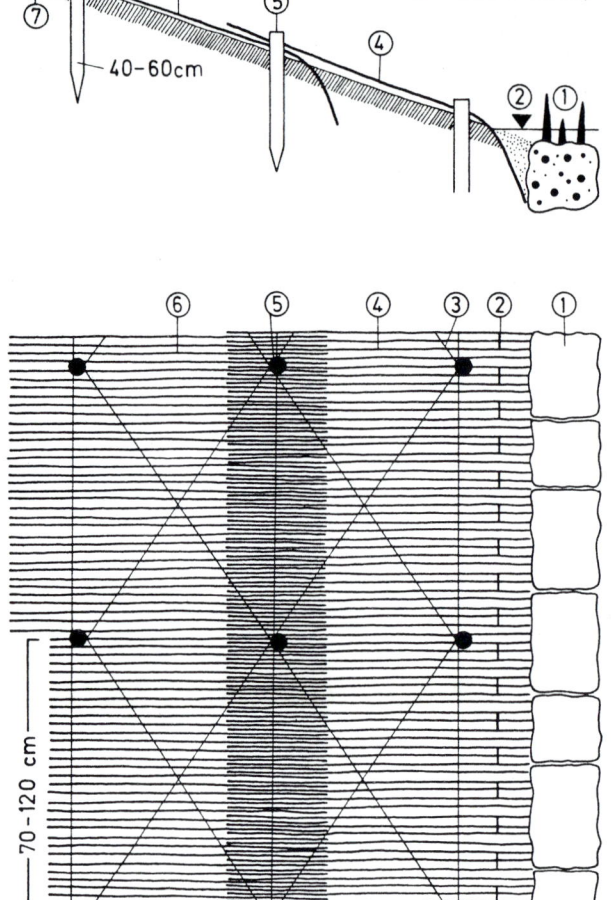

ca. 50 cm

40–60 cm

70–120 cm

ca. 20 cm   ca. 30 cm   ca. 20 cm

◀ Abb. 73: Spreitlage.
1 = Röhrichtballen, 2 = SoMW,
3 = Drahtverspannung, 4 = Weidenruten, untere Lage, 5 = Pflöcke,
6 = Weidenruten, obere Lage,
7 = Uferboden.

Lage die Rutenenden der oberen etwa 30 cm überdecken. Nach dem Legen der Ruten wird zwischen
den Pflöcken parallel und kreuzweise Draht gespannt. Anschließend werden die Pflöcke so tief
eingeschlagen, daß die Ruten fest an den Uferboden gedrückt werden.
Die Spreitlage ist nach ihrer Fertigstellung mit einer
Bodenschicht abzudecken, so daß die Ruten in
Erde eingebettet, jedoch höchstens 1 cm übererdet

sind (Abb. 73 und 75).
An Stelle der Drahtverspannung wurden früher
auch niedrige Weiden-Flechtzäune (Zopfgeflechte,
Zöpfe) oder Wippen verwendet. Da ihre Herstellung
großen Arbeitsaufwand verursacht, und da mit der
Drahtverspannung der gleiche Effekt erreicht wird,
ist diese Methode in der Regel nicht zu empfehlen.
Die Rutenenden sind in den Uferboden zu stecken
oder in flache Rinnen zu legen, die anschließend

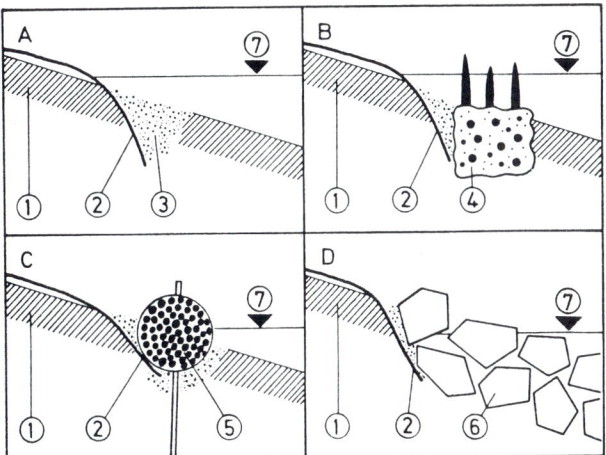

Abb. 74: Fußsicherungen von
Spreitlagen.
1 = Uferboden,
2 = Weidenruten, 3 = Füllboden,
4 = Röhrichtballen, 5 = Faschine,
6 = Steinschüttung, 7 = SoMW.

wieder mit Boden verfüllt werden. Die Rutenenden
der untersten Lage sollten ca. 30 cm unter SoMW
liegen. Ihre Befestigung kann auf verschiedene
Weise erfolgen:

a) An unbefestigten Ufern werden die Rutenenden
   in den Boden gesteckt oder in einen flachen
   Graben gelegt, der anschließend wieder mit
   Boden verfüllt wird (Abb. 74A). In diesem Falle
   können Röhrichtballen eine zusätzliche Sicherung ausüben (Abb. 74B).

b) Besonders an unbefestigten Ufern können auch
   Faschinen, Drahtsenkwalzen, Röhrichtwalzen
   oder Vegetationsfaschinen den Fuß der Spreitlage schützen (Abb. 74C).

c) Bei Steindeckwerken werden die Rutenenden
   unter die Steine gelegt (Abb. 74D).

Spreitlagen werden am günstigsten im März/April
kurz vor dem Austrieb der Ruten gelegt. Obwohl
sich Weidenruten auch bewurzeln, wenn sie im
Herbst oder Winter gelegt werden, ist der Bau von
Spreitlagen in dieser Zeit nicht vorteilhaft. Es
besteht Gefahr, daß Winter- und Frühjahrshochwässer die Bodenabdeckung fortspülen und die
noch nicht bewurzelte Spreitlage beschädigen oder
gar zerstören. Die Ruten sollten nach Möglichkeit
erst kurz vor ihrer Verwendung gewonnen werden.

Abb. 75: Ausgetriebene Spreitlage etwa drei Monate nach dem
Legen.

Abb. 76: Der Besatz vegetationsloser, unbefestigter Böschungen mit Steckhölzern bietet keinen sofortigen Uferschutz und sollte daher nur an relativ ungefährdeten Ufern vorgenommen werden.

Anwendungsbereich

Spreitlagen üben sofort nach ihrer Fertigstellung schützende Wirkungen aus, da die dicht nebeneinanderliegenden Ruten den Boden bedecken. Sie sind allerdings nur mit verhältnismäßig hohem Arbeits- und Materialaufwand herzustellen. Aus diesen Gründen sollten sie nur an besonders gefährdeten Ufern gelegt werden. Derartige Ufer sind z. B. unter starkem Wasserangriff leidende Prallufer, geschüttete Böschungen, verfüllte Einmündungen von Altarmen sowie Böschungen direkt unterhalb von Staustufen.

Literatur: BEGEMANN et al. (1994); BITTMANN (1965, 1969); DIN 19657 (1973), KIRWALD (1964); PRÜCKNER (1965); SCHIECHTL (1969); SCHLÜTER (1967a, 1967b, 1971b, 1986).

Steckholzbesatz

Lebende Baustoffe

Steckhölzer der unter „Spreitlage" beschriebenen Weidenarten bzw. an Ort und Stelle vorhandener, bewurzelungsfähiger Hybriden. Außerdem lassen sich die Silberweide (Salix alba) und die Bruchwei-

de (S. fragilis) durch Steckholz vermehren und ansiedeln. Wegen ihres starken Wachstums ist es jedoch ungünstig, größere Flächen mit Steckholz dieser Arten zu besetzen. Sie sollten bestenfalls an wenig gefährdeten Ufern, wo ein regelmäßiger Rückschritt der Weidenbestände nicht erforderlich ist, mittels dieser Bauweise eingebracht werden. In diesen Fällen sollten die Baumweiden-Steckhölzer einzeln zwischen die Strauchweiden-Steckhölzer gesetzt werden.

Bauweise

Die Steckhölzer werden unter Beachtung der Polarität so tief in den Boden gesteckt, daß etwa 1 bis 4 Augen (Knospen) über der Bodenoberfläche bleiben. An Hängen und Böschungen sind sie i. d. R. senkrecht zur Neigung einzubringen. Der Abstand der Steckhölzer beträgt etwa 30 bis 50 cm. Es kann im Dreiecks-, im Vierecks- oder im unregelmäßigen Verband gesteckt werden. In dichten und steinigen Böden müssen mit Eisenstäben Löcher vorgebohrt und nach dem Einsetzen der Steckhölzer vorhandene Hohlräume durch seitliches Andrücken oder durch Auffüllen mit Boden beseitigt

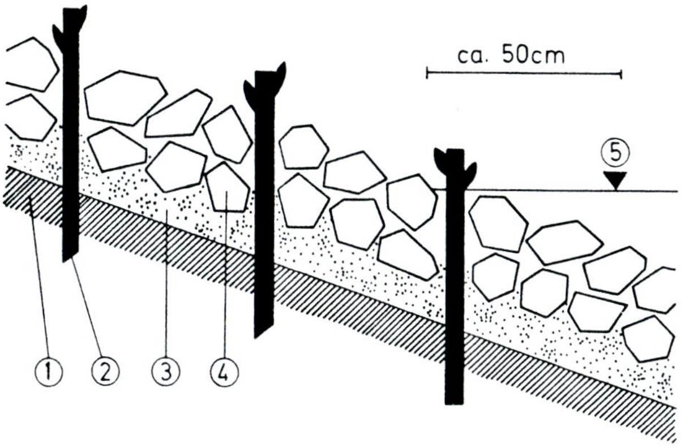

*Abb. 77: Steinschüttung mit
Setzpflockbesatz.
1 = Uferboden,
2 = Setzpflöcke, 3 = Kies,
4 = Steinschüttung, 5 = SoMW.*

werden. In leichten, weichen Böden kann dagegen sofort gesteckt werden, ohne Löcher vorzubohren. Beim Steckholzbesatz können mehrere Varianten unterschieden werden, deren wichtigste nachstehend behandelt werden.

Beim **Steckholzbesatz ungeschützter Ufer** werden die Steckhölzer in die vegetationslose, unbefestigte Böschung gesteckt. Da der ungesicherte Boden leicht der Wassererosion unterliegt, sollte diese Methode nur im Frühjahr, im März/April nach dem Zurückgehen der Winter- und Frühjahrshochwässer, angewandt werden. Hierdurch wird erreicht, daß die Steckhölzer bis zum Einsetzen der Sommerhochwässer, die meistens im Juni/Juli zu erwarten sind, ausreichend Triebe und Adventivwurzeln gebildet haben und somit dann den Uferboden schützen (Abb. 76).

Günstig ist auch eine Kombination von **Steckholzbesatz und Ansaat** standortgerechter Wiesengesellschaften. Die Wiesengesellschaften gewährleisten dann schnellen und guten Uferschutz, bis die Steckhölzer herangewachsen sind und die Ufersicherung übernehmen. Nachteilig ist bei dieser Variante allerdings, daß die Wiesengesellschaften den Steckhölzern Konkurrenz hinsichtlich der Wasser- und Nährstoffversorgung bieten können. Sind die Böschungen im März/April zu befestigen, kann

nach dem Abklingen der Frühjahrshochwässer die Ansaat unmittelbar nach dem Einbringen der Steckhölzer vorgenommen werden. In der Zeit etwa von Mai bis September ist dagegen zunächst anzusäen, und die Steckhölzer sind anschließend im Herbst, Winter oder im nächsten Frühjahr in die Wiesengesellschaften zu stecken. Etwa von Oktober bis Februar sollte die Kombination von Steckholzbesatz und Ansaat nicht angewendet werden, weil in dieser Zeit das Saatgut schlecht oder gar nicht keimt und Gefahr besteht, daß die Samenkörner fortgespült werden und die Böschungen erodieren.

Der **Netzbelag mit Steckholzbesatz** wird wie folgt durchgeführt: Auf das zu sichernde Ufer werden in einem Bereich, der unterhalb der SoMW-Linie beginnt und etwas oberhalb der MHW-Linie endet, Netze aus Pflanzenfasern oder anderem verwitterbaren Material ausgelegt und durch Pflöcke befestigt. Der Fuß kann durch Faschinen, Drahtsenkwalzen, Röhrichtwalzen, Vegetationsfaschinen oder Steine zusätzlich gesichert werden. Die Maschenweite der Netze sollte etwa zwischen 3 und 5 cm liegen. Anschließend werden oberhalb SoMW die Steckhölzer durch die Maschen in den Uferboden gesteckt. Da die Netze den Uferboden nur mäßig vor Wassererosion schützen, sollte diese Methode ebenfalls nur im März/April angewendet werden.

127

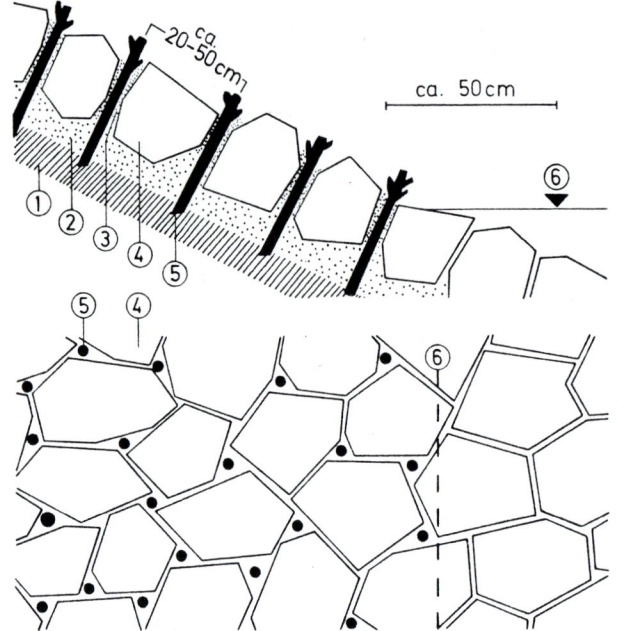

▲ Abb. 78: Natursteinpflaster mit
Steckholzbesatz.
1 = Uferboden, 2 = Kies, 3 = Füllboden, 4 = Natursteinpflaster,
5 = Steckhölzer,

▲ Abb. 79: Natursteinpflaster
(Steinsatz) mit Setzpflöcken der Purpurweide (Salix purpurea).

Bei **Reisiglagen mit Steckholzbesatz** ist am Ufer der Bereich, der unterhalb der SoMW-Linie beginnt und in Höhe der MHW-Linie endet, einige cm stark mit nicht bewurzelungsfähigem Reisig abzudecken.

Die Reisiglage wird durch Drahtverspannung vor dem Abschwemmen gesichert (s. „Spreitlage"). Der Fuß kann durch Faschinen, Drahtsenkwalzen, Röhrichtwalzen, Vegetationsfaschinen oder Steine

*Abb. 80: Natursteinpflaster mit
naturnahem, teilweise aus Steckholzbesatz hervorgegangenem
Gehölzbestand. Da standortgerechte
Holzarten verwendet wurden und
die Pflasterung mit relativ unbearbei-
teten Steinen des am Ufer anstehenden Gesteins ausgeführt wurde,
ist die Bauweise in diesem Fall ver-
tretbar.*

geschützt werden. Die Steckhölzer werden oberhalb SoMW durch die Reisiglage so tief in den
Boden gesteckt, daß 1 bis 2 Augen über das Reisig hinausragen. Da Reisiglagen den Boden sehr
gut sichern, ist diese Variante nicht nur im Frühjahr,
sondern auch im Herbst und im Winter ausführbar.
In den beiden letzten Fällen können die Steckhölzer
einmal sofort nach Fertigstellung der Reisiglagen
eingebracht werden. Zum anderen ist es aber auch

möglich, die Steckhölzer erst im drauffolgenden
Frühjahr zu stecken.

**Stein- oder Kiesschüttungen mit Steckholzbe-
satz** können dort angewendet werden, wo Steinschüttungen oberhalb SoMW vorgenommen wurden. Bei übererdeten Schüttungen werden die
Steckhölzer so weit in den Boden gesteckt, daß
ihre Basis einige cm in den unter der Schüttung

liegenden Uferboden hineinragt. Die Übererdung wird zweckmäßigerweise nach dem Einbringen der Steckhölzer vorgenommen. Bei nicht übererdeten Stein- oder Kiesschüttungen müssen die Steckhölzer mindestens bis zur Hälfte ihrer Länge im Uferboden stehen. In diesen Fällen ist also vor allem auf eine ausreichende Länge der Steckhölzer bzw. der Setzpflöcke zu achten. Bei beiden Methoden sind die Löcher mit Eisenstäben vorzubohren. Infolge des guten Bodenschutzes durch die Schüttung kann zu allen Zeiten gesteckt werden, in denen sich die Steckhölzer bewurzeln (Abb. 77).

Natursteinpflaster mit Steckholzbesatz können den im Vergleich zu den übrigen Steckholz-Bauweisen besten Uferschutz ausüben, sofern zu Beginn der Pflasterung der künftige Besatz mit Steckhölzern berücksichtigt wird. Das Pflaster ist zwar engfugig zu setzen, es müssen aber oberhalb der SoMW-Linie in Abständen von ca. 30 bis 50 cm etwa 5 bis 10 cm große Hohlräume für die Aufnahme der Steckhölzer ausgespart bleiben. Nicht günstig ist es dagegen, die gesamte Pflasterung weitfugig auszuführen. Es besteht dann Gefahr, daß bei Hochwasser die Fugen freigespült werden. Die Steckhölzer sind so tief in das Pflaster zu stecken, daß ihre Basis einige cm in den Boden unter der Pflasterung hineinragt. Die Löcher werden ebenfalls mit Eisenstäben vorgebohrt. Nach dem Stecken verbleibende Hohlräume sind mit Boden zu verfüllten. Sofern der Bau des Pflasters in die Steckzeit fällt, können die Steckhölzer auch gleichzeitig mit dem Fortschreiten der Pflasterung eingelegt werden. Die Bauweise kann ebenfalls zu allen Zeiten angewendet werden, in denen die Steckhölzer Adventivwurzeln entwickeln (Abb. 78 bis 80).

Abschließend ist darauf hinzuweisen, daß gepflasterte Gewässerböschungen aus ökologischen Erwägungen abzulehnen sind. Diese Bauweise sollte daher nur dort angewandt werden, wo sie unter allen Umständen erforderlich ist.

Anwendungsbereich

Bauweise	Wirkungsweise und Anwendungsbereich
Steckholzbesatz ungeschützter Ufer	Kein sofortiger Uferschutz. Daher an wenig gefährdeten Ufern wie z. B.: flache Böschungen stehender oder langsam fließender Gewässer mit geringen Wasserspiegelschwankungen.
Steckholzbesatz und Ansaat	Im Frühjahr und Sommer in kurzer Zeit guter Uferschutz. Daher zu diesen Zeiten an schwach bis stärker beanspruchten Böschungen unterschiedlicher Neigungen.
Netzbelag mit Steckholzbesatz	Sofort mäßiger Uferschutz. Daher an etwas stärker beanspruchten Ufern wie z. B.: Böschungen mit einer Neigung bis ca. 1:2 sowie an stehenden oder langsam fließenden Gewässern mit stärkeren Wasserspiegelschwankungen.
Reisiglagen mit Steckholzbesatz	Sofort guter Uferschutz. Daher an stark gefährdeten Ufern wie z. B.: Böschungen mit einer Neigung bis ca. 1:1 sowie an schnell fließenden Gewässern mit starken Wasserspiegelschwankungen, an Prallufern, Schüttböschungen usw.
Steinschüttungen mit Steckholzbesatz	Sofort guter Uferschutz. Daher an stark gefährdeten Ufern mit Steinschüttungen oberhalb der SoMW-Linie.
Natursteinpflaster mit Steckholzbesatz	Sofort bester Uferschutz. Daher an sehr stark beanspruchten und besonders zu sichernden Ufern wie z. B.: Böschungen mit einer Neigung steiler als 1:1, an Steilböschungen bei Staustufen, Brücken usw. Diese Bauweise ist ökologisch bedenklich und sollte nur in Ausnahmefällen angewandt werden.

Literatur: BEGEMANN et al. (1994); BITTMANN (1965, 1969); DIN 18918 (1990); KIRWALD (1964); PRÜCKNER (1965); SCHIECHTL (1958, 1969, 1973); SCHLÜTER (1971b, 1986).

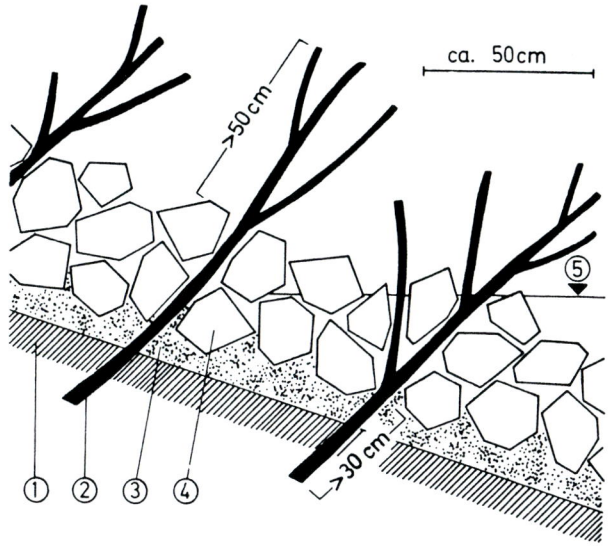

Abb 81: Steinschüttung mit Astbesatz.
1 = Uferboden, 2 = Weidenäste,
3 = Kies, 4 = Steinschüttung,
5 = SoMW.

Steinschüttung mit Astbesatz (Steinwurf mit Weidenasteinlage)

Lebende Baustoffe

Vor allem Äste starkwüchsiger Strauchweidenarten bzw. an Ort und Stelle vorhandener bewurzelungsfähiger Hybriden: Großblättrige Weide (Salix appendiculata = S. grandifolia), Reifweide (S. daphnoides), Lavendelweide (S. eleagnos = S. incana), Glanzweide (S. glabra), Schwarzweide (S. nigricans), Lorbeerweide (S. pentandra), Purpurweide (S. purpurea), Mandelweide (S. triandra), Korbweide (S. viminalis).

Bauweise

Sie ähnelt der Bauweise „Steinschüttung mit Steckholzbesatz", unterscheidet sich aber von dieser vor allem dadurch, daß an Stelle von Steckhölzern längere verzweigte Äste eingebracht werden. Die Weidenäste werden in Steinschüttungen oder auch in Steinpackungen schräg eingebaut, so daß sich ihre Spitzen mindestens 50 cm über dem Deckwerk befinden und ihr unterer Teil mindestens 30 cm im Uferboden steckt. Dabei ist darauf zu achten, daß die Längsachsen der Äste z. T. schräg mit der Fließrichtung und z. T. schräg gegen sie verlaufen.

Die untersten Äste sollten etwas unterhalb der MW-Linie aus dem Deckwerk herausragen. Alle Äste sind zwischen den Steinen einzuklemmen bzw. mit Steinen seitlich zu befestigen, so daß ein Herausreißen und Abschwemmen ausgeschlossen ist. Sofern es die Wasserstände zulassen, kann die Bauweise zu allen Jahreszeiten ausgeführt werden, in denen sich die Weidenäste bewurzeln (Abb. 81).

Anwendungsbereich

Es handelt sich um eine sehr stabile Bauweise, die vor allem bei Verwendung großer Steine auch stärkeren Beanspruchungen ausreichend Widerstand entgegensetzt. Das Bauwerk weist infolge der Steine und der herausragenden Äste eine große Rauhigkeit auf und bietet sofort nach seiner Herstellung einen sehr guten Uferschutz. Aus diesen Gründen eignet sich die Bauweise besonders für die Sicherung von Ufern schnell fließender Gewässer mit starken Wasserspiegelschwankungen, insbesondere für die Ufersicherung von Gebirgsbächen.
Nach PRÜCKNER kann sie außerdem für die Sicherung von Ufermauern eingesetzt werden. Hierbei wird bei ausreichender Profil-Dimensionierung vor der Mauer die Steinschüttung als flaches Dreieck ausgeführt und mit Weidenästen besetzt, deren

	Wippen	Faschinenwalzen
Länge	10 bis 20 m	4 bis 20 m
Durchmesser	10 bis 15 cm	25 bis 40 cm
Abstand der Drahtbindungen	20 cm	30 bis 60 cm
Pfähle: Länge	100 cm	100 cm
Pfähle: Dicke	4 bis 5 cm	8 cm
Pfähle: Abstand	80 cm	80 cm

Tab. 10: Maße von Wippen und Faschinenwalzen (DIN 19657, 1973).

Längsachsen schräg zur Fließrichtung liegen. Endlich ist die Bauweise auch bei der Beseitigung von Uferabbrüchen und Kolken anwendbar (Abschn. V. 3.7.2). Die Abbrüche oder Kolke werden mit Steinen ausgefüllt, in die die Weidenäste eingebaut werden.

Literatur: PRÜCKNER (1965); SCHLÜTER (1971b, 1986).

Lebende Faschine

L e b e n d e   B a u s t o f f e
Vor allem Ruten, aber auch Äste und Zweige insbesondere der unter „Steinschüttung mit Astbesatz" aufgeführten Weidenarten bzw. an Ort und Stelle vorhandener Hybriden.

B a u w e i s e
Die Faschinen lassen sich nach ihren Abmessungen in Wippen und Faschinenwalzen untergliedern. Aus Tab. 10 sind die wichtigsten Maße ersichtlich.

Zur Herstellung der Faschinen werden möglichst lange Weidenruten mit geglühtem Stahldraht zu zylindrischen Körpern zusammengebunden. Aus diesen einzelnen Faschinen können bei Bedarf sog. Faschinenwürste beliebiger Länge hergestellt wer-

den. Stehen nicht genügend lebende Ruten zur Verfügung, so können Faschinen aus lebendem und totem Material hergestellt werden. Dabei bilden die toten Zweige den Kern und lebende Ruten den Mantel der Faschine. An der Baustelle sind die Faschinen ungefähr in Höhe der SoMW-Linie in Mulden in den Uferboden zu legen, so daß sie etwa zur Hälfte oder bis zu zwei Dritteln ihres Durchmessers im Boden bzw. im Wasser und mit dem übrigen Teil oberhalb SoMW liegen. Sie sind dort durch lebende oder tote Pflöcke zu befestigen, die senkrecht durch die Faschine oder wasserseits von ihr in den Boden geschlagen werden. Die Faschinen werden leicht übererdet. Es können mehrere Faschinen übereinander angeordnet werden. Eine Variante ist die „Kolksichere Uferfaschine" (Abb. 82). Hierbei wird die Faschine auf eine Lage lebender Weidenäste und -zweige oder toten Reisigs gelegt. Die Äste und Zweige sollen die Strömungs- und Angriffskraft des Wassers mindern und müssen deshalb über die Wasseroberfläche (SoMW) hinausragen.
Faschinen können zu allen Zeiten hergestellt und verlegt werden, in denen sich die Ruten bewurzeln.

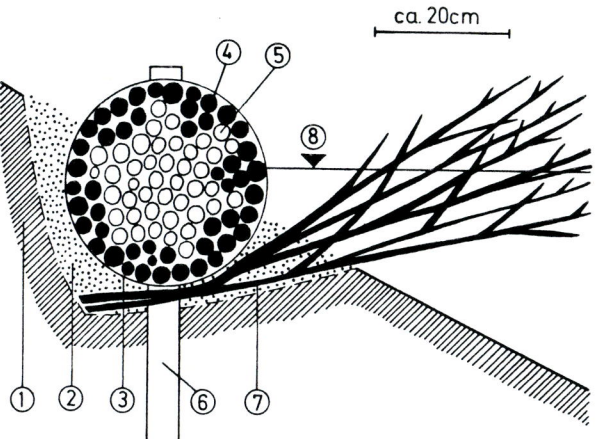

ca. 20cm

Abb. 82: Kolksichere
Uferfaschine.
1 = Uferboden, 2 = Füllboden,
3 = Faschine, 4 = lebende Weidenruten, 5 = totes Material, 6 = Pfahl,
7 = Weidenäste, 8 = SoMW.

Anwendungsbereich

Zum Uferschutz werden lebende Faschinen meist in Kombination mit anderen Bauweisen verwendet. Sie dienen in erster Linie der Fußsicherung von Spreitlagen, Steckholzbesätzen aller Art, Ansaaten, Saatgutmatten, Fertigrasen und Rasenmatten. An Gewässern können darüber hinaus Faschinen zur Beseitigung von Schadstellen (Abschn. V. 3.7.2) und zur Sohlenaufhöhung (Abschn. V. 3.8) benutzt werden.

Literatur: DIN 19657 (1973); KIRWALD (1964); PRÜCKNER (1965); SCHIECHTL (1969); SCHLÜTER (1971b, 1986).

Begrünte Leitwerke

Lebende Baustoffe

Vor allem Setzpflöcke und Steckhölzer, aber auch Äste und Zweige der folgenden Strauchweidenarten bzw. an Ort und Stelle vorkommender bewurzelungsfähiger Hybriden: Großblättrige Weide (Salix appendiculata = S. grandifolia), Reifweide (S. daphnoides), Lavendelweide (S. eleagnos = S. incana), Glanzweide (S. glabra), Schwarzweide (S. nigricans), Lorbeerweide (S. pentandra), Purpurweide (S. purpurea), Mandelweide (S. triandra), Korbweide (S. viminalis).

Bauweise

Es handelt sich um langgestreckte, dammartige Bauwerke mit dreieckigen, trapez- oder kastenförmigen Querschnitten, die in einiger Entfernung vom Ufer mehr oder weniger parallel zur Längsachse des betreffenden Fließgewässers angelegt werden. Sie überragen etwas die SoMW-Linie. Leitwerke bestehen meistens aus Steinen, aus Faschinen- und bzw. oder Reisigpackungen zwischen Pfahlreihen, aber auch aus Sand- oder Kieskörpern, die mit Steinschüttungen oder -pflasterungen oder mit Faschinenmatten bedeckt sind (Abb. 83 und 84). Detaillierte Beschreibungen können hier nicht erfolgen; statt dessen wird auf BEGEMANN et al. (1994) und LANGE (1993) verwiesen. Mit den lebenden Baustoffen können die Außenböschungen, die Kronen und die Innenböschungen oberhalb der SoMW-Linie besetzt werden. Ob alle diese Bereiche oder nur einzelne von ihnen begrünt werden, hängt von den örtlichen Verhältnissen und der jeweiligen Zielsetzung der Baumaßnahme ab.

Bei der Begrünung der verschiedenen Leitwerk-Typen ist vor allem folgendes zu beachten:
Bei **Leitwerken aus Steinen** sollten zumindest die Hohlräume der oberen bzw. äußeren Steinlagen mit Sand verfüllt werden, um allen lebenden Baustoffen ausreichende Standfestigkeit und Durchwurze-

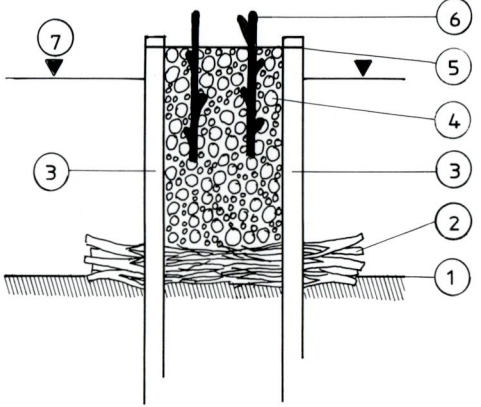

Abb. 83: Als Leitwerk oder als Buhne zu verwendende begrünte Buschlahnung (in Anlehnung an BEGEMANN, 1994).
1 = Gewässersohle, 2 = Buschmatte, 3 = Pfahlreihe, 4 = Packung aus Ästen und Zweigen, 5 = Drahtverspannung, 6 = Weidensetzpflöcke, 7 = SoMW.

lungssubstrat zu geben. Um die Wasser- und Nährstoffversorgung der lebenden Baustoffe besonders in der Bewurzelungs- und Anwachsphase sicherzustellen, ist darauf zu achten, daß die lebenden Baustoffe so tief eingebracht werden, daß sich ihre unteren Enden unter der SoMW-Linie befinden.

Leitwerke aus Faschinen und/oder Reisigpackungen können direkt mit lebenden Baustoffen besetzt werden. Das dichtgelagerte Reisig bietet ausreichende Standfestigkeit. Außerdem ist in der Regel davon auszugehen, daß die sich im Wasser befindlichen ungelösten Feststoffe die relativ kleinen Reisig-Hohlräume über kurz oder lang weitgehend zusetzen. Bei diesen Leitwerk-Typen ist aus Gründen der Wasser- und Nährstoffversorgung der lebenden Baustoffe (s. oben) auf deren Einbautiefe bis unter die SoMW-Linie besonders zu achten (Abb. 83).

Bei **Leitwerken mit Sand- oder Kieskörpern** sind die lebenden Baustoffe durch die Abdeckungen aus Steinen oder Faschinenmatten hindurch bis unter die SoMW-Linie einzubringen.

Hinsichtlich weiterer Einzelheiten über den Einbau der lebenden Baustoffe wird auf „Steckholzbesatz" und „Steinschüttung mit Astbesatz" verwiesen (s. oben).

Anwendungsbereich

Aus wasserbaulicher Sicht werden Leitwerke vor allem eingesetzt, „um überbreite flache Gewässerquerschnitte auf eine geplante Regelungsbreite einzuengen" (LANGE, 1993).

In zunehmendem Maße werden heute begrünte Leitwerke für die Schaffung strömungsberuhigter Bereiche mit Pflanzengesellschaften der Laichkraut- und der Röhrichtzone zwischen den Uferböschungen und den Leitwerken angelegt. Diese Bereiche sind dann nicht nur wertvolle Biotope, sondern gewährleisten auch besten Uferschutz.

Begrünte Querwerke, Begrünte Buhnen

Lebende Baustoffe

Siehe „Begrünte Leitwerke".

Bauweise

Buhnen sind ähnlich wie Leitwerke konstruiert und aufgebaut (Abb. 83 und 84). Im Gegensatz zu Leitwerken sind sie jedoch in verschiedenen Winkeln quer zur Längsachse des betreffenden Fließgewässers eingebaut. Dabei sind die Buhnen an den Ufern entsprechend den Funktionen anzuordnen, die sie erfüllen sollen. Sollen sie die wasserbauliche Zielsetzung „Schaffung eines einheitlichen Abfluß-

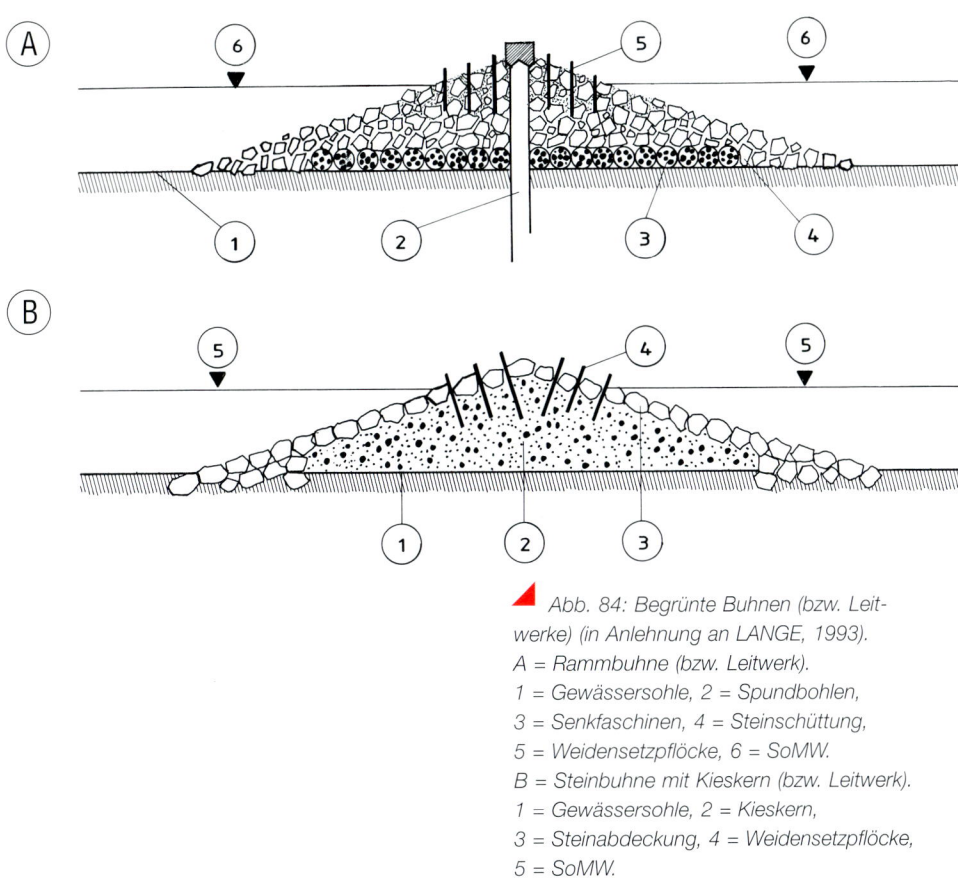

Abb. 84: Begrünte Buhnen (bzw. Leitwerke) (in Anlehnung an LANGE, 1993).
A = Rammbuhne (bzw. Leitwerk).
1 = Gewässersohle, 2 = Spundbohlen,
3 = Senkfaschinen, 4 = Steinschüttung,
5 = Weidensetzpflöcke, 6 = SoMW.
B = Steinbuhne mit Kieskern (bzw. Leitwerk).
1 = Gewässersohle, 2 = Kieskern,
3 = Steinabdeckung, 4 = Weidensetzpflöcke,
5 = SoMW.

gerinnes" (LANGE, 1993) erfüllen, dem Uferschutz oder der Entwicklung von Stillwasser-Biotopen dienen, sind sie an dem betreffenden Gewässer einseitig oder sich gegenüberstehend an beiden Ufern einzubauen. In beiden Fällen wird die Strömung von den Ufern ferngehalten, und es entstehen zwischen den Buhnen in den Buhnenfeldern strömungsberuhigte, verlandende Bereiche, die guten Uferschutz bieten und wertvolle Biotope sind.

Die zweite Funktion soll hier nur angedeutet werden, da sie nicht in die Kategorie „Uferschutz" gehört. Durch an einem Gewässer an beiden Ufern angeordnete Buhnen, die sich aber nicht gegenüberstehen, sondern versetzt sind, kann ein Pendeln des Stromstrichs hervorgerufen und das Mäandrieren eingeleitet werden. Besatz mit lebenden Baustoffen: Siehe „Begrünte Leitwerke".

Anwendungsbereich

Die wasserbauliche Aufgabe der Buhnen, einheitliche Abflußgerinne zu schaffen, verliert zunehmend an Bedeutung. Statt dessen werden sie in steigendem Maße zum Uferschutz und aus ökologischen Erwägungen zur Entwicklung von Biotopen eingesetzt. Zur Erfüllung dieser Aufgaben werden sie vor allem an breiteren Wasserläufen verwendet. Sofern sie dort dafür nur an einem Ufer vorgesehen sind, sollten sie vornehmlich an den Prallufern eingebaut werden. Die strömungsberuhigten, verlandenden Buhnenfelder bieten nicht nur guten Uferschutz, sondern sind auch wertvolle Biotope.

Buhnen zur Einleitung des Mäandrierens werden vor allem an schmaleren, begradigten Fließgewässern eingesetzt, die renaturiert werden sollen.

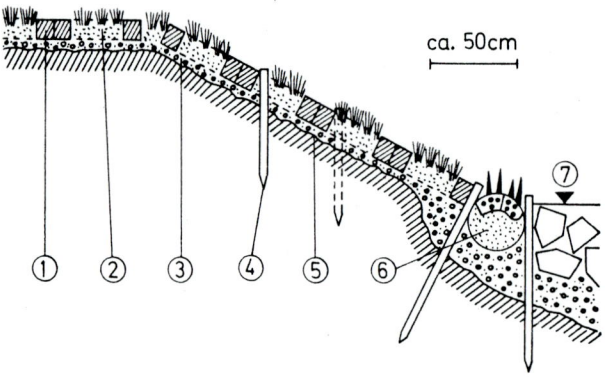

ca. 50cm

Abb. 85: Ansaat in Beton-Gittersteine.
1 = Beton-Gittersteine, 2 = verfüllte Aussparungen der Beton-Gittersteine, 3 = Sand, 4 = Pfähle,
5 = Uferboden, 6 = Röhrichtwalze,
7 = SoMW.

Abb. 86: Beispiel für die unsachgemäße Verwendung von Beton-Gittersteinen: Die Gittersteine sind hier offensichtlich nicht an durch Tritt oder Befahren stärker beanspruchten Stellen, sondern zum Uferschutz eingebaut. Dieser hätte hier, da es sich um ein kleineres stehendes Gewässer handelt, mit ökologisch günstigeren, optisch besseren und außerdem billigeren ingenieurbiologischen Bauweisen erreicht werden können. Außerdem sind die Gittersteine nur mangelhaft durch lebende Baustoffe begrünt und somit nur ungenügend vor dem Abrutschen gesichert.

Ansaaten

Lebende Baustoffe

Saatgut standortgerechter Wiesengesellschaften.

Bauweise

Ansaaten können entweder an ungesicherten Ufern oder in Verbindung mit Deckwerken aus toten Baustoffen ausgeführt werden. Für Ansaaten an ungeschützten Ufern gilt das in Abschn. V. 2.2 Gesagte.

Von den Deckwerken aus totem Material werden vor allem angesät: Steinschüttungen und Steinmatten, Beton-Gittersteine, Natursteinpflasterungen wie Steinsatz und Rauhpflaster.

Ansaaten von Steinschüttungen und Steinmatten sollten nur nach Übererdung vorgenommen werden.

Bei der **Ansaat von Gittersteinen** wird nach dem Verlegen der Gittersteine (Abschn. V. 3.4) Mutterboden aufgestreut und in die Aussparungen eingefegt. Bei der auf diesen Arbeitsgang folgenden Ansaat haben sich vor allem zwei Methoden bewährt: Einmal kann nach dem Einfegen des Bodens sofort gesät werden. In diesem Fall ist darauf zu achten, daß vor der Ansaat die oberen 1 bis 2 cm der Aussparungen nicht mit Boden gefüllt werden. Das Saatgut ist in diese verbleibenden Vertiefungen einzubringen. Anschließend wird die Gittersteinfläche noch einmal mit Mutterboden überstreut und abgekehrt. Zum anderen ist es möglich, den im ersten Arbeitsgang eingebrachten Boden anzudrücken und anschließend ein Gemisch aus Boden und Saatgut einzufegen (Abb. 85 u. 86). Die Verwendung von Gittersteinen an natürlichen Gewässern ist aus ökologischen Erwägungen nicht zu empfehlen und sollte daher auf Ausnahmefälle beschränkt bleiben.

Für die **Saat in Natursteinpflaster** ist die Pflasterung der Böschung mit ausreichender Fugenbreite auszuführen. Die Fugen müssen mindestens 1,5 cm breit sein, um den Pflanzen genügend Wurzelraum zu geben. Sie werden am günstigsten mit humosem, lehmigem Sand oder sandigem Lehm gefüllt. Der Boden wird in die Fugen eingefegt.

Ein Einschlämmen hat sich nicht bewährt, da hierbei zu viel Boden abgespült wird. Für das Einbringen des Saatgutes sind zunächst etwa 4 cm Fugentiefe freizuhalten. Das Saatgut wird mit trockenem lehmigem Sand oder sandig-lehmigem Mutterboden gemischt und dann in die freigehaltenen oberen 4 cm der Fugen eingefegt. Mit einem Gemisch aus 20 bis 40 g Saatgut und 10 bis 30 l (0,01 bis 0,03 m^3) Boden kann etwa 1 m^2 Pflasterfläche angesät werden. Bei der Wahl der Saatgutmischungen ist zu berücksichtigen, daß gepflasterte Böschungen in der Regel extremere Standorte darstellen als vergleichbare ungepflasterte Böschungen. Böschungspflasterungen sollten aus ökologischen Gründen ebenfalls nur in Ausnahmefällen vorgenommen werden.

In allen Fällen liegt die günstigste Ausführungszeit im Frühjahr nach dem Zurückgehen der Frühjahrshochwässer, da sich dann bis zum Einsetzen der Sommerhochwässer, zumindest aber bis zum Auftreten der nächsten Winterhochwässer, eine geschlossene Vegetationsdecke mit einer einigermaßen widerstandsfähigen Narbe bilden kann.

Anwendungsbereich

Rasenböschungen sind an den Stellen anzulegen, an denen wegen Nutzungsansprüchen oder aus ökologischen Gründen keine Gehölzbestände erwünscht oder möglich sind (Abschn. V. 3.5.2.1).

Da das Saatgut leicht fortgeschwemmt wird, können nur diejenigen Flächen angesät werden, die bis zur Bildung einer geschlossenen Vegetationsdecke mit befriedigender Narbe vom Wasser nicht erreicht werden. Dies ist einmal an Gewässern mit geringen bis mäßigen Wasserspiegelschwankungen vor allem der obere Bereich zwischen SoMW und MHW. Bei der Ansaat nicht durch tote Baustoffe gesicherter Ufer hat es sich deswegen oft bewährt, den unteren Bereich dieser Zone mit Rasensoden oder Rollrasen zu befestigen und eine Ansaat nur im oberen auszuführen.

Im gesamten Bereich zwischen SoMW und MHW können Ansaaten vor allem an stehenden oder langsam fließenden Gewässern mit geringen oder fehlenden Wasserspiegelschwankungen vorgenommen werden.

Bauweise	Wirkungsweise und Anwendungsbereich
Ansaat unge- schützter Ufer	Mäßiger oberflächiger Uferschutz. Daher an gering gefährdeten Ufern, wie z. B. flachen Böschungen stehen- der und langsam fließender Gewässer.
Steinschüttung und Steinmatte mit Ansaat	Guter Uferschutz mit größerer Tiefen- wirkung. Daher an stärker gefährdeten Böschungen.
Gittersteinpflaster mit Ansaat	Guter Uferschutz, jedoch ökologisch und visuell ungünstig. Daher nur an begrenzten, durch Hochwasser sowie durch Tritt und Befahren stark bean- spruchten Stellen, wie z. B. Rampen, Aussichtspunkten usw.
Naturstein- pflasterungen mit Ansaat	Guter Uferschutz mit größerer Tiefen- wirkung. Daher an stark gefährdeten Ufern, wie z. B. an Böschungen schnell fließender Gewässer mit einer Neigung steiler als 1:2, an Steilbö- schungen bei Staustufen, Brücken usw. Ökologisch bedenklich.

Literatur: BITTMANN (1965); DIN 18917 (1990); DIN 19657 (1973); SCHIECHTL (1973); SCHLÜTER (1971b, 1986).

Belag mit Fertigrasen

Lebende Baustoffe

Unter dem Begriff „Fertigrasen" werden hier einmal Rasensoden (Rasenziegel, Rasenplaggen), Rasen- stücke und zum anderen Rollrasen (Rasenmatten) zusammengefaßt. Die Verwendung von Fertigrasen hat nur dann Erfolg, wenn er von Standorten stammt bzw. Pflanzenarten enthält, die den Stand- ortverhältnissen der Baustelle entsprechen. Andern- falls besteht Gefahr, daß nicht standortgerechte Arten auf die Baustelle gelangen und dort deswe- gen größere Ausfälle eintreten.

Bauweise

Die Abmessungen von **Rasensoden** sind in Ab- schn. V. 1.1.1.1 aufgeführt.

Rasensoden werden aus verschiedenen Mutterbe- ständen gewonnen, nämlich entweder aus vorhan- denem, z. B. vorher landwirtschaftlich genutztem Grünland oder aus Grasflächen, die speziell zur Sodenwerbung angesät wurden. Vorhandene Grün- landflächen sind für die Sodenherstellung beson- ders geeignet, wenn sie gleichmäßige, niedrige, geschlossene Gräsergesellschaften mit fester, dich- ter Narbe aufweisen, die auf nicht steinigen Böden in guter Kultur wachsen. Zum Zweck der Sodenge- winnung durch Ansaat angelegte Gräserbestände sollen beim Abhub mindestens 1 Jahr alt sein, da sich anderenfalls meist noch keine dichte Narbe entwickelt hat. Die für die Sodengewinnung vorge- sehenen Grasflächen sind vor dem Abhub zu mähen. Die Soden werden in Handarbeit, mittels Schälpflug oder Spezialmaschinen abgeschält. Da die Soden nur kurze Zeit gelagert werden können, ohne ihren Wert als lebender Baustoff zu verlieren, sollten sie nur gewonnen werden, wenn ihre baldi- ge Verwendung an der Baustelle sichergestellt ist.

Auf der Baustelle sollten die Soden umgehend ver- legt werden. Ist eine Zwischenlagerung nicht zu umgehen, sind die Soden in einer Schicht auf gesäuberte und unmittelbar vorher durchfeuchtete Flächen aufzulagern und feucht zu halten. Zum Zwecke der Andeckung ist die Böschung zu planieren und aufzurauhen. Das Aufbringen einer dünnen Mutterbodenschicht ist zu empfehlen, jedoch in vielen Fällen nicht unbedingt erforderlich. Inwieweit eine Startdüngung angebracht ist, hängt von den Standortverhältnissen der Baustelle ab. Infolge der Überschwemmungsgefahr der Zone III sollte der zu sichernde Böschungsbereich am besten einen geschlossenen Sodenbelag erhalten. Die oft an Hängen und Böschungen vorgenomme- nen Andeckungsweisen „Rasenbänder", „Rasengit- ter" und „Rasenschachbretter" (Abschn. V. 6.2.3) haben sich an Gewässerufern in der Regel nicht bewährt. Der vollständige Belag der Böschungen erfordert jedoch große Mengen an Soden und

◀ *Abb. 87: Sicherung des unteren, stärker erosionsgefährdeten Böschungsbereiches eines Fließgewässers durch Rasensoden. Die obere, weniger gefährdete Böschung wird angesät.*

einen hohen Arbeitsaufwand. Daher wird oft nur der untere, am stärksten erosionsgefährdete Böschungsbereich mit Soden belegt, während der obere angesät wird (Abb. 87).

Die Soden sind engfugig und mit versetzten Querfugen zu verlegen. Dabei sind die Stoßkanten leicht anzuheben, so daß beim Anschlagen eine fugenlose Verbindung entsteht. Nach der Andeckung sind die Flächen zu walzen oder anzudrücken. Als günstig hat es sich erwiesen, den Sodenbelag nach der Fertigstellung mit einer sehr dünnen Bodenschicht zu überdecken. Vor allem an schnell fließenden Gewässern mit starken Wasserspiegelschwankungen ist der Sodenbelag gegen Abschwemmen zu sichern. Zu diesem Zwecke werden die Soden mit Holzpflöcken oder Drahtbügeln an den Uferboden genagelt, oder es wird der gesamte Sodenbelag mit Netzen oder Sechseck-Drahtgeflecht überspannt. In Höhe der SoMW-Linie wird der Sodenbelag zweckmäßigerweise durch Röhrichtwalzen, Vegetationsfaschinen oder Weidenfaschinen gesichert.

Der Sodenbelag kann mit Ausnahme von Frostperioden das ganze Jahr hindurch ausgeführt werden. Die günstigste Jahreszeit ist das Frühjahr. Wird Fertigrasen im Herbst oder Winter verlegt, sollte die Bodentemperatur zu Sicherung der Anwurzelung mindestens 6 Grad C betragen.

Rollrasen wird vor allem auf Anzuchtflächen, also auf natürlichem Boden, oder aber auf Kunststoffsubstraten hergestellt. Seine Abmessungen sind in Abschn. V. 1.1.1.1 angegeben. Auch Rollrasen sollte sofort nach der Liefertung verlegt werden. Ist eine Zwischenlagerung unvermeidlich, so sind die Rollrasenbahnen ausgerollt wie Rasensoden (s. oben) zu lagern. Die mit Rollrasen zu belegende Böschung muß planiert und feucht, darf aber nicht naß sein. Mutterbodenauftrag ist in der Regel nicht erforderlich. Nur bei sehr ungünstigen Verhältnissen, wie z. B. Sandböden oder steinigen Böden, ist das Aufbringen einer ca. 3 bis 5 cm starken Mutterbodenschicht zu empfehlen. Bei Bedarf sollte eine Startdüngung gegeben werden. Rollrasen ist mit Fugenversatz anzudecken, wobei die einzelnen

Bahnen eng aneinander stoßen müssen. Um guten Kontakt mit dem Boden zu erreichen, muß der Rollrasenbelag gewalzt oder angedrückt werden. Sehr bewährt hat sich ein Überstreuen der Rollrasenfläche mit einer dünnen Mutterbodenschicht. Bei stark beanspruchten Böschungen sind die Bahnen mit Pflöcken, verpflocktem Maschendraht-Sechseckgeflecht von ca. 5 cm Durchmesser oder mit verpflockten Kunststoffnetzen zu befestigen. Der Fuß kann in Höhe der SoMW-Linie durch Faschinen, Schilfballen, Röhrichtwalzen, Vegetationsfaschinen, Drahtsenkwalzen usw. gesichert werden. Ausführungszeit: Siehe Rasensoden.

A n w e n d u n g s b e r e i c h

Fertigrasen gewährleistet einen sofortigen, allerdings oberflächigen Uferschutz. Er eignet sich deshalb sehr gut zum Schutz von Ufern, die einmal keinen Gehölzbestand erhalten sollen, die zum anderen aber durch Wasserangriff gefährdet sind, wie z. B. Prallufer oder Ufer schnell fließender Wasserläufe mit stärkeren Wasserspiegelschwankungen.

Literatur: BUCHWALD et al. (1969); DIN 18917 (1990); DIN 19657 (1973); SCHIECHTL (1958, 1973); SCHLÜTER (1971b, 1986).

3.5.2.3 Weitere, hier nicht beschriebene Bauverfahren

Zum Uferschutz in Zone III werden außerdem die folgenden ingenieurbiologischen Bauverfahren angewandt: Pflanzung (Abschn. V. 2.1), Ansaat ohne und mit Begrünungshilfsmitteln (Abschn. V. 2.2), Buschlagen, Ast- und Zweiglagen (Abschn. V. 6.3.2).

3.5.3 Bauverfahren in Zone IV

Im Bereich der Zone IV haben ingenieurbiologische Bauverfahren für den Uferschutz nicht die Bedeutung wie die Verfahren in Zone II und III. Die in Zone IV geschaffenen ingenieurbiologischen Bauobjekte sichern vor allem die Ufer fließender Gewässer bei den verhältnismäßig selten auftretenden Hochwässern oberhalb der MHW-Linie durch Durchwurzelung des Bodens. Sofern nicht aus ökologischen, wasserbaulichen oder anderen Gründen Wiesengesellschaften angesiedelt werden müssen, ist die HPNV, die hier insbesondere aus Hartholzauenwäldern, aber auch aus Feuchten Eichen-Hainbuchen-Wäldern und Feuchten Stieleichen-Birken-Wäldern besteht, als Bestandsziel anzustreben.
Während die Gehölzgesellschaften vorwiegend durch Pflanzung (Abschn. V. 2.1) angesiedelt werden, werden die Wiesengesellschaften durch Ansaat ohne und mit Begrünungshilfsmitteln (Abschn. V. 2.2.), Saatgutmatten (Abschn. V. 2.2.) und Belag mit Fertigrasen (Abschn. V. 3.5.2) eingebracht.

3.5.4 Bauverfahren auf der Oberfläche stehender Gewässer

3.5.4.1 Allgemeines

Es handelt sich um den Bau schwimmender Inseln, die mit Pflanzen besetzt werden. Den Konstruktionen liegt der Grundgedanke zugrunde, Pflanzen ein schwimmfähiges, durchwurzelbares Substrat zur Verfügung zu stellen, das ihnen Standfestigkeit gibt. Die Nährstoffversorgung erfolgt aus dem Wasser. Daher ist der Anwendungsbereich der schwimmenden Inseln auf eutrophe, ggf. noch mesotrophe Gewässer beschränkt. Als Bestandziel sind Röhrichte anzustreben.
Im Vergleich zu „normalen" bodenfesten Inseln haben schwimmende Inseln zahlreiche Vorteile, die

ihre Verwendung besonders auf Gewässern mit starken Wasserspiegelschwankungen, wie Rückhaltebecken, Talsperren und Pumpspeichern empfehlenswert macht:

a) Sie folgen den Wasserspiegelschwankungen. Das Pflanzenwachstum wird durch diese also nicht beeinträchtigt.

b) Es geht durch sie kein Stauraum verloren.

c) Ihre Lage kann bei Bedarf verändert und somit z. B. wasserbaulichen Erfordernissen angepaßt werden.

Wirkungsweise

a) Ingenieurbiologische Wirkungen:

Die aus den Schwimmkampen ins Wasser hineinwachsenden Wurzeln, die oberirdischen Pflanzenteile und nicht zuletzt die Massenträgheit der Schwimmkörper selbst wirken folgendermaßen:

– Sie mindern den Wellenschlag und setzen auf diese Weise die Gefahr von Uferbeschädigungen herab.

– Sie können vom Wind erzeugte Oberflächenströmungen unterbrechen. Da diese entgegengesetzte erodierende Grundströmungen zur Folge haben können, werden letztere durch die Beseitigung der Oberflächenströmungen ebenfalls ausgeschaltet. Dadurch wird die Gefahr von Böschungs- und Sohlenerosion verringert.

b) Weitere Wirkungen:

– Biotop (Abschn. I.).

– Verschönerung des Landschaftsbildes (Abschn. I.).

3.5.4.2 Bauverfahren

Schwimmkampen

Lebende Baustoffe

Sumpfsegge (Carex acutiformis), Schlanksegge (Carex gracilis), Wasserschwaden (Glyceria maxima), Sumpfschwertlilie (Iris pseudacorus), Schilf (Phragmites australis), Teichbinse (Schoenoplectus lacustris), Schmalblättriger Rohrkolben (Typha angustifolia), Breitblättriger Rohrkolben (T. latifolia).

Bauweise

Die Inseln bestehen aus Einzelelementen, den sog. Schwimmkampen, die zu größeren Einheiten unterschiedlicher Form, also zu schwimmenden Inseln, zusammengesetzt werden können.

Die Schwimmfähigkeit der Kampen wird einmal durch die Rahmengerüste und die zu bepflanzenden Substrate gewährleistet. Nach dem Heranwachsen der Vegetation tragen die weitgehend luftgefüllten Intercellularräume der Wurzeln und Rhizome zur Erhaltung der Schwimmfähigkeit bei. Die Inseln werden auf dem Gewässer durch einen oder mehrere Anker festgelegt. Sie können entweder frei schwoien (sich vor dem Anker drehen), beschränkt beweglich sein oder auch fest verankert werden. Die Einzelelemente sind dreieckige Rahmenkonstruktionen aus wasserdichten Kunststoffrohren mit Seitenlängen von 250 cm. In sie sind schalenförmig Netze aus durchwurzelbarem Nylonmonofilvlies eingehängt. Das in die Netze einzubringende Substrat ist etwa 20 cm stark und besteht im unteren Bereich aus Korkschrot und im oberen aus „präparierter Spezialwolle" (Abb. 88 u. 89).

Anwendungsbereich

Eutrophe und mesotrophe stehende Gewässer wie Baggerseen, Hochwasserrückhaltebecken, Regenwasserrückhaltebecken, Talsperren, Pumpspeicher usw.

Literatur: BESTMANN (1980, 1981); DAHL (1972).

◀ Abb. 88: Einzelelement
(Schwimmkampe) der schwimmenden Inseln.

◀ Abb. 89: Schwimmende Insel
mit älterer Vegetation (Foto: DAHL).

3.6 Prophylaktischer Uferschutz schmaler Fließgewässer

3.6.1 Allgemeines

Es wird empfohlen, die Böschungen vor allem der sehr schmalen Wasserläufe nicht durch Straucharten, sondern ausschließlich durch Baumarten oder aber stellenweise auch nur durch Röhricht bzw. einer Kombination aus Röhricht und Rasen zu

Wegen der geringen Sohlbreiten und oft auch wegen der geringen Böschungslängen würde auch heute bei einer gemeinsamen Ansiedlung von Röhricht, Strauchweiden und Gehölzen der gleiche Verdrängungseffekt eintreten.

c) Vom Einbringen von Strauchweidenarten wird außerdem abgeraten, weil ihre Ruten zu weit über das Gewässer wachsen bzw. ins Wasser hineinragen würden, daß die Unterhaltung erheblich erschwert werden würde.

d) Es empfiehlt sich unbedingt, die Bäche stärker als bisher durch Baumarten zu sichern. Allerdings sollten stellenweise auch gehölzfreie Ufer

◀ Abb. 90: Roterle (Alnus glutinosa) an einem schmalen Wasserlauf. Infolge des niedrigen Wasserstandes sind die nach unten wachsenden und dichtstehenden Wurzeln besonders gut zu erkennen.

sichern. Hierfür sprechen vor allem folgende Gründe:

a) Wie in Abschn. V. 3.1.2 angedeutet wurde, traten oder treten an den schmalen Wasserläufen in starkem Maße erlenreiche Hartholzauewälder bis zur SoMW-Linie natürlich auf. Sie stellen dort die bei ingenieurbiologischen Baumaßnahmen anzustrebende HPNV dar (Abschn. V. 1.1.3).

b) Die Wälder ließen durch ihre Schattenwirkung das Röhricht – und wohl auch Weidensäume – nicht zur Entwicklung kommen.

erhalten oder neu angelegt werden; denn durch einen Wechsel von mit Gehölzen bewachsenen und gehölzfreien Böschungen wird eine ökologische Vielfalt erreicht, die im Hinblick auf unterschiedliche Standortverhältnisse (z. B. Licht und Schatten, wärmeres und kühleres Wasser, verschiedene Böschungsformen) und im Hinblick auf unterschiedliche Pflanzen- und Tiergesellschaften größer ist als bei völlig mit Gehölzen bestandenen oder völlig gehölzfreien Böschungen.

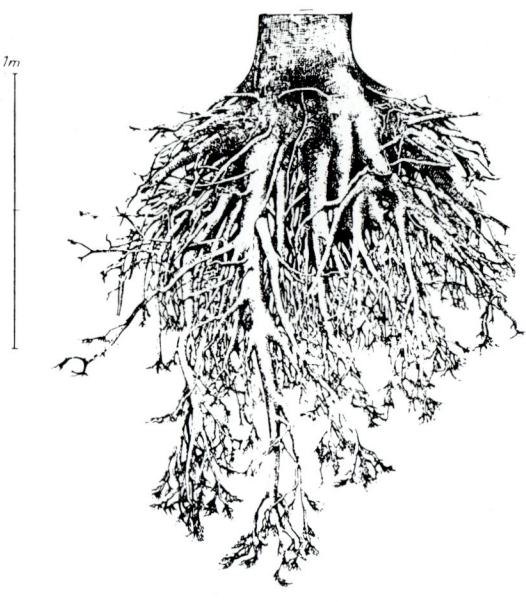

1m

Unabhängig vom Ausmaß der Gehölzpflanzungen sind zunächst die gefährdetsten Prallufer durch die Baumarten zu sichern. Röhrichtarten sind hier nur dann zu verwenden, wenn Gehölzpflanzungen aus irgendwelchen Gründen nicht möglich sind.

Die Gleitufer sind entweder durch Gehölze oder durch Rasen zu sichern. Bei der Ansiedlung von Röhricht ist hier zu beachten, daß ggf. Sedimentation und Auflandung zu schnell fortschreiten können. An Bächen, an denen die HPNV aus den erlenreichen Hartholz-Auewäldern besteht, ist das Grundgerüst der Baumarten aus Roterle (Alnus glutinosa) aufzubauen, da sich die Roterle hervorragend zur Ufersicherung eignet. Aus ökologischen Gründen, vor allem zur Erzielung einer großen Vielfalt an Pflanzen- und Tierarten, sollten jedoch an den Bächen keine Erlen-Monokulturen aufgebaut, sondern den Erlen weitere Baumarten beigemischt werden.

Abb. 91: Wurzelausbildung der Roterle (Alnus glutinosa) nach KOESTLER et al. (1968).

W i r k u n g s w e i s e

a) Ingenieurbiologische Wirkungen:

 – Die Wurzeln der Roterlen dringen über 1,50 m tief ins Grundwasser bis unter die Bachsohlen vor. Sie verdecken „palisadenartig dicht und

Abb. 92 zeigt die hervorragende Eignung der Roterle als Uferschutzgehölz: Zwischen den relativ weit auseinanderstehenden Erlen sind Uferschäden (Ausspülungen) zu erkennen. Die Landzungen bestehen nur deswegen, weil sie durch die auf ihren „Köpfen" wachsenden Roterlen vor Abtrag geschützt werden. Bei einem dichteren Erlensaum wäre ein vollständiger Uferschutz zu erwarten gewesen.

Abb. 93: Der mehrreihige Roterlen-
bestand hat die Böschung eines Fließgewässers (rechts im Bild) nicht nur
vor Abtrag geschützt, sondern auch die
Strömung soweit gemindert, daß durch
Sedimentation auf dem unteren Böschungsbereich eine Uferrehne entstanden ist (links im Bild).

senkrecht stehend und nicht selten deutlich
sichtbar die besonders erosionsgefährdete
unterste Böschungszone, so daß nennenswer-
te Sandausspülungen unterbleiben".
(LOHMEYER et al., 1975), (Abb. 90 bis 93).
– Außerdem verbauen sie auch mit ihren feineren
Wurzeln die Wasserwechselzone sehr gut ge-
gen Oberflächenerosion.
– Röhrichtgürtel und Rasenböschungen: Siehe
Abschn. V. 3.5.1.1 und V. 3.5.2.1.
b) Weitere Wirkungen:
– Biotop (Abschn. I.).
– Verschönerung des Landschaftsbildes
(Abschn. I.).

3.6.2 Bauverfahren

Pflanzung von Gehölzen

Lebende Baustoffe

Roterle (Alnus glutinosa); beigemischt können vor
allem werden: Esche (Fraxinus excelsior), Stieleiche
(Quercus robur), Silberweide (Salix alba), Bruchweide (S. fragilis).

▲ Abb. 94: Ufersicherung eines
Baches durch einreihige Baumpflan-
zung.
1 = Roterle (Alnus glutinosa),
2 = andere Baumarten, vor allem
Esche (Fraxinus excelsior), Stieleiche
(Quercus robur), Silberweide (Salix
alba) und Bruchweide (S. fragilis).

▲ Abb. 95: Ufersicherung eines
Baches durch mehrreihige Baum-
pflanzung.
1 = Roterle (Alnus glutinosa),
2 = andere Baumarten, vor allem
Esche (Fraxinus excelsior), Stieleiche
(Quercus robur), Silberweide (Salix
alba) und Bruchweide (S. fragilis).

Bauweise

Jungpflanzen werden im Abstand von etwa 100 bis
150 cm ungefähr 20 bis 40 cm über der SoMW-
Linie durch Lochpflanzung eingebracht. Sofern einreihig gepflanzt wird, sind die Prallufer ausschließlich durch die Erlen zu sichern und die übrigen
Arten nur an den relativ ungefährdeten Gleitufern
beizumischen (Abb. 94). Dabei ist zu beachten, daß

diese Arten, also Esche, Stieleiche, Silberweide und
Bruchweide, einige dm höher als die Erlen anzusiedeln sind. Bei mehrreihigen Pflanzungen sollte die
unterste Reihe ausschließlich aus Roterlen bestehen, während die übrigen Arten in den darüber liegenden Reihen anzusiedeln sind (Abb. 95).
Da die Gehölzpflanzungen erst nach einigen Vegetationsperioden befriedigenden Uferschutz gewähr-

leisten, ist bei Bedarf an den Böschungen eine Untersaat standortgerechter Wiesengesellschaften vorzunehmen. Hierbei ist so zu verfahren, wie es unter „Steckholzbesatz und Ansaat" (Abschnitt V. 3.5.2.2) beschrieben ist.

Anwendungsbereich
Prall- und Gleitufer kleinerer Fließgewässer.

Literatur: KRAUSE (1975, 1979, 1980); LOHMEYER et al. (1975).

Bauverfahren mit Röhricht

Lebende Baustoffe
Röhrichtarten, die nur wenig ins Wasser hinein-wachsen, um bei den oft geringen Wasserständen ein Zuwachsen des Fließgewässers zu vermeiden; vor allem Wasserschwaden (Glyceria maxima), Rohrglanzgras (Phalaris arundinacea).

Bauweise
Siehe Abschn. V. 3.5.1.2.

Anwendungsbereich
Vor allem gehölzfreie Prallufer kleinerer Wasserläufe.

3.7 Beseitigung von Schadstellen

3.7.1 Allgemeines

Unter Schadstellen sind hier vor allem Uferab-brüche und Kolke zu verstehen. Die zu ihrer Besei-tigung eingesetzten Bauverfahren werden in einem Bereich ausgeführt, der sich in der Regel von etwas unter SoMW bis maximal MHW erstreckt. Bestandsziel ist die HPNV der Zone III, also vorwie-gend Weidengebüsch.

Wirkungsweise
a) Ingenieurbiologische Wirkungen:
   Die Pflanzen werden für die Beseitigung von Schadstellen in zweierlei Weise benutzt:

– Die lebenden Baustoffe werden für sich alleine oder in Verbindung mit Boden, Steinen, totem Astwerk usw. zur sofortigen vollständigen Auf-füllung von Schadstellen verwendet. Die auf diese Weise beseitigten Abbrüche, Kolke usw. werden anschließend durchwurzelt und gefe-stigt sowie durch die entwickelten Triebe vor erneuten Angriffen gesichert. Eine ausreichen-de Wirksamkeit wird schon in der ersten Vege-tationsperiode erreicht.

– Die lebenden Baustoffe dienen der allmählichen Auflandung von Schadstellen. Dabei brechen die oberirdischen Teile die Energie des Was-sers, mindern Strömungsgeschwindigkeit und Schleppkraft und bewirken somit eine verstärkte Sedimentation und Auflandung. Das sedimen-tierte Material wird durchwurzelt. Auf diese Wei-se schreitet die Aufhöhung fort, bis die Schad-stelle vollständig verlandet ist. Der Verlandungs-prozeß ist relativ langwierig und erstreckt sich nicht selten über mehrere Jahre. Aus diesem Grund sollten ingenieurbiologische Bauverfah-ren, die der allmählichen Auflandung dienen, nur dort angewendet werden, wo eine schnel-le Wiederherstellung des Ufers nicht notwen-dig ist.

b) Weitere Wirkungen:
   – Biotop (Abschn. I.).
   – Verschönerung des Landschaftsbildes (Abschn. I.).

3.7.2 Bauverfahren

Ast- und Zweigpackungen

Ast- und Zweigpackungen werden in sehr vielen Varianten ausgeführt und sind vor allem als „Rauh-packung", „Rauhwehr" und „Buschmatratze" bekannt. Diese Begriffe werden jedoch unter-schiedlich gebraucht. Einmal bezeichnen gleiche Begriffe verschiedene Bauweisen, und zum ande-ren werden verschiedene Bezeichnungen für die gleichen oder nur unwesentlich voneinander abwei-chenden Methoden benutzt. Da allen die Verwen-

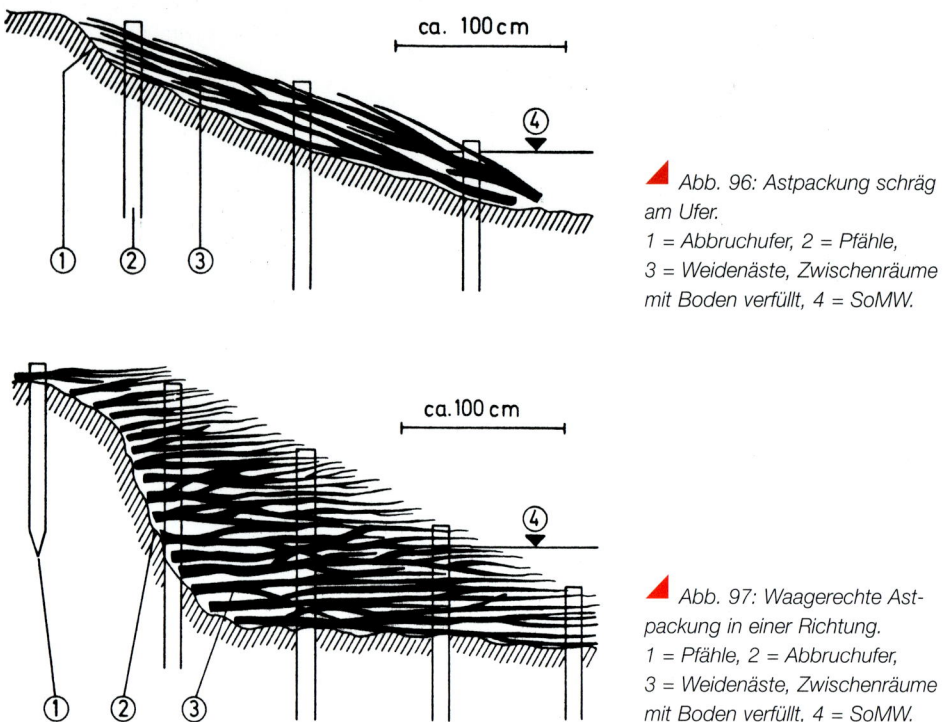

Abb. 96: Astpackung schräg am Ufer.
1 = Abbruchufer, 2 = Pfähle,
3 = Weidenäste, Zwischenräume mit Boden verfüllt, 4 = SoMW.

Abb. 97: Waagerechte Ast-packung in einer Richtung.
1 = Pfähle, 2 = Abbruchufer,
3 = Weidenäste, Zwischenräume mit Boden verfüllt, 4 = SoMW.

dung einer oder mehrerer Schichten lebender Wei-denäste und -zweige zur Beseitigung von Schad-stellen gemeinsam ist, werden sie hier als „Ast- und Zweigpackungen" zusammengefaßt.

Lebende Baustoffe

Äste und Zweige insbesondere der folgenden Strauchweidenarten bzw. an Ort und Stelle vorhan-dener bewurzelungsfähiger Hybriden: Großblättrige Weide (Salix appendiculata), Ohrweide (S. aurita), Grauweide (S. cinerea), Reifweide (S. daphnoides), Lavendelweide (S. eleagnos = S. incana), Glanzwei-de (S. glabra), Schwarzweide (S. nigricans), Lorbeer-weide (S. pentandra), Purpurweide (S. purpurea), Mandelweide (S. triandra), Korbweide (S. viminalis).

Bauweise

Bei kleineren flachen, nicht weit ins Land hineinrei-chenden Abbrüchen werden zunächst etwa 60 bis 80 cm lange Pfähle im 1-m-Verband etwa 40 bis

60 cm tief in das Ufer geschlagen. Zwischen die Pfähle wird eine dichte Schicht von Weidenästen und -zweigen in der Weise auf den Abbruch gelegt bzw. gepackt, daß sich die Spitzen oben befinden und die Enden möglichst ins Wasser hineinragen. Durch Drahtverspannung und Einschlagen der Pfähle wird die Packung bis auf etwa 10 cm zusammengepreßt und auf den Boden der Schad-stelle gedrückt. Die Astpackung ist anschließend mit Erde so stark zu überrieseln, daß alle Hohlräu-me zwischen den Ästen ausgefüllt sind (Abb. 96). Größere, weiter ins Land hineinreichende Uferab-brüche werden ebenfalls zunächst verpfählt und dann mit mehreren Ast- und Zweigschichten aus-gefüllt. Sie werden aber im Gegensatz zu der eben beschriebenen Bauweise nicht schräg vertikal, son-dern horizontal gepackt. Dabei können die Äste in verschiedenen Richtungen zur Uferlinie liegen:
a) Die Äste werden unregelmäßig ohne bestimmte Richtung aufeinandergepackt.

b) Sie werden in einer Richtung gepackt. Sie sollten dann am besten senkrecht zur Uferlinie liegen, so daß die Astenden zum Abbruchufer und die Spitzen zum Flußbett weisen (Abb. 97).

c) Verschiedene Schichten verlaufen rechtwinklig zueinander. Die Äste der einen Schicht liegen senkrecht zur Uferlinie, und diejenigen der nächsten verlaufen parallel zu ihr (Abb. 98).

d) Es können wechselweise und senkrecht zueinander Ast- und Faschinenschichten gepackt werden (Abb. 99).

Die einzelnen Schichten sind sorgfältig mit Boden zu überschütten. Hohlräume zwischen den Ästen dürfen nicht zurückbleiben, damit spätere Sackungen im Bauwerk vermieden werden. In diesem

Zusammenhang hat sich auch das Beschweren der Schichten mit größeren Steinen als günstig erwiesen.

Bei der Herstellung der Packung ist darauf zu achten, daß das Bauwerk wasserseitig mit der gleichen Böschungsneigung hergestellt wird, wie sie das seitlich an die Schadstelle angrenzende unbeschädigte Ufer aufweist. Nach Fertigstellung der Astpackung sind die Pfähle mit Draht zu verspannen und so tief in den Boden zu schlagen, daß die Packung zusammengepreßt wird und nicht mehr federt.

Stehen nicht genügend bewurzelungsfähige Weidenäste zur Verfügung, so ist auch totes oder nicht bewurzelungsfähiges lebendes Material verwendbar. Es werden dann bei mehrschichtigen Packun-

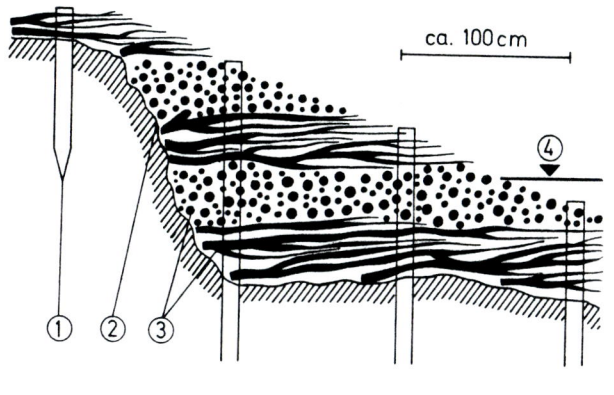

Abb. 98: Waagerechte Astpackung in zwei Richtungen.
1 = Pfähle, 2 = Abbruchufer,
3 = rechtwinklig zueinander liegende Schichten von Weidenästen, Zwischenräume mit Boden verfüllt,
4 = SoMW.

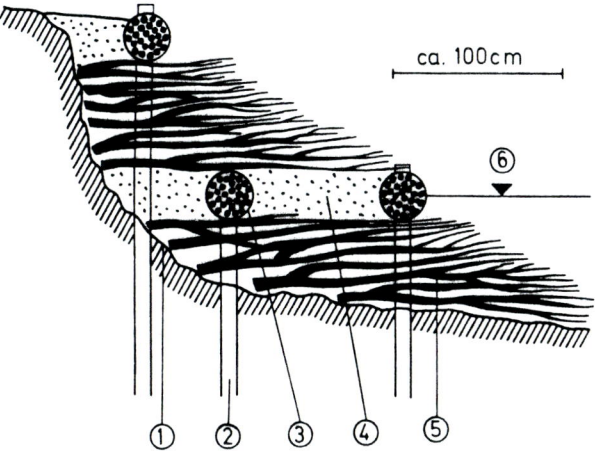

Abb. 99: Waagerechte Astpackung mit zwischengelagerten Faschinen.
1 = Abbruchufer, 2 = Pfähle,
3 = Faschinen, 4 = Füllboden,
5 = Weidenäste, Zwischenräume mit Boden verfüllt, 6 = SoMW.

gen die unteren, unter der SoMW-Linie liegenden Lagen aus totem Astwerk hergestellt oder bei einschichtigen Packungen tote und lebende Baustoffe gemischt. In letzterem Fall sollte mindestens 25 % des Astwerkes bewurzelungsfähig sein. Abgesehen von sehr hohen Wasserständen können Astpackungen zu allen Zeiten angelegt werden, in denen sich die Weiden bewurzeln.

Anwendungsbereich

Die Astpackung stellt eine sehr stabile ingenieurbiologische Bauweise dar, die nicht nur einen sofortigen guten Uferschutz gewährleistet, sondern auch im Verlauf der Entwicklung der Pflanzen ein neues, widerstandsfähiges Ufer schafft. Sie ist daher für die Beseitigung von Uferabbrüchen an stehenden, langsam und schnell fließenden Gewässern geeignet. Die Wahl der einen oder anderen Variante hängt vor allem von der Art der Schadstelle, den Strömungs- und Wasserstandsverhältnissen und der vorgesehenen Böschungsneigung ab.

Literatur: DIN 19657 (1973); KIRWALD (1964); PRÜCKNER (1965); SCHLÜTER (1971b, 1986).

Gitterbuschbauwerk

Lebende Baustoffe

Siehe „Ast- und Zweigpackungen".

Bauweise

In der geplanten Uferlinie wird zunächst je nach Wassertiefe eine Pfahl- oder Pflockreihe („Piloten") geschlagen. Der Abstand der Piloten sollte etwa 200 bis 300 cm betragen. Im Anschluß daran werden in die durch die Piloten und das derzeitige Abbruchufer gebildete Fläche verzweigte starke Äste oder sogar kleine Bäume dicht an dicht und senkrecht zur geplanten Uferlinie gelegt. Während die Astenden zum Abbruchufer weisen sollten, müssen die Spitzen etwa 50 bis 80 cm über die Pilotenreihe hinaus in das Flußbett ragen. Bei Schadstellen mit geringer Wassertiefe reicht eine Astlage aus, bei tieferen sind mehrere Lagen zu legen. Es müssen nicht unbedingt lebende bewur-

zelungsfähige Äste, sondern es kann auch totes oder lebendes nicht bewurzelungsfähiges Material verwendet werden.

In gleicher Richtung werden dann zwischen die Astlage lebende Weidenäste dicht schräg in den Boden gestoßen. Aus Gründen der Stabilität des Bauwerkes sind die Äste im Bereich der Pilotenreihe besonders tief und dicht zu stecken. Der Astbesatz ist mit größeren, etwa im Abstand von 100 bis 150 cm gelegten Steinen zu beschweren. Nach ihrer Fertigstellung sollte die Lage eine Stärke von ca. 50 bis 100 cm aufweisen (Abb. 100).

In der gleichen Weise, jedoch senkrecht zu der ersten Lage, also etwa parallel zur geplanten Uferlinie, wird anschließend eine weitere Lage aus lebenden Weidenästen hergestellt. Die Äste sollten schräg in Fließrichtung geneigt sein, so daß also ihre Spitzen flußabwärts liegen. Bei Mangel an lebendem Material können an Stelle dieser zweiten Astlage einzelne, parallel zueinander und senkrecht zur Uferlinie verlaufende Astreihen gesetzt werden. Auch die zweite Astlage bzw. die Astreihen sind mit einzelnen größeren Steinen zu beschweren. Der „Kopf" des Bauwerkes, also der Beginn der Schadstelle, sollte durch Steine besonders gut gesichert werden, da hier die Gefahr einer Zerstörung durch den Wasserangriff am größten ist. Nach dem Niederdrücken der zweiten lebenden Astlage durch Steine sollte die Oberfläche des Bauwerkes etwa 100 cm über NW liegen (Abb. 100).

Abschließend ist das beschädigte Ufer durch dicht an dicht in den Boden gesteckte lebende Weidenäste, also ähnlich wie durch eine Spreitlage, vor weiteren Abbrüchen zu sichern. Bei größeren Kolken ist es meist nicht erforderlich, die gesamte aufzulandende Kolkfläche durch Gitterbuschbau zu verbauen. In der Regel reicht es aus, die Verlandung nur zu Beginn des Kolkes, also im oberen Bereich, auf diese Weise einzuleiten und im unteren Bereich andere, weniger Material verbrauchende Bauobjekte wie Buschbautraversen und lebende Bürsten zu erstellen (s. unten). Das Gitterbuschbauwerk wird am günstigsten im Frühjahr nach dem Rückgang des Winterhochwassers möglichst bei NW hergestellt.

Anwendungsbereich

Das Gitterbuschbauwerk ist ein sehr stabiles Bauwerk, das auch starken Wasserangriffen standhält. Es ist daher gut für die Verlandung von Kolken an schnellfließenden Gewässern mit starken Wasserspiegelschwankungen und Geschiebeführung, insbesondere an Gebirgsflüssen, geeignet.

Literatur: PRÜCKNER (1965); SCHLÜTER (1971b, 1986).

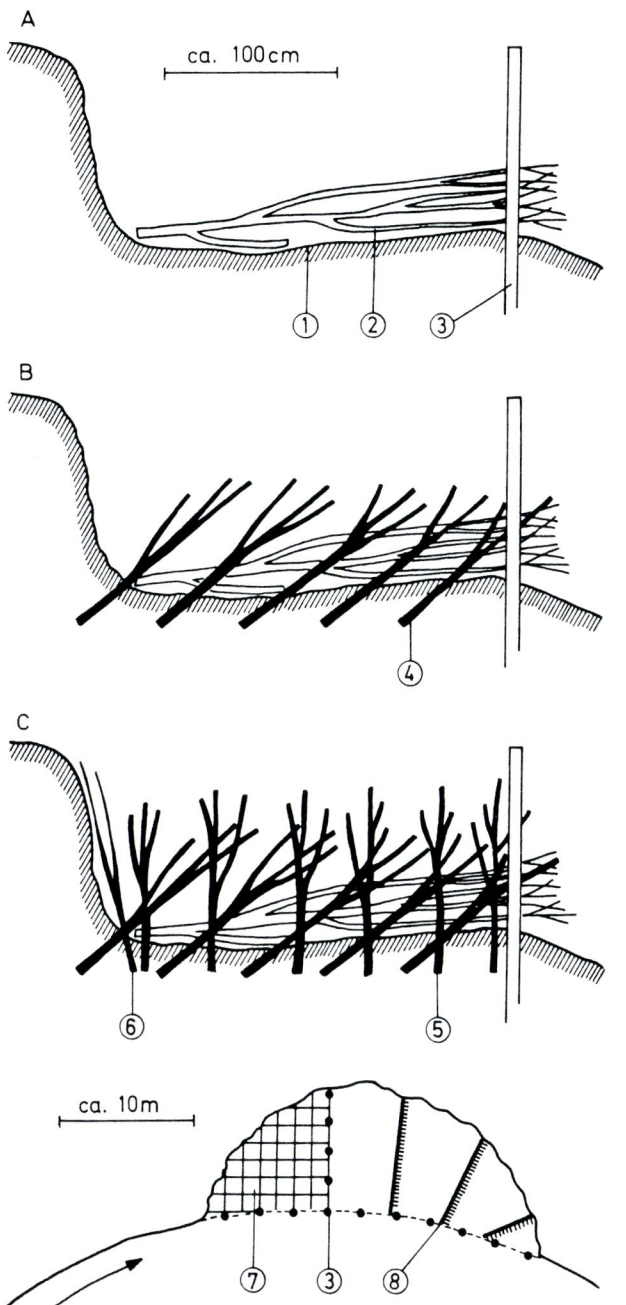

◄ Abb. 100: Gitterbuschbauwerk (vereinfacht).
1 = Uferboden, 2 = lebende oder tote Astlage, 3 = Piloten, 4 = erster Besatz mit lebenden Weidenästen rechtwinklig zur Fließrichtung, 5 = zweiter Besatz mit lebenden Weidenästen in Fließrichtung, 6 = Astlage zur Sicherung des Abbruchufers, 7 = räumliche Anordnung des Gitterbuschbauwerkes im Kolk, 8 = Buschbautraversen.

Abb. 101: Begrünter Drahtschotterkörper.

pflöcke der obigen Weidenarten eingesteckt. Damit
die lebenden Baustoffe ausreichenden Kontakt mit
der Kolksohle bekommen, müssen sie durch die
Maschen des Geflechts in den Boden gesteckt
werden. Anschließend wird das Gitter zusammen-
gezogen und verdrahtet, so daß ein walzenförmiger, den Böschungen angepaßter Körper entsteht.
Nach Ausfüllen der zwischen dem Drahtschotterkörper und der Böschung verbliebenen, uferseitigen
sowie flußaufwärts und -abwärts liegenden Hohlräume sind auch dort zur Sicherung Weidenäste,
-setzpflöcke oder -steckholz einzubringen. Ausführungszeit: Siehe „Ast- und Zweigpackungen"
(Abb. 101).
Der wasserseitige Fuß des Drahtschotterkörpers
kann durch Röhrichtwalzen, Vegetationsfaschinen
u. ä. gesichert werden.

Anwendungsbereich

Zur Beseitigung kleinerer Kolke, die besonders starken Wasserangriffen ausgesetzt sind. Begrünte
Drahtschotterkörper sollten vor allem dort verwendet werden, wo die Gewässersohlen und -bö-
schungen nicht nur aus Feinboden, sondern in
starkem Maße steinige oder kiesige Bestandteile
enthalten bzw. ausschließlich aus diesem Material
bestehen.

Literatur: BEGEMANN et al. (1994), SCHIECHTL (1973).

Begrünte Drahtschotterkörper (Gabionen)

Lebende Baustoffe

Siehe „Ast- und Zweigpackungen".

Bauweise

In kleineren Auskolkungen wird ein engmaschiges
Drahtgitter ausgebreitet. Um nach dessen Füllung
ein Einsinken zu vermeiden, ist ggf. ein Filterunterbau erforderlich (Abschn. V. 3.4). Das Drahtgeflecht
wird dann mit Steinen, Schotter oder Kies beschüttet. Gleichzeitig werden lebende Äste oder Setz-

Begrünte Säcke

Lebende Baustoffe

Siehe „Ast- und Zweigpackungen".

Bauweise

Kleinere Schadstellen werden mit Säcken ausgefüllt, die Sand oder grobkörnigen Boden enthalten.
Bei Bedarf ist vorher ein Filter entsprechend
Abschn. V. 3.4 einzubauen. Zur Gewährleistung
einer ausreichenden Stabilität sollte die Oberfläche
des Bauwerkes die gleiche Neigung wie die
angrenzenden Böschungen aufweisen bzw. nicht
steiler als 1: 2 geneigt sein. Nach dem Verlegen

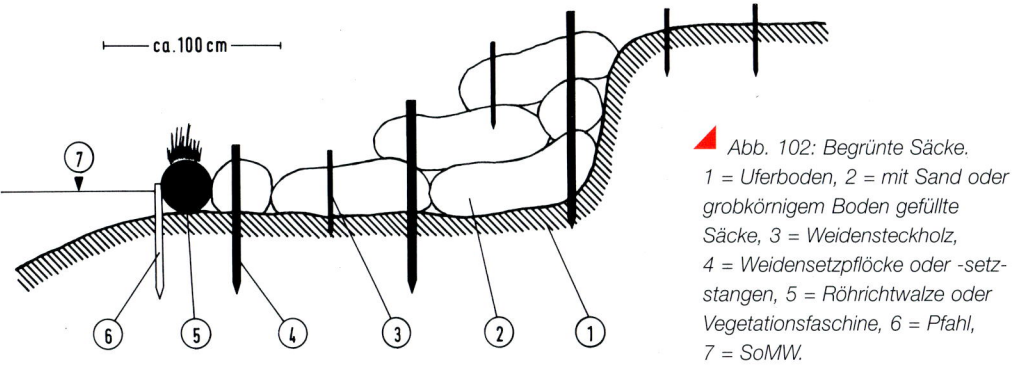

◢ Abb. 102: Begrünte Säcke.
1 = Uferboden, 2 = mit Sand oder
grobkörnigem Boden gefüllte
Säcke, 3 = Weidensteckholz,
4 = Weidensetzpflöcke oder -setz-
stangen, 5 = Röhrichtwalze oder
Vegetationsfaschine, 6 = Pfahl,
7 = SoMW.

◢ Abb. 103: Sicherung eines
Uferabbruchs durch Säcke, die
durch Weidensetzpflöcke begrünt
werden sollen (Foto: BEGEMANN).

werden in die Säcke bewurzelungsfähige Weidenäste, -setzpflöcke oder -setzstangen gesteckt; und
zwar möglichst so tief, daß sie mehrere Sacklagen
miteinander „vernageln". Während des Baus oder
nach Fertigstellung werden die Zwischenräume
zwischen Sackpackung und Böschung mit Boden
verfüllt und dann ebenfalls mit Weidenästen, -setz-
pflöcken oder -steckholz besteckt. Ausführungszeit:
Siehe „Ast- und Zweigpackungen". Der wasserseitige Fuß kann durch Röhrichtwalzen, Vegetationsfaschinen o. ä. geschützt werden (Abb. 102 u. 103).
Die Hüllen der Säcke müssen einmal so engma-

schig sein, daß der grobkörnige Inhalt nicht heraus-
gespült wird. Zum anderen sollten sie verwitterbar
sein, so daß sie nach einigen Jahren, wenn die
Weidenwurzeln den Bodenschutz übernommen
haben, verrottet sind.

Anwendungsbereich

Zur Beseitigung kleinerer Kolke, die starken Wasserangriffen ausgesetzt sind und deren Sohlen und
Böschungen aus Feinboden bestehen.

Buschbautraverse

Lebende Baustoffe

Siehe „Ast- und Zweiglagen".

Bauweise

Die Ausführungsart ist von der Wassertiefe des Kolkes abhängig. Liegt z. Z. des Baues der Boden des Kolkes trocken, so werden vom Abbruchufer bis zur geplanten Böschungslinie, also quer zum Kolk bzw. quer zur Strömungsrichtung, 30 bis 40 cm breite Gräben mit dreieckigem Querschnitt so tief ausgehoben, daß das Wasser an die Grabenoberfläche tritt. Die dem Beginn des Kolkes zugewandten (flußaufwärtigen) Grabenseiten sind steiler als die flußabwärtigen auszuführen. Der Grabenaushub wird auf den flußabwärtigen Grabenseiten gelagert, so daß diese Seiten verlängert werden. In die Gräben werden ca. 100 bis 150 cm lange lebende Weidenäste schräg eingestoßen, so daß sie auf der flacheren und längeren Grabenseite aufliegen, also in Richtung Kolkende (flußabwärts) geneigt sind. Die Äste sind dicht zu stecken. Nach Herstellung der ersten Astlage ist diese durch weitere schräg gesteckte Äste so weit zu verdichten, bis eine geschlossene, in sich verflochtene Astwand entstanden ist. Lücken sind unbedingt zu vermeiden, da sich hier infolge der beschleunigten Durchströmung einmal Rinnen bilden können, die zu einer Beschädigung oder Zerstörung der Traverse führen, und zum anderen dann die gewünschte gleichmäßige Sedimentation nicht mehr gewährleistet ist. Um die Adventivwurzelbildung der Weidenäste zu fördern, können die Gräben nach Fertigstellung der Astwand bis zu einem gewissen Grade mit Boden verfüllt werden. Zur Beschwerung der Äste werden abschließend in die Gräben Lagen größerer Steine oder verpflockte Drahtsenkwalzen (Drahtschotterwalzen) eingebracht (Abb. 104 u. 105).

Steht während der Bauausführung der Kolkboden unter Wasser, so ist das Ausheben von Gräben nicht möglich. In diesen Fällen muß daher die flache Grabenseite, auf der die Äste aufliegen würden, durch Hilfsbauten ersetzt werden. Zu diesem

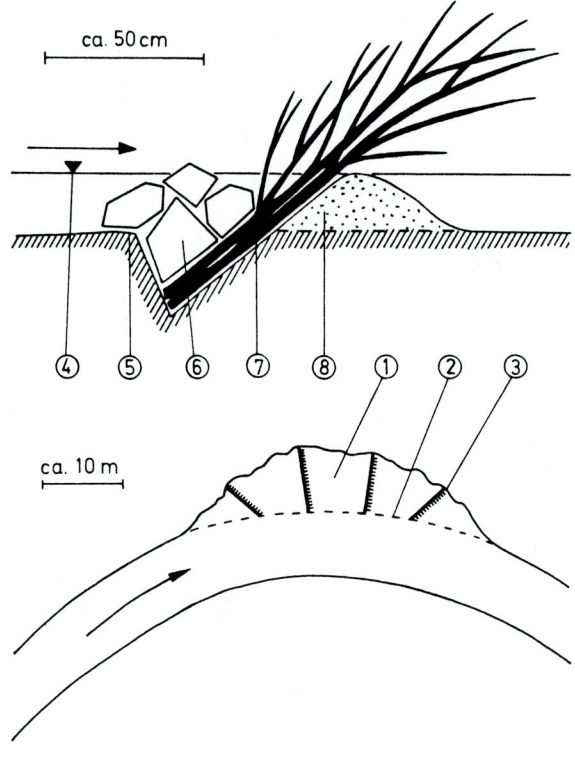

▶ Abb. 104: Buschbautraverse.
1 = Kolk, 2 = geplante Uferlinie,
3 = Buschbautraversen, 4 = SoMW,
5 = Kolksohle, 6 = Steine, 7 = Weidenäste, 8 = Grabenaushub.

Zwecke werden auf der Linie der geplanten Traverse je nach Wassertiefe Pflöcke oder Pfähle schräg eingeschlagen, so daß sie in Richtung Kolkende geneigt sind. An den Pflöcken werden Latten, Stangen, Rundhölzer usw. befestigt. Die Weidenäste werden dann in den Boden gestoßen, so daß sie auf den Latten aufliegen. Im übrigen gleicht die Ausführung der oben beschriebenen. Nach Fertigstellung der Traverse können die Pflöcke und Latten entfernt und beim Bau der nächsten Traverse wiederverwendet werden.

Besonders sorgfältig sind die Anfangs- und Endpunkte der Traversen zu sichern. Dort, wo die Traverse ans Abbruchufer stößt, ist ein etwa 50 cm tiefer Einschnitt auszuheben und derart mit größeren Steinen zu verfüllen, daß diese Steinfüllung Anschluß an die Beschwerungssteine oder die Drahtsenkwalze der Astwand bekommt. Zwischen den letzten Steinen in Richtung des Abbruchufers sind Weidenäste so einzustoßen, daß sie Verbindung zur Astwand erhalten und das Abbruchufer fächerförmig bedecken. Das wasserseitige Ende der Traverse muß genau mit der geplanten Uferlinie abschließen. Es wird durch große Steine besonders gesichert. Da hier infolge Wirbelbildung Ausspülungen im Boden entstehen können, sind unter die letzten Steine Weidenäste fächerförmig quer zur Strömungsrichtung zu legen, die die Energie des Wassers zerteilen. Die Äste müssen lückenlos in die Astwand der Traverse übergehen.

Sofern es die Wasserabstände zulassen, kann die Buschbautraverse zu allen Zeiten gebaut werden, in denen sich die Weidenäste bewurzeln.

Die Verlandung von Kolken wird durch ein System von Traversen erreicht. Dabei wird die erste, also flußaufwärtige Traverse am Kolkanfang im spitzen Winkel zur geplanten Uferlinie angelegt, um die Strömung zum Teil aus dem Kolk in das vorgesehene Flußbett abzulenken. Die nächsten Traversen werden senkrecht und die letzte im stumpfen Winkel zur geplanten Böschungslinie errichtet, so daß eine gleichmäßige Sedimentation und Auflandung verursacht wird. Der Abstand der einzelnen Traversen beträgt in der Regel das ein- bis anderthalbfache ihrer Länge (Abb. 104).

Bei Wasserläufen mit starker Angriffskraft werden Buschbautraversen nicht selten in Kombination mit dem Gitterbuschbauwerk angewandt (s. oben). Das Gitterbuschbauwerk wird dabei im flußaufwärtigen Bereich des Kolkes als Leitwerk, zur Abwehr und Minderung der stärksten Angriffskraft des Wassers sowie zur Einleitung der Sedimentation eingebaut, während die Buschbautraversen im nunmehr beruhigten flußabwärtigen Bereich des Kolkes die Auflandung übernehmen. Ist die geplante Uferlinie, wie z. B. in Außenkurven, sehr starken Wasserangriffen ausgesetzt, so kann sie zusätzlich durch Rauhbä-

◣ Abb. 105: Buschbautraverse zur Auflandung eines Kolkes. Die zukünftige Uferlinie ist durch Rauhbäume festgelegt (Foto: BEGEMANN).

me (abgesägte Nadelbäume; Abb. 105) oder durch den sogenannten Wolfbau fixiert und gesichert werden. Hierbei werden in der vorgesehenen Uferlinie in ca. 200 bis 300 cm Abstand Pfähle eingeschlagen, an denen Latten, Stangen o. ä. in vertikalem Abstand von etwa 20 bis 30 cm befestigt werden. Die untere Latte sollte in Höhe des NW liegen, während die oberste über SoMW hinausragen muß. Rauhbäume und Wolfbau haben die Aufgabe, das Wasser mit verminderter Strömungsgeschwindigkeit in den Kolk hineinfließen zu lassen, den Stromstrich in das geplante Flußbett zu lenken sowie Treibgut fernzuhalten, das die Traversen beschädigen könnte.

Anwendungsbereich

Die Buschbautraverse erträgt verhältnismäßig starke Beanspruchungen und erfordert nur geringen Aufwand an lebenden Baustoffen. Sie eignet sich daher besonders für die Verlandung größerer Kolke, die nicht vollständig durch Gitterbuschbau verbaut werden können, die erst im Verlauf mehrerer Jahre aufgelandet zu werden brauchen und in denen eine relativ hohe Strömungsgeschwindigkeit herrscht.

Literatur: PRÜCKNER (1965); SCHLÜTER (1971b, 1986).

Besatz mit Setzpflockreihen

Lebende Baustoffe
Siehe „Ast- und Zweigpackungen".

Bauweise
Zunächst ist die geplante Uferlinie durch Piloten, Rauhbäume oder Wolfbau festzulegen (s. oben). Im Kolk werden dann von der derzeitigen bis zur geplanten Uferlinie Setzpflockreihen eingeschlagen. Die Setzpflockreihen werden räumlich wie die Buschbautraversen (s. oben) angeordnet; ggf. sind aber engere Reihenabstände zu wählen. Die Abstände der Setzpflöcke in der Reihe sollten etwa 30 bis 50 cm betragen. Um auch bei höheren Wasserständen eine ausreichende Verringerung der Fließgeschwindigkeit und damit eine ausreichende Sedimentation zu erzielen, müssen die Setzpflöcke über die SoMW-Linie hinausragen. Die Anschlüsse der Setzpflockreihen an die derzeitige Böschung sind wie bei den Buschbautraversen (s. oben) durch fächerförmig auf dem Abbruchufer ausgebreitete Weidenäste oder -zweige herzustellen. Ausführungszeit: Siehe „Ast- und Zweiglagen".

Eine Variante besteht darin, die Setzpflockreihen durch Weidenruten zu verflechten. Dabei können entweder nur die flußaufwärtigen Setzpflockreihen oder aber alle Reihen verflochten werden (Abb. 106 u. 107).

Anwendungsbereich
Wie „Buschbautraversen"; jedoch im Unterschied zu ihnen bei verhältnismäßig geringer Strömungsgeschwindigkeit im Kolk.

Lebende Bürsten (Lebende Kämme)

Lebende Baustoffe
Setzpflöcke der unter „Ast- und Zweiglagen" aufgeführten Weidenarten bzw. an Ort und Stelle vorhandener bewurzelungsfähiger Hybriden.

Bauweise
Lebende Bürsten werden in erster Linie in Verbindung mit Buschbautraversen eingesetzt. Sobald der Kolk durch die Buschbautraversen vollständig oder teilweise bis ungefähr auf SoMW-Höhe verlandet ist, werden zwischen die Traversen parallel zu ihnen verlaufende Reihen von Setzpflöcken gesteckt. Da die Sedimentation nicht selten mit zunehmender Entfernung vom Abbruchufer in Richtung Flußbett abnimmt, können die Setzpflockreihen u. U. zunächst nur in Ufernähe gesteckt und müssen mit dem Fortschreiten der Aufhöhung in den Folgejahren in Richtung Flußbett verlängert werden.

Der Abstand der Setzpflockreihen beträgt etwa 100 cm. Die Setzpflöcke, die eine Mindestlänge von 50 cm aufweisen sollten, werden bis zu zwei Drittel oder drei Viertel ihrer Länge senkrecht oder mäßig flußabwärts geneigt in den Boden gesteckt. Der Abstand in der Reihe beträgt rd. 10 cm. Abgesehen von hohen Wasserständen und der Zeit, in der sich die Weiden nicht bewurzeln, können lebende Bürsten das ganze Jahr über angelegt werden.

Abb. 106 u. 107: Besatz eines Kolkes mit Setzpflockreihen, die im flußaufwärtigen Bereich locker verflochten sind. Die angestrebte Uferlinie ist durch Rauhbäume festgelegt.

Anwendungsbereich

Für sich alleine angewandt, erreichen lebende Bürsten nicht die Wirksamkeit und Widerstandsfähigkeit gegenüber Beanspruchungen wie Buschbautraversen. Sie unterstützen jedoch die Wirkung der Buschbautraversen erheblich zu dem Zeitpunkt, an dem die Auflandung des Kolkes vollständig oder teilweise bis etwa SoMW fortgeschritten ist. Lebende Bürsten werden deshalb in der Regel in Kombination mit Buschbautraversen zur endgültigen Verlandung größerer Kolke eingesetzt.

Literatur: PRÜCKNER (1965); SCHLÜTER (1971b, 1986).

3.7.3 Weitere, hier nicht beschriebene Bauverfahren

Schadstellen können außerdem vor allem durch Steinschüttungen mit Astbesatz (Abschn. V. 3.5.2.2) beseitigt werden.

3.8 Festlegung und Anhebung von Fließgewässersohlen

Fließgewässersohlen können vor allem durch Buschschwellen, Faschinenschwellen, Flechtzaunschwellen, Drahtschotterschwellen, Setzstangenschwellen, durch Ausbuschung sowie durch mit lebenden Baustoffen besetzte Holz- und Steinschwellen festgelegt und angehoben werden. Da diese Bauwerke nur in „Gewässern" mit zeitweiliger und dann relativ geringer Wasserführung errichtet werden können und sie außerdem in starkem Maße dem Verbau von Runsen und Erosionsrinnen dienen, werden sie unter Abschn. V. 6.5 beschrieben.

4. Bauverfahren im Wattenmeer

Landgewinnung und Deichbau dienten früher neben dem Küstenschutz vor allem der Wiedergewinnung oder der Neuschaffung landwirtschaftlicher, aber auch anderer Nutzflächen. Wenn heute zu diesen Zwecken in großem Umfang weiter Land gewonnen und durch Deiche gesichert würde, muß berücksichtigt werden, daß dann wertvolle und z. T. einmalige Biotope zerstört würden; nämlich vor allem die Queller-Gesellschaften (Salicornietea Br.-Bl. et Tx. 1943) sowie die Salzwiesen (Asteretea tripoli Westhoff et Beeftink 1962), die sich in die Andel-Wiesen (Puccinellion maritimae Wi. Christiansen 1927) und die Strandnelken-Wiesen (Amerion maritimae Br.-Bl. et De Leeuw 1936) unterteilen lassen. Besonders hinzuweisen ist darauf, daß diese Biotope gar nicht oder zumindest nicht in absehbarer Zeit durch den Menschen wieder an anderen Stellen neu aufgebaut werden können (Der Rat von Sachverständigen für Umweltfragen, 1980). Daher ist zu fordern, daß heute nur noch dort begrenzt Land gewonnen und durch Deiche geschützt wird, wo es aus Gründen des Küsten- und Inselschutzes unbedingt erforderlich ist oder wo dadurch Sturmflutschäden beseitigt werden müssen.

4.1 Natürliche Vegetationszonen

Die Landgewinnung nimmt die natürliche Vegetationszonierung im Wattenmeer zum Vorbild, deren Pflanzengesellschaften (vielleicht mit Ausnahme der Weidelgras-Weißklee-Weide) die dortige HPNV darstellen. Die Vegetationszonierung ist vor allem durch die Tide-Wasserstände bestimmt; denn die natürlichen Ansiedlungsbereiche der Vegetationszonen hängen vor allem davon ab, wie oft bzw. wie lange diese überflutet werden oder trockenfallen.

Vegetationszonen		Pflanzengesellschaften	Ansiedlungshöhen
		Oft Weidelgras-Weißklee-Weide (Lolio perennis-Cynosuretum [Br.-Bl. et De Leeuw 1936] Tx. 1937)	oberhalb MThw +0,80
Salzwiesen (Asteretea tripoli Westhoff et Beeftink 1962)	Rotschwingel-Zone	Strandnelken-Rasen (Amerion maritimae Br.-Bl. et De Leeuw 1936)	MThw +0,80 bis MThw +0,40
	Andel-Zone	Andel-Rasen (Puccinellion maritimae Wi. Christiansen 1927)	MThw +0,40 bis MThw
Queller-Zone		Queller-Watt-Gesellschaften (Salicornion strictae Tx. 1954) Schlickgras-Pioniergesellschaften (Spartinion Conrad 1952)	MThw bis MThw – 0,50
Seegras-Zone		Seegras-Wiesen (Zosterion marinae Wi. Christiansen 1934)	unterhalb MThw – 0,50

▲ *Tab. 11: Natürliche Vegetationszonen und Pflanzenge-sellschaften des Wattenmeeres in ihrer Beziehung zum MThw. Pflanzensoziologische Nomenklatur nach RUNGE (1990). Ansiedlungshöhen nach ERCHINGER (1985).*

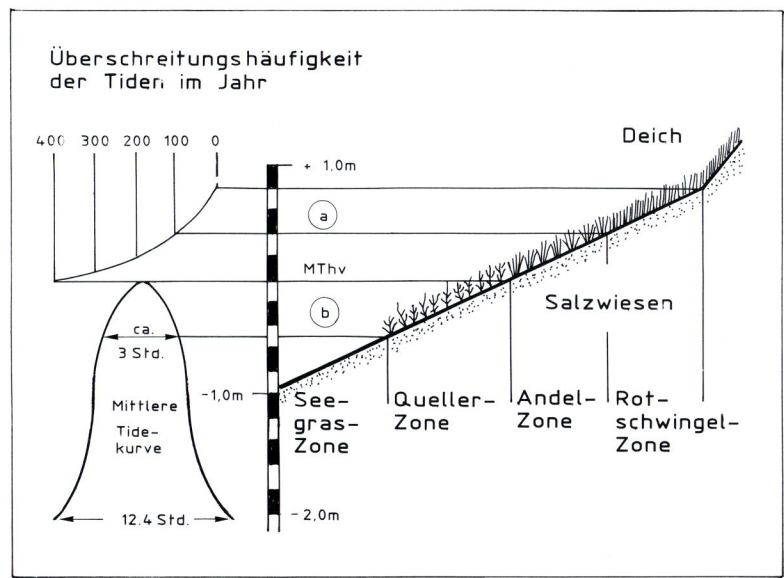

▲ *Abb. 108: Natürliche Vegetationszonen des Wattenmee-res in Abhängigkeit von der Bodenhöhe, den Tide-Wasser-ständen und der Überflutungsdauer (ERCHINGER, 1985). a = Ein Wasserstand von 40 cm über MThw wird ungefähr 100 mal im Jahr überschritten. b = Eine Wattfläche, deren Niveau 50 cm unter MThw liegt, wird in einer Normaltide etwa drei Stunden lang überflutet.*

Sie hängen also letztes Endes davon ab, wie hoch oder tief die Vegetationszonen über oder unter bestimmten mittleren Tide-Wasserständen liegen. In Tabelle 11 und Abb. 108 ist die Abfolge der natürlichen Vegetationszonen im Wattenmeer und ihre Beziehung zum MThw dargestellt. Hinsichtlich Einzelheiten wird vor allem auf ELLENBERG (1982), DÖRJES (1970) und WOHLENBERG (1931, 1933a, 1954, 1973a, 1973b) verwiesen. Zu den Ansied-

lungshöhen ist zu bemerken, daß die Angaben in der Literatur nicht einheitlich sind. Beispielsweise gibt ELLENBERG (1982) andere Höhen als ERCHINGER (1985) an.

Abb. 109 bis 111 zeigen die ökologisch und ingenieurbiologisch wichtigsten Pflanzengesellschaften, die Queller-Watt-Gesellschaft, die Schlickgras-Pioniergesellschaft und die Salzwiesen.

Abb. 109: Queller-Watt-Gesellschaft (Salicornietum strictae).

Abb. 110: Schlickgras-Pioniergesellschaft (Spartinetum anglicae).

Abb. 111: Salzwiesen (Asteretea
tripoli). Oberhalb im Bild ist blühen-
der Strandflieder (Limonium vulgare)
sichtbar.

4.2 Landgewinnung

4.2.1 Allgemeines

Bei der Landgewinnung lassen sich drei Verfahren
unterscheiden:
a) Trockenlegung durch Einpolderung;
b) Aufspülen von Wattflächen;
c) Förderung der biogenen bzw. ingenieurbiologischen Verlandung.
Im folgenden wird nur auf das Verfahren der ingenieurbiologischen Verlandung eingegangen. Dabei
werden Pflanzen in Verbindung mit kulturtechnischen Maßnahmen dafür verwendet, im Watt die
Schlicksedimentation und -bindung zu verstärken
und somit eine allmähliche Aufhöhung der Flächen
zu erreichen.

Wirkungsweise

Die Pflanzen werden für die Einleitung und Förderung eines länger dauernden ökologischen Prozesses eingesetzt. Dabei üben sie folgende Wirkungen
aus:
a) Ingenieurbiologische Wirkungen:
   – Die oberirdischen Teile zerteilen die Energie
     des Wassers und schaffen auf diese Weise

Ruhezonen, in denen eine verstärkte Sedimentation der Sinkstoffe stattfindet. Nach ELLENBERG (1982) erfolgt die Aufhöhung durch den Queller allerdings passiv, da er die neuen Sedimente weder durchwächst noch durchwurzelt.

– Die übrigen für die Landgewinnung verwendeten Arten, Salzschlickgras und vor allem der Andel, durchwachsen das abgelagerte Material, durchwurzeln und festigen es. Da der Andel im Gegensatz zum Queller durch den Schlick wachsen und ihn durchwurzeln kann, ist er in der Lage, in seinem Wachstum mit stärkerer Sedimentation Schritt zu halten und auch auf Ablagerungen größerer Mächtigkeit neue Polster zu bilden.

– Am Verlandungsprozeß sind in starkem Maße Tiere beteiligt. Es sei nur darauf hingewiesen, daß Muscheln, Schnecken, Krebse und Würmer durch ihre strömungsstabilen Kotteilchen und durch ihre in den Wattboden gegrabenen Gänge und Röhren, deren Wände sich durch Oxidation verfestigen, die Festlegung des Schlickes fördern (WOHLENBERG, 1931). Die zur Landgewinnung eingesetzten Pflanzen sind teilweise Bestandteile der Biotope dieser Tierarten.

b) Weitere Wirkungen:
– Biotop (Abschn. I.).

4.2.2 Kulturtechnische Baumaßnahmen

Die Landgewinnung beginnt i. d. R. mit kulturtechnischen Maßnahmen. Sie werden nach dem ökologischen Grundprinzip vorgenommen, den „kleinen Wasserhaushalt" des Sediments zu ändern, d. h. das Watt aus dem Zustand der Wasserübersättigung in den der Wasseruntersättigung zu überführen (WOHLENBERG, 1969b). Zur Erreichung dieses Zieles wird zunächst ein System aus Lahnungen, Gräben und Grüppen hergestellt (Abb. 112).

Die Lahnungen lassen sich in Haupt- und Querlahnungen untergliedern und werden in Abständen von etwa 400 x 400 (200) m senkrecht und parallel zur Küste errichtet. Sie haben die Aufgabe, Ruhezonen zu bilden, in denen sich die Sinkstoffe des bei der Flut einströmenden Wassers beschleunigt absetzen. Während die Hauptlahnungen die Einzugsbereiche benachbarter Hauptentwässerungsgräben trennen, sollen die Querlahnungen ihnen das Wasser zuführen. Die Lahnungen bestehen meist aus zwei Pfahlreihen, die im Abstand von ca. 25 cm in den Wattboden eingerammt werden. Ihre Zwischenräume werden je nach Beanspruchung mit Heidekraut, Reisig, Totfaschinen, Natur- oder Kunststeinen ausgefüllt.

Die Oberkante der Lahnungen liegt etwa 30 bis 40 cm über MThw. Seewärts sind die Lahnungen wegen des dort herrschenden stärkeren Wellenangriffs besonders stabil auszuführen. Um ein Freispülen der eingerammten Pfähle zu vermeiden, erhalten die Lahnungen in regelmäßigen Abständen kleinere, zu ihnen rechtwinklig verlaufende Vorsprünge, sog. Abweiser.

Zwischen den Lahnungen wird ein Netz aus Hauptentwässerungsgräben und Quergräben angelegt. Die Hauptentwässerungsgräben verlaufen in der Regel in Abständen bis zu 400 m und münden in einen Priel. Sie nehmen das Wasser der rechtwinklig zu ihnen gelegenen Quergräben auf. Diese haben Abstände von etwa 100 m und Längen von etwa 200 m.

Innerhalb der durch die Gräben gebildeten Flächen wird ein System von Grüppen angelegt, die parallel zu den Hauptentwässerungsgräben verlaufen und mit den Quergräben in Verbindung stehen. Durch sie erhält das Watt eine Oberflächengliederung in die tief gelegenen Grüppen mit stark wasserhaltigem Sediment und die gewölbten „Äcker" mit geringem Wassergehalt. Die Grüppen werden etwa 50 cm unter MThw angelegt und erhalten eine Tiefe von 25 cm, eine Breite von 2,00 bis 2,50 m und eine Länge bis zu 100 m. Der Abstand der Grüppen beträgt 10 m. Der Aushub wird seitlich auf die „Äcker" geworfen. Sie bekommen dadurch

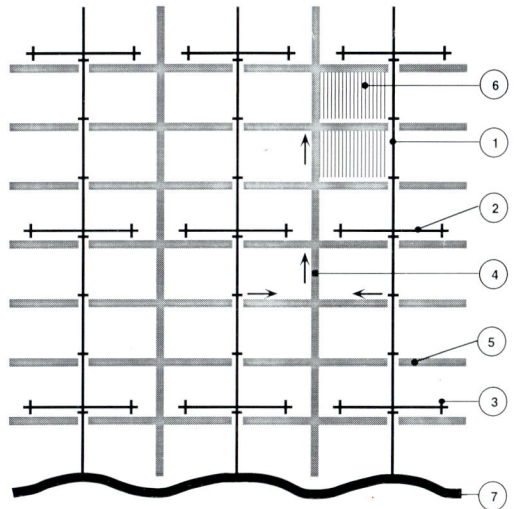

Abb. 112: Kulturtechnische Vorarbeiten zur Landgewinnung (unmaßstäbliches Schema).
1 = Hauptlahnung, 2 = Querlahnung, 3 = Abweiser, 4 = Hauptentwässerungsgraben, 5 = Quergraben, 6 = System aus Grüppen und Äckern, 7 = Grenze Vorland/Watt.

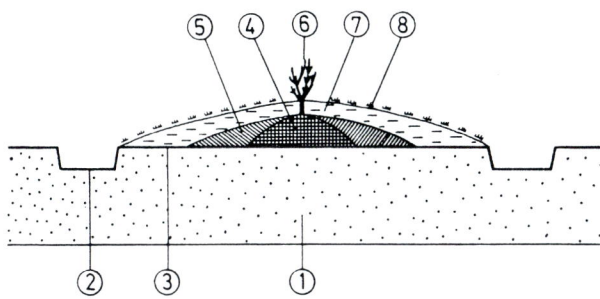

Abb. 113: Profilgestaltung als ökologisches Grundgesetz der Landgewinnung (WOHLENBERG, 1969b, 1973b).
1 = Wattboden, 2 = Grüppe, 3 = Wattacker, 4 = erster Grüppenaushub, 5 = weiterer Grüppenaushub, 6 = Queller-Ansaat, 7 = späterer Grüppenaushub, 8 = Belag mit Rasenbändern der Andelwiese.

das gewölbte Profil, das eine gute Oberflächenentwässerung ermöglicht. Durch mehrmaligen Aushub der Grüppen werden die „Äcker" allmählich trockengelegt. Ist die Aufhöhung bis auf etwa 40 bis 10 cm unter MThw fortgeschritten, werden ingenieurbiologische Baumaßnahmen durchgeführt (Abb. 113).
Sie beginnen mit der Ansiedlung des Salicornietums bzw. des Spartinetums und enden mit dem Aufbau des Puccinellietums. Inwieweit dann dieses durch Weiterentwicklung zu Gesellschaften des Armerion maritimae oder zum Lolio-Cynosuretum oder anderen Gesellschaften verändert wird, bleibt in der Regel der Natur überlassen.

Literatur: DIN 19657 (1973); LAFRENZ (1957); WOHLENBERG (1933a, 1938, 1939, 1969b, 1973a, 1973b).

4.2.3 Ingenieurbiologische Bauverfahren

Ansaat (Salicornia-Impfung)

L e b e n d e   B a u s t o f f e

Saatgut vom Queller (Salicornia europaea var. stricta = Salicornia strictissima) und vom Salzschlickgras (Spartina townsendii).

B a u w e i s e

Für die Gewinnung des Queller-Saatgutes werden Queller-Bestände im Herbst abgemäht. Anschlie-

ßend wird die Samengewinnung im Drusch- und Spülverfahren durchgeführt. Beim Druschverfahren werden die Pflanzen bei Temperaturen zwischen 25 und 30 °C auf einer heizbaren Unterlage getrocknet und dann gedroschen. Durch Siebe unterschiedlicher Maschenweite wird der Samen von der Spreu getrennt und bis zur Ansaat im Frühjahr luftig und trocken gelagert. Die Keimfähigkeit beträgt bei Handdrusch etwa 90 % und bei Maschinendrusch etwa 50 %. Das Spülverfahren entspricht mehr den natürlichen Vorgängen. Es kann aber nur angewendet werden, wenn das Pflanzenmaterial ausreichend trocken und das Zellgefüge schon spröde ist. In einem Behälter werden die sich auf einem

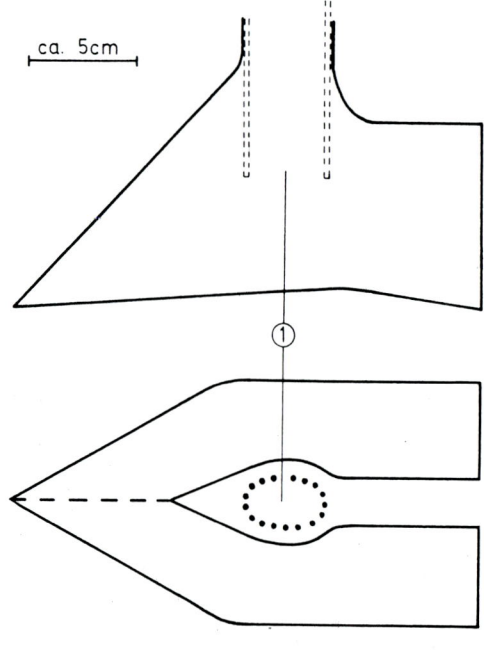

▲ Abb. 114: Drillschar (WOHLEN-BERG, 1938).
1 = Saatrohr.

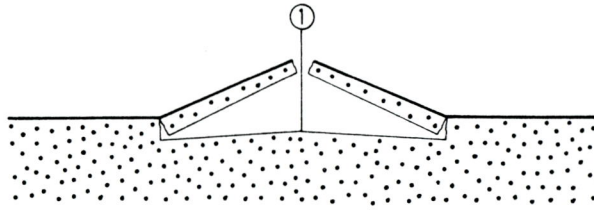

▲ Abb. 115: Saatbett der Drillschar (WOHLENBERG, 1938).
1 = Saatbett.

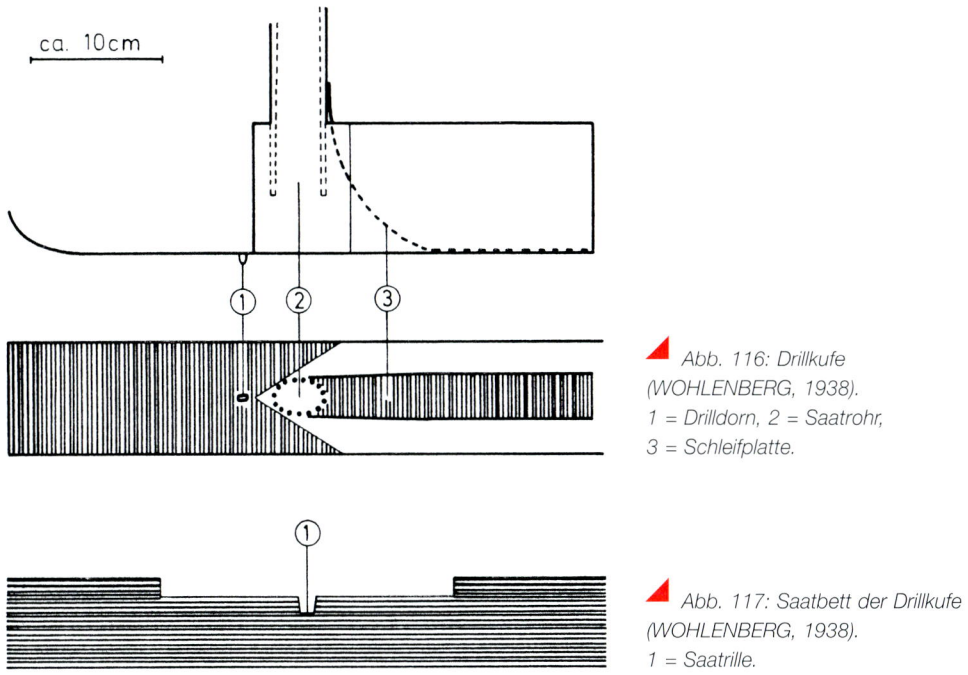

ca. 10 cm

▲ *Abb. 116: Drillkufe
(WOHLENBERG, 1938).
1 = Drilldorn, 2 = Saatrohr,
3 = Schleifplatte.*

▲ *Abb. 117: Saatbett der Drillkufe
(WOHLENBERG, 1938).
1 = Saatrille.*

Sieb befindenden Pflanzen mit einem scharfen Wasserstrahl behandelt. Nach dem Ablassen des Wassers bleiben die Samen im Behälter unter dem Sieb zurück. Anschließend wird der Samen durch Druckluft getrocknet und wie beim Druschverfahren bis zur Ansaat gelagert. Durch das Spülverfahren wird eine hohe Keimfähigkeit bis etwa 100 % erreicht.

Im März/April wird die Ansaat mit Hilfe des Watt-Drillschlittens auf den „Äckern" (s. oben) vorgenommen. Sie erfolgt in Reihen, da bei flächiger Saat die Gefahr der Abschwemmung besteht. Für 1 km Saatlinie sind rd. 500 g Saatgut erforderlich. Da die anzusäenden Flächen unterhalb der MThw-Linie liegen, muß der Samen so eingebracht werden, daß er bei Flut nicht fortgespült werden kann. Hierfür dient der an dem Drillschlitten angebrachte Saatbettbereiter, der bei Ansaaten im Sandwatt eine Drillschar und bei Saaten im Schlickwatt eine Drill-

kufe ist. Im Sandwatt hebt die Drillschar die Wattoberfläche kurz vor dem Saatfall bandförmig in einer Maximalstärke von 1 cm ab und bringt den Boden unmittelbar nach dem Saatfall wieder in seine Ausgangslage zurück. Eine Schleifplatte, die sich hinter dem Schlitten befindet, glättet den Riß (Abb. 114 u. 115). Bei Ansaaten im Schlickwatt wird durch eine Drillkufe mit einem Drilldorn vor dem Saatgutfall im Schlick eine Rille geschaffen. Das Oberflächenwasser wird durch zwei sich hinter dem Drilldorn vereinigende Bleche abgehalten. Die Rille wird nach dem Samenfall durch eine hinter dem Schlitten angebrachte Schleifplatte geschlossen (Abb. 116 u. 117). Nach der bandförmigen Ansaat wird die weitere Verbreitung des Quellers der Natur überlassen (Abb. 118). Nur in den Fällen, in denen ungünstige Bedingungen die Entwicklung stören, muß die Saat im folgenden Frühjahr wiederholt werden.

In geringem Umfang wird auch das Salzschlickgras angesät. Es wurde erstmals 1870 im Wattgebiet vor Southampton beobachtet und in den 20er Jahren an der holländischen, ostfriesischen und schleswig-holsteinischen Westküste verwendet. Infolge seiner relativ weiten ökologischen Amplitude und seines starken Wachstums leistet es bei der Landgewinnung Dienste, es weist aber auch unbestreitbare Nachteile auf:

a) Im Gegensatz zum Queller sollen in seinem Wurzelbereich Reduktionsvorgänge auftreten.

b) Durch Wurzelkonkurrenz und Beschattung verdrängt es Diatomen sowie den Queller und behindert die spätere Ansiedlung des Andels.

Die Samenreife erfolgt in der Zeit zwischen Ende Oktober und Dezember. Die Ansaat wird im Frühjahr vorgenommen.

Anwendungsbereich

Queller-Ansaaten können im Schlickwatt und im Sandwatt vorgenommen werden. Entscheidend für das Gelingen der ingenieurbiologischen Baumaßnahme ist nicht die Korngrößenverteilung der Ablagerungen, sondern die Überflutungsdauer. Daher können vor allem diejenigen Flächen erfolgreich mit Queller besiedelt werden, die etwa 40 bis 10 cm unter der MThw-Linie liegen.

Das Salzschlickgras zeigt das beste Wachstum im Schlickwatt. Obwohl es in das Queller-Watt (Salicornietum) eindringt, wächst es noch bis zu 90 cm unter MThw. Wegen seiner Nachteile sollte das Salzschlickgras nur dort ausgesät werden, wo die Queller-Ansaat keinen Erfolg bringt. Der Hauptanwendungsbereich liegt dann tiefer als der des Quellers, also meistens seewärts vor dem Queller-Watt.

Literatur: DIN 19657 (1973); CHRISTIANSEN (1955); KOLUMBE (1931, 1933); KÖNIG (1949); WOHLENBERG (1933a, 1938,1939, 1953, 1954, 1969b, 1973a, 1973b).

Ballenbesatz

Lebende Baustoffe

Ballen vom Salzschlickgras (Spartina townsendii).

Bauweise

Die Pflanzen oder Ballen des Salzschlickgrases werden im Frühjahr aus vorhandenen Beständen geworben. Sie werden in „Pulks" gesetzt, wobei jeder „Pulk" aus 3 bis 7 Pflanzen oder Ballen besteht. Der Abstand der „Pulks" beträgt etwa 2 bis 10 m. Die Entwicklung der „Pulks" zu einer geschlossenen Vegetationsdecke kann dadurch gefördert werden, daß die „Pulks" in den Folgejahren durch Reihenpflanzungen verbunden werden.

Anwendungsbereich

Infolge des hohen Arbeitsaufwandes bei Werbung, Transport und Setzen des Pflanzmaterials ist diese Bauweise zugunsten der Ansaat in den Hintergrund getreten. Der Ballenbesatz hat aber im Vergleich zur Ansaat den Vorteil, daß die Pflanzen oder Ballen nicht so leicht wie die Samen fortgeschwemmt werden. An besonders gefährdeten Stellen sollte daher trotz des größeren Arbeitsaufwandes auf den Ballenbesatz zurückgegriffen werden.

Literatur: DIN 19657 (1973); KLEIN (1965); KOLUMBE (1931, 1933); KÖNIG (1949).

Einlegen von Rasenbändern (Impfbändern)

Ist die Aufhöhung der „Äcker" bis auf etwa MThw bis 40 cm über MThw fortgeschritten, so kann mit der Ansiedlung des Andels begonnen werden.

Lebende Baustoffe

Rasenbänder vom Andel (Puccinellia maritima).

Bauweise

Infolge der Beweidung der Andel-Wiesen ist eine Samengewinnung in größerem Umfang und damit eine Ansaat des Andels nicht möglich. Es kommt daher nur die vegetative Ansiedlung in Frage. Zu diesem Zweck werden aus Andel-Wiesen im Vorland mit einem sog. Vierbahnen-Schneideschlitten 5 cm breite, 6 cm dicke und bis zu 500 cm lange Rasenbänder gewonnen. Dabei schneiden vier senkrecht stehende, gegeneinander versetzte Mes-

Abb. 118: Ansiedlung des Queller-Watts (Salicornietum) zwischen Lahnungen und Entwässerungsgräben als erste ingenieurbiologische Phase der Landgewinnung.

ser die Bänder senkrecht, während zwei Horizontalmesser die Streifen vom Boden trennen. Die Andel-Streifen werden an der Baustelle in vorgeschnittene Pflanzfurchen mit 400 cm Reihenabstand gelegt. Schon einige Wochen nach ihrem Einbau beginnen sich die Andelbänder seitwärts auszubreiten und den Queller zu verdrängen. Nach WOHLENBERG (1973b) können sie trotz Beweidung durch Schafe in drei Jahren etwa die 20fache Breite der ursprünglich eingelegten Bänder erreichen.

Anwendungsbereich

Da beim Verlandungsprozeß die Andel-Wiese das erste Landstadium darstellt, dienen die Andel-Bänder der direkten Überführung des Watts in Marschland. Sie können im vegetationslosen Watt und in Queller-Beständen gelegt werden. Entscheidend für das Gelingen der ingenieurbiologischen Baumaßnahme sind die Wasserstandsverhältnisse. Die Ansiedlung der Andel-Wiese hat nur auf denjenigen Wattflächen Aussicht auf Erfolg, die zwischen MThw und 40 cm über MThw liegen.

Literatur: DIN 19657 (1973); HINRICHS (1931); WOHLENBERG (1969b, 1973b).

4.3 Deichschutz

4.3.1 Allgemeines

Zwischen der Landgewinnung und dem Schutz der Seedeiche besteht ein enger Zusammenhang. Die neu gewonnenen Landflächen müssen eingedeicht und die Deiche vor Zerstörung gesichert werden. Bei ausreichendem Deichvorland sind die Deiche in der Regel nicht durch Deckwerke aus Stein, Beton, Asphalt usw. gesichert, sondern bestehen aus einem Sandkern, der mit einer Schicht aus magerem Klei abgedeckt ist. Klei ist ein toniger, steinfreier, kohlensauren Kalk enthaltender Schwemmlandboden, der aus der Seemarsch gewonnen wird. Die Stärke der Kleiabdeckung beträgt auf der Außenseite (Seeseite) mindestens 100 cm und auf der Innenseite (Landseite) rd. 50 cm. Die Deichkörper werden durch Schüttung oder im Spülverfahren gebaut.

Ist das Deichvorland sehr schmal oder nicht vorhanden, so sind die Deiche zumindest außen durch Deckwerke aus toten Baustoffen zu befestigen. Ingenieurbiologische Baumaßnahmen lassen sich dann nur auf der Innenseite ausführen.

Während die Frage, ob Deiche im Binnenland neben einer Rasendecke auch Gehölzbestände erhalten können, noch nicht geklärt ist, muß das Bestandsziel von ingenieurbiologischen Baumaß-

nahmen an Seedeichen aus folgenden Gründen eine Rasendecke sein:

a) Oft dürfte der Aufbau einer Gehölzgesellschaft nicht möglich sein; denn in vielen Fällen stellen hier die unten aufgeführten Pflanzengesellschaften die HPNV dar.

b) Sofern Gehölze Lebensbedingungen finden und angesiedelt werden, ist eine Gefährdung der Deiche durch Mäuse und Windwurf der Gehölze nicht von der Hand zu weisen. Entscheidend für den erfolgreichen Aufbau einer geschlossenen schützenden Rasendecke ist die Berücksichtigung der natürlichen Vegetationszonen an einem Deich. Sie gleichen in der Regel den in Abschn. V. 4.1 beschriebenen. Im untersten noch marin beeinflußten Bereich des Deiches auf der Außenseite, etwa in einer Höhe zwischen MThw und MThw +0,40 ist die Andel-Wiese (Puccinellietum) anzusiedeln. Nach oben schließen sich Gesellschaften der Strandnelken-Wiesen (Armerion maritimae) an. Sie nehmen den mittleren Bereich der Außenböschung ein und werden nur noch bei höheren Wasserständen vom Meerwasser erreicht. Oberhalb davon ist die Weidelgras-Weißklee-Weide (Lolio perennis-Cynosuretum) einzubringen. Sie bedeckt auch die Krone, sofern diese nicht als Fahrweg befestigt ist, und die Innenböschung. Diese drei Vegetationszonen stellen das Bestandsziel dar und sind sowohl beim Belag der Deiche mit Fertigrasen, bei Ansaaten und auch bei der kombinierten Anwendung beider Bauweisen anzusiedeln (Abb. 119).

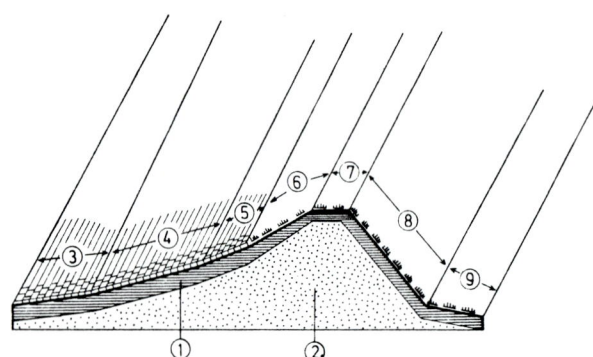

Abb. 119: Besodung und Ansaat eines Seedeiches (WOHLENBERG,1973a). 1 = Kleischicht, 2 = Sandkern, 3 = Soden der Andel-Wiese, 4 = Soden der Strandnelken-Wiese, 5 = Soden der Weidelgras-Weide, 6 = Außenböschung oberhalb des maßgebenden Sturmflutwasserstandes, Ansaat der Weidelgras-Weide, 7 = Krone, Ansaat der Weidelgras-Weide, 8 = Innenböschung, Ansaat der Weidelgras-Weide, 9 = Innenberme, Ansaat der Weidelgras-Weide.

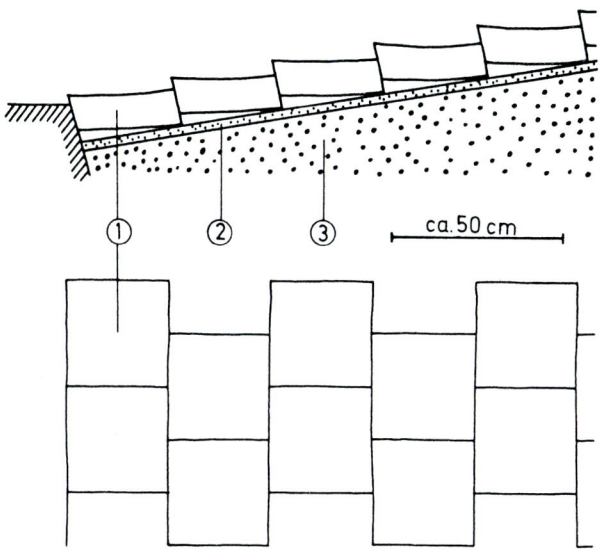

ca.50 cm

▲ *Abb. 120: Technik der Beso-*
dung eines Deiches.
1 = Rasensoden, 2 = dünne Mutter-
bodenschicht, 3 = Kleischicht.

Wirkungsweise

a) Ingenieurbiologische Wirkungen:
  – Die Gräser bilden vor allem in der obersten
    Bodenschicht ein dichtes, fest zusammenhän-
    gendes Netz senkrechter und waagerechter
    Wurzeln und schützen auf diese Weise den
    Deichkörper. Nach WIELAND (1967) befinden
    sich 85 % der Wurzelmasse in den obersten
    10 cm.
  – Bis zu einem gewissen Grade bilden außerdem
    die lebenden und abgestorbenen oberirdi-
    schen Teile eine Schutzschicht auf dem
    Boden.
b) Weitere Wirkungen:
  – Biotop (Abschn. I.).

4.3.2 Bauverfahren

Sodenbelag

Lebende Baustoffe

Soden der Andel-Wiese, des Strandnelken-Rasens
und der Weidelgras-Weide.

Bauweise

Soden der Andel-Wiese werden im Deichvorland
gewonnen. Ihre Durchwurzelung ist relativ locker,
und die Schichten sind nur lose zusammenhän-
gend. Außerdem enthalten sie viel Wasser. Infolge
dieser Instabilität kann die Andel-Wiese nur in
Sodenform und nicht als Rollrasen angesiedelt werden.
Die Gewinnung der Soden des Strandnelken-
Rasens erfolgt in der Regel ebenfalls im Deichvorland. Hauptmerkmale guter Eignung sind die teppichartig kurz verbissene Grasnarbe und ein intensiv durchwurzeltes, aus mehreren fest zusammen-
hängenden Schichten bestehendes Profil. Dieser
mehrschichtige, feste Aufbau gewährleistet den
besten Schutz der Deiche. Da er nur bei dickeren
Soden und nicht bei dem nur 2 bis 3 cm starken
Rollrasen erhalten werden kann, ist auch das Aufbringen des Strandnelken-Rasens als Rollrasen
nicht möglich. Um das Schichtprofil zu erhalten,
werden die Soden im Gegensatz zu den sonst übli-
chen in einer Dicke von rd. 10 cm ausgestochen.
Die Soden der Weidelgras-Weißklee-Weide stam-
men aus dem eingedeichten Marschland. Sie müssen unbedingt aus Dauerweiden gewonnen wer-

den, die vor allem die trittfesten und eine dichte Narbe bildenden Arten Lolium perenne, Cynosurus cristatus, Poa pratensis und Trifolium repens enthalten. Soden von Wechselweiden weisen horstbildende Arten wie Dactylis glomerata, Festuca pratensis, Alopecurus pratensis, Lolium multiflorum ssp. italicum und Trifolium pratense auf und sind deshalb zum Schutz der Außenseiten der Seedeiche ungeeignet.

Auch heute noch erfolgt die Gewinnung der Soden zweckmäßigerweise im Handbetrieb. Die Rasenbestände werden zunächst in etwa 30 cm breite Bahnen geschnitten und anschließend auf eine Länge von rd. 30 cm gekürzt. Arbeitsgeräte sind insbesondere das Sodenmesser und der Sodenpflug. Die Soden können in niedrigen Stapeln kurzfristig gelagert werden. Es ist aber darauf zu achten, daß sie nicht austrocknen oder verfaulen. Nach Möglichkeit sind sie jedoch sofort nach der Werbung am Deich einzubauen.

Mit der Besodung kann begonnen werden, sobald der Boden frostfrei ist. Der Arbeitsplan sollte danach ausgerichtet sein, daß bis zum Einsetzen der Herbststurmfluten ein Anwachsen des Fertigrasens gewährleistet ist. Vor der Besodung ist die Kleiabdeckung des Deiches leicht aufzurauhen und mit einer dünnen, gut durchfeuchteten Mutterbodenschicht zu überziehen. Nach Herstellung des Feinplanums wird mit der Besodung am Böschungsfuß begonnen. Die Soden werden im Verband gelegt. Sie sollten zunächst etwas übereinander liegen, um später nach dem Anklopfen einen möglichst engen Fugenschluß zu erreichen (Abb. 120). Nach dem Verlegen werden die Soden festgeklopft oder gewalzt und mit einer dünnen Erdschicht überdeckt. Evtl. später auftretende größere Fugen sind mit Boden zu verfüllen und anzusäen.

Die Besodung hat sich mindestens bis zur Höhe des „maßgebenden Sturmflutwasserstandes" zu erstrecken, der einige dm höher als der tatsächlich gemessene liegt. Außerdem ist es vorteilhaft, die Ränder der Deichkrone mit je einer Sodenreihe besonders zu sichern. Alle übrigen Flächen, also

die Außenböschung oberhalb des „maßgebenden Sturmflutwasserstandes", die Deichkrone und die Innenböschung können angesät werden (Abschn. V. 2.2 u. Abb. 121). Die oberste Sodenreihe sollte mit Holznägeln am Deichkörper befestigt werden. An besonders gefährdeten Stellen ist eine Sicherung des Sodenbelages durch Maschendraht, Kunststoffnetze, Holzpflöcke usw. zu empfehlen. Teilweise werden die im unteren Deichbereich gelegten Soden auch durch Stroh mit dem Untergrund „vernäht", indem die Halme durch die Soden in den Untergrund gestoßen werden (Abb. 122). Hieraus dürften wohl die Bezeichnungen „Besticken des Deiches", „Deichbestick" usw. hervorgegangen sein.

Der Sodenbelag entwickelt sich nur dann zu einer geschlossenen, widerstandsfähigen Grasnarbe, wenn er nach dem Anwachsen regelmäßig durch Schafe beweidet wird. Durch Tritt und Verbiß wird die feste, teppichartig kurze Narbe erzeugt, die einen ausreichenden Schutz der Deichkörper gewährleistet.

Anwendungsbereich

Die Besodung wird heute unter Berücksichtigung der Vegetationszonen (Abschn. V. 4.3.1) vor allem im besonders gefährdeten Außenbereich der Deiche bis zum „maßgebenden Sturmflutwasserstand" vorgenommen. Außerdem sind die Kronenränder der Deiche mit je 1 Reihe Soden zu befestigen. Die übrigen Flächen werden in der Regel angesät.

Literatur: LAFRENZ (1957); SCHOLZ (1957); WIELAND (1967); WOHLENBERG (1954, 1965, 1969a, 1973a); WOHLENBERG und SNUIS (1955).

Belag mit Rollrasen

Lebende Baustoffe

Rasenbahnen der Weidelgras-Weide von 100 bis 200 cm Länge, 30 cm Breite und 2 bis 3 cm Dicke.

Bauweise

Aus standörtlichen Gründen kann auf Anzuchtflächen gewonnener Rollrasen der Rasenindustrie in

Abb. 121: Während der untere durch höhere Tide-Wasserstände besonders gefährdete Bereich des Deiches durch Sodenbelag gesichert ist, genügt zum Schutz des oberen Bereiches eine Ansaat.

Abb. 122: Sicherung des Sodenbelages im unteren Deichbereich durch „Strohbestick" (Foto: Bauamt für Küstenschutz, Norden/Ostfriesland).

der Regel nicht verwendet werden. Ebenso ist es nicht möglich, die Andel-Wiese und den Strandnelken-Rasen in Form von Rollrasen anzusiedeln, sondern es kann nur die Weidelgras-Weißklee-Weide als Rollrasen aufgebracht werden (s. oben). Sofern daher Rollrasen angedeckt werden soll, ist er aus denselben Gründen, die für die Gewinnung von Soden dieser Gesellschaft maßgebend sind, ebenfalls aus gepflegten Dauerweiden (Weidelgras-Weißklee-Weiden) des eingedeichten Marschlandes durch Abschälen zu gewinnen (s. oben). Für die Verlegung des Rollrasens gilt sinngemäß das unter „Sodenbelag" Gesagte. Wie der Sodenbelag entwickelt sich auch der Rollrasen vor allem bei Beweidung durch Schafe zu einer geschlossenen, widerstandsfähigen Grasnarbe.

Anwendungsbereich

Wie Sodenbelag; jedoch nur im Bereich der anzusiedelnden Weidelgras-Weißklee-Weide (Abschn. V. 4.3.1).

Literatur: WOHLENBERG (1969a, 1973a).

Ansaat von Süßgräsern

Lebende Baustoffe

WOHLENBERG empfiehlt folgende Arten: Wiesen-Kammgras (Cynosurus cristatus), Rotschwingel (Festuca rubra ssp. rubra), Englisches Raygras (Lolium perenne), Wiesen-Rispengras (Poa pratensis), Weißklee (Trifolium repens).

Bauweise

Nach Fertigstellung des Planums wird die Kleischicht aufgerauht und mit einer 1 bis 2 cm starken Mutterboden- oder biologisch aktiven Kleischicht überzogen. Eine anschließende Düngung ist vorteilhaft. Hinsichtlich der Technik der Saat wird auf Abschn. V. 2.2.1.2 verwiesen.
Die angesäten Flächen sind die ersten zwei Monate von Beweidung freizuhalten, danach aber unbedingt zu beweiden.

Anwendungsbereich

Ansaat der nicht besodeten Deichbereiche, wie die Außenböschungen oberhalb des „maßgebenden Sturmflutwasserstandes", die Deichkronen und die Innenböschungen (Abb. 121).

Literatur: WIELAND (1967); WOHLENBERG (1969a, 1973a).

Ansaat von Salzgräsern

Lebende Baustoffe

Nach WOHLENBERG sind folgende Arten geeignet: Weißes Straußgras (Agrostis stolonifera), Rotschwingel (Festuca rubra ssp. litoralis), Abstehender Salzschwaden (Puccinellia distans) als Ersatz für den kaum samenerzeugenden Andel (Puccinellia maritima).

Bauweise

Ansaattechnik: Siehe Abschn. V. 2.2.1.2 und „Ansaat von Süßgräsern". Darauf hinzuweisen ist, daß Saatgut der meisten Salzgräser nicht im Samenhandel erhältlich ist. Es ist also selbst zu werben. Versuche von WOHLENBERG, für die obigen Arten Anzuchtflächen anzulegen und von diesen Saatgut zu werben, sind bei allen drei oben angeführten Arten erfolgreich verlaufen.

Anwendungsbereich

Die Ansaat der Salzgräser erstreckt sich vor allem auf kleinere Schadstellen im unteren, marin beeinflußten Bereich der Deiche. Nach WOHLENBERG „gibt es bei Instandsetzungsarbeiten beschädigter Böschungen zahlreiche Möglichkeiten für die preisgünstigere Anwendung der Ansaat mit Hilfe von Salzgräsern".

Literatur: WOHLENBERG (1969a, 1973a).

4.3.3 Weitere, hier nicht beschriebene Bauverfahren

Weniger gefährdete Deiche können auch insgesamt, also vom Fuß bis zur Krone, durch Ansaaten (Abschn. V. 2.2) begrünt werden.

◢ *Abb. 123: Meersenf-Spülsaum-Gesellschaft (Cakiletea maritimae). Im Hintergrund ist die Strandquecken-Vordünen-Gesellschaft (Agropyro-Minuartion peploides) zu sehen.*

5. Bauverfahren an Küstendünen

5.1 Natürliche Vegetationszonen

Die Dünen lassen sich in die Ökosystem-Komplexe bzw. Lebensräume Vordünen, Weißdünen sowie Grau- und Braundünen untergliedern.
Die im folgenden aufgeführten Pflanzengesellschaften stellen in der Regel die dortige HPNV dar und sind daher in den meisten Fällen das Bestandsziel der ingenieurbiologischen Maßnahmen.

Vordünen

Am Strand treten Meersenf-Spülsaum-Gesellschaften (Cakiletea maritimae Tx. et Prsg. 1950) mit Salzkraut-Spülsaum-Gesellschaften (Salsolo-Minuartion peploides Tx. 1950) und Strandmelden-Spülsaum-Gesellschaften (Atriplicion litoralis [Nordhagen 1940 p.p.] Tx. 1950) auf, deren annuelle Arten nitrophil und salzertragend sind[1]. Sie tragen kaum zur Dünenbildung bei und bewirken nur geringe Sandablagerungen (Embryonaldünen), die mit dem Absterben der Pflanzen wieder verschwinden (Abb. 123).
Wesentlicheren Anteil an der Dünenbildung haben die Strandquecken-Vordünen-Gesellschaften

---

[1] Pflanzensoziologische Nomenklatur nach RUNGE (1990).

Abb. 124: Typische Helmdünen-Gesellschaft (Elymo-Ammophiletum typicum).

(Agropyro-Minuartion peploides Tx. 1945 ap. Br.-Bl. et Tx. 1952), die am Strand oberhalb der MThw-Linie vorkommen. Ihre Arten, insbesondere Strand-quecke (Agropyron junceum), Salzmiere (Honkenia peploides) und teilweise auch schon Strandroggen (Elymus arenarius) sammeln den Sand zu breiten und flachen, nur bis zu 60 (150) cm hohen Vordü-nen. Auch diese Arten können noch höhere Salz-konzentrationen ertragen. Da es sich z. T. um mehrjährige Arten handelt, sind die durch sie gebil-deten Dünen relativ beständig   (Abb. 123).

Weißdünen

Mit zunehmender Sandablagerung erhöhen sich die Vordünen und wachsen aus dem Bereich des kapil-laren Salzwasseranstiegs heraus. Ist die Salzkon-zentration unter 1 % abgesunken, findet die für die Dünenbildung und -sicherung wichtigste Gesell-schaft, die Typische Helmdünen-Gesellschaft

(Elymo-Ammophiletum typicum Tx. 1937) Lebens-bedingungen. Ingenieurbiologisch wichtigste Vertre-ter sind Strandhafer (Ammophila arenaria), Strand-roggen (Elymus arenarius) und Baltischer Strandha-fer (Ammocalamagrostis baltica). Das Wachstum dieser Arten hält mit der Sandablagerung Schritt, so daß auf diese Weise die mehrere Meter hohen Weißdünen entstehen können. Diese Arten ertragen nicht nur die Sandzufuhr, sie sind vielmehr auf die Sandnachlieferung als Nährstoffquelle angewiesen (Abb. 124).

An progressiven Inselabschnitten schreitet die Dünen-bildung in Richtung See voraus. Dies hat zur Folge, daß die mit der Helmdünen-Gesellschaft bestande-nen Weißdünen mehr und mehr in den Binnendü-nenbereich gelangen, in dem die Sandzufuhr nach-läßt. Mit verminderter Sandzufuhr sowie beginnen-der Nährstoffauswaschung und Entkalkung infolge der geringen Sorptionskapazität des Sandes ent-wickelt sich die Helmdünen-Gesellschaft dann zur

Abb. 125: Grau- und Braundünen mit Trockenrasen-Gesellschaf-
ten und Dünenweiden-Gebüschen
(Salicion arenariae).

Sandschwingel-Strandhafer-Gesellschaft (Elymo-
Ammophiletum festucetosum arenariae Tx. 1937).

Graudünen, Braundünen

Mit weiterer Verringerung der Sandnachlieferung
sowie zunehmender Nährstoffauswaschung und
Entkalkung wandeln sich die Weißdünen allmählich
zunächst in Graudünen und dann in Braundünen
um (Abb. 125). An diesen Standorten verläuft die
Weiterentwicklung der Vegetation in Abhängigkeit
von der geographischen Lage und in Wechselwirkung mit der weiteren Veränderung der Standorte
unterschiedlich. Sie kann an dieser Stelle nicht
näher erläutert werden. Vor allem können die folgenden Pflanzengesellschaften auftreten:
– Küsten-Schillergras-Rasen (Koelerion albescentis
  (Br.-Bl.) Tx. 1937),
– Silbergras-Pionierrasen (Corynephorion canes-
  centis Klika 1931),
– Krähenbeer-Heiden (Empetrion boreale Böcher
  1943) und
– Dünenweiden-Gebüsche (Salicion arenariae Tx.
  1952).

5.2 Aufbau und prophylakti-
sche Sicherung von Dünen

5.2.1 Allgemeines

Ingenieurbiologische Maßnahmen mit dieser Zielsetzung werden im Strandbereich durchgeführt. Und
zwar erstrecken sie sich dort auf vorhandene, aber
noch vorwiegend vegetationslose oder aber auf
neu aufzubauende Weißdünen.
Zu unterscheiden ist hier zwischen progressiven
und retrogressiven Abschnitten.
An progressiven Abschnitten überwiegt die Sandzufuhr. Hier werden also natürlich durch Meer und
Wind Strand und Weißdünen neu geschaffen. Hier
kann – sofern dies überhaupt erforderlich ist – mit
den unten beschriebenen ingenieurbiologischen
Baumaßnahmen sofort begonnen werden.
Retrogressive Abschnitte sind dadurch gekennzeichnet, daß die erodierenden Kräfte überwiegen,
also Strand und vorhandene Weißdünen durch das
Meer abgetragen werden. Sofern nicht diese Berei-

Abb. 126: Reisigbesteck aus der Nähe.

che nur durch massive Steindeckwerke geschützt werden können, sind hier für erfolgreiche ingenieurbiologische Maßnahmen technische Vorarbeiten erforderlich mit dem Ziel, neuen Strand und neue Vordünen aufzubauen. Diese sollen einmal die zerstörten Vordünen ersetzen und bei gefährdeten Randdünenkliffs ihre Sandsubstanz statt derjenigen des Randdünenkliffs dem Angriff und Abtrag des Meeres aussetzen und das Kliff auf diese Weise schützen. Zum anderen sind sie die Sandquellen, durch die die Bildung neuer Weißdünen ermöglicht wird.

Dieses Ziel wird durch wasserbautechnische Maßnahmen erreicht, auf die hier nicht näher eingegangen werden kann. Zu erwähnen sind insbesondere der Bau von Buhnen und das Aufspülen neuer Strände.

Die Aufwehung von Weißdünen wird dann durch Sandfangzäune (Reisigbestecke, Buschzäune) aus Reisig oder Schilfrohr unterstützt (Abb. 126 bis 129). Sie werden vorwiegend senkrecht zu den Hauptwindrichtungen eingebaut. Die Sandfangzäune erzeugen in Bodennähe Zonen relativer Windruhe, die die Sandablagerung bewirken. Beim Bau der Reisigbestecke wird etwa 250 cm langes, bei Bedarf seitlich eingekürztes Laubholzreisig in Reihen etwa 70 cm tief in den Sand eingegraben. Das Reisig ist so dicht einzubauen, daß die Durchblasbarkeit der Sandfangzäune etwa 50 % beträgt (Buschzäune zur Sicherung von Ausblasungszonen und steilerer Dünenhänge werden aus 80 bis 110 cm langem Laubholzreisig, das etwa 30 cm tief eingegraben wird, wie oben hergestellt. Dabei richtet sich die räumliche Anordnung nach der jeweiligen Situation).

Ist natürlich oder durch die oben beschriebenen Maßnahmen ausreichend Sand abgelagert, kann mit ingenieurbiologischen Baumaßnahmen begonnen werden. Bestandsziel ist die HPNV der Weißdünen, die Helmdünen-Gesellschaft (Elymo-Ammophiletum typicum Tx. 1937).

Wirkungsweise

Die Ansiedlung der ingenieurbiologisch wichtigsten Arten (s. unten) hat vor allem folgende Wirkungen:
a) Ingenieurbiologische Wirkungen:
    – Die Pflanzen breiten sich aus und bewirken auf ihrer Leeseite die Ablagerung von Flugsand.

Abb. 127: Neueingebautes Reisigbesteck als Sandfang vor einem Dünenabbruch.

Abb. 128: Ältere Reisigbestecke. Die Aufsandung ist soweit fortgeschritten, daß – wie im Hintergrund erkennbar – mit der Ansiedlung von Strandhafer begonnen werden kann.

– Sie durchziehen den Sand mit Wurzeln und Rhizomen.
– Durch die stetige Sandablagerung und das damit Schritt haltende Pflanzenwachstum wird die mit Rhizomen und Wurzeln durchzogene Schicht immer mächtiger und setzt auf diese Weise verändernden Einflüssen immer stärkeren Widerstand entgegen.
– Infolge der ständigen Erhöhung der Dünen rückt außerdem das Rhizom- und Wurzelsystem der Pflanzen passiv in tiefere, Feuchtigkeit enthaltende Sandschichten, so daß im Laufe der Zeit die Dünen mehrere Meter tief durch Rhizome und Wurzeln geschützt sein können und außerdem die Wasserversorgung der Pflanzen immer gesicherter wird.
b) Weitere Wirkungen:
– Biotop (Abschn. I.).
– Verschönerung des Landschaftsbildes (Abschn. I.).

◢ *Abb. 129: Sicherung einer Aus-blasung durch Reisigbestecke.*

5.2.2 Bauverfahren

Halmstecklingsbesatz (Halmpflanzung)

Lebende Baustoffe

In erster Linie Halme des Strandhafers (Helm, Ammophila arenaria), aber auch Halme des Baltischen Strandhafers (Ammocalamagrostis baltica) und des Strandroggens (Blauer Helm, Elymus arenarius).

Bauweise

In Beständen der Helmdünen-Gesellschaft sind junge kräftige Halme unter der Sandoberfläche so tief abzustechen, daß sie zahlreiche Knoten und evtl. auch schon Wurzelansätze aufweisen. Die Halme werden gebündelt zur Baustelle transportiert. Dort sind sie in Büscheln zu etwa sieben bis neun Halmen in Spalten oder Löcher zu setzen, die

zweckmäßigerweise mit dem Spaten hergestellt werden. Sie müssen ungefähr bis zu einem Drittel oder bis zur Hälfte, bzw. rd. 20 cm tief im Sand stehen. Beim Einbringen ist darauf zu achten, daß die Büschel nicht als „Rundbüschel", sondern als „Fächer" gesetzt werden, deren Breitseiten senkrecht zur Hauptwindrichtung stehen. Hierdurch wird Fäulnis vermieden, ein engerer Kontakt der einzelnen Halme mit dem Sand gewährleistet und außerdem eine bessere Sandablagerung auf der Leeseite der Fächer bewirkt.

Kleine, eng begrenzte Schadstellen können in der Regel in einem Bauabschnitt mit Büscheln im 50x50-cm-Verband besetzt werden (Abb. 130). Die Befestigung ausgedehnter Dünenflächen erfordert jedoch mehrere Bauabschnitte. Damit keine zu schnelle Festlegung des Sandes erfolgt und die für das Wachstum der Pflanzen notwendige Sandnachlieferung möglichst lange erhalten bleibt, beginnen die Arbeiten auf der Leeseite der Dünen und schreiten nach Luv fort. Die hierbei angewendete Methodik kann infolge der großen Vielfalt der Dünenbaustellen nur schematisch dargestellt werden und ist in der Praxis den Gegebenheiten der einzelnen Baustellen entsprechend zu variieren:

Erster Bauabschnitt (erstes Jahr):

– Besatz des Lee-Fußes mit Büschelreihen, die

ecknetz von 200 x 100 cm (Abb. 131 IIB).

– Verlängerung der Vertikalreihen bis zur Kuppe (Abb. 131 IIC).

Dritter Bauabschnitt (drittes Jahr):

– Weitere Verdichtung des Quadratnetzes am Lee-Fuß in Form der „ausgebüschelten Quadrate" (Abb. 131 IIIA).

– Weitere Verdichtung des Rechtecknetzes am

Abb. 130: Besatz einer neu aufgebauten Weißdüne mit Strandhafer-Halmstecklingen.

parallel zu den Höhenlinien verlaufen (Horizontalreihen); Büschelabstand etwa 50 cm, Reihenabstand etwa 100 cm (Abb. 131 IA).

– Besatz des Lee-Hanges mit Büschelreihen, die senkrecht zu den Höhenlinien angeordnet sind (Vertikalreihen); Büschelabstand etwa 50 cm, Reihenabstand etwa 100 cm (Abb. 131 IB).

Zweiter Bauabschnitt (zweites Jahr):

– Verdichtung der Horizontalreihen zu einem Quadratnetz von 100 x 100 cm (Abb. 131 IIA).

– Verdichtung der Vertikalreihen zu einem Recht-

Lee-Hang zu einem Quadratnetz von 100 x 100 cm (Abb. 131 IIIB).

– Verdichtung der im vergangenen Jahr verlängerten Vertikalreihen zu einem Rechtecknetz von 200 x 100 cm (Abb. 131 IIIC).

– Verlängerung der Vertikalreihen bis auf den Luv-Hang (Abb. 131 IIID).

In dieser Weise werden die Arbeiten fortgesetzt, bis die gesamte Düne festgelegt ist. Besteht Gefahr, daß die Sandzufuhr für die Ernährung des Halm-

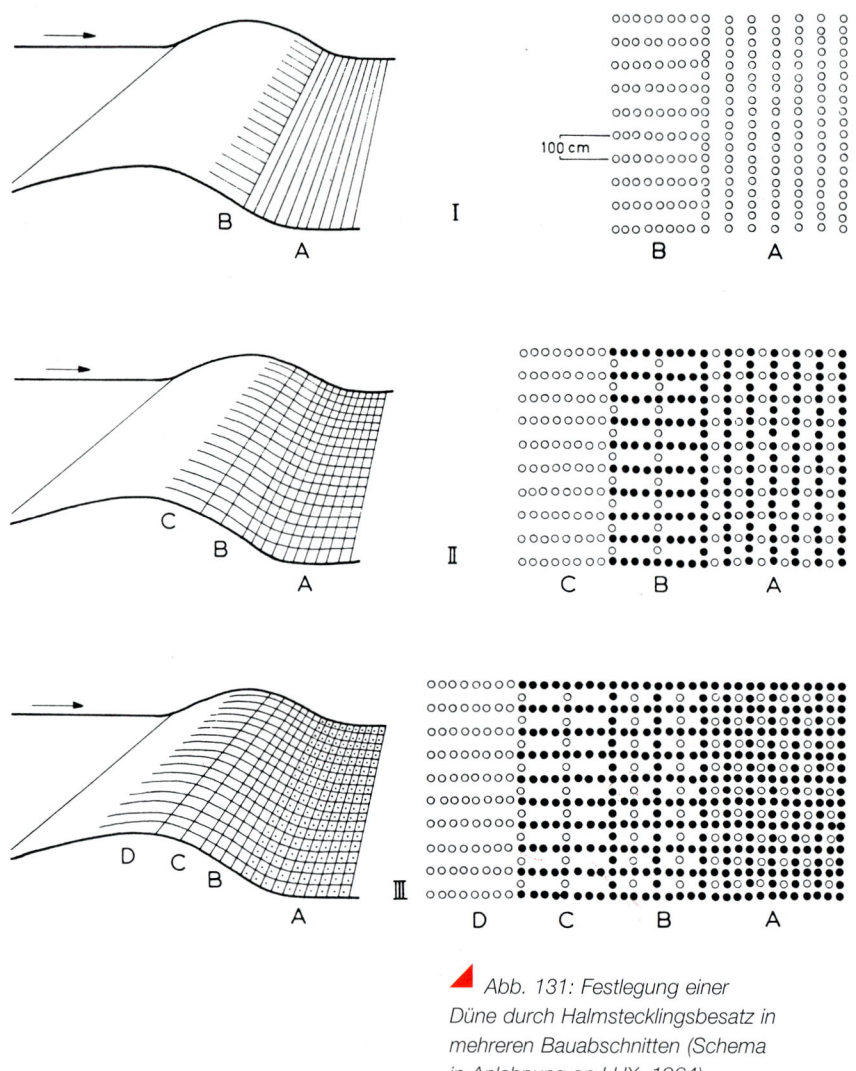

100 cm

I

B   A

II

C   B   A

III

D   C   B   A

◤ Abb. 131: Festlegung einer
Düne durch Halmstecklingsbesatz in
mehreren Bauabschnitten (Schema
in Anlehnung an LUX, 1964).

stecklingsbesatzes nicht ausreicht, müssen auf der
Luvseite längere Zeit einzelne Flächen vom Halmstecklingsbesatz freigehalten werden. Sie dienen
dann als Sandquelle für die Versorgung der
begrünten Flächen (Abb. 132).
Da das neuentwickelte Wurzelsystem der Halme
weitaus geringer als das weitverzweigte älterer
Bestände ist, sind die Pflanzen zunächst nicht in
der Lage, das Nährstoffangebot des Sandes optimal zu verwerten. Durch Düngung kann aber auf

kleinem Raum eine höhere Nährstoffkonzentration
geschaffen werden, die für die Ernährung der
bewurzelten Halme mit ihrem relativ kleinen Wurzelsystem ausreicht. Nach LUX wirken sich Gaben
eines Ammoniak und Salpeter enthaltenden Stick-
stoffdüngers (60 kg N/ha) und eine Phosphorsäuredüngung besonders günstig aus. Gedüngt werden
sollte im Juni/Juli des auf das Einbringen der
Halmstecklinge folgenden Jahres.
Am erfolgreichsten ist der Halmstecklingsbesatz im

Abb. 132: Halmstecklingsbesatz.
Die freigelassenen Flächen dienen
als Sandquellen für die Versorgung
des Strandhafers mit Nährstoffen
(Foto: DARMER).*

September und Oktober auszuführen, da dann
kaum noch eine intensivere Sonneneinstrahlung
herrscht. Außerdem kann er auch im Frühjahr vorgenommen werden.

Anwendungsbereich

Der Halmstecklingsbesatz eignet sich für die Festlegung nährstoffreicher Weißdünen und in Verbindung mit Düngung auch zur Befestigung nährstoff-
armer Grau- und Braundünen. An letzteren Standorten sollten in erster Linie Halmstecklinge des im
Vergleich zu den übrigen Arten anspruchsloseren
Baltischen Strandhafers verwendet werden (s. unten).

Literatur: DIN 19657 (1973); GERHARDT et al. (1900); LUX (1964,
1969, 1973, 1980).

5.3 Übersandung und Begrünung von Deckwerken

5.3.1 Allgemeines

Ist ausreichende Sandzufuhr gewährleistet, so lassen sich auch Steindeckwerke teilweise oder ganz
begrünen (Abb. 133). Zu diesem Zweck sind oft
zunächst dieselben wasserbautechnischen Vorarbeiten zum Aufbau von Stränden und Vordünen
erforderlich, die in Abschn. V. 5.2.1 angedeutet
wurden. Die anzustrebende Vegetation ist auch hier
die Helmdünen-Gesellschaft.

Wirkungsweise

Die anzusiedelnde Vegetation übt auf den Deckwerken ähnliche Wirkungen wie die in Abschn. V.
5.2.1 beschriebenen aus.

Abb. 133: Natürliche Ansiedlung von Strandhafer (Ammophila arenaria) auf einem Deckwerk. Das Foto zeigt, daß auf Deckwerken schon Sandaufwehungen von wenigen dm dem Strandhafer Lebensbedingungen bieten können.

Abb. 134: Strandhaferbestand auf einem Steindeckwerk in Lee eines Reisigbestecks. Der Bestand hat sich aus Halmstecklingsbesatz entwickelt.

5.3.2 Bauverfahren

Halmstecklingsbesatz

Lebende Baustoffe
Siehe Abschn. V. 5.2.2.

Bauweise
Zunächst wird auf dem zu begrünenden Deckwerk ein kleinerer horizontal verlaufender Sandwall aufgeworfen. Ist eine vollständige Begrünung geplant, sollte er im oberen Böschungsdrittel angelegt werden; bei einer beabsichtigten, nur teilweisen Begrünung ist er im unteren Drittel zu schütten. In den Sandwall wird dann ein Sandfangzaun entsprechend Abschn. V. 5.2.1 eingebaut. Der Sandfangzaun fängt auf seiner Lee- und Luvseite Sand, so daß der Sandwall höher und breiter wird. Hat der Sandwall eine Höhe von etwa 60 bis 100 cm erreicht, wird er auf der Leeseite mit Halmstecklingen, wie in Abschn. V. 5.2.2 beschrieben, besetzt.

▲ Abb. 135: Ausformung einer Schadstelle an einer Grau- bzw. Braundüne und ihr Besatz mit Reisigbestecken (Foto: DARMER).

Diese setzen die Weißdünenbildung fort (Abb. 134). In den folgenden Jahren ist der Halmstecklingsbesatz entsprechend der fortschreitenden Übersandung in Luv und Lee des Sandfangzauns zu erweitern. Durch weiteren Einbau von horizontal und ggf. auch vertikal angeordneten Sandfangzäunen auf der Seeseite, also unterhalb des ersten Zaunes, kann ein Fortschreiten der Übersandung bzw. der Dünenbildung und Begrünung in Richtung Meer erreicht werden.

Anwendungsbereich
Zur Begrünung von am Meer gelegenen Deckwerken aus toten Baustoffen unter der Voraussetzung, daß ausreichend Sand zur Verfügung steht.

Literatur: SCHLÜTER (1986).

5.4 Beseitigung von Schadstellen

5.4.1 Allgemeines

Schadstellen entstehen vor allem an Grau- und Braundünen, und zwar in erster Linie dadurch, daß Erholungssuchende dort die Vegetationsdecke zerstören und der Sand dadurch wieder in Bewegung gerät.

Vor den ingenieurbiologischen Baumaßnahmen sind die Schadstellen so auszuformen, daß gleichmäßige Strömungsverhältnisse entstehen und Windstaue, Wirbelbildungen und Düseneffekte vermieden werden. Die günstige aerodynamische Form wird dadurch erreicht, daß Kupsten (Restdünen),

183

Windrisse und -düsen, Steilkanten, Kessellöcher und Einschnitte je nach Größe der Schadstelle in Handarbeit oder mit Planierraupen eingeebnet bzw. aufgefüllt werden. Zur Vermeidung einer zu starken Ausblasung bzw. zur Förderung der Sandablagerung sind bei Bedarf die oben erwähnten Sandfangzäune zu verwenden. Im Gegensatz zu denjenigen der Küstendünen verlaufen sie auf Binnendünen oft netzförmig und bilden quadratische, rechteckige oder dreieckige Felder, deren Kantenlänge den Erfordernissen der Baustelle angepaßt sein muß (Abb. 135).

Obwohl dort nicht natürlich, ist auf den Grau- und Braundünen zunächst meistens auch die Helmdünen-Gesellschaft das Bestandsziel, weil Rhizome und Wurzeln des Strandhafers, des Baltischen Strandhafers und des Strandroggens den Sand besonders gut befestigen. Wird nach einigen Jahren die Düngung (s. unten) eingestellt, ist eine Degeneration der Helmdünen-Gesellschaft zu erwarten. Sofern dann keine oder nur ungenügende natürliche Zuwanderung der Folgegesellschaften erfolgt, muß diese Entwicklung durch weitere ingenieurbiologische Baumaßnahmen eingeleitet werden. Derartig degenerierte Helmdünen-Gesellschaften werden daher nicht selten mit Arten der Folgegesellschaften angesät, die die HPNV darstellen.

Wirkungsweise

a) Ingenieurbiologische Wirkungen:
  – Die Pflanzen breiten sich aus und bewirken – sofern Sandflug besteht – auf ihrer Leeseite Sandablagerung.
  – Sie durchziehen die Schadstelle mit Rhizomen und Wurzeln und festigen den Sand.
b) Weitere Wirkungen:
  – Biotop (Abschn. I.).
  – Verschönerung des Landschaftsbildes (Abschn. I.).

5.4.2 Bauverfahren

Halmstecklingsbesatz (Halmpflanzung)

Es gilt das in Abschn. V. 5.2.2 unter „Halmstecklingsbesatz" Gesagte. Außerdem ist aber auf folgendes hinzuweisen:

Da die eingebrachten Arten hier mit einem Substrat vorliebnehmen müssen, das wegen der Nährstoffauswaschung und der mangelhaften Zufuhr nährstoffreichen Sandes sehr nährstoffarm ist, ist zum Gelingen der ingenieurbiologischen Baumaßnahme eine Düngung unbedingt notwendig (Abschn. V. 5.2.2). Sie sollte mehrere Jahre lang vorgenommen werden, um ein gutes Wachstum der angesiedelten Pflanzen und damit einen nachhaltigen Bodenschutz zu erreichen (Abb. 136).

Literatur: LUX (1964, 1969, 1973, 1980).

Ansaat

Lebende Baustoffe

Saatgut vor allem von Silbergras (Corynephorus canescens), Schafschwingel (Festuca ovina) und vom Sandrotschwingel (Festuca rubra arenaria).

Bauweise

Da die Saat, wie oben angedeutet wurde, in degenerierten Helmdünen-Gesellschaften, also unter einer Vegetationsdecke, vorgenommen wird, ist der Einsatz von Maschinen nicht möglich, sondern das Saatgut muß in Handarbeit ausgestreut werden. Soweit möglich, ist vor der Saat eine Auflockerung des Sandes durch Harken oder dergleichen empfehlenswert, weil dann das Saatgut in den dabei entstehenden kleinen Rillen festgehalten wird und vor Verwehung geschützt ist. Ein Walzen nach der Aussaat ist wegen der vorhandenen Vegetationsdecke ebenfalls kaum möglich.

Die günstigste Ausführungszeit liegt im Herbst, etwa zwischen Mitte September und Anfang Oktober, da in dieser Zeit mit Feuchtigkeits- und Temperaturverhältnissen im Boden zu rechnen ist, die für

*Abb. 136: Aus Halmstecklings-
besatz hervorgegangener degene-
rierter Strandhaferbestand im Grau-
dünen-/Braundünenbereich. Zur
Erzielung einer geschlossenen Vegetationsdecke sind anspruchslose,
trockenheitsertragende Gräser anzusäen, wie vor allem Silbergras,
Schafschwingel und Sandrotschwingel.*

Keimung und Wachstum vorteilhaft sind. Am besten wird unmittelbar vor oder während Nieder-
schlagsperioden ausgesät; denn dann kann einmal
das Wasser optimal ausgenutzt werden, und zum
anderen ist das feuchte Saatgut weitgehend vor
dem Fortwehen gesichert. Eine Stickstoff- und
Phosphorsäuredüngung ist nach LUX nicht nur
beim Halmstecklingsbesatz, sondern auch bei der
Ansaat zu empfehlen.

Anwendungsbereich

Die Aussaat wird vor allem auf Grau- und Braundünen unter degenerierten Helmdünen-Gesellschaften
zur Sicherung des Bodens und zur Einleitung der
Sukzession vorgenommen. Sie hat nur bei fehlender oder geringer Sandzufuhr Erfolg. So erträgt das
Silbergras nach LUX nur eine Übersandung von 10
cm/Jahr.

Literatur: LUX (1964, 1969, 1973, 1980).

Rhizom- und Ballenbesatz

Nach MANG lassen sich ingenieurbiologisch wichtige Vertreter der Folgegesellschaften des Elymo-
Ammophiletum auch vegetativ ansiedeln. Dies hat
vor allem den Vorteil, daß die Gefahr der Saatgut-
verwehung vermieden wird. So können nach
MANG etwa 10 bis 20 cm lange Rhizome der
Sandsegge (Carex arenaria), die etwa 10 bis 15 cm
tief eingelegt werden, Sandflächen schnell begrünen.
Silbergras (Corynephorus canescens) läßt sich nach
ihm gut durch Ballenbesatz („Ammenpflanzung")
auf Dünen ausbreiten.
Neben einem relativ großen Arbeitsaufwand dürften
Schwierigkeiten in der praktischen Anwendung dieser Bauweisen wohl besonders darin bestehen,
daß meinst keine ausreichenden Mutterbestände
für die Gewinnung der Rhizome bzw. Ballen verfüg-
bar sind,

Literatur: MANG (1974).

6. Bauverfahren an Hängen und Böschungen

Die folgenden Bauverfahren erstrecken sich einmal auf natürliche terrestrische Hänge und Böschungen, zum anderen aber auch auf Einschnitt- und Auftragböschungen, die durch die Tätigkeit des Menschen entstanden sind oder entstehen, z. B. beim Straßenbau, bei der Gewinnung von Bodenschätzen (Steinbrüche, trockenliegende Kies- und Sandgruben usw.) und bei der Errichtung von Deponien, wie Hochkippen und Halden. Darauf hinzuweisen ist, daß die schon hieraus resultierende standörtliche Vielfalt der Hänge und Böschungen durch deren unterschiedliche geografische Lage in der Bundesrepublik noch gesteigert wird. Ingenieurbiologische Bauverfahren werden an diesen Hängen und Böschungen zur Vermeidung möglicher, aber auch zur Beseitigung realer Schäden eingesetzt.

6.1 Natürliche Vegetation

Infolge der großen, oben angedeuteten Verschiedenheit der Standortverhältnisse kann hier kein Überblick über die natürliche Vegetation an Hängen und Böschungen entsprechend den Abschnitten „Bauverfahren an Binnengewässern", „Bauverfahren im Wattenmeer" und „Bauverfahren an Küstendünen" gegeben werden. In erster Linie stellen Hänge und Böschungen Standorte für Waldgesellschaften dar. Wiesengesellschaften treten vor allem dort natürlich auf, wo nur eine sehr geringe Verwitterungsschicht vorhanden ist sowie dort, wo aus klimatischen Gründen kein Gehölzwachstum möglich ist, wie z. B. im Hochgebirge.

Einen allgemeinen Überblick über die Vegetationsverhältnisse an Hängen und Böschungen mögen die beiden von ELLENBERG (1963, 1978, 1982) entwickelten Schemata (Abb. 137 u. 138) vermitteln. In ihnen ist das Vorkommen der Verbände bzw. Unterverbände mitteleuropäischer Laubwald- und ungedüngter Wiesengesellschaften in Abhängigkeit von der Bodenfeuchte und dem Basengehalt dargestellt. Die Schemata wurden zwar für die submontane Stufe entwickelt, sie sind jedoch weitgehend auch auf die kolline und planare Stufe übertragbar (ELLENBERG, 1963, S. 704).

6.2 Ausformung von Hängen und Böschungen

Vor Durchführung ingenieurbiologischer Baumaßnahmen sind die Hänge und Böschungen entsprechend der Gesteinsart, aus der sie bestehen, auszuformen. Dabei ist vor allem zu unterscheiden zwischen: Lockermaterial, leicht verwitterbarem Gestein, leicht und schwer verwitterbarem Schichtgestein, schwer verwitterbarem Schichtgestein und schwer verwitterbarem ungeschichteten Gestein.

6.2.1 Hänge und Böschungen aus Lockermaterial

Hänge und Böschungen aus Lockermaterial, also aus „Weichböden", wie Sand, Lehm, sandigem Lehm usw. sollten zur Minderung der Erosions- und Rutschungsgefahr, aber auch aus optischen Gründen, nicht steiler als 1 : 2, besser jedoch 1 : 3 und flacher geneigt sein. Aus den gleichen Gründen ist zu empfehlen, die Böschungen nicht mit einer, sondern mit verschiedenen Neigungen, z. B. S-förmig, auszubilden (Abb. 139A). Sofern aber doch nur eine Neigung gewählt wird, sind zumindest die

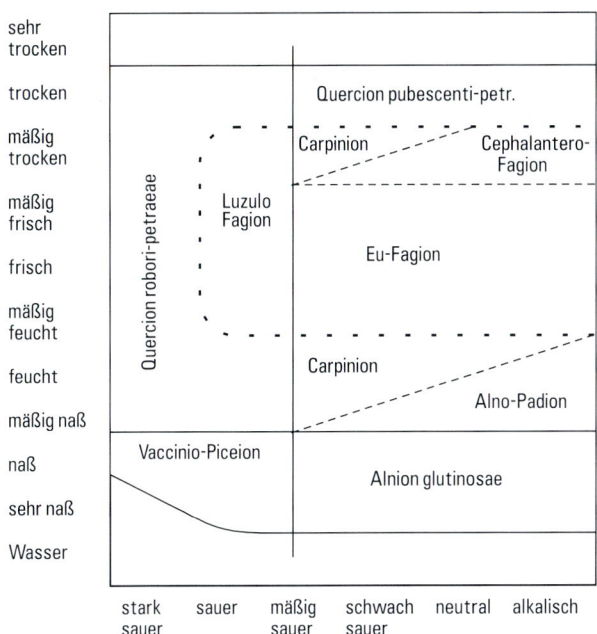

stark sauer | sauer | mäßig sauer | schwach sauer | neutral | alkalisch

sehr trocken		
trocken		Quercion pubescenti-petr.
mäßig trocken	Carpinion	Cephalantero-Fagion
mäßig frisch	Luzulo Fagion	
frisch		Eu-Fagion
mäßig feucht		
feucht		Carpinion
mäßig naß		Alno-Padion
naß	Vaccinio-Piceion	Alnion glutinosae
sehr naß		
Wasser		

Abb. 137: Feuchtigkeits- und Säurebereiche der Verbände bzw. Unterverbände mitteleuropäischer Waldgesellschaften in der submontanen Stufe (in Anlehnung an ELLENBERG, 1963, 1978, 1982).

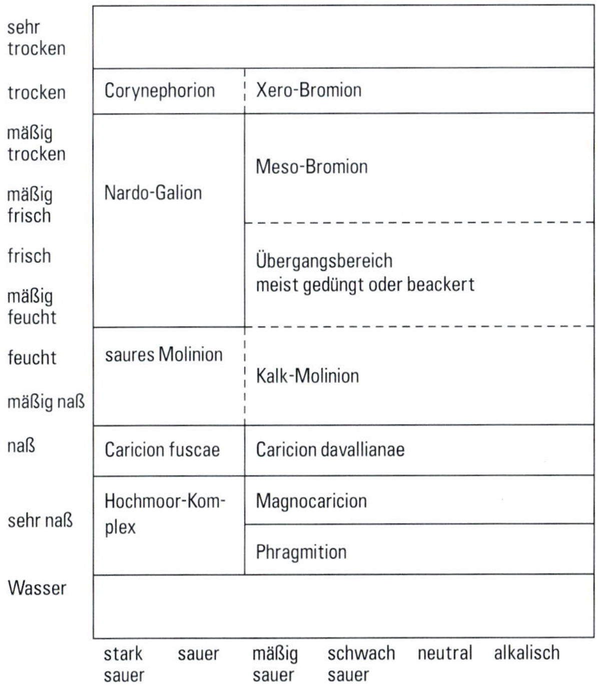

	stark sauer	sauer	mäßig sauer	schwach sauer	neutral	alkalisch
sehr trocken						
trocken	Corynephorion		Xero-Bromion			
mäßig trocken	Nardo-Galion		Meso-Bromion			
mäßig frisch						
frisch			Übergangsbereich meist gedüngt oder beackert			
mäßig feucht						
feucht	saures Molinion		Kalk-Molinion			
mäßig naß						
naß	Caricion fuscae		Caricion davallianae			
sehr naß	Hochmoor-Komplex		Magnocaricion			
			Phragmition			
Wasser						

Abb. 138: Feuchtigkeits- und Säurebereiche der Verbände bzw. Unterverbände mitteleuropäischer ungedüngter Wiesengesellschaften in der submontanen Stufe (in Anlehnung an ELLENBERG, 1963).

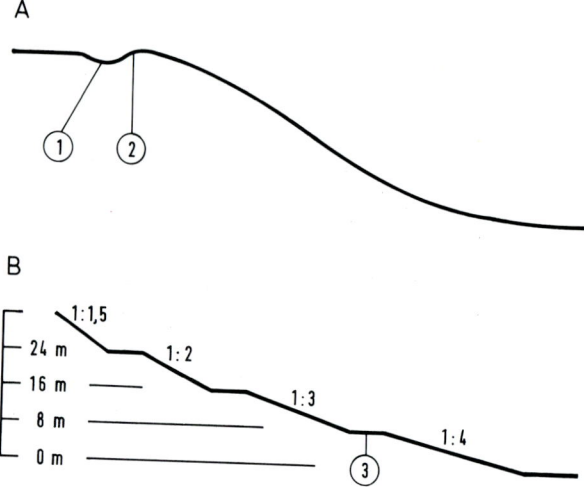

A

B

1:1,5
24 m
16 m   1:2
8 m   1:3
0 m   1:4

Abb. 139: Beispiel für die Ausformung von Böschungen aus Lockermaterial (unmaßstäblich). A = S-förmig gestaltete Böschung ohne Bermen, B = parabelförmige Gesamtböschung durch Ausformung der Teilböschungen zwischen den Bermen in unterschiedlichen Neigungen; 1 = Entwässerungsmulde, 2 = flacher Wall, 3 = Berme.

oberen und unteren Böschungsbereiche genügend auszurunden, um die Standfestigkeit zu erhöhen und das Bild zu verbessern. Sind Bermen vorgesehen (s. unten), so ist es aus den oben genannten Gründen vorteilhaft, die Teilböschungen zwischen den Bermen mit wechselnden Neigungen herzustellen, so daß ebenfalls S-förmige oder auch parabelförmige Gesamtböschungen entstehen (Abb. 139B).

Aus ökologischen Erwägungen ist außerdem zu überlegen, ob nicht in begrenztem Umfang an geeigneten Stellen Steilböschungen oder -wände als Brutbiotope für Eisvögel und Uferschwalben erhalten oder neu geschaffen werden können.

Im Grundriß gesehen sollten längere Böschungsstrecken zur Erzielung einer größeren ökologischen und optischen Vielfalt nicht in einer, sondern abschnittsweise in unterschiedlichen Neigungen ausgebaut werden.

Damit nicht das Oberflächenwasser der oberhalb der Hänge und Böschungen liegenden Flächen die Hänge und Böschungen zusätzlich belastet, sind bei Bedarf oberhalb der Böschungen Gräben oder Mulden zur Wasserabführung anzulegen (Abschn. V. 6.6.2), und es sind die Oberkanten als flache, etwa 50 cm hohe Wälle auszubilden (Abb. 139A). Zur Erzielung einer ausreichenden Stabilität und zur

Minderung der Oberflächenerosionsgefahr müssen in höhere Hänge und Böschungen etwa alle 8 bis 15 m Bermen eingebaut werden. Auf ihnen können Erschließungsstraßen oder Wege verlaufen. Die Bermen sind etwa 3 bis 8 m breit und mit Gefälle zum Hang hin anzulegen. Zur schadlosen Abführung des Oberflächenwassers können sie außerdem an den Außenseiten kleine Wälle bis etwa 50 cm Höhe erhalten. Hangseitig ist eine gedichtete Mulde vorzusehen, die das oberhalb der Berme oberirdisch abfließende Wasser und das Oberflächenwasser der Berme aufnimmt und ableitet (Abb. 140).

Ist Mutterbodenauftrag geplant, so sind die Böschungen vorher aufzurauhen, um eine gute Verzahnung von Mutterboden und Unterboden zu gewährleisten. Ungünstig ist es, den Mutterboden in einer zu starken Schicht aufzubringen. In diesen Fällen besteht Gefahr, daß überwiegend nur der Mutterboden durchwurzelt wird, daß also keine „Vernagelung" von Mutterbodenschicht und Untergrund stattfindet und daß deswegen vor allem bei Mutterbodenauftrag auf wasserundurchlässigen Substraten in Verbindung mit längeren Regenfällen zwischen Mutterboden und Untergrund eine Gleitschicht entsteht, die ein Abrutschen der gesamten Mutterbodenschicht mit der Vegetation zur Folge

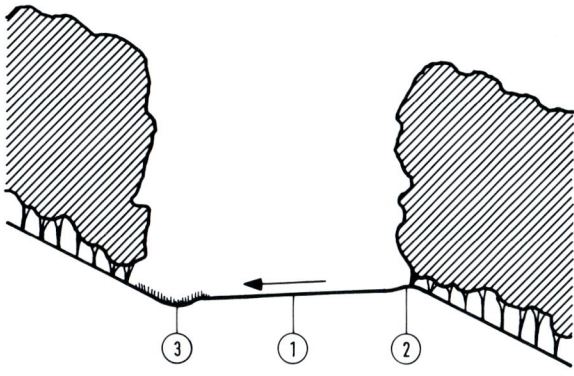

▲ *Abb. 140: Beispiel für die Gestaltung von Bermen (unmaßstäblich).*
1 = zum Hang hin geneigte Berme, 2 = flacher Wall, 3 = gedichtete Rasenmulde.

hat. Aus diesen Gründen sollten beim Bestandsziel „Wiesengesellschaft" nur etwa 5 cm und beim Bestandsziel „Gehölzgesellschaft" nur 10 bis 15 cm Mutterboden angedeckt werden.

Die oben angedeuteten, unbedingt erforderlichen Maßnahmen zur Hangentwässerung werden in Abschn. V. 6.6 näher beschrieben.

6.2.2 Hänge und Böschungen aus leicht verwitterbarem Gestein

Wegen der leichten Verwitterbarkeit sind derartige z. B. aus mergeligen Kalken bestehende Hänge und Böschungen von vornherein sinngemäß wie Hänge und Böschungen aus Lockermaterial auszuformen (s. oben).

6.2.3 Hänge und Böschungen aus leicht und schwer verwitterbarem Schichtgestein

Vor allem ist dafür zu sorgen, daß die leicht verwitterbaren Schichten nicht durch Verwitterung und Erosion die Standsicherheit der darüberliegenden schwer verwitterbaren Schichten gefährden. Wird

dies nicht beachtet, können nach Verwitterung der „weichen" Schichten die „harten" Schichten abbrechen, also Steinschlag und Felsstürze auftreten.

Die leicht verwitterbaren Schichten können durch eine ausreichend flache Abböschung gesichert werden, die eine verwitterungs- und erosionsverhindernde Begrünung zuläßt. Dies setzt voraus, daß die schwer verwitterbaren Schichten als Felsbänke hervortretend herauszuarbeiten sind; und zwar so, daß insgesamt abgetreppte Profile mit relativ flachen Gesamtneigungen entstehen (Abb. 141). Dabei sollten lange, geradlinig verlaufende Stufen vermieden und Formen angestrebt werden, die dem Schichtenverlauf und der Struktur des Gesteins entsprechen. Zu begrünen sind in erster Linie die leicht verwitterbaren Schichten, und zwar vor allem durch Ansaaten von Gräsern und Kräutern ohne und mit Begrünungshilfsmitteln (Abschn. V. 2.2.2), Belag mit Fertigrasen (Abschn. V. 6.3.2) und ggf. auch durch Steckholzbesatz (Abschn. V. 6.3.2).

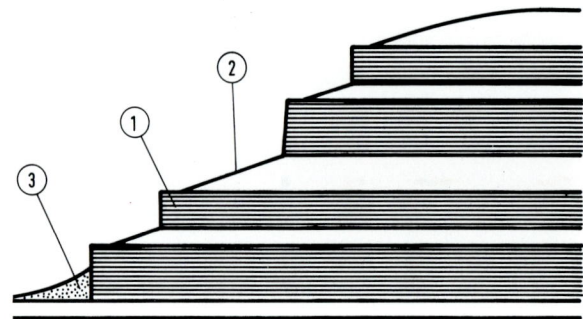

Abb. 141: Gestaltung von Felsböschungen aus schwer und leicht
verwitterbarem Schichtgestein.
1 = Schwer verwitterbare Schichten,
2 = leicht verwitterbare, zu begrü-
nende Schichten, 3 = Bodenauftrag.

6.2.4 Hänge und Böschungen aus schwer verwitterbarem Schichtgestein

Bei gebanktem Gestein ohne leicht verwitterbare Zwischenschichten kommt es vor allem darauf an, entsprechend den Schichten Stufen herauszuarbeiten, deren Oberflächen zum Hang hin geneigt sind. Hierdurch wird einmal die natürliche Ablagerung von Feinmaterial als Voraussetzung für eine natürliche Vegetationsansiedlung gefördert. Ist eine Begrünung vorgesehen, so bieten derartige Stufen zum anderen die Möglichkeit, dort Feinmaterial für die Begrünung aufzubringen (Abb. 142). Die Bänke sollten jedoch so dem Schichtenverlauf angepaßt werden, daß sie in der Waagerechten unterbrochen sind, also in verschiedenen Höhen verlaufen. Es können entweder zahlreiche kleinere oder wenige größere Stufen geschaffen werden. Ingenieurbiologische Baumaßnahmen haben i. d. R. nur nach Aufbringen von Boden Erfolg. Da dies – wenn überhaupt – meistens nur in geringem Umfang geschehen kann, können im allgemeinen nur Wiesengesellschaften durch Ansaaten ohne oder mit Begrünungshilfsmitteln (Abschn. V. 2.2) oder durch Belag mit Fertigrasen (Abschn. V. 6.3.2) angesiedelt werden.

6.2.5 Hänge und Böschungen aus schwer verwitterbarem ungeschichteten Gestein

Hänge und Böschungen aus diesem Gestein, z. B. aus Granit oder Diabas, können recht steil ausgebildet werden, da das Material schon ohne Vegetationsdecke sehr standfest ist und deswegen schützende ingenieurbiologische Maßnahmen nicht erforderlich sind. Vor allem aus optischen Gründen können aber einzelne Stufen herausgearbeitet werden, deren Begrünung dann meist der Natur überlassen werden kann. Sofern diese natürliche Vegetationsansiedlung aus zwingenden Gründen nicht ausreichend ist, dürfte es i. d. R. am günstigsten sein, die „Schultern" der Stufen nach relativ geringem Bodenauftrag durch Ansaaten von Gräsern und Kräutern ohne oder mit Begrünungshilfsmitteln (Abschn. V. 2.2) oder durch Belag mit Fertigrasen (Abschn. V. 6.3.2) zu begrünen.

Literatur, Abschn. 6.2: Forschungsgesellschaft für das Straßenwesen (1971); SCHIECHTL (1973); SCHLÜTER (1971b, 1978, 1986).

◀ *Abb. 142: Steinbruchbegrünung in Griechenland. Die Steinbruchwände sind im Verhältnis 3:1 abgetreppt, so daß 15 m hohe Wände und 5 m breite Bermen entstanden sind. Nach etwa 1 m Bodenauftrag ist diese Berme bepflanzt worden mit Akazie (Acacia cyanophylla), Zypresse (Cupressus sempervirens), Blaugummibaum (Eucalyptus globulus), Aleppo-Kiefer (Pinus halepensis) und Lebensbaum (Thuja orientalis).*

6.3 Sicherung schwach bis stärker geneigter Hänge und Böschungen

6.3.1 Allgemeines

Ingenieurbiologische Baumaßnahmen zur flächigen Sicherung werden einmal an neugeschaffenen Auftrag- und Einschnittböschungen, aber zum anderen auch an natürlichen Hängen und Böschungen durchgeführt, die aus irgendwelchen Ursachen, die hier nicht behandelt werden können, vegetationslos geworden sind. Als Bestandsziel ist die HPNV anzustreben, also meistens Waldgesellschaften, aber bisweilen auch Wiesengesellschaften (Abschn. V. 6.1). An Waldstandorten sollten Wiesengesellschaften nur dann als Endbestand eingebracht werden, wenn es die Zielsetzung der ingenieurbiologischen Baumaßnahme oder ökologische Erwägungen unbedingt erfordern; z. B. dann, wenn Straßenböschungen mit der HPNV „Waldgesellschaft" aus Gründen der Sichtfreihaltung nur mit Wiesengesellschaften bewachsen sein dürfen. In diesen Fällen ist eine möglichst wenig Pflege beanspruchende Wiesen-Ersatzgesellschaft der betreffenden, dort heute potentiell natürlichen Waldgesellschaft anzusiedeln.

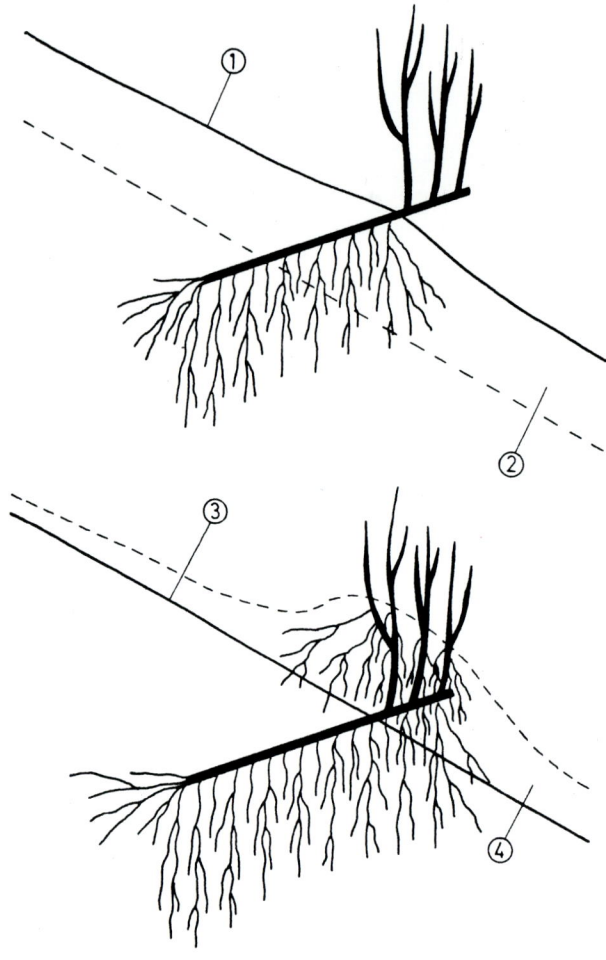

Abb. 143: Wirkung von ingenieurbiologischen Bauobjekten zur Hangbefestigung am Beispiel des Buschlagenbaues (Schema).
1 = Oberhang, Hangoberfläche,
2 = Durchwurzelung des erosionsgefährdeten Bereiches am Oberhang und somit Verhinderung bzw. Minderung der Erosion, 3 = Unterhang, ursprüngliche Hangoberfläche, 4 = fortlaufende Durchwurzelung und Festigung des am Unterhang aufgetragenen Bodens.

Wirkungsweise

Die durch die unten beschriebenen ingenieurbiologischen Baumaßnahmen entstandene Vegetationsdecke übt die folgenden Wirkungen aus:

a) Ingenieurbiologische Wirkungen:

– An Hängen und Böschungen aus Lockermaterial oder aus leicht verwitterndem Gestein mit vorhandener Verwitterungsschicht durchziehen die Wurzeln den Boden und festigen ihn auf diese Weise. Während am Oberhang infolge der Durchwurzelung erosionsgefährdeter Bodenschichten die Erosionsgefahr beseitigt oder gemindert wird, wird abgeschwemmter und am Unterhang aufgetragener Boden vor

allem durch Gehölze dort fortlaufend durchwurzelt und gefestigt (Abb. 143). Insbesondere tiefwurzelnde Arten vermögen außerdem verschiedene Bodenschichten miteinander zu „vernageln" und somit die Gefahr von Rutschungen zu mindern oder zu beseitigen.

– An Hängen und Böschungen aus Schichtgestein mit „harten" und dazwischen liegenden leicht verwitternden Schichten verhindert die auf den „weichen" Schichten angesiedelte Vegetation Verwitterung und Erosion dieser Schichten und bewahrt somit die schwer verwitterbaren Schichten vor dem Abbrechen.

– Durch ihre Transpiration tragen die Pflanzen

zur Hangentwässerung bei und verringern auch dadurch die Rutschgefahr. Sie werden in dieser Hinsicht besonders dann wirksam, wenn ihre Wurzeln wasserführende Schichten oder Quellhorizonte erreichen.

– Die oberirdischen Pflanzenteile mindern oder beseitigen Oberflächenerosion, indem sie bei Niederschlägen die Wucht des Tropfenaufpralls herabsetzen, die Energie des abfließenden Oberflächenwassers zerteilen, die Verlagerung von Boden verhindern sowie abgeschwemmten Boden festhalten.

– Sie halten größere Steine mechanisch zurück und verringern auf diese Weise die Gefahr von Steinschlag.

b) Weitere Wirkungen:

– Biotop (Abschn. I.).

– Verschönerung des Landschaftsbildes (Abschn. I.).

6.3.2 Bauverfahren

Buschlagenbau

L e b e n d e   B a u s t o f f e

Äste und Zweige vor allem der folgenden Weidenarten bzw. an Ort und Stelle vorhandener bewurzelungsfähiger Hybriden: Silberweide (Salix alba), Großblättrige Weide (S. appendiculata), Ohrweide (S. aurita), Grauweide (S. cinerea), Reifweide (S. daphnoides), Lavendelweide (S. eleagnos = S. incana), Bruchweide (S. fragilis), Glanzweide (S. glabra), Schwarzweide (S. nigricans), Lorbeerweide (S. pentandra), Purpurweide (S. purpurea), Mandelweide (S. triandra), Korbweide (S. viminalis). Außerdem werden auch Äste und Zweige bewurzelungsfähiger Pappelarten verwendet.

B a u w e i s e

Am Hang werden grabenartige Einschnitte von mindestens 50 bis 100 cm Tiefe ausgehoben. In diese Einschnitte werden dicht an dicht z. T. kreuzweise etwa 50 bis 150 cm lange, unbewurzelte oberirdi-

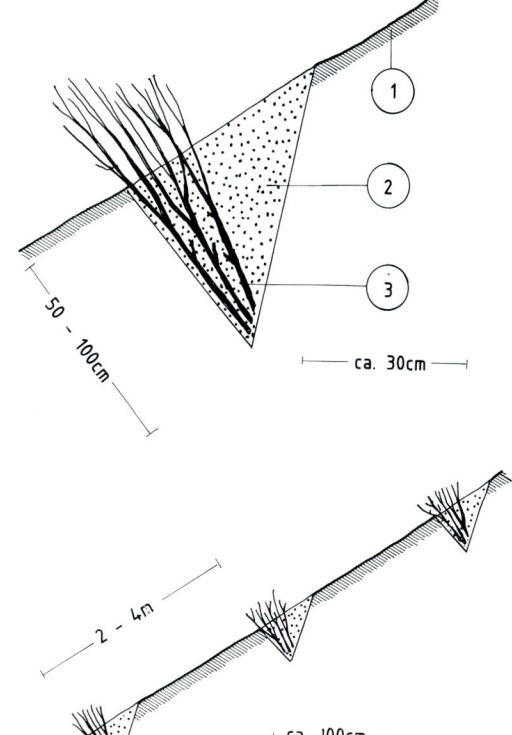

▶ Abb. 144: Buschlagenbau.
1 = Hangoberfläche, 2 = ausgehobener und nach dem Einlegen der Äste wieder verfüllter Einschnitt,
3 = Buschlage.

sche Gehölzteile unterschiedlichen Alters und unterschiedlicher Stärke gelegt und anschließend bis zu etwa zwei Drittel oder vier Fünftel ihrer Gesamtlänge mit dem Aushub des darüber liegenden Grabens bedeckt (Abb. 144 u. 145). Die Arbeiten beginnen also am Hangfuß. Über die Frage, wie stark die Sohlen der Einschnitte geneigt sein bzw. in welchem Neigungswinkel die Buschlagen eingebaut werden sollen, liegen folgende Angaben vor: SCHIECHTL empfiehlt aufgrund praktischer Erfah-

Abb. 145: Aus Buschlagen her-
vorgegangener Gehölzbestand.
Baldmöglichst sollten die Arten des
Endbestandes gepflanzt werden.

rungen eine Neigung von mindestens 10 % zum Hang hin. SCHAARSCHMIDT et al. kommen nach Modelluntersuchungen zu dem Ergebnis, daß der Einbau der Buschlagen senkrecht zum Reibungswinkel ϱ am günstigsten und das waagerechte Einlegen am ungünstigsten ist, während die Einbauweisen „senkrecht zur Böschungsneigung" und „senkrecht" in ihren Sicherungswirkungen zwischen diesen beiden Extremfällen liegen (Abb. 146).
Der Abstand der einzelnen Buschlagen beträgt etwa 200 bis 400 cm (Abb. 144 u. 145).
Die Buschlagen verlaufen i. d. R. parallel oder mit Neigungen bis zu 20 Grad zu den Höhenlinien.
An feuchten Böschungen hat es sich nach SCHIECHTL zur besseren Ableitung des Wassers bewährt, die Lagen in Neigungswinkeln von 15° bis 90° zu den Höhenlinien einzubauen.
Zur Befestigung von Hochkippen, Halden und anderen Auftragsböschungen wird oft eine Variante angewandt: Bei dieser werden während des Schüttvorganges mehrere Meter lange Zweige und Astwerk auf die derzeitige Böschungsoberkante gelegt, anschließend mit neu anfallendem Schüttmaterial überdeckt und auf diese Weise tief in die Böschung eingebaut. Zu beachten ist, daß die

Oberfläche der Schüttung nach innen geneigt sein muß, damit die Äste die Schräglage bekommen, die für eine gute Sicherungswirkung notwendig ist. Die günstigste Ausführungszeit beider Varianten liegt in der Vegetationsruhe etwa zwischen September und April.

Da als Baustoffe überwiegend Weidenarten verwendet werden, die i. d. R. an den Baustellen nicht die HPNV darstellen, dienen Buschlagen einer sofortigen, aber meist vorübergehenden Befestigung. Nach Fertigstellung der Lagen sind daher zwischen diese je nach Standort und Zielsetzung der ingenieurbiologischen Baumaßnahme in einem zweiten Bauabschnitt Gehölze zu pflanzen oder zu säen, bzw. es sind Ansaaten von Gräsern, Leguminosen oder anderen Kräutern vorzunehmen. Der Zeitpunkt der Ausführung des zweiten Bauabschnittes ist vom Standort abhängig. Unter günstigen Bedingungen kann er sofort nach dem Einbau der Lagen in Angriff genommen werden.
In erster Linie haben sich folgende Kombinationen bewährt: Ist als Bestandsziel eine Gehölzgesellschaft geplant, so werden zwischen die Buschlagen Leguminosen gesät, in die gleichzeitig oder

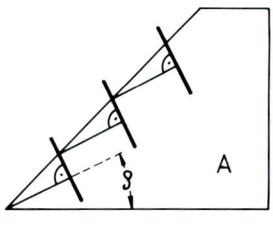

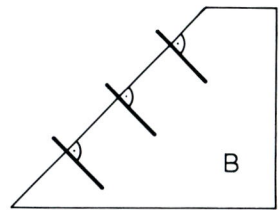

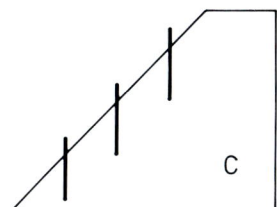

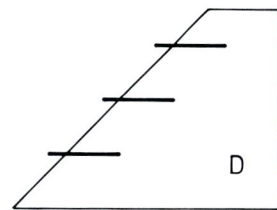

Abb. 146: Einbau von Buschlagen (unmaßstäbliches Schema). Am günstigten: Einbau senkrecht zum Reibungswinkel ϱ (A); mittelmäßig günstig: Einbau senkrecht zur Böschung (B) und senkrecht (C); am ungünstigten: waagerechter Einbau (D). (In Anlehnung an SCHAARSCHMIDT 1974 und SCHAARSCHMIDT et al. 1971).

eine bis zwei Vegetationsperioden später Gehölze gepflanzt werden. An geeigneten Standorten können Gehölze ohne vorhergehende Leguminosensaat gepflanzt oder gesät werden. Sofern es die Zielsetzung der Baumaßnahme zuläßt, sind in der Regel Bäume oder Bäume und Sträucher der HPNV anzusiedeln (Abschn. V. 2.1 und „Pflanzungen als Ergänzungsbauweise", Abschn. V. 6.3.2). In den Fällen, in denen Wiesengesellschaften vorgesehen sind, werden zwischen die Weidenbuschlagen die betreffenden Gräser und Kräuter gesät. Diese unterdrücken dann oft nach einiger Zeit die Buschlagen.

Anwendungsbereich

Wie angedeutet, ist der Buschlagenbau eine Bauweise zur sofortigen, aber meist nur vorübergehenden Vorsicherung. Er weist vor allem gegenüber dem Flechtwerk- und dem Faschinenbau unbestreitbare Vorteile auf. Buschlagen üben sofort nach ihrem Einbau eine verhältnismäßig tiefreichende Festigungswirkung aus, da das kreuzweise eingelegte Material einen hohen Reibungswiderstand gegen Ausreißen besitzt. Die Tiefenwirkung erstreckt sich zunächst bis zu der Tiefe des einge

legten Materials und erhöht sich mit zunehmendem Wurzelwachstum. Zur Herstellung der Buschlagen sind keine besonderen Vorkenntnisse und handwerkliches Geschick notwendig. Außerdem brauchen an die Beschaffenheit der lebenden Baustoffe keine spezifischen oder schwer zu erfüllende Anforderungen gestellt zu werden. Abgesehen von der Bewurzelungsfähigkeit können lange, kurze, verzweigte und unverzweigte oberirdische Gehölzteile verschiedenen Alters verwendet werden.
Der Buschlagenbau kann daher an sehr unterschiedlichen Einschnitt- und Auftragsböschungen groß- und kleinflächig ausgeführt werden, die rutsch-, steinschlag- und erosionsgefährdet sind. Voraussetzung für die Anwendung ist allerdings das Vorhandensein einer ausreichend starken Schicht mit genügendem Feinmaterialanteil, in die die Lagen eingebaut werden können. Die zu sichernden Hänge und Böschungen sollten nicht steiler als 40° sein.

Literatur: DIN 18918 (1990); Forschungsgesellschaft für das Straßenwesen (1971); SCHAARSCHMIDT (1974); SCHAARSCHMIDT et al. (1971); SCHIECHTL (1973); SCHLÜTER (1971a, 1986).

Heckenlagenbau

L e b e n d e   B a u s t o f f e

Geeignet sind nach Pflug (1962) die Hainbuche (Carpinus betulus) und nach SCHIECHTL (1958): Bergahorn (Acer pseudoplatanus), Grauerle (Alnus incana), Grünerle (A. viridis), Berberitze (Berberis vulgaris), Waldrebe (Clematis vitalba), Hasel (Corylus avellana), Weißdorn (Crataegus monogyna), Esche (Fraxinus excelsior), Sanddorn (Hippophae rhamnoides), Liguster (Ligustrum vulgare), Schwarzpappel (Populus nigra), Aspe (P. tremula), Traubenkirsche (Prunus padus), Schlehe (P. spinosa), Kreuzdorn (Rhamnus catharticus), Hundsrose (Rosa canina), Weinrose (R. rubiginosa), Schwarzer Holunder (Sambucus nigra), Traubenholunder (S. racemosa), Mehlbeere (Sorbus aria), Bergulme (Ulmus montana), Wolliger Schneeball (Viburnum lantana), Schneeball (V. opulus).

Nach SCHLÜTER (1971a) haben sich an sommerwarmen, wechseltrockenen Böschungen aus einem Gemisch von Mergel und Kalkstein-Verwitterungsschutt die folgenden Arten besonders bewährt:
a) Gehölze mit starker Adventivwurzelbildung: Grauerle (Alnus incana), Hainbuche (Carpinus betulus), Roter Hartriegel (Cornus sanguinea), Zwergmispel (Cotoneaster acutifolius)[1], Blumenesche (Fraxinus ornus)[1], Rote Heckenkirsche (Lonicera xylosteum), Salweide (Salix caprea), Purpurweide (S. purpurea), Küblerweide (S. x smithiana)[1], Wolliger Schneeball (Viburnum lantana).
b) Gehölze mit gutem oberirdischem Wachstum: Grauerle (Alnus incana), Sandbirke (Betula pendula), Zwergmispel (Cotoneaster acutifolius)[1], Zwergmispel (C. multiflorus)[1], Weißdorn (Crataegus monogyna), Sanddorn (Hippophae rhamnoides), Rote Heckenkirsche (Lonicera xylosteum), Stein-Weichsel (Prunus mahaleb), Schlehe (P. spinosa), Purpurweide (Salix purpurea), Küblerweide (S. x smithiana)[1].

An Lößlehm-Böschungen mit ausreichender Wasserversorgung sind nach SCHLÜTER (1971a) die nachstehend aufgeführten Arten verwendungsfähig:

a) Gehölze mit starker Adventivwurzelbildung: Feldahorn (Acer campestre), Grauerle (Alnus incana), Sandbirke (Betula pendula), Hainbuche (Carpinus betulus), Kornelkirsche (Cornus mas), Roter Hartriegel (C. sanguinea), Hasel (Corylus avellana), Zwergmispel (Cotoneaster acutifolius)[1], Zwergmispel (C. multiflorus)[1], Weißdorn (Crataegus monogyna), Pfaffenhütchen (Euonymus europaeus), Esche (Fraxinus excelsior), Sanddorn (Hippophae rhamnoides), Liguster (Ligustrum vulgare), Rote Heckenkirsche (Lonicera xylosteum), Aspe (Populus tremula), Kirschpflaume (Prunus cerasifera)[1], Salweide (Salix caprea), Purpurweide (S. purpurea), Küblerweide (S. x smithiana)[1], Vogelbeere (Sorbus aucuparia), Flieder (Syringa vulgaris)[1], Wolliger Schneeball (Viburnum lantana).
b) Gehölze mit gutem oberirdischem Wachstum: Grauerle (Alnus incana), Zwergmispel (Cotoneaster acutifolius)[1], Zwergmispel (C. multiflorus)[1], Weißdorn (Crataegus monogyna), Sanddorn (Hippophae rhamnoides), Kirschpflaume (Prunus cerasifera)[1], Stein-Weichsel (P. mahaleb), Schlehe (P. spinosa), Purpurweide (Salix purpurea).

Zur Befestigung stark saurer (pH 2,9 bis 5), feinkörniger tertiärer Sandböschungen haben sich nach SCHLÜTER (1971c) die folgenden Arten als brauchbar erwiesen:
a) Gehölze mit starker Adventivwurzelbildung: Eschenahorn (Acer negundo)[1], Roterle (Alnus glutinosa), Erbsenstrauch (Caragana arborescens)[1], Edelkastanie (Castanea sativa), Weißer Hartriegel (Cornus alba)[1], Rote Heckenkirsche (Lonicera xylosteum), Silberpappel (Populus alba), Graupappel (P. canescens), Ohrweide (Salix aurita), Grauweide (S. cinerea), Reifweide (S. daphnoides).
b) Gehölze mit gutem oberirdischem Wachstum: Eschenahorn (Acer negundo)[1], Roterle (Alnus glutinosa), Erbsenstrauch (Caragana arborescens)[1], Edelkastanie (Castanea sativa), Weißer Hartriegel (Cornus alba)[1], Rote Heckenkirsche

[1] In der Bundesrepublik Gastholzart.

196

Abb. 147: Aus Heckenlagen
hervorgegangener Gehölzbestand.
Da auch die Arten des Endbestandes eingelegt sind, erübrigt sich hier
im Gegensatz zum Buschlagenbau
ein zweiter Arbeitsgang, in dem die
Gehölzarten des Endbestandes zwischen die Gehölzlagen gepflanzt
werden.

(Lonicera xylosteum), Silberpappel (Populus alba), Graupappel (P. canescens), Späte Traubenkirsche (Prunus serotina)[1], Stieleiche (Quercus robur), Roteiche (Q. rubra), Ohrweide (Salix aurita), Aschweide (S. cinerea), Reifweide (S. daphnoides), Vogelbeere (Sorbus aucuparia).

Bauweise

Der Heckenlagenbau wird in derselben Weise wie der Buschlagenbau ausgeführt. Der Unterschied besteht darin, daß beim Heckenlagenbau bewurzelte Gehölze, also vollständige Pflanzen, eingelegt werden. Die Länge der Pflanzen liegt im allgemeinen zwischen 60/80 cm und 65/100 cm. Pro lfm sind mindestens fünf Gehölze einzulegen.

Da ein großer Teil der für diese Bauweise geeigneten Holzarten aus natürlichen Schlußgesellschaften stammt, ist außerdem im Gegensatz zum Buschlagenbau oft ein zweiter Bauabschnitt nicht erforderlich. Er erübrigt sich dann, wenn die Arten der vorgesehenen Schlußgesellschaft in ausreichender Menge und Artenzahl sofort als Heckenlagen eingelegt und die Reihenabstände der Heckenlagen nicht zu weit gewählt werden (Abb. 147).

Die verschiedenen Holzarten sind in der Regel weder in Einzelmischung noch in sehr langen, aus einer Art bestehenden Abschnitten einzulegen. Bei Einzelmischung besteht die Gefahr einer Unterdrückung schwachwüchsiger Gehölze durch stark-

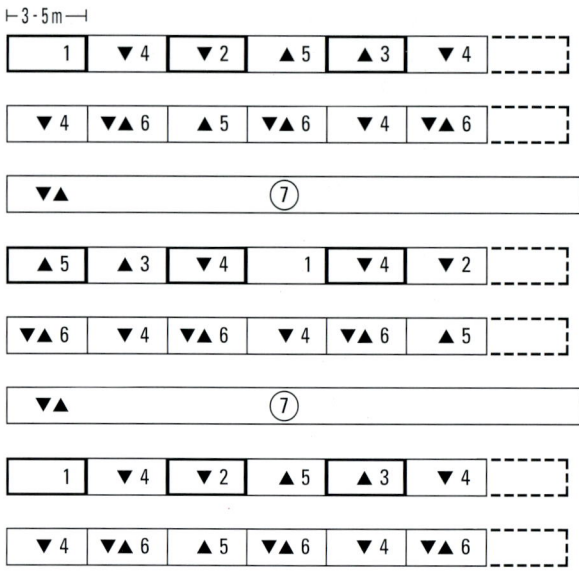

Abb. 148: Holzartenkombination beim Heckenlagenbau zur Vermeidung eines zweiten Bauabschnittes (Schema). 1 = Bäume der natürlichen Schlußgesellschaft mit geringem oberirdischem Wachstum und unbefriedigender Adventivwurzelbildung, 2 = Bäume der Schlußgesellschaft mit starker Adventivwurzelbildung, 3 = Bäume der Schlußgesellschaft mit zufriedenstellendem oberirdischem Wachstum, 4 = Sträucher mit starker Adventivwurzelbildung, 5 = Sträucher mit gutem oberirdischem Wachstum, 6 = Sträucher mit starker Adventivwurzelbildung und befriedigendem oberirdischem Wachstum, 7 = durchlaufende Reihen von Sträuchern mit besonders guter Ausprägung beider Merkmale.

wüchsige. Werden sehr lange Abschnitte aus Lagen einer Holzart hergestellt, so ist die Möglichkeit gegeben, daß beim Ausfall einer Holzart größere Teile des Hangs ungeschützt sind. Am günstigsten dürfte es sein, wenn in den Lagen etwa alle 300 bis 500 cm die Holzart gewechselt wird. Wie aus den obigen Zusammenstellungen der geeigneten Gehölze ersichtlich ist, zeigen Arten mit guter Adventivwurzelbildung nicht unbedingt auch ein befriedigendes oberirdisches Wachstum und Arten mit starker oberirdischer Wuchsleistung nicht in jedem Falle eine zufriedenstellende Adventivwurzelbildung. Zur bestmöglichen Ausnutzung ihrer günstigen Eigenschaften sind daher beim Bau der Heckenlagen die Arten entsprechend ihren Wuchsleistungen im horizontalen und vertikalen Wechsel so zu kombinieren, daß sie sich in ihren Leistungen ergänzen (Abb. 148).

Sofern zur Erzielung des Endbestandes eine Zwischenpflanzung von Gehölzen zwischen die Heckenlagen in einem zweiten Bauabschnitt erfor-

derlich ist, ist diese, wie unter Abschn. V. 2.1 und unten unter „Gehölzpflanzungen als Ergänzungsbauweise" beschrieben, auszuführen.

Anwendungsbereich
Siehe „Buschlagenbau".

Literatur: DIN 18918 (1990); Forschungsgesellschaft für das Straßenwesen (1971); PFLUG (1962); SCHIECHTL (1973); SCHLÜTER (1971a, 1971b, 1971c, 1986).

Heckenbuschlagenbau

Der Heckenbuschlagenbau ist eine Kombination aus Buschlagen- und Heckenlagenbau. Hierbei werden nach SCHIECHTL (1973) vollständige Pflanzen einzeln im Abstand von etwa 50 bis 100 cm zwischen die unbewurzelten Gehölzteile der Buschlagen eingelegt. Im übrigen siehe „Buschlagenbau" und „Heckenlagenbau".

Cordonbau nach Praxl

Diese Bauweise kann als eine Variante des „Buschlagenbaus" (s. oben) aufgefaßt werden.

Lebende Baustoffe

Steckholz vor allem der unter „Buschlagenbau" genannten Weidenarten.

Bauweise

Wie beim Buschlagenbau werden am Hang grabenartige Einschnitte von mindestens 50 cm Tiefe ausgehoben. Die Sohlen dieser Einschnitte erhalten zunächst einen Unterbau aus zwei parallel zu den Längsachsen der Einschnitte liegenden Holzstangen aus totem Material und einer darauf aufgebrachten Schicht aus Nadelholzreisig. Dieser Unterbau wird mit etwa 10 cm Boden bedeckt und anschließend mit mindestens 60 cm langen Setzpflöcken in 2 bis 3 cm Abstand belegt. Abschließend werden die auf diese Weise mit lebenden Baustoffe belegten Einschnitte mit Boden der

jeweils darüber auszuhebenden Einschnitte vollständig verfüllt (Abb. 149). Die „Cordons" werden in horizontalen Reihen etwa 300 cm übereinander angeordnet.

Zu dieser Bauweise ist folgendes anzumerken: Nach SCHIECHTL werden die „Cordons" waagerecht eingebaut (Abb. 149). Aus den Untersuchungen von SCHAARSCHMIDT et al. (s. „Buschlagenbau") und den praktischen Erfahrungen beim Busch- und Heckenlagenbau ist zu folgern, daß es günstiger ist, die „Cordons" mit Gefälle zum Hang hin einzulegen. Außerdem stellt sich die Frage, ob nicht bei Bedarf, z. B. zur besseren Wasserabführung, die „Cordons" ähnlich wie beim Buschlagen-, Heckenlagen- und Heckenbuschlagenbau auch schräg zu den Höhenlinien eingebaut werden können.

Anwendungsbereich

Da die Nadelholzreisig-Schicht eine Entwässerung der Cordons bewirkt, ist diese Bauweise für Standorte mit Wasserüberschuß geeignet.

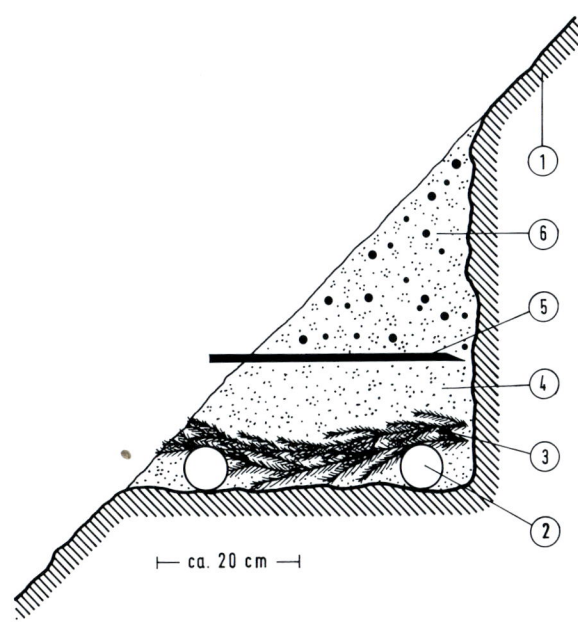

├─ ca. 20 cm ─┤

▲ *Abb. 149: Cordonbau nach Praxl.*
1 = Anstehender Boden bzw. Gestein, 2 = Holzstangen, 3 = Schicht aus Nadelholzreisig, 4 = Bodenauftrag, 5 = Weiden-Setzpflöcke, 6 = Verfüllung mit dem Aushub des darüberliegenden Einschnitts. (In Anlehnung an SCHIECHTL, 1973).

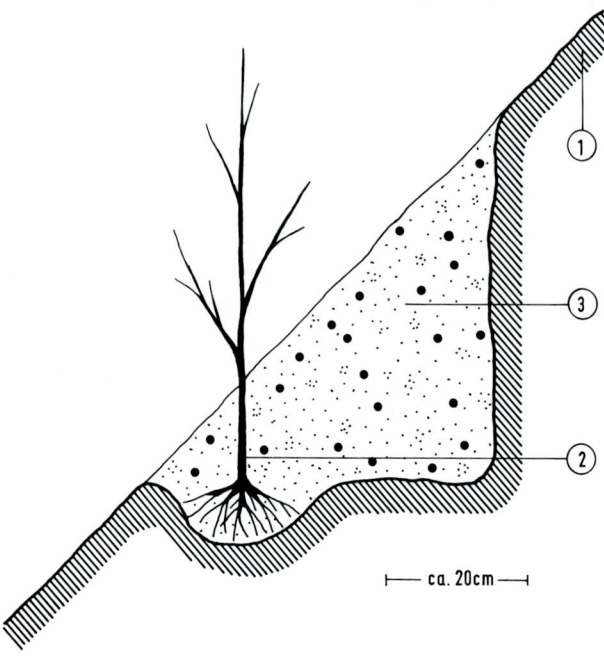

◣ *Abb. 150: Cordonbau nach Couturier.*
1 = Anstehender Boden bzw. Gestein, 2 = Junggehölz,
3 = Verfüllung mit dem Aushub des darüberliegenden Einschnitts.
(SCHIECHTL, 1973).

Nach SCHIECHTL ist der Cordonbau nach Praxl zur „Stabilisierung feuchter Hänge in tonigen, lehmigen, mergeligen, phyllitischen und schiefrigen Böden" geeignet.
Da das Bauverfahren sehr arbeits- und materialaufwendig ist und deswegen hohe Baukosten verursacht, ist es allerdings weitgehend vor allem durch den Buschlagen-, Heckenlagen- und Heckenbuschlagenbau verdrängt worden.

Literatur: SCHIECHTL (1973).

Cordonbau nach Couturier

Lebende Baustoffe

Nach Couturier für die Aufforstung von Trockengebieten (zit. bei SCHIECHTL): „Zweijährige unverschulte Pflanzen von Akazien, Ulme oder Rüster, Ahorn, Haselnuß, Hagedorn." An geeigneten Standorten dürften sich aber außerdem die unter „Heckenlagenbau" genannten Arten verwenden lassen.

Bauweise

Am Hang werden zunächst wie beim Cordonbau nach Praxl grabenartige Einschnitte mit waagerechter Sohle („Banquette") hergestellt. Auf diesen Banquetten werden dann die Gehölze „heckenartig" (mit verhältnismäßig geringen Abständen) so weit nach innen (zum Hang hin) senkrecht eingebracht und „provisorisch mit Erde befestigt", daß sie nach dem vollständigen Verfüllen der Einschnitte ähnlich wie bei der „Tiefpflanzung" (Abschn. V. 2.1.1.5) bis über die Wurzelhälse mit Boden bedeckt sind. Zum Abschluß werden die Einschnitte mit dem Aushub der darüberliegenden Banquette zugeschüttet (Abb. 150). Die Arbeiten schreiten also wie bei den vorher beschriebenen Bauweisen von unten nach oben fort.

Eine Variante besteht darin, unter den Gehölzen, also vor ihrem Einbringen, in Abständen von etwa 2 bis 3 cm Weidensteckhölzer oder -setzpflöcke einzulegen. Die günstigste Ausführungszeit liegt bei beiden Verfahren in der Vegetationsruhe.

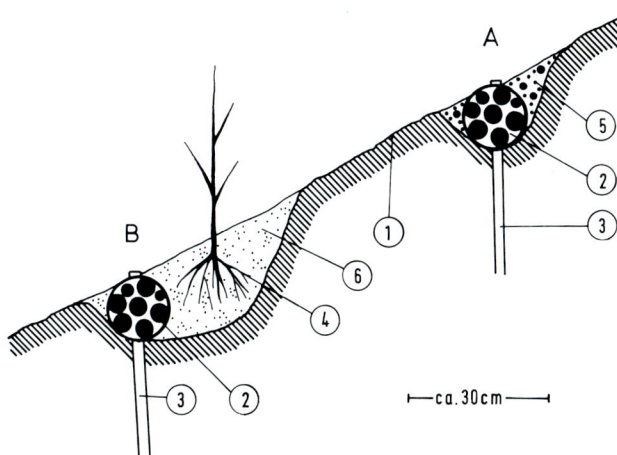

 Abb. 151: Hangfaschinenbau.
A = Normaler Hangfaschinenbau,
B = Hangfaschinenbau in Kombina-
tion mit Gehölzpflanzung („Riefen-
bau"); 1 = Anstehender Boden bzw.
Gestein, 2 = Hangfaschine,
3 = Pfahl, 4 = Junggehölz,
5 = Verfüllung mit dem Aushub der
darüberliegenden Rille, 6 = Verfül-
lung mit Kulturboden. (SCHIECHTL,
1973).

Anwendungsbereich

Der Cordonbau nach Couturier wird vor allem für die „Aufforstung von Trockengebieten" angewandt, die Variante mit Weidensteckhölzern oder -setzpflöcken zur Verbauung von Rutschhängen.

Literatur: SCHIECHTL (1973).

Hangfaschinenbau

Lebende Baustoffe

Ruten insbesondere der folgenden Weidenarten bzw. an Ort und Stelle vorhandener bewurzelungsfähiger Hybriden: Großblättrige Weide (Salix appendiculata), Reifweide (S. daphnoides), Lavendelweide (S. eleagnos = S. incana), Glanzweide (S. glabra), Schwarzweide (S. nigricans), Lorbeerweide (S. pentandra), Purpurweide (S. purpurea), Mandelweide (S. triandra), Korbweide (S. viminalis).

Bauweise

Die an Hängen und Böschungen einzubauenden Faschinen können dünner als die im Wasserbau verwendeten sein. Nach SCHIECHTL genügt es, wenn sie aus fünf Ruten von mindestens 1 cm

Durchmesser bestehen. Hierdurch wird erreicht, daß alle Ruten Kontakt mit dem Boden bekommen und sich bewurzeln können.

Zum Verlegen der Faschinen sind am Hang ca. 30 bis 50 cm tiefe Rillen auszuheben, damit die Faschinen später bis zu ihrer Oberfläche mit Boden bedeckt werden können.

Nach dem Verlegen der Faschinen sind sie mit 60 bis 80 cm langen lebenden Weidenpflöcken, Holzpflöcken aus totem Material oder Metallstäben in Abständen von etwa 80 bis 150 cm zu befestigen. Die Pflöcke sind ungefähr senkrecht bis zur Faschinenoberfläche einzuschlagen. Es wird empfohlen, sie nicht unterhalb der Faschinen, sondern durch sie hindurch einzuschlagen. Auf diese Weise kann auf eine Befestigung der Faschinen an den Pflöcken durch Draht verzichtet werden. Nachdem die Faschinen auf diese Weise eingebaut worden sind, werden die Rillen mit dem Aushub der darüberliegenden Rille verfüllt, so daß die Faschinen fast völlig bedeckt sind (Abb. 151A).

In der Regel werden die Faschinen am Hang in einigen Metern Abstand horizontal oder bis zu 30° zu den Höhenlinien geneigt angeordnet.

Die Zwischenräume zwischen den Faschinen sind in einem zweiten Bauabschnitt mit Gehölzen der geplanten Schlußgesellschaft zu bepflanzen (Abschn. V. 2.1 und „Gehölzpflanzungen als Ergänzungsbauweise", Abschn. V. 6.3.2) oder mit Wiesengesellschaften bzw. Leguminosen in Ansaatverfahren ohne oder mit Begrünungshilfsmitteln (Abschn. V. 2.2) anzusäen. Die günstigste Ausführungszeit liegt in der Vegetationsruhe.

Hangfaschinen können auch direkt mit Gehölzpflanzungen kombiniert werden. Bei dieser Variante werden unmittelbar hinter, also oberhalb der Hangfaschinen Gehölze gepflanzt. Die so mit Faschinen und Gehölzpflanzen besetzten Rillen werden mit Kulturboden oder mit einem Gemisch aus Kulturboden und dem Aushub der darüberliegenden Rille zugeschüttet (Abb. 151B). Diese Variante wird in der Literatur auch als selbständige Bauweise, nämlich als „Riefenbau" beschrieben.

Anwendungsbereich

Durch Faschinen kann keine schnelle Tiefenwirkung erzielt werden, weil sie nicht tief in den Boden reichen. Da sie außerdem kaum über die Hangoberfläche hinausragen, sind sie auch nicht in der Lage, sofort nach ihrer Fertigstellung abgeschwemmten Boden oberflächig festzuhalten. Zudem wird für ihre Herstellung viel Material verwendet, und zwar lange und gerade Ruten oder Äste, die nicht überall ohne weiteres in ausreichenden Mengen zur Verfügung stehen. Aus diesen Gründen ist der Hangfaschinenbau weitgehend durch den Buschlagenbau und den Heckenlagenbau ersetzt worden. Hangfaschinen sind vor allem für die Sicherung und Entwässerung feuchter Böschungen mit tiefgründigen Böden geeignet.

Literatur: BUCHWALD et al. (1969); DIN 18918 (1990); DUTHWEILER (1967); Forschungsgesellschaft für das Straßenwesen (1971); SCHIECHTL (1973).

Flechtwerkbau (Flechtzaunbau)

Lebende Baustoffe
Siehe „Hangfaschinenbau".

Bauweise
Es werden etwa 60 bis 100 cm lange, 3 bis 10 cm dicke lebende Weidenpflöcke, tote Holzpflöcke oder Eisenstäbe in Abständen von ca. 100 bis 200 cm so tief in den Boden geschlagen, daß sie etwa 15 bis 20 cm aus dem Boden ragen. Zwischen diese Pflöcke sind rd. 40 bis 60 cm lange Weidensteckhölzer bzw. Setzpflöcke (Spieker) oder auch Pflöcke aus totem Material in Abständen von etwa 25 bis 30 cm zu stecken. Anschließend werden zwischen Pflöcken und Spiekern mindestens 150 cm lange Weidenruten mit ihrem unteren Ende etwa 20 bis 30 cm tief in den Boden gesteckt und um die Pflöcke und Spieker geflochten. Dabei sind fünf bis sieben Ruten übereinander anzubringen (Abb. 152).

Flechtwerke sollen einmal Bodenauftrag vor dem Abrutschen bewahren, zum anderen dienen sie auch der Sicherung des an Hängen und Böschungen vorhandenen Feinmaterials vor Erosion. Ist Bodenauftrag zu sichern, werden die Flechtwerke vorher an der Hangoberfläche gebaut. Anschließend wird zwischen ihnen der Boden aufgebracht (Abb. 152)

Beim Einbau zum Schutz vorhandenen Bodens werden die Geflechte versenkt. Zu diesem Zwecke sind zunächst etwa 10 bis 30 cm tiefe Rillen (Riefen) herzustellen, in die die Weidenpflöcke oder Eisenstäbe sowie die Spieker gesteckt werden. Nach dem Flechten werden die Riefen wieder zugefüllt (Abb. 152).

Bei beiden Varianten hat es sich zur Verhinderung von Bodenabschwemmungen an den Außenseiten (hangabwärtigen Seiten) der Flechtwerke bewährt, dort einen Streifen Fertigrasen (s. unten) zu verlegen.

Flechtwerke werden als Parallel- bzw. Längsgeflechte oder als Rautengeflechte ausgeführt. Parallelgeflechte verlaufen in Abständen von rd. 150 bis

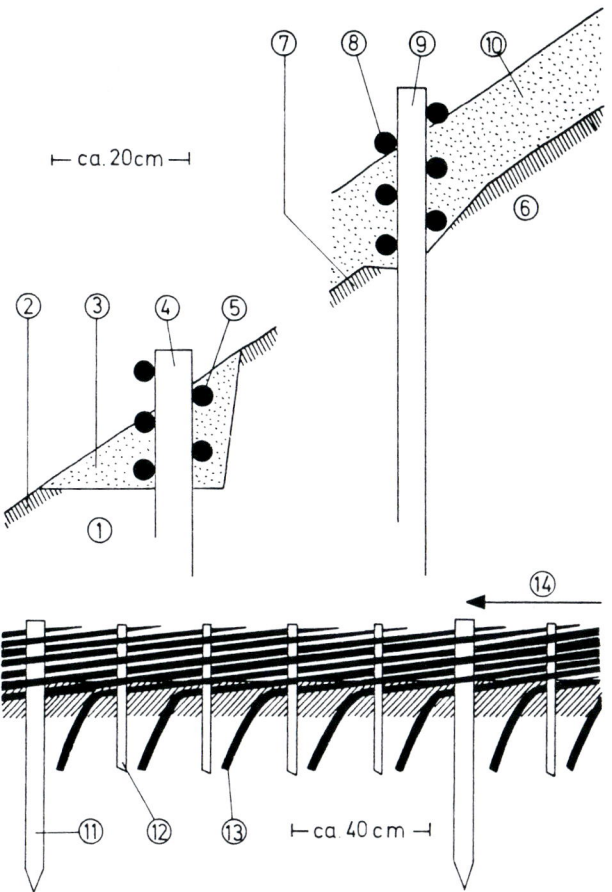

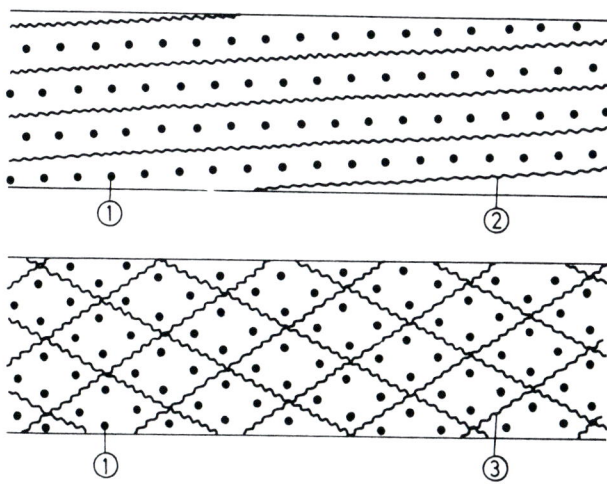

◄ Abb. 152: Flechtwerkbau.
1 = eingesenktes Flechtwerk zur Befestigung vorhandener erosionsgefährdeter Böden, 2 = Hangoberfläche, 3 = nach dem Bau des Flechtwerkes wieder verfüllter Einschnitt, 4 = Holzpfahl, 5 = Weidengeflecht, 6 = Flechtwerk zur Sicherung von Bodenauftrag, 7 = ursprüngliche Hangoberfläche, 8 = Weidengeflecht, 9 = Metallstab, 10 = Bodenauftrag, 11 = Holzpfahl oder Eisenstab, 12 = Spieker, 13 = Weidengeflecht, 14 = Arbeitsrichtung.

◄ Abb. 153: Flechtwerkbau.
1 = durch Pflanzung eingebrachte Junggehölze, 2 = Parallelgeflecht, 3 = Rautengeflecht.

▲ *Abb. 154: Rautengeflecht.*

300 cm parallel zueinander. Sie sind je nach Hang-neigung und -gefährdung mit einer Neigung von etwa 5 bis 20° anzulegen. Rautengeflechte werden je nach Hangneigung und -gefährdung im Abstand von ca. 150 bis 200 cm in Form von Rhomben hergestellt. Der obere und untere Winkel der Raute sollten größer als 90° sein. Beim Bau ist darauf zu achten, daß die Kreuzungspunkte der Geflechte durch einen Pflock und nicht nur durch einen Spie-ker gesichert sind (Abb. 153 u. 154). Für die Siche-rung von Bodenauftrag sind Rautengeflechte vorzu-ziehen. Flechtwerke sind am besten in der Zeit der Vegetationsruhe zu bauen. Unmittelbar nach ihrer Fertigstellung oder eine Vegetationsperiode später werden die durch die Geflechte gebildeten Felder mit Gehölzen der geplanten Schlußgesellschaft bepflanzt (Abschn. V 2.1 und unten „Gehölzpflan-zungen als Ergänzungsbauweise"). Eine Ansaat der

Felder mit Wiesengesellschaften (Abschn. V. 2.2) ist ebenfalls möglich und auch durchgeführt worden. Es sei aber darauf hingewiesen, daß die Rasen-decke im Verlauf ihrer Entwicklung die Flechtwerke zum Absterben bringen kann oder daß die ausge-triebenen Flechtwerke die Bildung einer geschlos-senen Rasendecke verhindern.

Anwendungsbereich

Flechtwerke halten zwar recht gut Feinmaterial fest, sie können aber leicht bei Rutschungen, durch Steinschlag o. ä. zerrissen werden. Außerdem bewurzeln sich die Enden derjenigen Ruten, die oberhalb der Bodenfläche verflochten werden, z. T. nicht, so daß ein großer Teil der Ruten abstirbt. An die Beschaffenheit des Materials werden insofern verhältnismäßig große Anforderungen gestellt, als nur wenig- oder unverzweigte Ruten von 150 cm

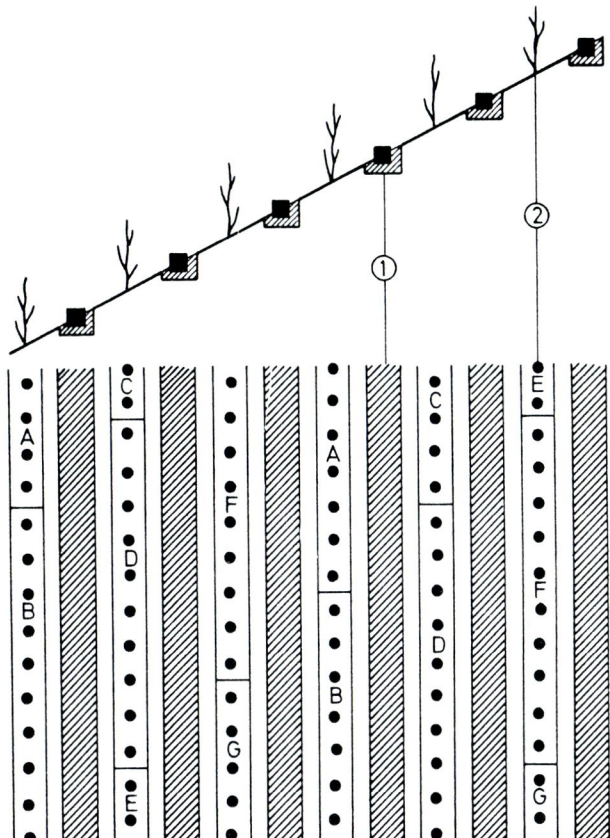

Abb. 155: Holzartenkombination
bei Pflanzungen zwischen ingenieurbiologischen Bauobjekten zur Hangbefestigung (Schema).
1 = Bauobjekt zur Hangbefestigung,
z. B. Buschlage, Flechtwerk, Faschine, 2 = durch Pflanzung eingebrachte Junggehölze, A bis G = je
10 Pflanzen einer Holzart.

Mindestlänge verwendet werden können. Der
Anwendungsbereich des Flechtwerkbaues ist daher
durch den billigeren, wirksameren und leichter aus-
führbaren Busch- und den Heckenlagenbau in den
letzten Jahren stark eingeengt worden. Der Flechtwerkbau ist heute vor allem dann eine unentbehrli-
che ingenieurbiologische Bauweise, wenn auf kleineren oder größeren Flächen aufgebrachter Boden
vor dem Abrutschen gesichert werden soll, wie
z. B. Mutterbodenandeckungen auf steileren Böschungen oder Bodenauftrag auf Felshängen.

Literatur: BUCHWALD et al. (1969); DIN 18918 (1990); DUTHWEILER
(1967); Forschungsgesellschaft für das Straßenwesen (1971);
SCHIECHTL (1973); SCHLÜTER (1971b, 1986).

Gehölzpflanzungen als Ergänzungsbauweise

Wie angedeutet, müssen zwischen den oben
beschriebenen ingenieurbiologischen Bauobjekten
(z. B. Buschlagen, Geflechte, Faschinen) oft als
Ergänzungsbauweise Gehölzpflanzungen vorgenommen werden. Während die Pflanzmethoden
Abschn. V. 2.1 zu entnehmen sind, folgen hier
einige Bemerkungen über Holzartenwahl und Holzartenkombination.
Oben wurde darauf hingewiesen, daß möglichst
Holzarten der geplanten Schlußgesellschaft anzusiedeln sind. Sofern es die Zielsetzung der ingenieurbiologischen Baumaßnahme zuläßt, sollte

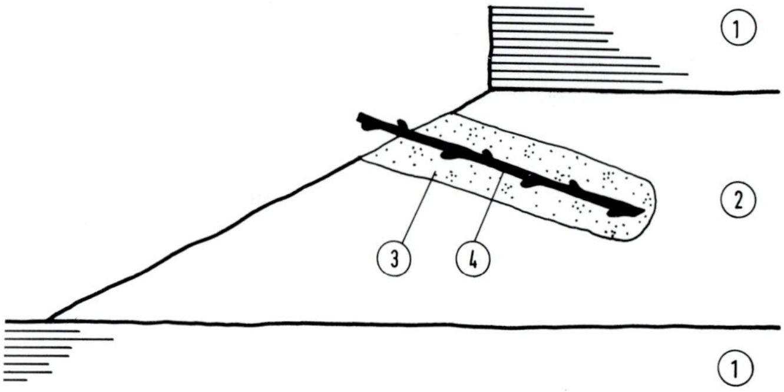

Abb. 156: Besatz von Felsböschungen aus schwer und leicht
verwitterbaren Schichten mit Weidensteckholz.
1 = schwer verwitterbare Schichten,
2 = abgeböschte leicht verwitterbare Schicht, 3 = mit Feinmaterial verfüllte Bohrung, 4 = Weidensteckholz.
(Forschungsgesellschaft für das
Straßenwesen, 1971).

diese Schlußgesellschaft der HPNV entsprechen. Die Gehölze sind weder in Einzelmischung noch in zu großen, aus einer Art bestehenden Gruppen anzusiedeln. Bei Einzelmischung können schwachwüchsige Holzarten durch starkwüchsige unterdrückt werden. Im zweiten Fall besteht Gefahr, daß bei einem Ausfall der einen oder anderen Art ausgedehnte Lücken entstehen, die an instabilen Baustellen die Erreichung des Zieles der Baumaßnahme in Frage stellen können. Am günstigsten dürfte es daher sein, die Gehölze reihenweise bzw. beim Rautengeflecht in Gruppen zu etwa 10 bis 20 Pflanzen einer Art zwischen die ingenieurbiologischen Bauobjekte zur Vorsicherung, wie z. B. Buschlagen oder Geflechte, einzubringen (Abb. 155).

Literatur: SCHLÜTER (1971b, 1986).

Steckholzbesatz

Lebende Baustoffe
Steckhölzer der unter „Hangfaschinenbau" genannten Weidenarten.

Bauweise
Steckholzbesatz zu flächiger Sicherung wird vor allem an Hängen und Böschungen aus schwer verwitterbarem Schichtgestein mit leicht verwitterbaren Zwischenschichten ausgeführt. Wie in Abschn. V. 6.2.3 angedeutet wurde, erstreckt sich die ingenieurbiologische Sicherung derartiger Felsböschungen auf die leicht verwitterbaren Schichten.
In diese Schichten werden mit Metallstäben in Abständen von etwa 50 cm ca. 30 cm tiefe und 5 bis 8 cm weite Löcher vorgebohrt. Anschließend werden die Löcher mit Feinmaterial verfüllt und mit ungefähr 30 bis 35 cm langen Steckhölzern besetzt. Die Steckhölzer sind so tief einzubringen, daß eine bis drei Knospen herausragen (Abb. 156).

Anwendungsbereich
Zum prophylaktischen Schutz leicht verwitterbarer Schichten in Felsböschungen, die aus schwer und leicht verwitterbaren Schichten bestehen.
Darauf hinzuweisen ist, daß die Bauweise nur dann Erfolg hat, wenn
– die weichen Schichten schon ausreichend, z. B. zu Ton, verwittert sind oder zumindest eine schnelle Verwitterung zu erwarten ist und
– sichergestellt ist, daß die Steckhölzer ausreichend mit Wasser versorgt werden.

Literatur: Forschungsgesellschaft für das Straßenwesen (1971).

Zweiglagenbau

Lebende Baustoffe

Siehe „Buschlagenbau".

Bauweise

Der Zweiglagenbau ist im Grunde nichts anderes als die in Abschn. V. 3.7.2 beschriebene Bauweise der Ast- und Zweigpackungen. Wie bei den Ast- und Zweigpackungen lassen sich auch hier ein-

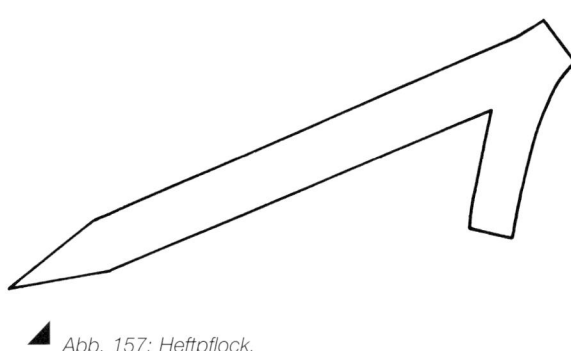

◢ *Abb. 157: Heftpflock.*

schichtige und mehrschichtige Zweiglagen unterscheiden. Bei der einschichtigen Zweiglage werden nach dem Planieren der Fläche auf ihr etwa 50 bis 80 cm lange, 3 bis 5 cm dicke lebende Weidenpflöcke oder tote Holzpflöcke bis zu etwa zwei Drittel ihrer Länge eingeschlagen. Die Abstände der Pflöcke liegen ungefähr zwischen 70 x 70 cm und 100 x 100 cm. Die Zweige, die möglichst länger als 200 cm sein sollten, werden nebeneinander mit ihrem Ende nach unten zwischen den Pflockreihen ausgebreitet.

Zur Bedeckung größerer Schadstellen sind mehrere Zweige übereinanderzulegen. Hierbei ist zu beachten, daß die Zweigspitzen der unteren Lage die Zweigenden der nächst höheren um etwa 30 cm überragen. Beim Bau ist also von oben nach unten zu arbeiten. Nach Fertigstellung der Lage werden dann die Pflöcke mit Draht parallel oder kreuzweise verspannt und soweit in den Boden geschlagen,

daß die Zweige zu Boden gedrückt werden. An Stelle der Pflöcke mit Drahtverspannung können auch Heftpflöcke (Abb. 157) oder Drahtbügel zur Befestigung der Zweige verwendet werden. Anschließend sind die Zweige mit Boden zu überschütten, so daß sie zwar weitgehend bedeckt sind, jedoch stellenweise aus der Feinmaterialschicht herausragen.

Die mehrschichtige Zweiglage wird wie die einschichtige ausgeführt. Statt einer Lage Zweige werden jedoch mehrere Zweigschichten aufeinandergelegt. Die Länge der Befestigungspflöcke ist der Gesamtstärke der Lage anzupassen.

Anwendungsbereich

Zweiglagen haben zunächst nur eine geringe Tiefenwirkung, bedecken aber sofort den Boden. Die teilweise aus dem Erdreich herausragenden Zweige vermögen Boden aufzufangen, der oberhalb von ihnen abgeschwemmt wird. Durch Zweiglagen werden deshalb vor allem kleinere Schadstellen vor Oberflächenerosion gesichert.

Literatur: KIRWALD (1964); v. KRUEDENER (1951); Forschungsgesellschaft für das Straßenwesen (1971); SCHLÜTER (1971b, 1986).

Belag mit Fertigrasen

Lebende Baustoffe

Rasensoden (Rasenplaggen, Rasenziegel), Rasenstücke und Rollrasen (Rasenmatten) mit standortgerechten Wiesengesellschaften.

Bauweise

Der Belag mit Fertigrasen wird wie in Abschn. V. 3.5.2.2 beschrieben ausgeführt. Darüber hinaus ist bei der Verwendung von Fertigrasen an Hängen und Böschungen vor allem folgendes zu beachten: An steilen Böschungen ist Fertigrasen besonders gegen Abrutschen zu sichern. Zu diesem Zwecke ist er durch Pflöcke, Metallstäbe oder Drahtbügel mit dem Untergrund zu vernageln, wobei jede vierte

◣ *Abb. 158: Flächige Andeckung
einer Böschung mit Rasensoden.*

bis fünfte Sode einen ca. 25 bis 50 cm langen und
2 cm dicken Pflock bzw. jede Sode einen 25 bis 30
cm langen und 4 mm dicken Drahtbügel erhält.
Rollrasen wird pro lfm mit zwei bis vier Bügeln
gesichert.
Bei starker Rutschgefährdung kann Fertigrasen
auch mit Drahtgeflechten oder Kunststoffnetzen
überspannt werden. Ist in diesen Fällen vorgesehen, die angedeckten Flächen zu mähen, sollte
aber sichergestellt sein, daß die Geflechte oder
Netze vor der ersten Mahd wieder entfernt werden,
da sie die Mähgeräte außer Betrieb setzen und
beschädigen können.

Es haben sich folgende Andeckungsweisen bewährt:
a) Flächige Andeckung (Abb. 158)
   Hierbei wird die gesamte zu sichernde Fläche
   dicht belegt.
   Da diese Methode einen sehr hohen Aufwand an
   Arbeit und Material erfordert, wird die flächige Andeckung oft nur auf besonders gefährdete Teil-
   flächen wie Böschungskronen, Böschungsfüße,
   kleinere Schadstellen, Bermenwälle usw. beschränkt, während die weniger gefährdeten Bereiche angesät werden. (Die flächige Andeckung
   kleinerer, inselartiger Schadstellen wird in der
   Literatur auch als „Punktrasen" bezeichnet.)

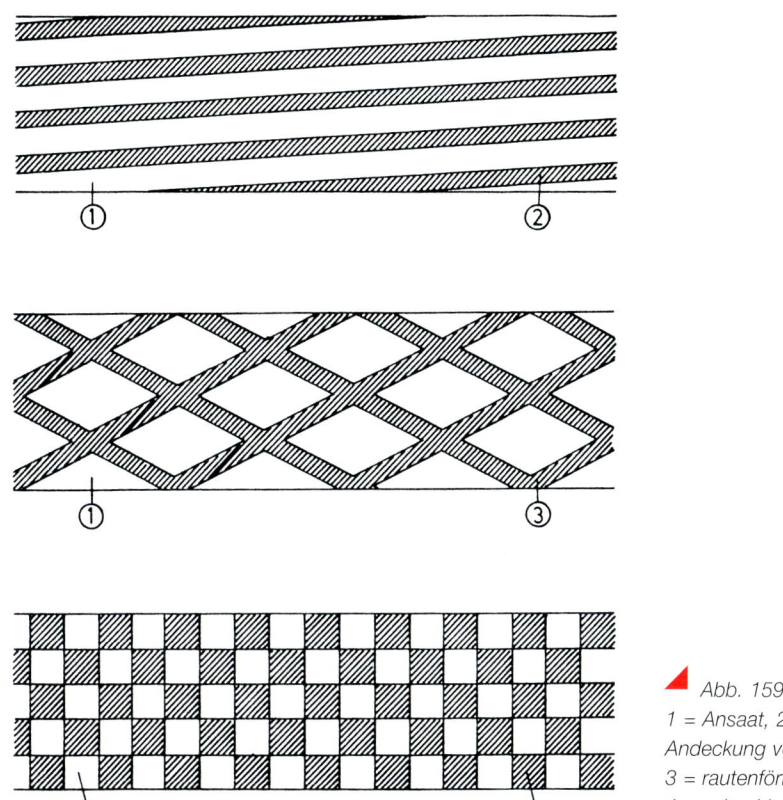

Abb. 159: Belag mit Fertigrasen.
1 = Ansaat, 2 = streifenförmige
Andeckung von Fertigrasen,
3 = rautenförmige Andeckung,
4 = schachbrettartige Andeckung.

Sollen ausgedehntere Flächen gleichen Gefährdungsgrades unter sparsamer Verwendung von Fertigrasen angedeckt werden, gibt es die folgenden Möglichkeiten:

b) Schachbrettartige Andeckung
Diese kann einmal wie in Abb. 159 dargestellt ausgeführt werden, so daß also pro Sode ebenso große Flächen unbesodet bleiben. Zum anderen können aber auch mehrere Soden zu einer größeren Fertigrasenfläche zusammengefaßt und dann entsprechend größere Flächen freigelassen werden.

c) Rautenförmige Andeckung
Rasensoden werden rauten- bzw. rhombenförmig verlegt (Abb. 159), wobei die „Gitterweite"

etwa zwischen 100 und 200 cm liegt. Zur Erzielung einer ausreichenden Stabilität gegen Abrutschen müssen der obere und der untere Winkel der Rauten größer als 90° sein.

d) Streifenförmige Andeckung
An Hängen und Böschungen aus Lockermaterial wird Fertigrasen in parallelen Streifen verlegt. Der Abstand der „Bänder" beträgt hier ca. 100 bis 150 cm, die Neigung etwa 20 bis 25° zu den Höhenlinien (Abb. 159).
Der streifenförmige Belag wird außerdem an Felsböschungen angewandt, die aus leicht und schwer verwitterbaren Schichten bestehen (Abschn. V. 6.2.3). Hierbei werden zur Sicherung der „weichen" Schichten gegen Verwitterung diese

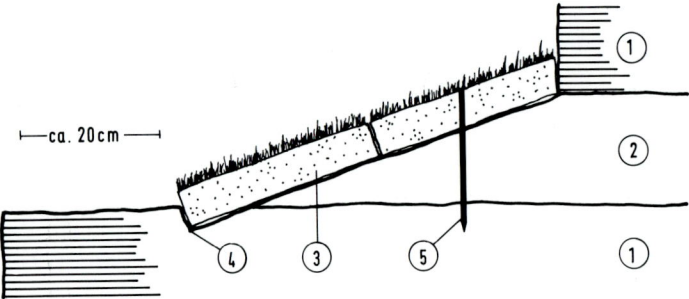

Abb. 160: Belag von Felsböschungen aus schwer und leicht verwitterbaren Schichten mit Fertigrasen.
1 = schwer verwitterbare Schichten, 2 = abgeböschte leicht verwitterbare Schicht, 3 = Rasensoden, 4 = flache Einkerbung, 5 = bei Bedarf Vernagelung durch Pflöcke, Metallstäbe oder Metallbügel.

dicht mit Rasensoden oder Rollrasen belegt (Abb. 160). Abstände und Neigungen der Rasenbänder zu den Höhenlinien richten sich in diesen Fällen nach dem Verlauf der zu schützenden „weichen" Schichten.

Mit Ausnahme der streifenförmigen Andeckung leicht verwitterbarer Schichten an Felsböschungen sind bei allen unter b) bis d) genannten Andeckungsweisen die nicht mit Fertigrasen belegten Zwischenräume mit Boden aufzufüllen und anschließend anzusäen oder zu bepflanzen (Abschn. V. 2.1 und V. 2.2).

Nach SCHIECHTL besteht Gefahr, daß bei den Teilandeckungen die Muster der Sodenbeläge noch „nach Jahrzehnten" sichtbar sind. Dies dürfte vor allem dann zutreffen, wenn die Zwischenräume nur unvollkommen mit Boden aufgefüllt werden und die Saatmischung nicht der Artenzusammensetzung des Fertigrasens entspricht.

Anwendungsbereich

Fertigrasen sollte möglichst nur dort angesiedelt werden, wo die HPNV eine Wiesengesellschaft ist. An Waldstandorten ist er nur dann aufzubringen, wenn es die Zielsetzung der ingenieurbiologischen Baumaßnahme oder ökologische Erwägungen unter allen Umständen erfordern.
Im Gegensatz zur Ansaat schützt Fertigrasen die Bodenoberfläche sofort nach dem Aufbringen. Er

wird deshalb hauptsächlich dort verwendet, wo die Bodenoberfläche einen sofortigen Oberflächenschutz gegen Erosion erhalten muß.
Hinsichtlich der erosionsverhütenden Wirkung läßt sich folgende Reihe aufstellen: Flächige Andeckung > schachbrettartige Andeckung > rautenförmige Andeckung > streifenförmige Andeckung. Je dichter also angedeckt wird, desto größer ist die ingenieurbiologische Wirkung, desto höher ist aber auch der Arbeits- und Materialaufwand. Daraus folgt, daß bei abnehmender Erosionsgefährdung die weniger Arbeit und Material beanspruchenden Andeckungsweisen zu wählen sind.

Literatur: BUCHWALD et al. (1969); DIN 18917 (1990); DUTHWEILER (1967); Forschungsgesellschaft für das Straßenwesen (1971); SCHIECHTL (1973); SCHLÜTER (1971b, 1986).

6.3.3 Weitere, hier nicht beschriebene Bauverfahren

Hänge und Böschungen können außerdem ausschließlich durch Gehölzpflanzungen (Abschn. V. 2.1) oder Ansaaten von Gräsern und Kräutern mit und ohne Begrünungshilfsmitteln (Abschn. V. 2.2) sowie durch Begrünte Hangroste (Abschn. V. 6.4.2) flächig gesichert werden.

6.4 Sicherung von Steil-hängen und -böschungen

6.4.1 Allgemeines

Derartige Hänge und Böschungen entstehen vor allem durch Rutschungen und Anbrüche, aber auch in starkem Maße durch Anschneiden von Hang- und Böschungsfüßen, z. B. beim Straßen- und Wegebau. Es braucht nicht näher ausgeführt zu werden, daß auch hier möglichst die HPNV als Bestandsziel anzustreben ist. Vor allem, wenn Hangfüße mit der HPNV „Waldgesellschaft" beim Straßen- und Wegebau angeschnitten werden, ist dies jedoch oft nicht möglich; nämlich dann nicht, wenn Gehölze den Straßenraum zu sehr einengen.

Mit Ausnahme von Rasenmauern handelt es sich bei den ingenieurbiologischen Sicherungsbauten um recht massive Bauwerke aus totem Material, wie Trockenmauern aus Naturstein oder Drahtschotterkörpern, Krainerwände und Hangroste. Sie werden mit lebenden Baustoffen, wie Junggehölzen, Setzpflöcken, Ästen usw., aber auch mit Rasen begrünt.

Wirkungsweise

Diese Bauwerke üben in der Hauptsache die folgenden Wirkungen aus:

a) Ingenieurbiologische Wirkungen:
- – Sie stützen mechanisch oberhalb der Steilböschungen liegende flachere Hang- und Böschungsbereiche ab.
- – Sie verhindern mechanisch, daß Gestein und Feinmaterial aus den Steilböschungen herauserodiert werden und erhöhen auf diese Weise ebenfalls die Standfestigkeit der darüberliegenden Hang- und Böschungsbereiche.
- – Da die Bauwerke wasserdurchlässig sind, verhindern sie das Auftreten von Stauwasser zwischen den Bauwerken und Böschungen. Dadurch werden nicht nur die Bauwerke selbst, sondern auch die Steilhänge und -böschungen stabilisiert.

- – Die lebenden Baustoffe durchziehen mit ihren Wurzeln die Bauwerke aus totem Material und die dahinterliegenden Steilböschungen. Sie festigen sie auf diese Weise und stellen den ingenieurbiologisch besonders wirksamen Verbund nicht nur zwischen lebenden Baustoffen und den Bauwerken aus totem Material, sondern auch zwischen diesen und den zu schützenden Steilhängen und Böschungen her (Abschn. V. 1.1.1.3).
- – Durch ihre Transpiration tragen die Pflanzen zur Entwässerung der Steilhänge und -böschungen bei, mindern so ihren hydrostatischen Druck auf die Sicherungsbauwerke und steigern auf diese Weise deren Standfestigkeit und die der Hänge und Böschungen. Sie werden in dieser Hinsicht besonders wirksam, wenn ihre Wurzeln wasserführende Schichten und Quellhorizonte erreichen.
- – Die Pflanzen verhindern das Ausspülen von Feinmaterial aus den Bauwerken, indem die oberirdischen Teile bei Niederschlägen die Wucht des Tropfenaufpralls herabsetzen sowie die Energie des abfließenden Oberflächenwassers zerteilen und die Wurzeln das Feinmaterial festhalten.

b) Weitere Wirkungen:
- – Biotop (Abschn. I.).
- – Verschönerung des Landschaftsbildes (Abschn. I.).

6.4.2 Bauverfahren

Begrünte Trockenmauern

Lebende Baustoffe

Es können sowohl Junggehölze (Straucharten) als auch Setzpflöcke und Zweige der folgenden Weidenarten bzw. an Ort und Stelle bewurzelungsfähiger Hybriden verwendet werden:

Großblättrige Weide (Salix appendiculata), Reifweide (S. daphnoides), Lavendelweide (S. eleagnos = S. incana), Glanzweide (S. glabra), Schwarzweide (S. nigricans), Lorbeerweide (S. pentandra), Purpurweide (S. purpurea), Mandelweide (S. triandra),

▰ Abb. 161: Begrünte Trockenmauer. Sie ist im oberen Bereich mit
Weidensteckholz und im unteren mit
Ballen von Wiesengesellschaften
besetzt.

▰ Abb. 162: Dieselbe begrünte
Trockenmauer aus der Nähe.

Korbweide (S. viminalis). Bisweilen werden auch Rasensoden oder -ballen benutzt.

Bauweise

Bei Verwendung von Gehölzen oder Gehölzteilen werden diese während des Aufsetzens der Trockenmauern in die Fugen eingelegt. Die Abstände betragen je nach Mauerstärke und Art der lebenden Baustoffe etwa 30 bis 100 cm. Um den oben angedeuteten guten Verbund der Bauwerke mit den Böschungen zu erreichen, müssen die lebenden Baustoffe so eingebaut werden, daß die Wurzeln der Gehölze bzw. Enden der Gehölzteile durch die Mauer hindurch und, sofern die Mauern mit Kiesfiltern hinterfüllt sind, auch durch diese bis in oder zumindest bis an die Steilböschungen reichen. Zur Herabsetzung der Verdunstung während des Anwachsens sollten die lebenden Baustoffe nicht mehr als 30 cm aus der Mauer herausragen (Abb. 161 u. 162). Ggf. ist ein Rückschnitt erforderlich. Begrünte Trockenmauern sind nur während der Vegetationsruhe zu bauen.

Bei Verwendung von Rasen ist zu empfehlen, während des Aufsetzens der Trockenmauern die Zwischenräume zwischen den Steinen mit Feinmaterial zu füllen. Die Rasenballen werden während oder nach dem Mauerbau in die Fugen eingebracht. Diese Bauweise kann in der Zeit der Vegetationsruhe, aber auch während der Vegetationsperiode ausgeführt werden.

Mit Rasen begrünte Trockenmauern haben nicht die Standfestigkeit der mit Gehölzen oder Gehölzteilen besetzten Mauern. Daher sollten sie nicht höher als 200 cm sein und einen starken Anzug (Neigung zur Böschung hin) bekommen.

Anwendungsbereich

Vor allem zur linearen Sicherung steiler Hangfüße und zum punktförmigen Schutz kleinerer steiler Schadstellen.

Literatur: Forschungsgesellschaft für das Straßenwesen (1971); SCHIECHTL (1973).

Begrünte Drahtschotterkästen (Gabionen)

Lebende Baustoffe
Siehe „Begrünte Trockenmauern".

Bauweise

Es handelt sich um rechteckige Kästen aus Drahtgeflecht, deren Oberflächen aus Deckeln gleichen Materials bestehen. Sie werden als zusammengelegte „Matten" in verschiedenen Abmessungen angeliefert.
U. a. sind folgende Maße üblich: Länge 200 cm, Breite (Tiefe) 100 cm, Höhe 80 cm. Das Gerippe der Kästen besteht aus Rundstahl von 1,5 cm Durchmesser. Das dazwischengespannte vier- oder sechseckige Drahtgeflecht hat eine Maschenweite von etwa 12 cm und ist 4 mm dick.

Die Kästen werden auf der Baustelle zusammengesetzt und reihenförmig am Fuß des zu sichernden Steilhanges aufgestellt. Als Unterbau hat sich eine flache Schotterschicht bewährt, die rd. 5 bis 10 % zum Hang hin geneigt ist.
Sofern bereits in dieser untersten Kastenreihe lebende Baustoffe verwendet werden sollen, ist in die Kästen zunächst eine 15 bis 20 cm starke Bodenschicht einzubringen. In sie werden dann die lebenden Baustoffe so eingelegt, daß deren Wurzeln bzw. Enden bis in oder an den Steilhang reichen. Anschließend werden die Kästen mit verwitterungsbeständigen, lagerhaften Bruchsteinen gefüllt, die größer als die Maschenweite der Kästen sein müssen. Möglichst ist Gestein zu verwenden, das dem an der Baustelle anstehenden gleicht. Nach Schließen der Deckel wird in die Hohlräume zwischen den Steinen Feinmaterial eingekehrt oder eingeschlämmt. Verbliebene Hohlräume zwischen Kastenreihe und Steilhang sind am besten mit einem Gemisch aus Schotter und Boden zu verfüllen.

Auf dieser Kastenreihe werden dann die weiteren Kastenreihen aufgestellt und, wie beschrieben, ebenfalls mit den toten und lebenden Baustoffen gefüllt. Hierbei sind die Kastenreihen treppenförmig,

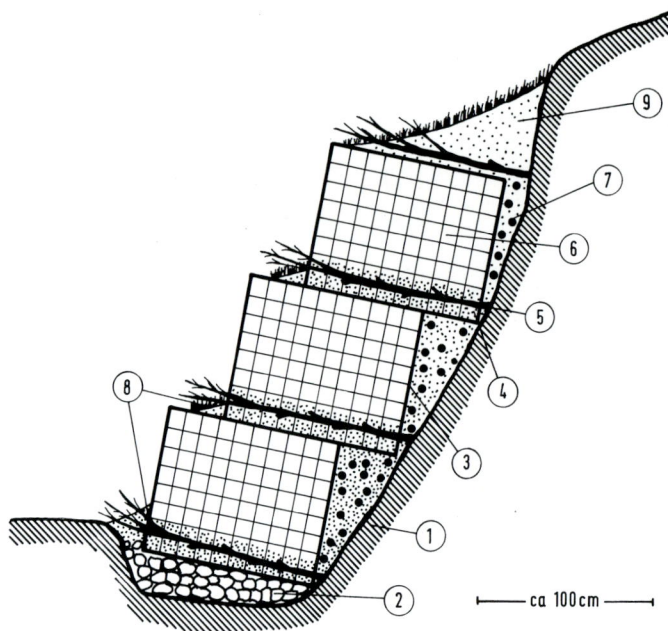

Abb. 163: Begrünte Drahtschotterkästen.
1 = anstehender Boden oder Gestein, 2 = Schotterunterbau, 3 = Drahtschotterkästen, 4 = Bodenschicht in den Drahtschotterkästen, 5 = Weidensetzpflöcke oder -äste, 6 = Bruchsteinfüllung der Drahtschotterkästen, 7 = Hinterfüllung mit Schotter und Boden, 8 = Bodenauftrag mit eventueller Rasenbegrünung, 9 = Bodenauftrag mit Rasenbegrünung oder Bepflanzung.

Abb. 164: Ungefüllter Drahtschotterkasten.

Abb. 165: Als Unterbau für die Drahtschotterkästen genügt in der Regel eine Schotterschicht.

Abb. 166: Gut mit Strauchweiden bewachsene Drahtschotterkästen.

Abb. 167: Dasselbe Bauwerk
aus der Nähe.

etwa um ein Drittel der Kastentiefe zum Hang hin versetzt, und mit Fugenversatz der Kastenstöße anzuordnen. Die oberen Füllagen jeder Kastenreihe sind mit kleineren Steinen so zu korrigieren, daß eine feste und waagerechte Auflage der nächsthöheren Kastenreihe gewährleistet ist.

Die vorstehenden Oberflächen der Kastenreihen sind mit Feinmaterial zu bedecken und bei Bedarf durch Rasenansaaten ohne oder mit Begrünungs-hilfsmitteln (Abschn. V. 2.2) bzw. durch Fertigrasen (Abschn. V. 6.3.2) zu begrünen. Außerdem ist die Oberfläche der obersten Kastenreihe vollständig mit

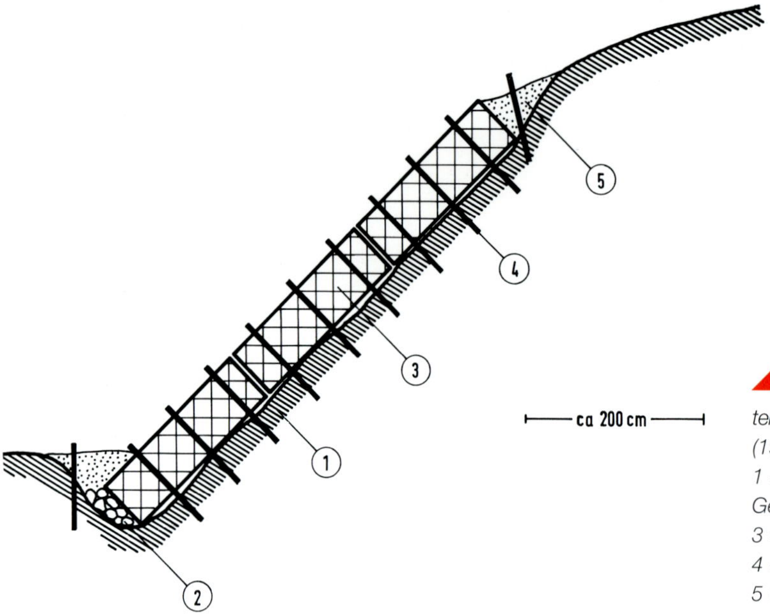

Abb. 168: Begrünte Drahtschotterkästen in Anlehnung an SCHIECHTL
(1973).
1 = anstehender Boden oder
Gestein, 2 = Schotterunterbau,
3 = mit Steinen gefüllte Drahtkästen,
4 = Weidensetzpflöcke oder -äste,
5 = Bodenauftrag.

ca 200 cm

Boden abzudecken. Dort sind dann entsprechend den Standortverhältnissen der Baustelle und der Zielsetzung der ingenieurbiologischen Baumaßnahme entweder Gehölze (Abschn. V. 2.1) oder Wiesengesellschaften (Abschn. V. 2.2) anzusiedeln (Abb. 163 bis 167).

Bei Bedarf können Drahtschotterkästen auch nur durch Wiesengesellschaften begrünt werden. In diesen Fällen sind die Hohlräume zwischen den Steinen besonders sorgfältig durch Einkehren oder Einschlämmen von Boden zu verfüllen. Die Ansaat erfolgt am besten nach dem Aufsetzen der Kästen mit Begrünungshilfsmitteln. Als Zuschlagstoffe sind Bodenverbesserungsstoffe, Kleber und Mulchstoffe geeignet (Abschn. V. 2.2.2.1).
Da wegen der geringen Wurzeltiefe der Wiesengesellschaften ein guter Verbund zwischen Drahtschotterkasten und den zu sichernden Böschungen kaum zu erreichen ist, sollte diese Methode nur dann angewandt werden, wenn an der Baustelle

die HPNV eine Wiesengesellschaft ist oder wenn es die Zielsetzung der ingenieurbiologischen Baumaßnahme unbedingt erfordert.

SCHIECHTL beschreibt eine Variante der Begrünten Drahtschotterkästen, bei der die mit Steinen gefüllten Kästen nicht treppenartig aufgesetzt, sondern entsprechend der Hangneigung schräg übereinandergeordnet werden. Die lebenden Baustoffe reichen durch die Kästen hindurch bis in den Hang hinein (Abb. 168).
Mit Ausnahme der Rasenansaaten, die auch in der Vegetationsperiode vorgenommen werden können, sind Begrünte Drahtschotterkästen nur in der Vegetationsruhe zu bauen.

Anwendungsbereich

Vor allem zur Fußsicherung von Hängen, die vernäßt sind und zu Rutschungen neigen. Die Verwendung von Begrünten Drahtschotterkörpern ist außerdem besonders in den Fällen zu empfehlen, in

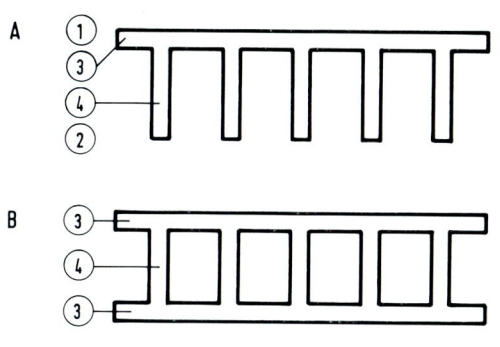

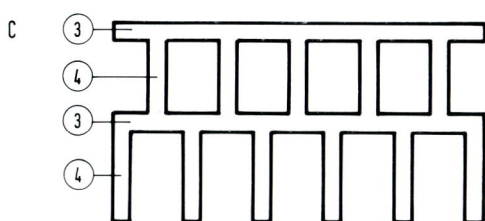

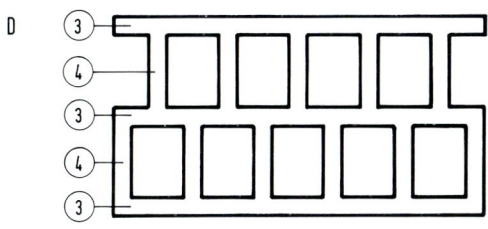

Abb. 169: Einbauweisen von begrünten Beton-Krainerwänden (Aufsicht). Unmaßstäbliches Schema in Anlehnung an RITTER et al. (1977).
1 = Außenseite, 2 = Hangseite, 3 = Läufer, 4 = Binder.

denen aus Gründungsschwierigkeiten oder aus finanziellen Gründen auf Fundamente und teurere Bauwerke verzichtet werden muß. Aus ökologischen Erwägungen sollten Drahtschotterkästen nur dort verwendet werden, wo Gestein und kein „Weichboden" ansteht.

Literatur: Forschungsgesellschaft für das Straßenwesen (1971); SCHIECHTL (1973).

Begrünte Beton-Krainerwände

Lebende Baustoffe

Siehe „Begrünte Trockenmauern".

Bauweise

Es gibt verschiedene Typen der Beton-Krainerwände. Sie sind nach den schon seit längerer Zeit benutzten Holz-Krainerwänden benannt. Beton-Krainerwände bestehen aus Stahlbeton-Fertigteilen, die sich entsprechend den Hölzern der Holz-Krainerwände in „Läufer" und „Binder" bzw. „Zangen" unterteilen lassen. Während die Läufer parallel zum Böschungsverlauf angeordnet werden, liegen die Binder unter und auf den Läufern rechtwinklig zu ihnen und reichen in den Hang hinein. Da die Läufer zwischen den Bindern etwa 125 cm überspannen und erhebliche Druckbelastungen aufnehmen müssen, sind sie in der Mitte zwischen den Bindern durch sog. „Abstandssteine" abzustützen (Abb. 171). Die Beton-Fertigteile werden in verschiedenen Abmessungen hergestellt. RITTER et al. geben z. B. folgende Maße an:

	Länge	Breite	Höhe
Läufer	125 – 280	30	8
Binder	90 – 180	15	25 – 32
Abstandssteine	20	15	25 – 29

Tab. 12: Maße in cm von Stahlbeton-Fertigteilen für Beton-Krainerwände

▲ Abb. 170: Begrünte Beton-Krainerwand.

▲ Abb. 171: Konstruktion einer Beton-Krainerwand. Zu erkennen sind die waagerechten, parallel zum Böschungsverlauf angeordneten Läufer, die in die Böschung hinein-reichenden Binder und links im Bild die Abstandssteine.

Durch das Aufeinanderlegen von Läufern und Bindern entstehen Nischen bzw. Kammern, in die die lebenden Baustoffe eingebracht werden.

Aus Abb. 169 ist ersichtlich, daß die Beton-Krainerwände je nach Beanspruchung unterschiedlich gebaut werden können.

Wegen der großen Aufstandsfläche sind die Bodenpressungen gering, so daß meistens Fundamente nicht erforderlich sind. Die Fertigteile werden i. d. R. auf einer Sand-Kiesschicht zu den obigen Bautypen zusammengebaut. Dabei haben sich Wandneigungen von 4:1 bis 10:1 bewährt. Die Hohlräume zwischen den Krainerwänden und den abzustützenden Böschungen sowie die Nischen bzw. Kammern der Beton-Krainerwände werden dann mit Boden gefüllt, während gleichzeitig die lebenden Baustoffe einzulegen sind. Zur Sicherstellung der Wasserversorgung der lebenden Baustoffe und zur Erzielung eines guten Verbundes zwischen den Beton-Krainerwänden und den zu sichernden Böschungen müssen die Wurzeln oder Enden der lebenden Baustoffe durch die Beton-Fertigteile bis an die Böschungen reichen (Abb. 170 u. 171). Ausführungszeit: Vegetationsruhe.

Die Verwendung von Rasen zur Begrünung ist nicht sehr zu empfehlen. Wegen der geringen Durchwurzelungstiefe ist einmal kein guter Verbund zwischen Krainerwand und Böschung möglich, zum anderen besteht Gefahr, daß die Gräser in den nicht besonders gut mit Wasser versorgten Nischen vertrocknen.

Anwendungsbereich

Begrünte Beton-Krainerwände werden vor allem zur vorbeugenden linearen und punktförmigen Stabilisierung von Hangfüßen gegen Erosion und Rutschungen, aber auch zur Beseitigung von Hang- und Böschungsrutschungen benutzt. Außerdem sind sie sehr gut als Stützmauern an sehr steilen Böschungen geeignet. Sie können in diesen Fällen oft Mauern aus Beton oder anderen toten Materialien ersetzen.

Literatur: RITTER et al. (1977); SCHIECHTL (1973).

Begrünte Holz-Krainerwände

Lebende Baustoffe
Siehe „Begrünte Trockenmauern".

Bauweise
Wie die Beton-Krainerwände bestehen sie aus Läufern (Längshölzern) und Bindern (Zangen). Als Baumaterial werden Kant- oder Rundhölzer von rd. 10 bis 25 cm Durchmesser verwendet.

Holz-Krainerwände werden einwandig oder doppelwandig gebaut. Dabei entspricht die einwandige Konstruktion dem Typ A und die doppelwandige dem Typ B der Beton-Krainerwand in Abb. 169.

Ein Unterbau ist i. d. R. auch bei den Holzkrainerwänden nicht erforderlich. Auf die Auflagefläche werden zunächst ein Läufer bzw. bei doppelwandigen Krainerwänden zwei Läufer in einem Abstand von etwa 100 bis 150 cm gelegt. Auf ihnen werden in etwa 100 cm Abstand die Binder eingebaut, so daß sie mit ihren angespitzten Enden bis in die zu sichernde Böschung reichen. Ihre Vorköpfe sollen nicht mehr als 20 cm über die Außenseite der Krainerwand herausragen. Läufer und Binder sind durch Nagelung und bzw. oder durch Holzverbindung miteinander zu verbinden. Zu beachten ist, daß die Höhenabstände zwischen den übereinanderliegenden Läufern ausreichend sind, um den Einbau der lebenden Baustoffe zuzulassen. Sie sollten annähernd so groß wie die Durchmesser der Hölzer sein.

Auf die gleiche Weise werden dann die weiteren Läufer und Binder aufeinandergelegt und verbunden, wobei darauf hinzuweisen ist, daß Läufer und Binder mit Versatz einzubauen sind. Beim Bau von Holz-Krainerwänden sollte eine Höhe von 500 cm nicht überschritten werden.

Während des Baus werden die Krainerwände mit nicht zu feinkörnigem Boden hinterfüllt und gleichzeitig die lebenden Baustoffe eingebracht. Die Krainerwände müssen mindestens 10° zur Senk-

Abb. 172: Mit Purpurweide (Salix purpurea) bewachsene Holz-krainerwand.

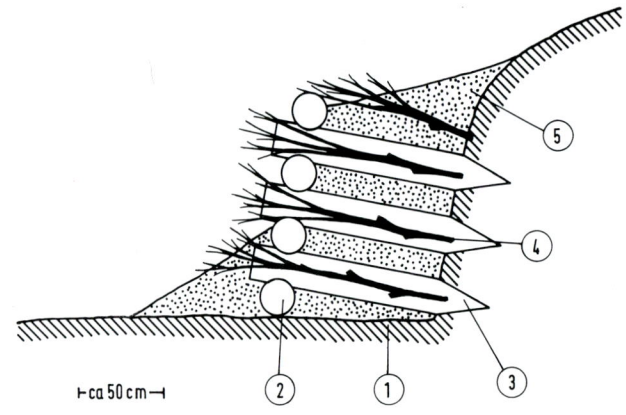

▲ *Abb. 173: Einwandige Begrünte Krainerwand.*
1 = anstehender Boden bzw. Gestein, 2 = Läufer, 3 = Binder (Zangen), 4 = Weidensetzpflöcke oder -äste, 5 = Verfüllung mit Boden.

rechten zum Hang hin geneigt sein. Flachere Neigungen sind vorzuziehen; denn je flachgeneigter die Bauwerke sind, desto standfester sind sie nach dem Verrotten der Hölzer; also dann, wenn nur noch die lebenden Baustoffe die Sicherung ausüben (Abb. 172 bis 175). Die Ausführungszeit liegt in der Vegetationsruhe.

Anwendungsbereich

Begrünte Holz-Krainerwände werden vor allem punktförmig eingesetzt. Dabei eignen sie sich besonders zur Sicherung wenig ausgedehnter Hang- und Böschungsanschnitte, aber auch zur Beseitigung kleinerer Schadstellen an Hängen und Böschungen. Außerdem werden sie zum Verbau von Erosionsrinnen benutzt (Abschn. V. 6.5.).

Literatur: DIN 18918 (1990); SCHIECHTL (1973).

◢ Abb. 174: Fast vollständig
begrünte Holz-Krainerwand. In der
Bildmitte sind die Läufer zu sehen.

◢ Abb. 175: Für diese Holzkrainer-
wand wurden als Läufer Baumstäm-
me verwendet.

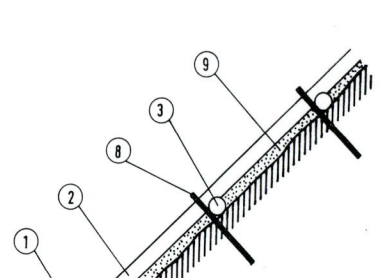

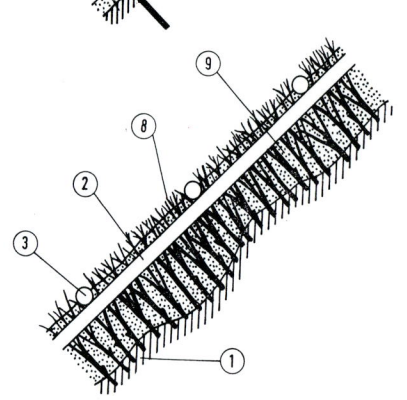

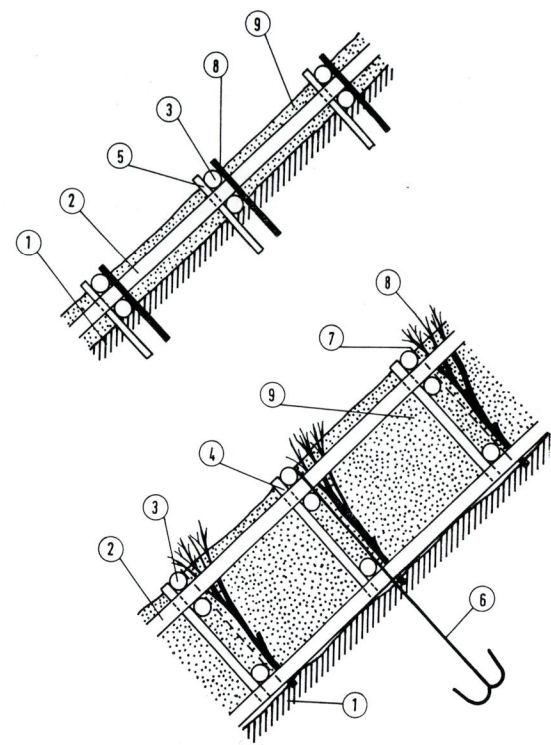

> Abb. 176: Einige Möglichkeiten für den Bau Begrünter Hangroste (unmaßstäbliche Skizzen in Anlehnung an SCHIECHTL, 1973). 1 = anstehender Boden bzw. Gestein, 2 = senkrecht zu den Höhenlinien liegende Stangen, 3 = parallel zu den Höhenlinien liegende Stangen, 4 = senkrecht zur Hangoberfläche stehende Verbindungshölzer, 5 = Verankerungen aus toten Holzpflöcken oder Metallstäben, 6 = tiefreichende Metallanker, 7 = Baustahlgitter, 8 = Weidensetzpflöcke oder -äste, 9 = Bodenauftrag.

Begrünte Hangroste

Lebende Baustoffe

Meistens werden Hangroste aus toten Holzstangen gebaut. Steht langes bewurzelungsfähiges Stangenholz von Weiden- oder Pappelästen zur Verfügung, können Hangroste auch hieraus hergestellt werden. Es braucht nicht näher ausgeführt zu werden, daß die ingenieurbiologische Wirkungsweise der Hangroste aus bewurzelungsfähigen Stangen besser ist als diejenige der aus Totholz hergestellten Roste. Die Begrünung der Gitterfelder erfolgt i. d. R. durch die unter „Begrünte Trockenmauern" genannten lebenden Baustoffe. Außerdem kann hier Saatgut standortgerechter Wiesengesellschaften angesät werden.

Bauweise

Aus Abb. 176 ist ersichtlich, daß es verschiedene Möglichkeiten gibt, Begrünte Hangroste zu bauen.

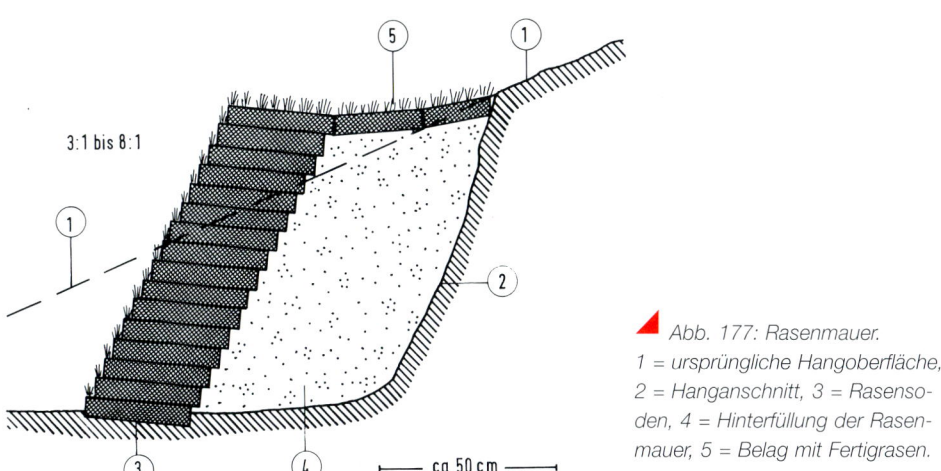

3:1 bis 8:1

ca 50 cm

Abb. 177: Rasenmauer.
1 = ursprüngliche Hangoberfläche,
2 = Hanganschnitt, 3 = Rasensoden, 4 = Hinterfüllung der Rasenmauer, 5 = Belag mit Fertigrasen.

Beim Bau sind bewurzelungsfähige oder aus totem Kant- oder Rundholz bestehende Stangen senk- recht und parallel zu den Höhenlinien kreuzweise übereinanderzulegen bzw. dreidimensional aufein- anderzusetzen und durch Nägel, Krampen oder Draht miteinander zu einfachen Gittern oder zu Raumgittern zu verbinden. Die Gitterweite sollte 200 cm x 200 cm nicht überschreiten. Zu beachten ist, daß die senkrecht zu den Höhenlinien liegenden Stangen am Fuß ausreichend, z. B. durch parallel zum Böschungsverlauf eingebaute Längshölzer, abgestützt werden. Hangroste werden maximal 10 bis 20 m hoch gebaut.

Die Hangroste werden durch bewurzelungsfähige Setzpflöcke oder Äste, durch tote Holzpflöcke, Metallstäbe oder tiefreichende Metallanker auf den zu sichernden Böschungen befestigt. Wegen der besseren ingenieurbiologischen Wirkungsweise sind hierfür lebende Baustoffe vorzuziehen.

Anschließend werden die Felder bzw. Räume zwi- schen den Gittern mit Boden und bisweilen auch mit Packungen aus Weidenästen, die mit Boden durchsetzt werden, ausgefüllt. Wird nur Boden ver- wendet, sind die Gitterfelder nach dem Verfüllen anzusäen (Abschn. V. 2.2), mit Fertigrasen zu bele- gen (Abschn. V. 6.3.2) oder mit Gehölzen zu bepflanzen (Abschn. V. 2.1).

Anwendungsbereich

Begrünte Hangroste werden vor allem zur flächigen Sicherung relativ steiler Hänge und Böschungen verwendet. Sie nehmen eine Zwischenstellung ein zwischen den in Abschn. V. 6.3 genannten Bau- weisen zur Sicherung schwach bis stärker geneig- ter Hänge und den hier aufgeführten Bauweisen zur Sicherung von Steilhängen.

Literatur: DIN 18918 (1990); Forschungsgesellschaft für das Straßen- wesen (1971); SCHIECHTL (1973).

Rasenmauern

Lebende Baustoffe

Soden standortgerechter Wiesengesellschaften.

Bauweise

Rasensoden werden schwach zur Böschung hin geneigt mit leicht abgetrepptem Anlauf übereinan- dergelegt. Aus Gründen der Standfestigkeit sollten die Mauern nicht höher als 150 cm sein. Sie kön- nen Neigungen von 3:1 bis 8:1 aufweisen. Hohlräu- me zwischen den Böschungen und den Rasen- mauern sind mit Boden zu hinterfüllen und anschlie- ßend anzusäen (Abschn. V. 2.2), mit Fertigrasen zu belegen (Abschn. V. 6.3.2) oder entsprechend Abschn. V. 2.1 mit Gehölzen zu bepflanzen (Abb. 177). Die Rasenmauern können in der Zeit der Vegetationsruhe, bei ausreichender Bewässerung aber auch während der Vegetationsperiode aufgesetzt werden.

Anwendungsbereich

Zur Abstützung niedriger Steilböschungen.

Literatur: Forschungsgesellschaft für das Straßenwesen (1971); SCHLÜTER (1971b, 1986).

6.4.3 Weitere, hier nicht beschriebene Bauverfahren

Sofern die Steilböschungen schwer verwitterbar und ausreichend standfest sind (Abschn. V. 6.2.), können sie auch mehr oder weniger vollständig ausschließlich durch Ansaaten mit oder ohne Begrünungshilfsmittel (Abschn. V. 2.2) oder durch Belag mit Fertigrasen (Abschn. V. 6.3.2) begrünt werden.

6.5 Beseitigung von Erosionsrinnen

6.5.1 Allgemeines

Die folgenden ingenieurbiologischen Bauverfahren erstrecken sich insbesondere auf die Beseitigung von Rinnen und Runsen, die nur zeitweise, z. B. nach der Schneeschmelze oder nach Starkregen, Wasser führen. Sie werden bisweilen auch zur Sicherung und Aufhöhung von Wildbach-Sohlen benutzt, sofern diese in der Vegetationsperiode längere Zeit trocken liegen (Abschn. V. 3.8).
Da die Bauweisen überwiegend mit Weidenarten ausgeführt werden, ist das Bestandsziel zunächst „Weidengebüsche". Diese stellen jedoch meistens

in den Rinnen und Runsen nicht die HPNV dar und sollten deswegen nicht die Schlußgesellschaften sein, die dort durch die ingenieurbiologischen Baumaßnahmen anzustreben sind. Vielmehr ist zu empfehlen, nach dem Verbau der Rinnen die HPNV (dort wohl meistens Waldgesellschaften) anzusiedeln, die dann die Sicherungsaufgaben der Weidengebüsche nachhaltig übernimmt.
Bei den nachstehend beschriebenen Bauverfahren handelt es sich vorwiegend um die Anlage von „Querbauten", die also quer zu den Längsachsen der Rinnen angeordnet sind. Zum anderen werden aber auch Bauweisen beschrieben, durch die die Sohlen der Rinnen vollständig durch lebende Baustoffe gesichert werden.
Die Wirkung der Verbauungen wird unterstützt durch ingenieurbiologische Sicherungen der Entstehungspunkte und der Rinnenböschungen mit dem Ziel, die Zufuhr von Wasser und Boden bzw. Gestein zu mindern. Die hierfür in Frage kommenden Maßnahmen sind vor allem in Abschn. V. 3.5.2.2 und V. 6.3.2 aufgeführt. Zu berücksichtigen ist allerdings, daß die Zufuhr von Boden und Gestein nicht völlig unterbunden werden darf, da diese Substanzen für die Sohlenanhebung hinter (oberhalb) den Querwerken erforderlich sind (s. unten).

Wirkungsweise

Die Verbauungen wirken folgendermaßen:
a) Ingenieurbiologische Wirkungen:
   Querwerke
   – Sie halten oberhalb Schotter, Geröll und Geschiebe mechanisch zurück.
   – Oberhalb der Querbauwerke werden außerdem Strömungsgeschwindigkeit und Schleppkraft des Wassers gemindert und die Sedimentation von Feinmaterial gefördert. Die in dieser Hinsicht wirksame Reichweite der Bauwerke hängt vor allem vom Gefälle der Rinnen und der Höhe der Querbauten ab. Sie reicht um so länger nach oben, je flacher die Rinnen geneigt und je höher die Bauten sind. Da die lebenden Bauwerke im Laufe ihrer Entwicklung an Höhe zunehmen, vergrößert sich auch die

oberhalb wirksame Reichweite.

– Das zurückgehaltene Material wird von den Querwerken aus durchwurzelt und gefestigt.

– Auf diese Weise werden oft die Rinnen vollständig aufgefüllt. Zumindest entstehen aber in den Rinnen abgetreppte Sohlen, die die Fließgeschwindigkeit verringern und die Gefahr herabsetzen, daß die Rinnen sich bei Wasserführung weiter eintiefen, verbreitern und das angrenzende Gelände in Mitleidenschaft ziehen.

Bauwerke zur vollständigen Sohlenbedeckung

– Die dicht an dicht auf der Sohle aufgebrachten lebenden Baustoffe mindern die Fließgeschwindigkeit, sichern dadurch die Sohle gegen Tiefenerosion und fördern die Sedimentation von Feinmaterial.

– Sohle und Ablagerungen werden durchwurzelt und gefestigt.

– Die Pflanzen halten i. d. R. mit der Feinmaterialablagerung Schritt, werden also nicht vollständig verschüttet. Da außerdem die neugebildeten, mit Feinmaterial bedeckten oberirdischen Pflanzenteile Adventivwurzeln bilden, werden die weiteren Feinmaterialablagerungen laufend durchwurzelt, so daß auf diese Weise die Runse allmählich vollständig zugefüllt und stabilisiert wird.

b) Weitere Wirkungen:

– Biotop (Abschn. I.).

– Verschönerung des Landschaftsbildes (Abschn. I.).

Bei allen nachstehend beschriebenen Bauverfahren liegt die günstigste Ausführungszeit im Frühjahr nach dem Abklingen der Frühjahrshochwässer. Sofern es die Wasserstände zulassen, kann aber auch in den übrigen Jahreszeiten, in denen sich die Weiden bewurzeln, gebaut werden.

6.5.2 Bauverfahren

Buschschwellen

Lebende Baustoffe

Äste und Zweige insbesondere der folgenden Strauchweidenarten bzw. an Ort und Stelle vorhandener bewurzelungsfähiger Hybriden: Großblättrige Weide (Salix appendiculata), Ohrweide (S. aurita), Grauweide (S. cinerea), Reifweide (S. daphnoides), Lavendelweide (S. eleagnos = S. incana), Glanzweide (S. glabra), Schwarzweide (S. nigricans), Lorbeerweide (S. pentandra), Purpurweide (S. purpurea), Mandelweide (S. triandra), Korbweide (S. viminalis).

Bauweise

Die Buschschwelle ist die einfachste der lebenden Querbauten. Auf der Sohle wird ein Graben mit dreieckigem Querschnitt ausgehoben. Die Weidenäste und -zweige werden dicht an dicht in der Weise eingelegt, daß sie auf der vorderen, also talseitigen Grabenböschung aufliegen und sich etwa zur Hälfte bis drei Viertel ihrer Länge im Graben befinden. Das Buschwerk wird mit Draht verflochten, mit Metall- oder Holzstäben am Boden befestigt und leicht mit dem Grabenaushub abgedeckt. Anschließend wird die Buschlage mit größeren Steinen, Drahtschotterwalzen, lebenden bzw. toten Faschinen oder Rundhölzern beschwert und der Graben vollständig zugefüllt (Abb. 178). Buschschwellen können auch in Form lebender Sohlrampen gebaut werden, wobei entsprechend Abb. 179 Steine und lebende Baustoffe flächig bzw. in breiteren Streifen eingebracht werden.

Die Böschungen sind an den Anschlußstellen der Buschschwelle mit einer durch Pflöcke und Drahtverspannung gesicherten dichten Lage aus Weidenästen und -zweigen besonders zu schützen. Buschschwelle und Astlage müssen lückenlos ineinander übergehen, um eine seitliche Umspülung und Zerstörung des Bauwerkes zu verhindern. Kombinationsmöglichkeiten von Buschschwellen mit Faschinenschwellen sowie mit Flechtzaun-

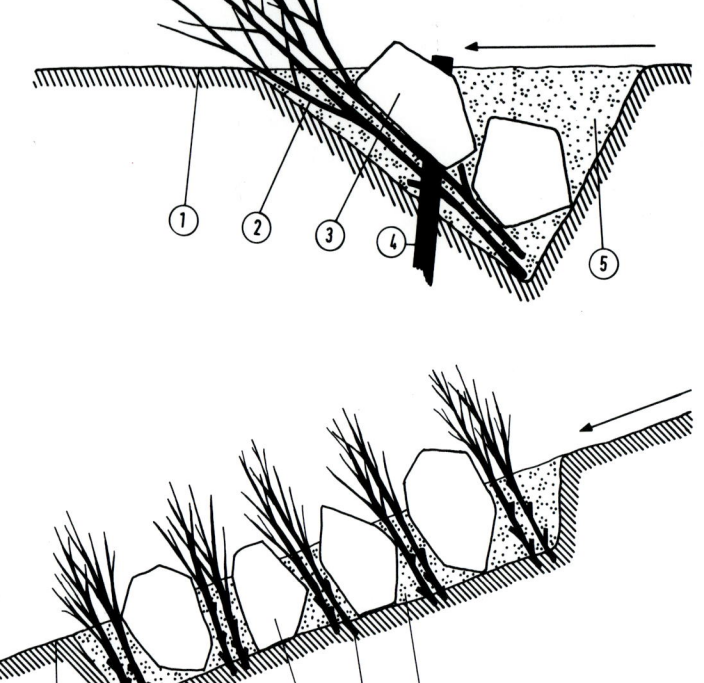

▲ *Abb. 178: Buschschwelle.*
1 = Runsensohle, 2 = bewurze-
lungsfähige Weidenäste, 3 = Bruch-
steine, 4 = Pfahl, 5 = Verfüllung mit
Boden.

▲ *Abb. 179: Buschschwelle in*
Form einer Sohlrampe.
1 = Runsensohle, 2 = Bruchsteine,
3 = bewurzelungsfähige Weiden-
äste, 4 = Verfüllung mit Boden.

schwellen werden unter „Faschinenschwellen" und „Flechtzaunschwellen" beschrieben.

Anwendungsbereich

Buschschwellen stellen keine sehr stabilen Querbauten dar. Sie halten nur in geringem Maße Boden und kaum größere Steine zurück. Sie mindern aber recht gut Strömung und Schleppkraft des Wassers und fördern somit die Sedimentation von Feinmaterial. Buschschwellen sind daher besonders für die Verbauung von zeitweilig wasserführenden Runsen und in Wildbächen als Sekundärwerke zur endgültigen Sohlenhebung und -fixierung geeignet.

Literatur: Forschungsgesellschaft für das Straßenwesen (1971); SCHIECHTL (1973); SCHLÜTER (1971b, 1986).

Faschinenschwellen

Lebende Baustoffe

Vor allem Ruten der unter „Buschschwellen" aufgeführten Strauchweidenarten bzw. an Ort und Stelle vorhandener bewurzelungsfähiger Hybriden.

Bauweise

Der Bau von Faschinen wurde in Abschn. V. 3.5.2.2 beschrieben.
Die einfache Faschinenschwelle besteht aus einer Faschine. Sie wird in einen quer über die Sohle gezogenen Graben bis zur Hälfte oder bis zu zwei Dritteln ihres Durchmessers versenkt (Abb. 180). Ihre Wirkung kann durch eine Buschlage erhöht werden. Diese wird zunächst in einen Graben mit dreieckigem Querschnitt auf die vordere talseitige

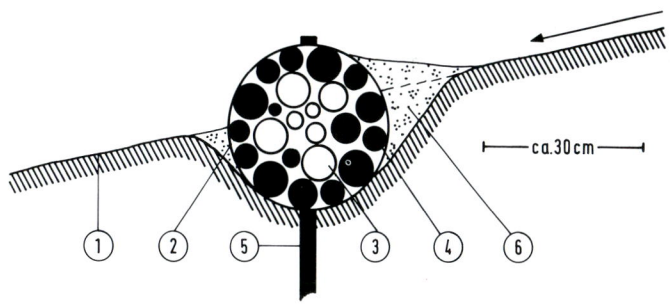

◀ Abb. 180: Faschinenschwelle.
1 = Runsensohle , 2 = Faschine,
3 = totes Ast- und Zweigwerk,
4 = lebende Weidenruten, 5 = Pfahl,
6 = Verfüllung mit Boden.

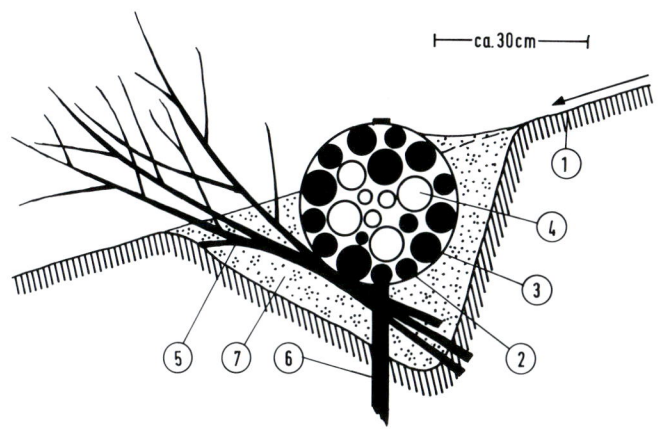

◀ Abb. 181: Kombination von
Busch- und Faschinenschwelle.
1 = Runsensohle, 2 = Faschine,
3 = bewurzelungsfähige Weidenruten, 4 = totes Ast- und Zweigwerk,
5 = bewurzelungsfähige Weidenäste, 6 = Pfahl, 7 = Verfüllung mit
Boden.

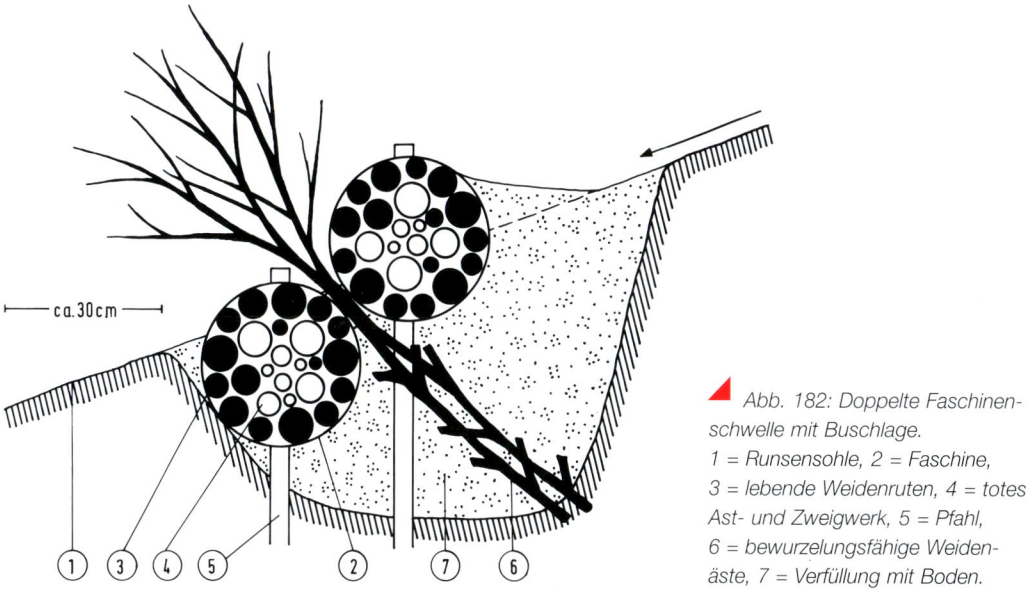

◀ Abb. 182: Doppelte Faschinenschwelle mit Buschlage.
1 = Runsensohle, 2 = Faschine,
3 = lebende Weidenruten, 4 = totes
Ast- und Zweigwerk, 5 = Pfahl,
6 = bewurzelungsfähige Weidenäste, 7 = Verfüllung mit Boden.

Böschung gelegt und bis zu einem gewissen Grade mit dem Grabenaushub bedeckt. Anschließend wird die Buschlage durch die Faschine bedeckt und beschwert. Es handelt sich also um eine Kombination von Busch- und Faschinenschwelle (Abb. 181).

Eine sofortige stärkere Abtreppung der Sohle kann durch doppelte Faschinenschwellen erreicht werden. Hierbei sind zwei Faschinen schräg übereinanderzulegen. Ihre Wirksamkeit kann ebenfalls durch eine zwischen die beiden Faschinen eingebaute Buschlage verstärkt werden (Abb. 182). Darüber hinaus ist auch der Bau von Faschinenschwellen möglich, die aus drei und mehr Faschinen bestehen.

Die Faschinen sind in Abständen von etwa 50 cm mit mindestens 100 cm langen Metallstäben oder Holzpfählen auf der Sohle zu befestigen. Besondere Sorgfalt ist auf ihre seitliche Verankerung zu legen, um eine seitliche Umspülung und Auflösung des Bauwerkes zu verhindern. Zu diesem Zwecke werden an den Böschungen Einschnitte ausgeführt, in die die Faschinenenden gelegt und verpfählt werden. Nach Zufüllung der Einschnitte können die Verbindungsstellen durch Lagen lebender Weidenzweige, die neben der Faschine in die Sohle gesteckt werden und auf den Böschungen wie eine Spreitlage aufliegen, zusätzlich gesichert werden.

Die Kombination von Faschinen- und Flechtzaunschwelle wird unter „Flechtzaunschwellen" behandelt.

Anwendungsbereich

Faschinenschwellen weisen ebenfalls keine allzugroße Stabilität auf und halten nur in geringem Maße Boden und größere Steine zurück. Sie festigen jedoch die Sohle und fördern nach ihrem Heranwachsen die Sedimentation. Sie sind deshalb vor allem für den Verbau von Runsen und in Wildbächen als Sekundärwerke zur endgültigen Sohlenhebung und -fixierung verwendbar.

Literatur: SCHIECHTL (1973); SCHLÜTER (1971b, 1986).

Flechtzaunschwellen

Lebende Baustoffe

Ruten der unter „Buschschwellen" aufgeführten Strauchweidenarten bzw. an Ort und Stelle vorhandener bewurzelungsfähiger Hybriden.

Bauweise

Die Flechtzäune werden wie in Abschn. V. 6.3.2 beschrieben hergestellt.

Flechtzaunschwellen werden im allgemeinen als einfache oder doppelte Flechtzaunschwellen (Abb. 183) gebaut. Die Geflechte müssen bis etwa zur Hälfte ihrer Höhe in die Sohle versenkt werden, um eine Unterspülung zu vermeiden. Sie sind mit mindestens 100 cm langen Metallstäben bzw. mit lebenden oder toten Pfählen im Abstand von mindestens 50 cm zu verankern. Durch ein bergseits angebrachtes engmaschiges Drahtgeflecht können sie zusätzlich gegen Zerreißen und Schurf geschützt werden. Seitlich sollten die Flechtzäune etwas an den Böschungen hochgezogen und die Flechtzaunenden in die Böschungen eingelassen werden, um eine Umspülung und Zerstörung des Bauwerkes zu verhindern.

Diese Anschlußstellen können durch Zweiglagen (s. „Faschinenschwellen") zusätzlich gesichert werden. Flechtzaunschwellen können mit Buschschwellen und Faschinenschwellen kombiniert werden. Bei der Kombination mit Buschschwellen werden über den Buschlagen vor der Zufüllung des Grabens Flechtzäune hergestellt, so daß diese nach der Verfüllung teilweise im Boden eingesenkt sind (Abb. 184). Eine Verstärkung der Flechtzaunschwellen kann auch dadurch erreicht werden, daß vor den Flechtzäunen, also talseitig, in die Sohle eine oder mehrere Faschinen eingebaut werden (Abb. 185).

Anwendungsbereich

Flechtzaunschwellen sind nicht sehr stabil und können leicht durch Geschiebe und Geröll zerrissen werden. Sie halten aber oberhalb recht gut Feinmaterial zurück und fördern dort infolge Minderung von Energie und Schleppkraft des Wassers die Sedimentation. Sie können daher besonders für die

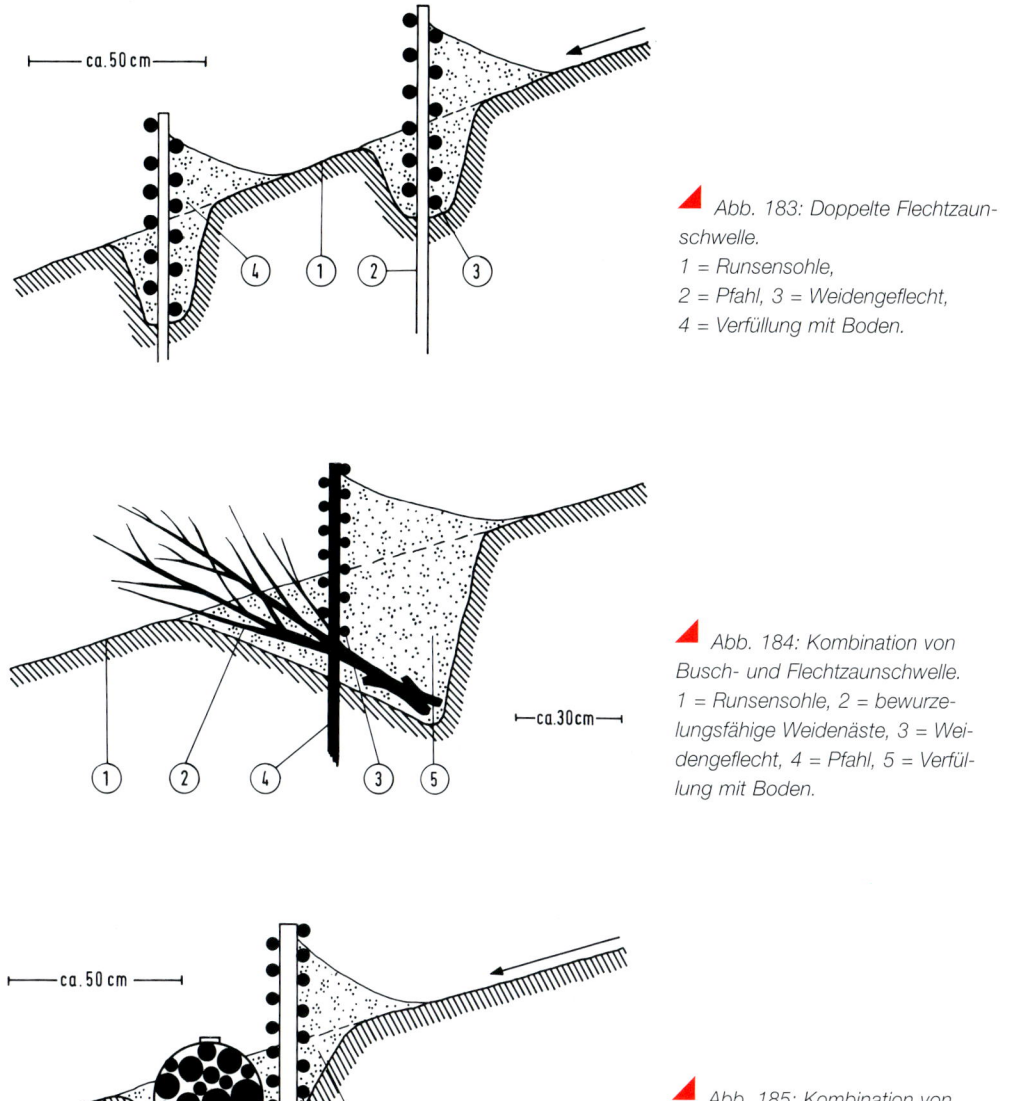

▲ *Abb. 183: Doppelte Flechtzaun-*
schwelle.
1 = Runsensohle,
2 = Pfahl, 3 = Weidengeflecht,
4 = Verfüllung mit Boden.

▲ *Abb. 184: Kombination von*
Busch- und Flechtzaunschwelle.
1 = Runsensohle, 2 = bewurze-
lungsfähige Weidenäste, 3 = Wei-
dengeflecht, 4 = Pfahl, 5 = Verfül-
lung mit Boden.

▲ *Abb. 185: Kombination von*
Faschinen- und Flechtzaunschwelle.
1 = Runsensohle, 2 = Faschine aus
bewurzelungsfähigen Weidenruten,
3 = Pfähle, 4 = Weidengeflecht,
5 = Verfüllung mit Boden.

Verlandung von Hinter- und Nebenrinnen, zum Verbau geröllarmer Runsen und in Wildbächen als Sekundärwerke zur endgültigen Sohlenhebung und -sicherung verwendet werden.

Literatur: Forschungsgesellschaft für das Straßenwesen (1971); KIRWALD (1951); SCHIECHTL (1973); SCHLÜTER (1971b, 1986).

Setzpflock- und Setzstangenschwellen (Lebende Palisaden)

Lebende Baustoffe

Vor allem Setzpflöcke und Setzstangen der unter „Buschschwellen" aufgeführten Weidenarten bzw. an Ort und Stelle vorhandener bewurzelungsfähiger Hybriden. Außerdem Setzstangen der Silberweide (Salix alba) und der Bruchweide (S. fragilis).

Bauweise

Angespitzte Setzpflöcke oder Setzstangen werden quer über die Sohle und in seitliche, in die Böschungen eingeschnittene Schlitze mindestens zu einem Drittel ihrer Länge tief eingeschlagen. Der Abstand der einzelnen Setzpflöcke oder Setzstangen sollte je nach ihrem Durchmesser ungefähr zwischen 10 und 15 cm liegen. Ein oder mehrere, waagerecht angebrachte und seitlich in den Böschungen verankerte Querhölzer können die Stabilität der Schwellen beträchtlich erhöhen (Abb. 186). Sie sind durch Draht mit den Setzpflöcken oder Setzstangen zu verbinden. Bei Bedarf können die Pflöcke oder Stangen auch durch Flechtwerk verbunden werden.

Anwendungsbereich

Setzpflock- und Setzstangenschwellen sind recht stabile Bauwerke, die insbesondere für den Verbau größerer Runsen in feinmaterialreichen und steinhaltigen Substraten geeignet sind.

Literatur: Forschungsgesellschaft für das Straßenwesen (1971); SCHIECHTL (1973); SCHLÜTER (1971b, 1986).

Begrünte Holzschwellen (Lebende Querschwellen, Lebende Sperren)

Lebende Baustoffe

Setzpflöcke, Äste und Zweige der unter „Buschschwellen" genannten Weidenarten bzw. an Ort und Stelle vorhandener bewurzelungsfähiger Hybriden.

Bauweise

Die in Abschn. V. 6.4.2 beschriebenen ein- und doppelwandigen Holz-Krainerwände können auch als Querbauwerke eingesetzt werden. Bei diesem Anwendungsbereich ist darauf zu achten, daß die Läufer seitlich in die Böschungen eingelassen werden, um dem Bauwerk eine ausreichende Stabilität

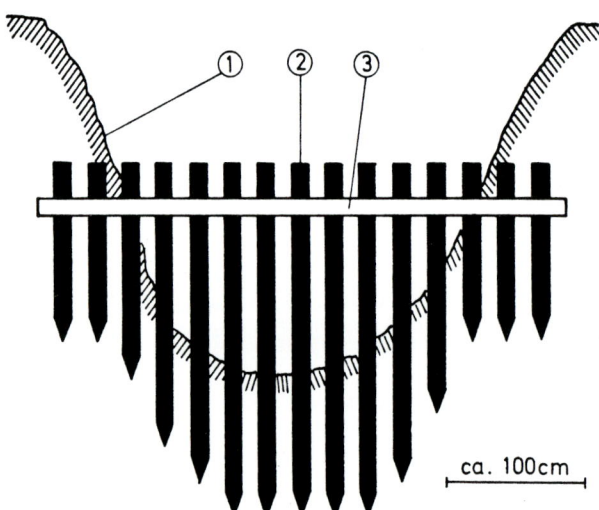

ca. 100cm

Abb. 186: Setzstangenschwelle.
1 = Oberfläche der Runse,
2 = Setzstangen, 3 = Querholz.

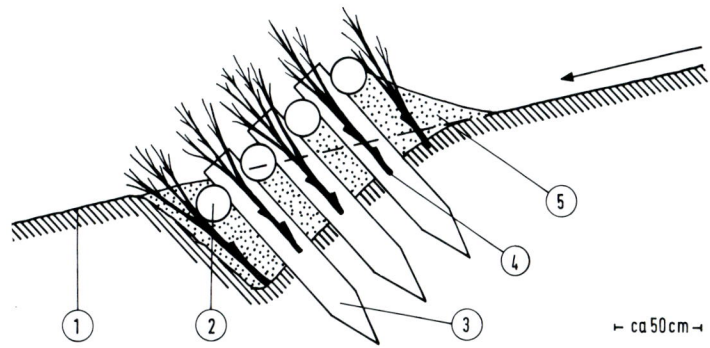

▲ Abb. 187: Begrünte Holzschwelle.
1 = Runsensohle, 2 = Läufer,
3 = Binder (Zangen), 4 = bewurzelungsfähige Weidenäste, 5 = Verfüllung mit Boden.

⊢ ca 50 cm ⊣

▲ Abb. 188: Verbau eines Wildba-
ches. Während die Holzschwelle
unbegrünt ist, sind die seitlich einge-
bauten Holz-Krainerwände oben mit
lebenden Baustoffen kombiniert.
Besonders zu beachten sind der
seitliche Einbau der Holzschwelle in
die Böschung und ihre Fußsicherung
durch Rundhölzer. Im Hintergrund
sind Drahtschotterschwellen zu
erkennen.

▲ Abb. 189: Verbau eines Wild-
bachs durch unbegrünte Holz-
schwellen. Auch hier sind auf beiden
Seiten mit Strauchweiden begrünte
Krainerwände zum Uferschutz
eingebaut.

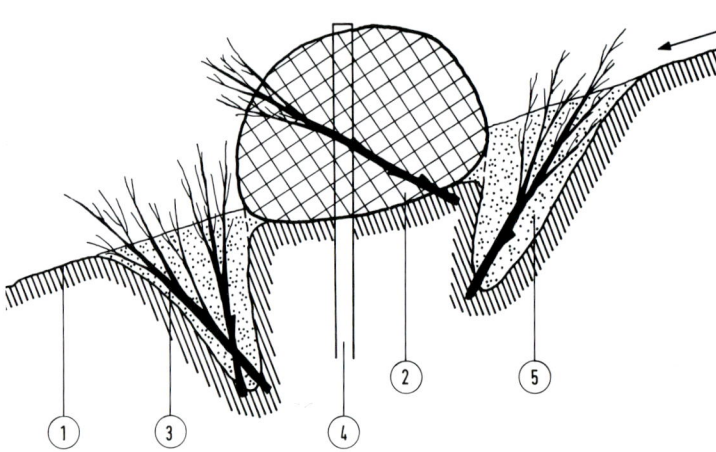

Abb. 190: Unbegrünte rechteckige Drahtschotterschwelle. Oberhalb davon ist eine Holzschwelle
sichtbar.

Abb. 191: Begrünte walzenförmige Drahtschotterschwelle.
1 = Runsensohle, 2 = Drahtschotterkörper, 3 = bewurzelungsfähige
Weidenäste, 4 = Pfahl, 5 = Verfüllung mit Boden.

zu geben. Die Binder sind entweder wie in Abschn.
V. 6.4.2 angegeben oder aber ggf. mit stärkeren
Neigungen einzubauen (Abb. 187 bis 189).

Anwendungsbereich

Die Holzschwelle ist ein verhältnismäßig stabiles
Bauwerk und kann bei entsprechender Ausführung

viel Boden und auch größere Steine zurückhalten.
Sie eignet sich aus diesen Gründen vor allem für
die Verbauung stärker geneigter, größerer Runsen
mit geröllhaltigem Boden sowie für die Sohlenhebung kleinerer Wildbäche.

Literatur: Forschungsgesellschaft für das Straßenwesen (1971);
KIRWALD (1964); SCHIECHTL (1973).

Begrünte Drahtschotterschwellen

Lebende Baustoffe

Setzpflöcke, Äste und Zweige der unter „Busch-schwellen" aufgeführten Weidenarten bzw. an Ort und Stelle vorhandener bewurzelungsfähiger Hybriden.

Bauweise

Es werden entweder die in Abschn. V. 3.7.2 beschriebenen walzenförmigen Drahtschotterkörper oder die in Abschn. V. 6.4.2 erläuterten rechtecki-gen Drahtschotterkästen quer zur Längsachse der Sohle eingebaut. Aus Stabilitätsgründen sind die Drahtschotterbehälter in die Sohle und seitlich in die Böschungen einzusenken. Bei Bedarf muß ein Fundament aus einem Rost von Rundhölzern oder dgl. gebaut werden. Günstig ist es, die Drahtschot-terbehälter bzw. die Roste auf eine Lage bewurze-lungsfähiger Weidenäste aufzusetzen, da diese nach dem Anwachsen durch ihre Wurzeln und Zweige die Füße der Schwellen sehr gut gegen Unterspülung sichern.

Die Behälter werden dann schichtweise mit Schot-ter und den lebenden Baustoffen gefüllt. Damit die Adventivwurzelbildung ermöglicht wird, ist dem Schotter ein verhältnismäßig hoher Anteil an Fein-material beizumengen. Außerdem müssen die Astenden bergseits aus dem Drahtschotterbehälter ausreichend weit herausragen, so daß sie nach der Hinterfüllung der Schwelle mit Boden bedeckt sind und sich bewurzeln können (Abb. 190 u. 191).

Anwendungsbereich

Drahtschotterschwellen stellen die stabilsten Quer-werke dar. Sie können starken Beanspruchungen ausgesetzt werden und sind in der Lage, größere Bodenmassen, Geröll und Geschiebe zurückzuhal-ten. Sie können deshalb gut zum Verbau größerer, steilerer Runsen sowie in Wildbächen zur Auf-höhung der Sohle verwendet werden.

Literatur: SCHIECHTL (1973).

Ausbuschung

Lebende Baustoffe

Vor allem Äste und Zweige der unter „Busch-schwellen" aufgeführten Weidenarten bzw. an Ort und Stelle vorhandener Hybriden.

Bauweise

Die Ausbuschung stellt streng genommen kein Querwerk, sondern ein auf der Sohle angelegtes Längsbauwerk dar. Sie kann aber auch als eine Reihe unmittelbar aufeinanderfolgender Querbau-ten, nämlich von Buschschwellen, aufgefaßt wer-den.

Beim Bau werden Äste und Zweige in der Weise auf der Sohle eingebracht, daß die Enden unterhalb zu liegen kommen, die Spitzen also runsenaufwärts gerichtet sind. Dabei sind sie fischgrätenförmig, also schräg zu den Runsenwänden hin zu verlegen. Hierdurch kann nicht nur eine bessere Bedeckung mit Boden (s. unten) und damit eine vollständigere Bewurzelung der lebenden Baustoffe erreicht wer-den, sondern es wird auch eine größere Fläche mit den Ästen und Zweigen bedeckt und somit der räumliche ingenieurbiologische Wirkungsbereich erweitert. Zur Erzielung einer größeren Stabilität des Bauwerks und einer besseren Bewurzelung sind die Astenden einige dm in den Runsenboden zu stecken.

Die Arbeiten schreiten von oben nach unten fort. Nach dem Einbau der ersten (obersten) Lage wird die nächst untere Lage hergestellt; und zwar unmit-telbar unter der ersten Lage, so daß die Zweigspit-zen der unteren Lage die Enden der oberen über-decken. Etwa alle 200 cm ist die Ausbuschung durch Querhölzer und Draht zu befestigen. Nach-dem die lebenden Baustoffe in dieser Weise einge-bracht sind, werden sie mit Feinmaterial beschüttet, so daß die unteren Teile bedeckt sind. Bei Mangel an lebenden Baustoffen kann ungefähr bis zu 50 % totes oder nicht bewurzelungsfähiges Astwerk bei-gemischt werden (Abb. 192).

Bei einer Variante werden auf der Sohle dicht auf-einanderfolgende Stufen mit Gefälle zum Hang hin gebaut. Auf sie werden die Äste und Zweige gelegt

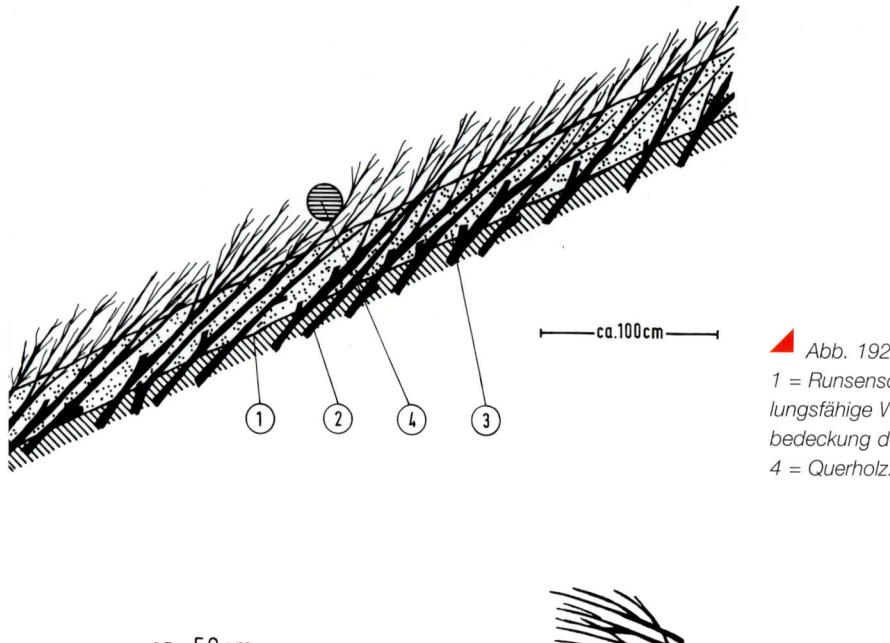

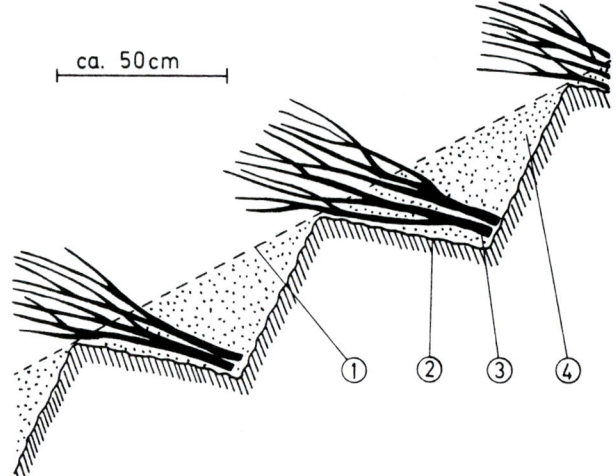

Abb. 192: Ausbuschung.
1 = Runsensohle, 2 = bewurzelungsfähige Weidenäste, 3 = Bodenbedeckung der Weidenäste,
4 = Querholz.

Abb. 193: Ausbuschung.
1 = Sohle, 2 = ausgehobene Stufen,
3 = Weidenäste, 4 = Bodenbedeckung der Weidenäste.

und mit dem Aushub der nächsthöheren Stufe bedeckt. Bei Bedarf sind die lebenden Baustoffe durch lebende oder tote Pflöcke, Eisenstäbe, Steine oder Querhölzer zu sichern (Abb. 193). (Diese Bauweise kann nicht nur als eine Variante der Ausbuschung, sondern auch als eine des oben beschriebenen Buschschwellenbaus aufgefaßt werden. Der Unterschied zum Buschschwellenbau besteht darin, daß hier die Buschschwellen unmittelbar übereinander gebaut werden.)

Anwendungsbereich

Die Ausbuschung ist bei verhältnismäßig großem Materialverbrauch wenig stabil, schützt aber die gesamte Sohle recht gut durch Bedeckung sowie durch Durchwurzelung und hält viel Feinmaterial zurück. Sie ist deshalb insbesondere beim Verbau kleinerer tiefeingeschnittener Runsen mit nur zeitweiliger Wasserführung anzuwenden.

Literatur: Forschungsgesellschaft für Straßenwesen (1971); KIRWALD (1951); SCHIECHTL (1973).

6.6 Hangentwässerung

6.6.1 Allgemeines

Ingenieurbiologische Bauverfahren werden vor allem zur Vermeidung oder Beseitigung der folgenden Gefährdungen von Hängen und Böschungen durch Oberflächenwasser, Sickerwasser (Bodenwasser) und austretendes Bodenwasser eingesetzt (Abb. 194).

Oberflächenwasser kann Flächen- und Rinnenerosion verursachen. Sickert es in den Boden, so wird es zu Bodenwasser. Bei Übersättigung mit Bodenwasser kann z. B. Bodenfließen (Solifluktion) auftreten. Liegen durchlässige Schichten über undurchlässigen, so kann durch Bodenwasser auf der

sie auch die anzustrebenden Schlußgesellschaften. Ist dies nicht der Fall, sollten sie als Übergangsgesellschaften angesehen und durch die stabilere dortige HPNV ersetzt werden, deren ingenieurbiologisch wichtigste Holzarten zwischen den Weidenbeständen anzusiedeln sind. Diese übernimmt dann die entwässernde Funktion der Weidenbestände.

Die ingenieurbiologischen Bauverfahren zur Entwässerung lassen sich untergliedern in:
a) Offene (oberirdische) Entwässerungen. Hierbei wird das Wasser in ingenieurbiologisch gesicherten offenen Rinnen gesammelt und abgeleitet.
b) Verdeckte (unterirdische) Entwässerungen. Bei diesen sind die ingenieurbiologischen Bauten bei ihrer Anlage ganz oder überwiegend mit Boden bedeckt. Das Wasser wird, soweit es nicht transpiriert wird, unterirdisch abgeleitet.

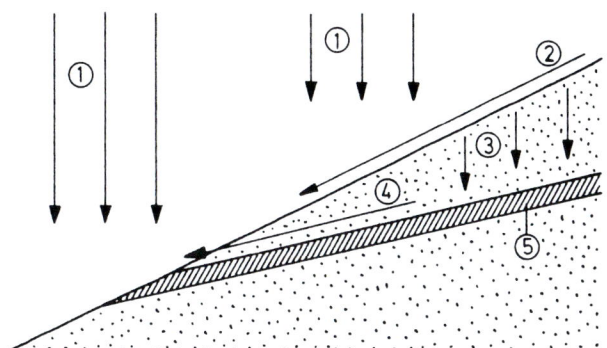

◀ *Abb. 194: Gefährdung eines Hanges durch Wasser (Schema). 1 = Niederschlag, 2 = Oberflächenwasser, 3 = Sickerwasser (Bodenwasser), 4 = austretendes Bodenwasser, 5 = wasserundurchlässige Schicht.*

undurchlässigen eine wasserführende Schicht (Gleitschicht) entstehen, die zu Rutschungen führen kann. An Stellen, an denen die undurchlässige Schicht zu Tage tritt, kann das austretende Bodenwasser Erosionen und Rutschungen zur Folge haben (Abb. 194).
Mit Ausnahme der Rasenmulden werden die Bauverfahren mit Weidenarten ausgeführt. Bestandsziel sind also zunächst „Weidengebüsche". Sofern diese an den Baustellen die HPNV darstellen, sind

W i r k u n g s w e i s e

Von den ingenieurbiologischen Entwässerungsbauten gehen vor allem die folgenden Wirkungen aus:
a) Ingenieurbiologische Wirkungen:
  Offene Entwässerungen
  – Sie sammeln das Oberflächenwasser und leiten es ab.
  – Die Vegetationsdecke schützt Fangmulden und Ableitungsrinnen vor Erosion, indem die oberirdischen Teile die Rinnenoberfläche bedecken,

die Fließgeschwindigkeit mindern, und indem die Wurzeln den Boden festigen.

Verdeckte Entwässerungen

– Sie wirken als Dränungen und leiten das Wasser in den sich zwischen den lebenden Baustoffen befindlichen Hohlräumen unterirdisch ab.

– Nach dem Heranwachsen entziehen die Pflanzen den Hängen und Böschungen Wasser durch Transpiration. Sie werden in dieser Hinsicht besonders wirksam, wenn ihre Wurzeln wasserführende Schichten erreichen.

b) Weitere Wirkungen:
– Biotop (Abschn. I.).

6.6.2 Bauverfahren

Fang- und Ableitungsmulden mit Rasendecke (Rasenrinnen, Hanggräben)

Lebende Baustoffe

Fertigrasen oder Saatgut standortgerechter Wiesengesellschaften.

Im allgemeinen sind Mulden mit einer Tiefe von rund 30 bis 50 cm und einer Breite von rd. 150 cm ausreichend. Sie können aber auch mehrere Meter breit sein. Beim Bau der Mulden ist der Aushub talseitig aufzusetzen. Nach ihrer Fertigstellung werden die Mulden, sofern kein undurchlässiger Boden wie z. B. Ton vorliegt, mit Dachpappe, Kunststoffolien oder Ton gedichtet. Sie erhalten anschließend eine etwa 10 bis 15 cm starke Mutterbodenschicht und werden entsprechend den Abschnitten V. 3.5.2.2 und V. 6.3.2 dicht mit Rasensoden oder Rollrasen belegt (Abb. 195). Bei Bedarf ist der Fertigrasen mit Holzpflöcken u. ä. zu befestigen. Bei geringer Erosionsgefahr kann statt des Fertigrasenbelags auch die Rasenansaat (Abschn. V. 2.2.1) gewählt werden. Wenn keine Gefahr besteht, daß Wasserabfluß und Unterhaltung beeinträchtigt werden, können zusätzlich auf einer oder auf beiden Seiten Weidenfaschinen oder -geflechte (Abschn. V. 6.3.2) oder -stechölzer (Abschn. V. 3.5.2.2) eingebracht werden. Fangmulden sind auf Böschungskronen, auf Bermen oder auch direkt am Hang anzulegen. Sie sind i. d. R. mit geringem Gefälle zu bauen.

Ausführungszeit: Das ganze Jahr über mit Ausnahme von Frostperioden.

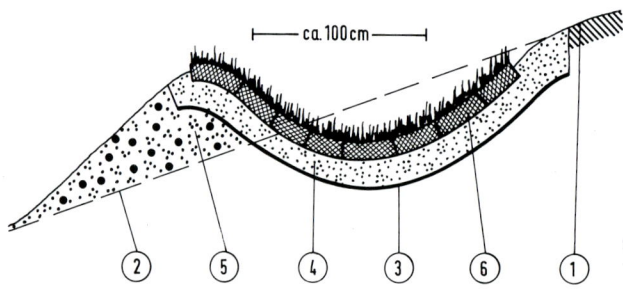

Abb. 195: Fangmulde mit Rasendecke.
1 = Anstehender Boden,
2 = ursprüngliche Hangoberfläche,
3 = Dichtung aus Dachpappe oder Folie, 4 = Kulturbodenauftrag,
5 = talseitig aufgeworfener Aushub,
6 = Rasensoden.

Bauweise

Bei den **Fangmulden** hängen Tiefe und Breite in erster Linie von der Menge des anfallenden Oberflächenwassers und dem Gefälle der Mulden ab.

Ableitungsmulden werden ähnlich wie Fangmulden gebaut. Ihre Dimensionierung ist ebenfalls vor allem von der Menge des abzuleitenden Wassers und dem Gefälle abhängig. Wegen ihres Gefälles

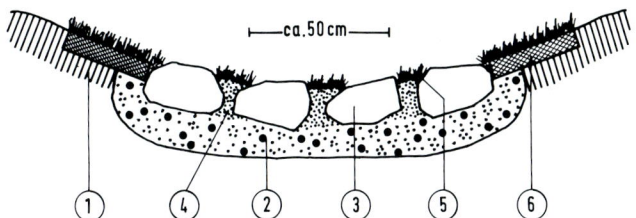

  Abb. 196: Fang- und Ableitungsmulde mit Pflasterrasen.
1 = anstehender Boden,
2 = Kies-Sand-Schicht, 3 = Natursteinpflaster, 4 = Mutterboden,
5 = Rasenansaat, 6 = Fertigrasen.

und der damit verbundenen großen Angriffskraft des in ihnen abfließenden Wassers ist der Fertigrasen bis zum Anwachsen mit vernageltem Maschendraht oder vernagelten Kunststoffnetzen zu überspannen.

Da infolge der Strömungsgeschwindigkeit die Versickerung des Wassers relativ unerheblich ist, ist in der Regel eine Dichtung der Ableitungsmulden mit Dachpappe oder dergleichen nicht erforderlich.

Auch hier sind Kombinationen mit Faschinen, Geflechten oder Steckhölzern von Weidenarten möglich. Je nach Hangneigung werden die Mulden senkrecht oder mit starkem Gefälle gebaut.

Ausführungszeit: Das ganze Jahr über mit Ausnahme von Frostperioden.

Anwendungsbereich

Fangmulden werden zum Auffangen von Oberflächenwasser angelegt. Sie sind an Hängen und Böschungen zu bauen, die durch Oberflächenwasser gefährdet sind und bei denen mit starkem und häufigem Anfall von Oberflächenwasser gerechnet werden muß.

Ableitungsmulden dienen der Ableitung des in den Fangmulden gesammelten Wassers und sind deshalb in Verbindung mit letzteren auszuheben. Da ihre Rasendecke gegenüber der Angriffskraft des Wassers keine allzugroße Stabilität aufweist, sollten sie nur an relativ flachen Böschungen angelegt werden, an denen verhältnismäßig geringe, periodisch auftretende Wassermengen zu erwarten sind.

Literatur: BUCHWALD et al. (1969, 1973); DUTHWEILER (1967); KÜHL (1962); SCHIECHTL (1973); SCHLÜTER (1971b, 1986); SPIELMANN (1962).

Fang- und Ableitungsmulden mit Pflasterrasen

Lebende Baustoffe

Saatgut und Fertigrasen standortgerechter Wiesengesellschaften.

Bauweise

Fang- und Ableitungsmulden erhalten eine Pflasterung aus Naturstein oder Beton-Gittersteinen, deren Fugen bzw. Aussparungen mit Rasen angesät werden. Dabei hängt es von den Abflußverhältnissen ab, ob die Mulde vollständig oder nur in ihrem tiefsten Punkt gepflastert wird. Die Steine sind in ein 10 bis 20 cm starkes Kiesbett zu setzen. Zwischen Kiesschicht und Hangboden kann bei Bedarf eine Dichtung aus Dachpappe oder Folie eingebracht werden. Um eine Rasenansaat zu ermöglichen, ist bei Verwendung von Naturstein das Pflaster mit einer Fugenbreite von mindestens 2 cm auszuführen. Nach Fertigstellung der Pflasterung wird in die Fugen bzw. Aussparungen ein Gemisch aus Saatgut und nährstoffreichem Boden, am besten Mutterboden, eingefegt. Der seitliche Übergang von den Steinen zum Hang ist am günstigsten durch Fertigrasenbelag zu erreichen, der bei Bedarf verpflockt werden muß (Abb. 196). Im übrigen siehe „Fang- und Ableitungsmulden mit Rasendecke".

Anwendungsbereich

Im Vergleich zu Fang- und Ableitungsmulden mit Rasendecke gewährleisten Mulden mit Pflasterrasen bei etwa gleicher Oberflächenrauhigkeit einen

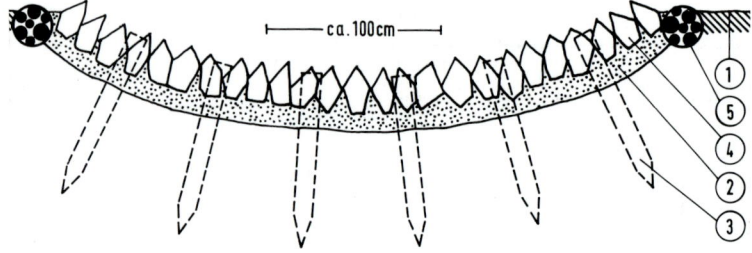

Abb. 197: Rauhbettrinne mit lebenden Faschinen.
1 = Bodenoberfläche, 2 = Kies-Sand-Bett, 3 = Pfähle, 4 = Bruch-steine, 5 = Faschinen.

besseren Schutz der Muldensohle vor Erosion. Als Fangmulden sind sie daher vor allem dort zu verwenden, wo mit häufigem starkem Wasseranfall gerechnet werden muß. Als Ableitungsmulden sind sie für die Beseitigung größerer, periodisch auftretender oder geringer dauernd anfallender Wassermengen an steileren Hängen geeignet.

Literatur: SCHLÜTER (1971b, 1986).

Begrünte Rauhbettrinnen

Lebende Baustoffe

Faschinen oder Steckhölzer der folgenden Weidenarten bzw. an Ort und Stelle vorkommender bewurzelungsfähiger Hybriden:
Großblättrige Weide (Salix appendiculata), Ohrweide (S. aurita), Grauweide (S. cinerea), Reifweide (S. daphnoides), Lavendelweide (S. eleagnos = S. incana), Glanzweide (S. glabra), Schwarzweide (S. nigricans), Lorbeerweide (S. pentandra), Purpurweide (S. purpurea), Mandelweide (S. triandra), Korbweide (S. viminalis).
Bisweilen wird auch Fertigrasen verwendet.

Bauweise

Rauhbettrinnen sind muldenförmig auszubilden. Ihre Tiefe soll in der Mitte nicht mehr als ein Drittel der Breite betragen. Für die Bemessung von Rauhbettrinnen ist Tab. 13 zu verwenden. Nach dem Ausheben der Mulde werden in Abständen von etwa 200 bis 400 cm quer zur Längsachse vier bis

sechs 100 cm lange und 8 bis 10 cm dicke Holzpflöcke eingeschlagen. Anschließend wird eine mindestens 15 cm starke Kies-Sand-Schicht aufgetragen. (Bei durchlässigem Boden ist unter die Filterschicht eine Dichtung aus Folie, Dachpappe oder Ton einzulegen.) Auf die Kies-Sand-Schicht werden harte, kantige Bruchsteine aufrecht eingebaut, so daß ihre emporragenden Spitzen und Kanten eine rauhe Oberfläche bilden. Die Steingrößen sind Tab. 13 zu entnehmen. Verbliebene Zwischenräume im bodennahen Bereich der Steine sind mit Splitt zu verkeilen. Die beidseitigen Übergangsbereiche zwischen Steinmulde und Böschung sind i. d. R. durch Weidenfaschinen oder -steckhölzer (Abschn. V. 3.5.2.2 und V. 6.3.2) zu sichern. Ggf. kann auch Fertigrasen benutzt werden. Werden Faschinen verwendet, so sind sie bis zu ihrer Oberfläche in den Boden einzusenken und sorgfältig zu verpflocken (Abb. 197). Faschinen und Steckhölzer können nur in der Zeit der Vegetationsruhe eingebracht werden, Fertigrasen das ganze Jahr über mit Ausnahme von Frostperioden.
Rauhbettrinnen sind senkrecht zu den Höhenlinien oder mit starkem Gefälle anzulegen.

Anwendungsbereich

Die Rauhbettrinne wird zur Ableitung des in Fangmulden gesammelten Oberflächenwassers oder von Wasser benutzt, das z. B. aus Straßenentwässerungen oder Dränungen stammt. Das Wasser rinnt sowohl in der Kiesschicht als auch in der Steinpackung. Bei starkem Wasseranfall wird es oberhalb der Steinpackung abgeführt.

Längsgefälle J	J = 20% (1:5)				J = 25% (1:4)				J = 33% (1:3)				J = 40% (1:2,5)				J = 50% (1:2)				J = 67% (1:1,5)			
Mittlere Steingröße	18 cm	25 cm	30 cm	36 cm	18 dm	25 dm	30 dm	36 dm	18 dm	25 dm	30 dm	36 dm	18 dm	25 dm	30 dm	36 dm	18 dm	25 dm	30 dm	36 dm	18 dm	25 dm	30 dm	36 dm
Q=100 l/s · B/cm	125	125			125	125			150	125			175	150			225	175			175	150		
Q=100 l/s · t/cm	20	20			20	20			20	20			20	20			20	20			20	20		
Q=100 l/s · Vm/m/s	2.0	2.0			2.0	2.0			2.0	2.0			2.0	2.0			2.0	2.0			3.0	3.0		
Q=200 l/s · B/cm	200	175				175	150		225	200			250	225				175	275		275	250		
Q=200 l/s · t/cm	20	20				20	25		20	25			20	25				25	25		20	20		
Q=200 l/s · Vm/m/s	2.0	2.0				2.0	2.0		2.0	2.0			2.0	2.0				3.0	2.0		3.0	3.0		
Q=300 l/s · B/cm		250	225			250	225		175	275			200	175				225	200		375	350		
Q=300 l/s · t/cm		25	25			25	25		25	25			25	25				25	25		25	20		
Q=300 l/s · Vm/m/s		2.0	2.0			2.0	2.0		3.0	2.0			3.0	3.0				3.0	3.0		3.0	3.0		
Q=400 l/s · B/cm		300	275			175	175		200	175			250	225				300	275		300	250		
Q=400 l/s · t/cm		25	25			30	30		30	30			25	30				25	30		25	30		
Q=400 l/s · Vm/m/s		2.0	2.0			3.0	3.0		3.0	3.0			3.0	3.0				3.0	3.0		4.0	4.0		
Q=500 l/s · B/cm		200	175			200	200		250	225			300	275					325	325	350	(325)		
Q=500 l/s · t/cm		30	35			30	35		30	30			30	30					30	30	25	(30)		
Q=500 l/s · Vm/m/s		3.0	3.0			3.0	3.0		3.0	3.0			3.0	3.0					3.0	3.0	4.0	(4.0)		
Q=750 l/s · B/cm		300	250			300	275			325	300		250			350	300	300			(325)	(300)		
Q=750 l/s · t/cm		30	35			30	35			30	35		35			30	35	35			(35)	(35)		
Q=750 l/s · Vm/m/s		3.0	3.0			3.0	3.0			3.0	3.0		4.0			3.0	4.0	4.0			(5.0)	(5.0)		
Q=1000 l/s · B/cm			325	300		350	325		250	225					300	275	(250)			350			(375)	(375)
Q=1000 l/s · t/cm			35	35		35	35		35	40					35	40	(40)			35			(35)	(35)
Q=1000 l/s · Vm/m/s			3.0	3.0		3.0	3.0		4.0	4.0					4.0	4.0	(5.0)			4.0			(5.0)	(5.0)

Tab. 13: Bemessungstabelle für Rauhbettrinnen nach LORENZ (1971). Berechnet vom Autobahnbauamt Nürnberg und versehen mit Sicherheitszuschlägen für Gerinnetiefe (t) und Muldenbreite (B). Vm = Mittlere Fließgeschwindigkeit im Querschnitt.

Die rauhe Oberfläche der Steine bewirkt die Zerteilung und Umwandlung der Energie des in der Rinne abfließenden Wassers. Die sich aus den Faschinen oder Steckhölzern entwickelnden Weidenbestände umwurzeln die Steine und bilden mit ihnen ein elastisches, aber dennoch stabiles System. Sie verhindern außerdem eine seitliche Unterspülung des Bauwerkes. Durch Weiden gesi-

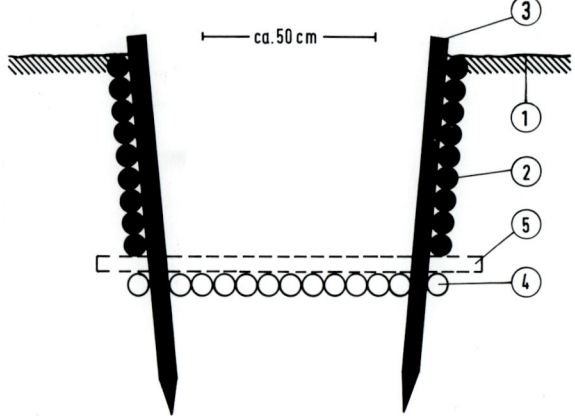

◢ *Abb. 198: Lebende Holzstangenrinne (SCHIECHTL, 1973).*
1 = Bodenoberfläche, 2 = bewurzelungsfähige Weidenstangen,
3 = bewurzelungsfähige Weidenpflöcke oder -stangen, 4 = Sohlstangen aus totem Material,
5 = Querhölzer.

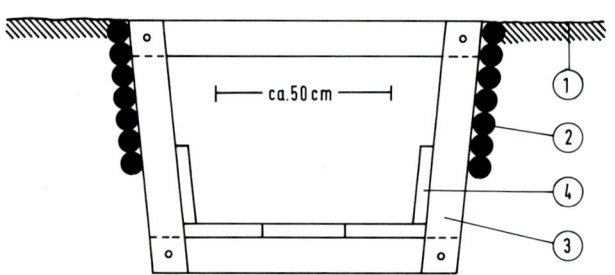

◢ *Abb. 199: Lebende Holzstangenrinne (SCHIECHTL, 1973).*
1 = Bodenoberfläche, 2 = bewurzelungsfähige Weidenstangen,
3 = vorgefertigte Holzprofile,
4 = Bretter.

cherte Rauhbettrinnen sind deswegen weitaus stärkeren Beanspruchungen aussetzbar als Ableitungsrinnen mit Rasendecke. Sie können an steilen Hängen mit einer Neigung bis zu etwa 45° zur Ableitung größerer und u. U. auch dauernd anfallender Wassermengen verwendet werden.

Literatur: BUCHWALD et al. (1969, 1973); DIN 18918 (1990); DUTHWEILER (1967); LORENZ (1964, 1971); SCHIECHTL (1973).

Lebende Holzstangenrinnen (Lebende Künetten)

Lebende Baustoffe

Stangen und Setzpflöcke der unter „Begrünte Rauhbettrinnen" genannten Weidenarten oder bewurzelungsfähiger Hybriden.

Bauweise

Nachdem ein trapezförmiger Graben von etwa 100 bis 120 cm Breite und 80 bis 100 cm Tiefe ausgehoben ist, werden in diesen parallel zur Längsachse

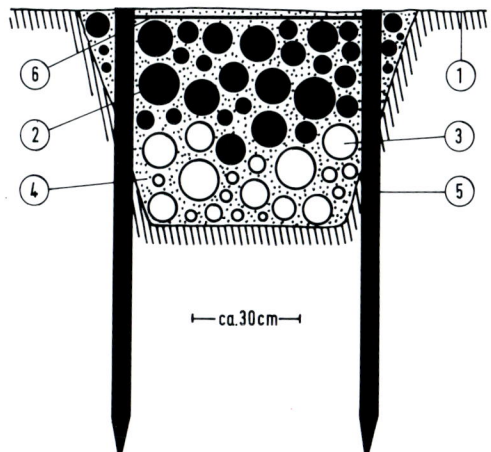

▶ *Abb. 200: Buschdrän.*
1 = anstehender Boden,
2 = bewurzelungsfähige Weidenäste
und -zweige, 3 = totes Astwerk,
4 = Verfüllung mit Sand-Kies-
Gemisch, 5 = Weidensetzpflöcke,
6 = Drahtverspannung.

auf der Sohle und an den Böschungen dicht an dicht Holzstangen verlegt. Die Sohlstangen bestehen i. d. R. aus totem Material. Für den Böschungsbelag werden bei geringer zeitweiliger Wasserführung ausschließlich lebende Stangen benutzt (Abb. 198). Bei längerer oder dauernder Wasserführung sind nur im oberen Böschungsbereich lebende Baustoffe einzubauen, während der untere durch tote Holzstangen oder Bretter gesichert wird (Abb. 199).

Zur Befestigung der Stangen werden entlang der Böschungen in Abständen von 50 bis 100 cm rd. 100 cm lange Weidenpflöcke eingeschlagen und in gleichen Abständen auf den Sohlstangen Querhölzer eingebaut (Abb. 198). Es ist auch möglich, in Abständen von 200 bis 400 cm vorgefertigte Holzprofile einzusetzen (Abb. 199).

Ausführungszeit: Siehe „Rauhbettrinnen".

A n w e n d u n g s b e r e i c h
Zur Ableitung von Wasser, das zeitweilig oder dauernd anfällt.

Literatur: SCHIECHTL (1973).

Lebende Buschdräns (Buschrigolen)

L e b e n d e B a u s t o f f e
Äste, Zweige und Setzpflöcke der unter „Begrünte Rauhbettrinnen" aufgeführten Weidenarten oder bewurzelungsfähiger Hybriden.

B a u w e i s e
Beim Bau werden Sickerschlitze oder Gräben mit lebendem Ast- und Zweigwerk ausgefüllt. Die Äste sind in der Weise zu legen, daß die Spitzen der unteren Äste die Enden der oberhalb davon liegenden überdecken. Bei tieferen Gräben und bei Mangel an lebendem Material kann der untere Teil des Grabens mit totem Astmaterial ausgefüllt werden. Das Astwerk wird nach dem Einlegen doppelreihig mit Setzpflöcken oder toten Holzpflöcken verpflockt und mit Draht verspannt. Durch anschließendes weiteres Einschlagen der Pfähle werden die Äste und Zweige zusammengepreßt. Zum Abschluß sind die Gräben mit einem Sand-Kies-Gemisch zu verfüllen (Abb. 200). Lebende Buschdräns können nur in der Zeit der Vegetationsruhe gebaut werden.

Für begrenzte Entwässerungsmaßnahmen reichen einzelne, senkrecht oder mit starkem Gefälle am Hang geführte Dränstränge aus. Bei großflächigen

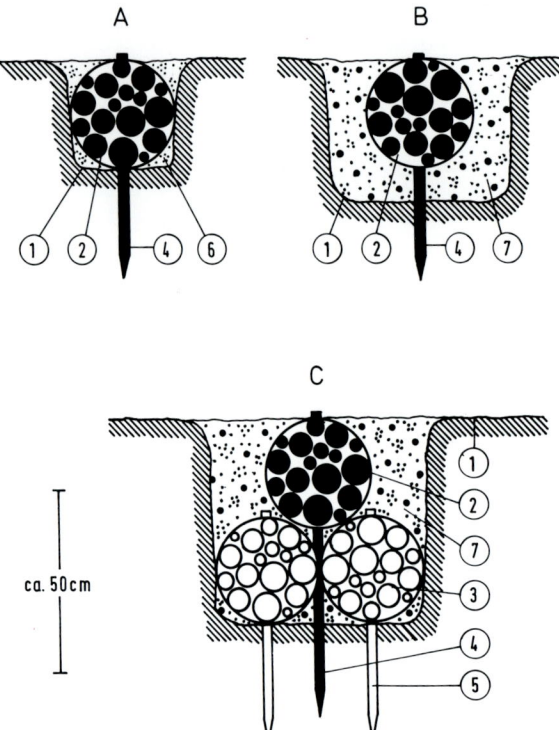

◢ Abb. 201: Einige Möglichkeiten
für den Bau Lebender Faschinendräns.
A = einfacher Faschinendrän nach
SCHIECHTL (1973).
B = kiesumhüllter Faschinendrän,
C = Einbau mehrerer Faschinen
nach SCHIECHTL (1973).
1 = anstehender Boden, 2 = Faschine aus bewurzelungsfähigen Weidenruten, 3 = Faschine aus totem
Material, 4 = Weidensetzpflöcke,
5 = tote Holzpflöcke, 6 = Verfüllung
mit Boden, 7 = Verfüllung mit Kies-
Sand-Gemisch.

Maßnahmen werden die Buschdräns in der Regel fischgräten- oder Y-förmig angeordnet.

Anwendungsbereich

Lebende Buschdräns eignen sich für die Entwässerung vernäßter Stellen sowie für die Ableitung von Hangdruck- und Schichtwasser. Da die streifenförmigen Weidenbestände in Wiesenböschungen stören können, ist diese Bauweise in der Regel dann zu wählen, wenn als Endbestand eine Waldgesellschaft geplant ist. Diese übernimmt dann die Entwässerungsaufgaben der Weidenbestände (Abschn. V. 6.5.1).

Literatur: Forschungsgesellschaft für das Straßenwesen (1971); SCHLÜTER (1971b, 1986).

Lebende Faschinendräns (Dränfaschinen)

Lebende Baustoffe

Faschinen aus den unter „Begrünte Rauhbettrinnen" genannten Weidenarten oder bewurzelungsfähigen Hybriden; Setzpflöcke der gleichen Arten.

Bauweise

Die Anfertigung von Faschinen wurde in Abschn. V. 3.5.2.2 beschrieben.
Zum Verlegen der Faschinen sind zunächst Gräben auszuheben, über deren Dimensionierung unterschiedliche Angaben vorliegen. Nach SCHIECHTL soll die Faschine das Grabenprofil voll ausfüllen. Andere Fachleute empfehlen dagegen, die Gräben so tief und breit zu bauen, daß die Faschinen mit Kies und Sand umhüllt werden können. Die Methode der Ummantelung der Faschinen mit Kies und

242

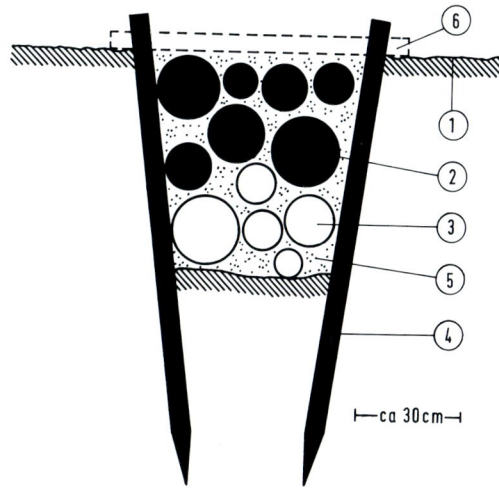

*Abb. 202: Lebender Stangen-
drän (SCHIECHTL, 1973).
1 = Bodenoberfläche, 2 = bewurzelungsfähige Weidenstangen,
3 = tote Holzstangen, 4 = bewurzelungsfähige Weidenpflöcke, 5 = Verfüllung mit Kies-Sand-Gemisch,
6 = Querholz.*

Sand hat den Vorteil, daß in der Zeit der Vegetationsruhe, in der die Pflanzen nur gering transpirie-
ren, also kaum zur Entwässerung beitragen, immer
noch eine ausreichende Dränwirkung, nämlich
durch die Faschine und den Sand-Kies-Mantel,
erhalten bleibt.

Bei der von SCHIECHTL empfohlenen Variante
werden die Gräben mit Boden zugeschüttet, nachdem die Faschinen in Abständen von 80 cm durch
mindestens 60 cm lange und mindestens 5 cm
dicke lebende Weidenpflöcke befestigt worden sind
(Abb. 201A).

Beim Einbau der kiesumhüllten Faschine werden
die Gräben zunächst bis zu etwa einem Viertel mit
Kies und Sand gefüllt. Auf das Kiesbett werden
dann die Faschinen gelegt, und, wie oben angegeben, so verpflockt, daß die Pflöcke durch die Filterschicht in den Untergrund reichen. Im Anschluß
daran sind die Gräben mit dem Kies-Sand-
Gemisch vollständig zuzufüllen (Abb. 201B).

Bei Bedarf können auch mehrere Faschinen in ein
und denselben Graben eingebaut werden. Werden
sie dabei übereinandergelegt, so sind die unteren
aus nicht bewurzelungsfähigen, jedoch nicht aus-
getrockneten Ästen und Zweigen herzustellen
(Abb. 201C).

Ausführungszeit: Wie „Lebende Buschdräns".
Lebende Faschinendräns werden wie Lebende
Buschdräns am Hang angeordnet.

A n w e n d u n g s b e r e i c h
Siehe „Lebende Buschdräns".

Literatur: BUCHWALD et al. (1969, 1973); DIN 18918 (1990); DUTH-
WEILER (1967); Forschungsgesellschaft für das Straßenwesen
(1971); SCHIECHTL (1973); SPIELMANN (1962).

Lebende Stangendräns

L e b e n d e   B a u s t o f f e
Stangen und Setzpflöcke der unter „Begrünte
Rauhbettrinnen" genannten Weidenarten oder
bewurzelungsfähiger Hybriden.

B a u w e i s e
Gräben werden anstelle von Ästen und Zweigen
oder Faschinen mit stärkeren Stangen von etwa
3 bis 14 cm Durchmesser gefüllt und in ein Kies-
Sand-Gemisch eingebettet. Die unteren Stangen
können aus totem Holz bestehen. Zu befestigen
sind die Stangen durch lebende Weidenpflöcke

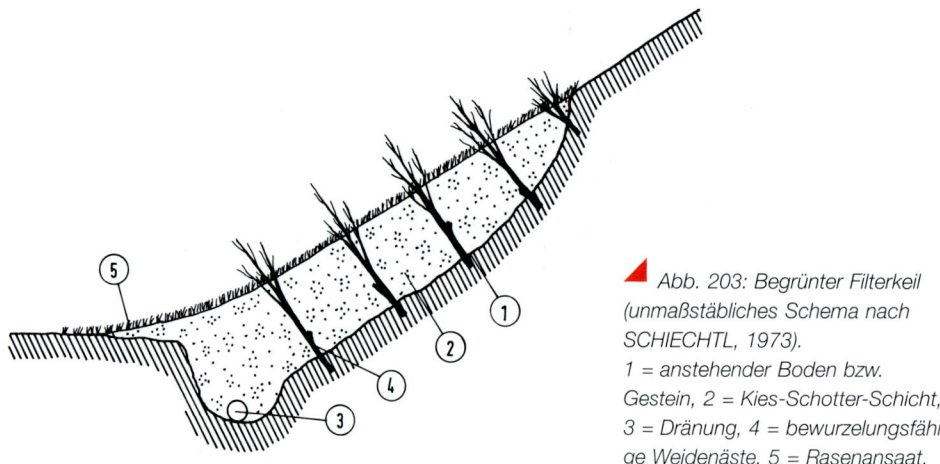

Abb. 203: Begrünter Filterkeil (unmaßstäbliches Schema nach SCHIECHTL, 1973).
1 = anstehender Boden bzw. Gestein, 2 = Kies-Schotter-Schicht, 3 = Dränung, 4 = bewurzelungsfähige Weidenäste, 5 = Rasenansaat.

und Querhölzer (Abb. 202). Alle übrigen Angaben: siehe „Lebende Buschdräns" und „Lebende Faschinendräns".

A n w e n d u n g s b e r e i c h
Siehe „Lebende Buschdräns".

Literatur: SCHIECHTL (1973).

Begrünte Filterkeile

L e b e n d e B a u s t o f f e
Äste der unter „Begrünte Rauhbettrinnen" genannten Weidenarten oder bewurzelungsfähiger Hybriden.

B a u w e i s e
An den zu entwässernden Hangfüßen oder Rutschhängen wird Kies oder Schotter hochgezogen. Während des Schüttvorganges werden die lebenden Baustoffe einzeln oder in Lagen so tief eingelegt, daß die Enden bis an oder in den anstehenden Hang reichen. Zum Abschluß wird die Oberfläche der Schüttung durch Rasenansaat (Abschn. V. 2.2) ohne Mutterbodenauftrag begrünt (Abb. 203).
Ausführungszeit: Vegetationsruhe.
Die entwässernde Wirkung des Begrünten Filterkeils kann durch eine in seinem Fuß eingebaute Dränung verbessert werden (Abb. 203).

A n w e n d u n g s b e r e i c h
Zum Abfangen von Wasser, das aus vernäßten Hangfüßen und aus Anschnitten wasserführender Schichten austritt.

Literatur: SCHIECHTL (1973).

Besatz mit stark wasserverbrauchenden Pflanzen

L e b e n d e B a u s t o f f e
Äste, Zweige, Steckhölzer und Setzpflöcke von sog. „pumpenden Holzarten", also von Gehölzen mit hohem Wasserverbrauch, insbesondere der unter „Begrünte Rauhbettrinnen" genannten Weidenarten oder ihrer bewurzelungsfähigen Hybriden; außerdem Soden von Schilf (Phragmites australis).

B a u w e i s e
Zur Entwässerung begrenzter Naßstellen können diese einmal mit den oben erwähnten Gehölzteilen besetzt werden. Dabei sind Äste und Zweige entsprechend Abschn. V. 6.3.2 sowie Steckhölzer und Setzpflöcke entsprechend Abschn. V. 3.5.2.2 einzubauen (Abb. 204). Bei Bedarf sind die vegetationslosen Flächen zwischen den eingebrachten Gehölzteilen mit Saatgut standortgerechter Wiesengesellschaften anzusäen (Abschn. V. 2.2).

◄ *Abb. 204: „Vernagelung" einer instabilen Naßstelle durch Setzstangen. Sofern hier Setzstangen bewurzelungsfähiger Holzarten mit großem Wasserverbrauch verwendet worden sind bzw. wären, ist eine zuneh- mende Böschungsstabilisierung zu erwar- ten; und zwar einmal durch zunehmende Bodendurchwurzelung, zum anderen aber auch durch zunehmende Entwässerung auf- grund des immer stärker werdenden Was- serverbrauchs der heranwachsenden Gehölze.*

Zum anderen hat sich der Belag mit Schilfsoden bewährt. Die Soden werden am besten flächig, also dicht an dicht, wie Rasensoden angedeckt. Bisweilen ist es auch erforderlich, mehrere Lagen von Soden übereinander einzubauen. Bei steilen Hang- neigungen sind die Soden oder „Sodenlagen" mit den oben genannten bewurzelungsfähigen Weiden- setzpflöcken an den Hang „anzunageln".

Anwendungsbereich

Zur Entwässerung begrenzter Naß- und Wasser- austrittstellen, die nicht übermäßig rutschgefährdet sind.

Literatur: SCHIECHTL (1973).

245

6.7. Lawinenschutz

6.7.1 Allgemeines

Maßnahmen zum Schutz vor Lawinen werden in den Entstehungsgebieten und im Bereich der Lawinengänge durchgeführt.

Die Schnee- und Lawinenschutzbauten in den Entstehungsgebieten sind streng genommen keine ingenieurbiologischen Bauobjekte, weil sie ausschließlich aus totem Material bestehen. Da sie jedoch in engem Wirkungszusammenhang mit den ingenieurbiologischen Maßnahmen im Bereich der Lawinengänge stehen, werden sie hier kurz vorgestellt:

Verwehungszäune

Sie haben die Aufgabe, in ungefährlichem Gelände auf ihrer Leeseite Schnee zur Ablagerung zu bringen, bevor er gefährliche Abbruchzonen erreicht (Abb. 205).

Kolktafeln

Durch sie soll die entgegengesetzte Wirkung erzielt werden. Sie werden also an gefährdeten Stellen aufgestellt, um dort Schneeablagerungen zu verhindern (Abb. 205).

Düsendächer

Die tischförmigen Elemente sollen an Gefahrenpunkten den Wind beschleunigen, so daß dort auf diese Weise ebenfalls Schneeablagerungen vermieden werden (Abb. 205).

Im Bereich der Lawinengänge lassen sich die ingenieurbiologischen Maßnahmen unterteilen in Stützverbauungen und Gleitschutzverbauungen sowie in Bremsverbauungen und Abweisverbauungen (Leitverbauungen).
Die **Stütz- und Gleitschutzbauwerke (Schneebrücken, Schneerechen)** bestehen ausschließlich aus toten Baustoffen. Da zwischen ihnen jedoch

Aufforstungen vorgenommen werden, lassen sich Stütz- und Gleitschutzverbauungen in Verbindung mit den Aufforstungen als ingenieurbiologische Bauverfahren auffassen.
Da diese Aufforstungen nach ihrem Heranwachsen den nachhaltigen Schutz gegen Lawinen übernehmen sollen, ist das Bestandsziel i. d. R. diejenige Waldgesellschaft, die dort die HPNV darstellt.

Die **Brems- und Abweisbauten (begrünte Lawinenbremshöcker, begrünte Lawinenabweis- oder Lawinenleitdämme)** werden aus toten und lebenden Baustoffen hergestellt. Als lebende Baustoffe sind Strauchweidenarten und andere Straucharten zu verwenden. Obwohl diese Vegetation dort i. d. R. nicht die HPNV sein dürfte, ist sie dennoch das endgültige Bestandsziel, da eine Ansiedlung von Baumarten nicht zu empfehlen ist. Diese könnten durch die Lawinen geworfen werden und dann die Bauwerke beschädigen. Bei Bedarf werden zwischen den Brems- und Abweisbauten ebenfalls Aufforstungen durchgeführt. Wie bei den Aufforstungen zwischen den Stütz- und Gleitschutzbauten ist in diesen Fällen die dortige heutige potentiell natürliche Waldgesellschaft das Bestandsziel.

W i r k u n g s w e i s e
a) Ingenieurbiologische Wirkungen:
   Stütz- und Gleitschutzbauten
   – Die Stützbauwerke verhindern das Abgleiten von Lawinen. „Die Wirkungsweise der Stützverbauung beruht darauf, daß der kriechenden und evtl. gleitenden Schneedecke eine im Boden verankerte, mehr oder weniger hangsenkrechte, bis an die Schneeoberfläche reichende Stützfläche entgegengestellt wird" (HETTCHE, 1974).
   – Die zwischen den Stützverbauungen angeordneten Gleitschutzbauwerke schützen vor allem die Pflanzen gegen Gleit- und Kriechschnee (HETTCHE, 1974).
   – Nach dem Heranwachsen schützen die Pflanzen den ursprünglichen Lawinengang nachhaltig gegen Lawinen.

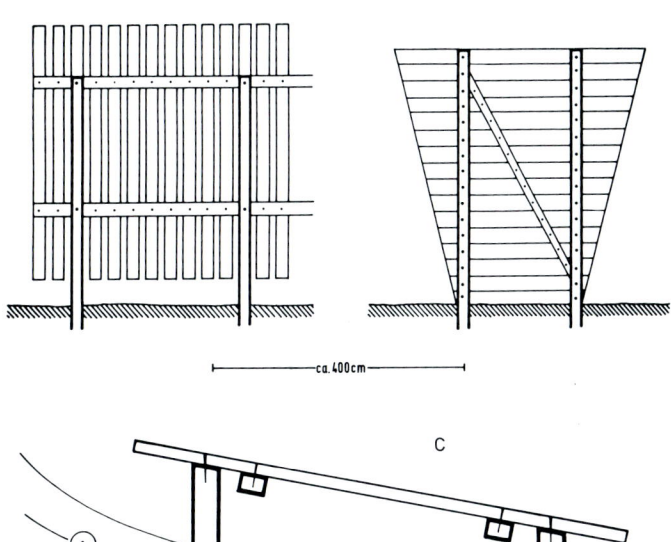

A

B

ca. 400 cm

C

1

ca. 400 cm

Abb. 205: Schnee- und Lawinenschutzbauten in Lawinenentstehungsgebieten (SCHIECHTL, 1973). A = Verwehungszaun (Ansicht), B = Kolktafel (Ansicht), C = Düsendach (Querschnitt); 1 = Hauptwindrichtung im Winter.

Brems- und Abweisbauten
– Die Bremsverbauungen bringen bereits sich in Bewegung befindliche Lawinen zum Stehen oder mindern zumindest deren Bewegungsenergie.
– Abweis- bzw. Leitverbauungen lenken Lawinen aus ihrer ursprünglichen Bewegungsrichtung ab und bzw. oder schützen hinter den Bauwerken liegende Objekte.
– Die Strauchvegetation auf den Bauwerken schützt die Bauten gegen Lawinenschurf, festigt sie durch Durchwurzelung und schützt sie vor Feinmaterialausspülung (Abschn. V. 6.4.1).
– Eventuelle Aufforstungen zwischen den Bauwerken üben die gleichen Wirkungen aus wie die Aufforstungen zwischen den Stütz- und Gleitschutzbauwerken (s. oben).
b) Weitere Wirkungen:
– Biotop (Abschn. I.).

6.7.2 Bauverfahren

Schneebrücken

Lebende Baustoffe

Für Aufforstungen zwischen den Schneebrücken werden Jungpflanzen standortgerechter Baum- und Straucharten verwendet.

Bauweise

Diese Stützbauten bestehen aus waagerechten und senkrechten Stahl-Fertigteilen. Die Fertigteile werden an der Baustelle zu den Bauwerken zusammengesetzt. Verankert werden die Stützwerke in Betonfundamenten mit Felsankern aus Bewehrungsstahl. Der Reihenabstand der Schneebrücken beträgt im Mittel 20 m. Die Flächen zwischen den Schneebrücken und Schneerechen (s. unten) sind mit den oben angegebenen Jungpflanzen zu bepflanzen (Abb. 206 u. 207).

▲ Abb. 206: Schneebrücke.

▲ Abb. 207: Schneebrücke. Im
Vordergrund sind Bergahorn-Jung-
pflanzen zu erkennen, die durch
Drahtgeflecht vor Wildverbiß
geschützt sind.

▲ Abb. 208: Schneerechen in einem Lawinengang.

▲ Abb. 209: Schneerechen unterhalb einer Schneebrücke.

Anwendungsbereich

Als Stützbauwerke im Bereich von Lawinengängen zur Verhinderung von Lawinenabgängen.

Literatur: HETTCHE (1974).

Schneerechen

Lebende Baustoffe

Siehe „Schneebrücken".

Bauweise

Schneerechen werden aus imprägnierten Rundhölzern von etwa 100 cm Höhe hergestellt. Sie werden als Gleitschutzwerke in aufgelöst-gestaffelter Anordnung zwischen den Schneebrücken aufgestellt. Die Flächen zwischen den Schneebrücken und Schneerechen sind mit den unter Schneebrücken angegebenen Jungpflanzen zu bepflanzen (Abb. 208 u. 209).

Anwendungsbereich

Im Bereich von Lawinengängen als Gleitschutzwerke zwischen den Schneebrücken zum Schutz der Aufforstungen.

Literatur: HETTCHE (1974).

Begrünte Lawinenbremshöcker

Lebende Baustoffe

Steckhölzer der folgenden Weidenarten oder bewurzelungsfähiger Hybriden: Großblättrige Weide (Salix appendiculata), Ohrweide (S. aurita), Grauweide (S. cinerea), Reifweide (S. daphnoides), Lavendelweide (S. eleagnos = S. incana), Glanzweide (S. glabra), Schwarzweide (S. nigricans), Lorbeerweide (S. pentandra), Purpurweide (S. purpurea), Mandelweide (S. triandra), Korbweide (S. viminalis), außerdem Jungpflanzen anderer standortgerechter Straucharten und Saatgut standortgerechter Wiesengesellschaften.

Bauweise

Die Bremsverbauung wird durch kegelstumpfförmige Erdhöcker erreicht, deren Dimensionierung der Zielsetzung der Baumaßnahme und den örtlichen Gegebenheiten anzupassen ist. Auf ihrer Prallseite sind die Erdhöcker zu pflastern und entsprechend Abschn. V. 3.5.2.2 mit Weidensteckholz zu besetzen. Die der Prallseite abgewandte ungepflasterte Seite wird mit Straucharten bepflanzt (Abschn. V. 2.1) und angesät (Abschn. V. 2.2.1). Bei Bedarf sind die zwischen den Erdhöckern liegenden Flächen mit Baum- und Straucharten der jeweiligen HPNV aufzuforsten.

Anwendungsbereich

Zur Bremsverbauung an Verflachungs- und Verbreiterungsstellen in Lawinengängen.

Literatur: SCHIECHTL (1973).

Begrünte Lawinenabweis- oder Lawinenleitdämme

Lebende Baustoffe

Steckhölzer der unter „Begrünte Lawinenbremshöcker" genannten Weidenarten.

Bauweise

Erddämme werden gepflastert und entsprechend Abschn. V. 3.5.2.2 mit Weidensteckhölzern besetzt. Form und Bemessung der Dämme richten sich nach der Zielsetzung der ingenieurbiologischen Baumaßnahmen und den Standortverhältnissen der Baustelle.

Anwendungsbereich

Als Abweis- bzw. Leitverbauungen im Bereich von Lawinengängen zur Änderung der Bewegungsrichtung von Lawinen und bzw. oder zum Schutz hinter den Dämmen liegender Objekte.

Literatur: SCHIECHTL (1973).

Abb. 210: „Immergrüne" Windschutzpflanzungen in Südfrankreich
aus Zypresse (Cupressus sempervirens).

7. Bauverfahren auf landwirtschaftlichen Nutzflächen

7.1 Natürliche Vegetation

Bei den Bauverfahren handelt es sich um die Anlage von Windschutzpflanzungen und Pflanzungen gegen Wassererosion. Sie werden vor allem auf gartenbaulichen und landwirtschaftlichen Flächen angelegt, bei landwirtschaftlicher Nutzung sowohl auf Acker- als auch auf Grünland.

Ihre Artenzusammensetzung richtet sich nach der HPNV. Die Nutzflächen waren früher meistens von Waldgesellschaften bewachsen. Diese sind jedoch wohl meistens nicht die HPNV. Als HPNV sind vielmehr diejenigen natürlichen höchstentwickelten Pflanzengesellschaften zugrunde zu legen, die **auf den Pflanzungsstreifen** vorstellbar sind, und zwar bei Beibehaltung der unmittelbar an sie angrenzen-

den landwirtschaftlichen oder gartenbaulichen Nutzungen. Dies können beispielsweise Hecken und Gebüsche (Prunetalia spinosae Tx. 1952) sein.

7.2 Windschutz

7.2.1 Allgemeines

In Mittel- und Westeuropa bestehen Windschutzpflanzungen in erster Linie aus sommergrünen Laubgehölzen. Im Mittelmeerraum werden dagegen in starkem Maße „immergrüne" Arten verwendet, wie z. B. die Zypresse (Cupressus sempervirens) und Kiefernarten (Abb. 210).

Da Windschutzpflanzungen vom Fuß bis zur Krone eine gleichmäßige Durchlässigkeit von rd. 40 bis 50 % aufweisen sollen, sind Laubgehölze als lebende Baustoffe am geeignetsten. Aus Gründen der ökologischen Vielfalt sind die Pflanzungen möglichst artenreich zu planen. In der Regel sind Pflanzungen anzustreben, die aus Holzarten der HPNV zusam-

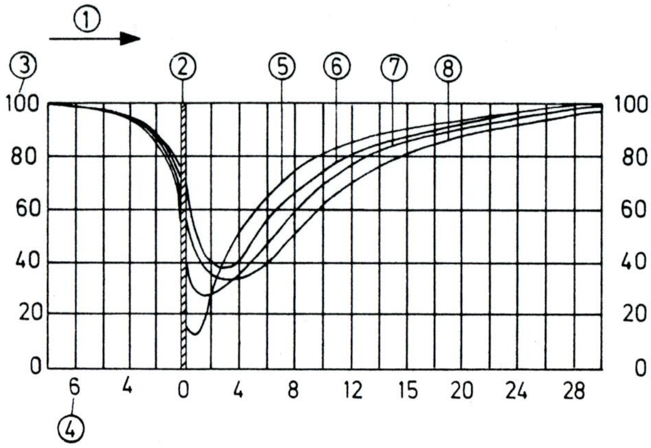

Abb. 211: Prozentuale Windge-
schwindigkeit bei unterschiedlicher
Durchlässigkeit der Schutzstreifen
(W. NÄGELI, 1943, 1946).
1 = Windrichtung, 2 = Schutzstrei-
fen, 3 = Prozent der Freilandge-
schwindigkeit, 4 = Entfernung vom
Schutzstreifen in Vielfachen seiner
Höhe, 5 = sehr dichte Streifen,
6 = lockere Streifen, 7 = dichte
Streifen, 8 = Streifen mittlerer
Durchlässigkeit.

mengesetzt sind (s. oben).

Allerdings kann es vorkommen, daß schnelle, aber nur vorübergehende Windschutzwirkungen zu erzielen sind. In derartigen Fällen ist es zweckmäßig, die Pflanzungen ausschließlich aus schnellwüchsigen Arten wie z. B. Erlen, Weiden und Pappeln aufzubauen. Diese Gehölze sind an den für die Anlage solcher Pflanzungen in Frage kommenden Baustellen meist nicht Arten der HPNV, sondern Gastholzarten.

Wirkungsweise

a) Ingenieurbiologische Wirkungen:

Die Wirkungsweise der Windschutzpflanzungen beschreibt KREUTZ (1968, 1973) folgendermaßen:

„Der Wind als bewegte Luft setzt sich aus auf- und absteigenden Luftschichten zusammen, die zu einer Richtung geordnet auf das Windschutzhindernis einen Druck ausüben, wobei der Wind an Bewegungsenergie und somit an Geschwindigkeit in Bodennähe einbüßt. Gleichzeitig wird Bewegungsenergie zwischen der geschwächten bodennahen Luftschicht und der darüberstreichenden ungebremsten ausgetauscht, wodurch die unteren Schichten wieder mit Energie versorgt werden, was aber nicht bis in Bodennähe ausreicht. Durch diesen Vorgang geht der angehobene Wind unter Zunahme seiner Geschwindigkeit mehr als sanfte Strömung über das Hin-

dernis hinweg. Die unteren Luftschichten verlieren beim Durchqueren des Hindernisses nochmals an Energie, die Windgeschwindigkeit wird weiter gebremst. Die über das Hindernis geführte Strömung ist bestrebt, wieder abzusinken, bis dann in einer gewissen Entfernung nach dem Hindernis mit der bodenwärts gerichteten Strömung und dem stärker werdenden Austausch die Verhältnisse des nicht geschützten Feldes vorherrschen. Die das Hindernis durchdringende gebremste Strömung bewegt sich im Nachlauf gleich einem Luftpolster weiter und hält die von der Hindernishöhe absinkende Strömung noch etwas zurück. Hierauf beruht die größere Reichweite des Schutzes einer durchlässigen Anlage im Gegensatz zu einem dichten, für den Wind undurchdringbaren Hindernis."

Nach BLENK et al. (1956) wird bei einer Durchlässigkeit der Windhindernisse von 40 bis 50 % die optimale Windschutzwirkung erreicht. Untersuchungen von NÄGELI (1943, 1946) werden damit bestätigt. Aus Abb. 211 ist ebenfalls ersichtlich, daß der Streifen von „mittlerer Dichte" (Durchlässigkeit 40 bis 50 %) den günstigsten Effekt ausübt.

Die Reichweite des Schutzes ist im allgemeinen etwa proportional der Höhe der Pflanzungen (h) und der Windgeschwindigkeit. In Luv ist mit einer Reichweite der Schutzwirkung von 3 h und in

Lee mit einer von 20 h zu rechnen, wenn eine Windschwächung von mindestens 10 % zugrunde gelegt wird (KREUTZ 1968, 1973; GEIGER 1961).

Aus der Veränderung des Windfeldes und der Schwächung des Windes durch Schutzpflanzungen ergeben sich eine Reihe günstiger Sekundärwirkungen, die sich vor allem auf Boden, Kleinklima und Vegetation erstrecken (KREUTZ 1968, 1973).

– Wirkungen auf den Boden
Auf leichten Böden wird die Deflation verhindert. Die Verdunstungsgeschwindigkeit des Bodenwassers wird herabgesetzt. Dies hat eine langsamere Verkrustung und Verhärtung der Bodenoberfläche zur Folge.

Der Taufall wird gesteigert.
In sehr geringem Umfange kann eine Zunahme der Niederschläge herbeigeführt werden.

– Wirkungen auf die Nutzpflanzen an geeigneten Standorten
Gartenbauliche und landwirtschaftliche Erträge werden gesichert und gesteigert (Abb. 212). Die Reife wird beschleunigt.
Wahrscheinlich wird auch die Qualität einer Reihe Feldfrüchte verbessert.

Nicht vollständig geklärt ist die Frage nach dem Einfluß von Windschutzpflanzungen auf den Kohlensäuregehalt des Bodens und der bodennahen Luft. KREUTZ (1968, 1973) berichtet von Untersuchungen, nach denen an vielen Tagen auf windgeschützten Flächen ein geringerer CO_2-

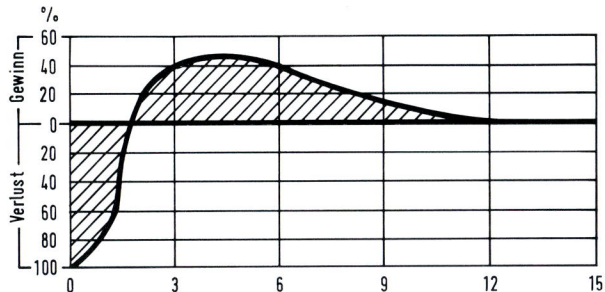

Abb. 212: Ertragsverhältnisse hinter Windschutzpflanzungen (KREUTZ, 1973).

Die Bodentemperaturen werden zumindest in einer Tiefe bis zu 10 cm erhöht.

– Wirkungen auf das Kleinklima
Innerhalb geschlossener Windschutzsysteme wird oft die Temperatur der bodennahen Luft erhöht. In ebenem Gelände kann infolge der durch Horizontalabschirmung verringerten Ausstrahlung in windstillen Nächten die Frostgefahr gemindert werden. Im geneigten Gelände kann sie allerdings dadurch erhöht werden, daß bei ungenügender Durchlässigkeit sich Kaltluft ansammelt und nicht abfließen kann.

Gehalt als auf ungeschützten festgestellt wurde.

b) Weitere Wirkungen:
– Biotop (Abschn. I.).
Vor allem aus Gründen des gestiegenen Umweltbewußtseins wird heute die Bedeutung von Windschutzpflanzungen und Feldhecken als Biotope oft wichtiger als deren Windschutzwirkungen eingeschätzt. Dies ist um so verständlicher, als Windschutzpflanzungen und Feldhecken tatsächlich hervorragende Biotopeigenschaften haben. So bieten derartige Gehölzstreifen nach KAULE (1986) auf engstem

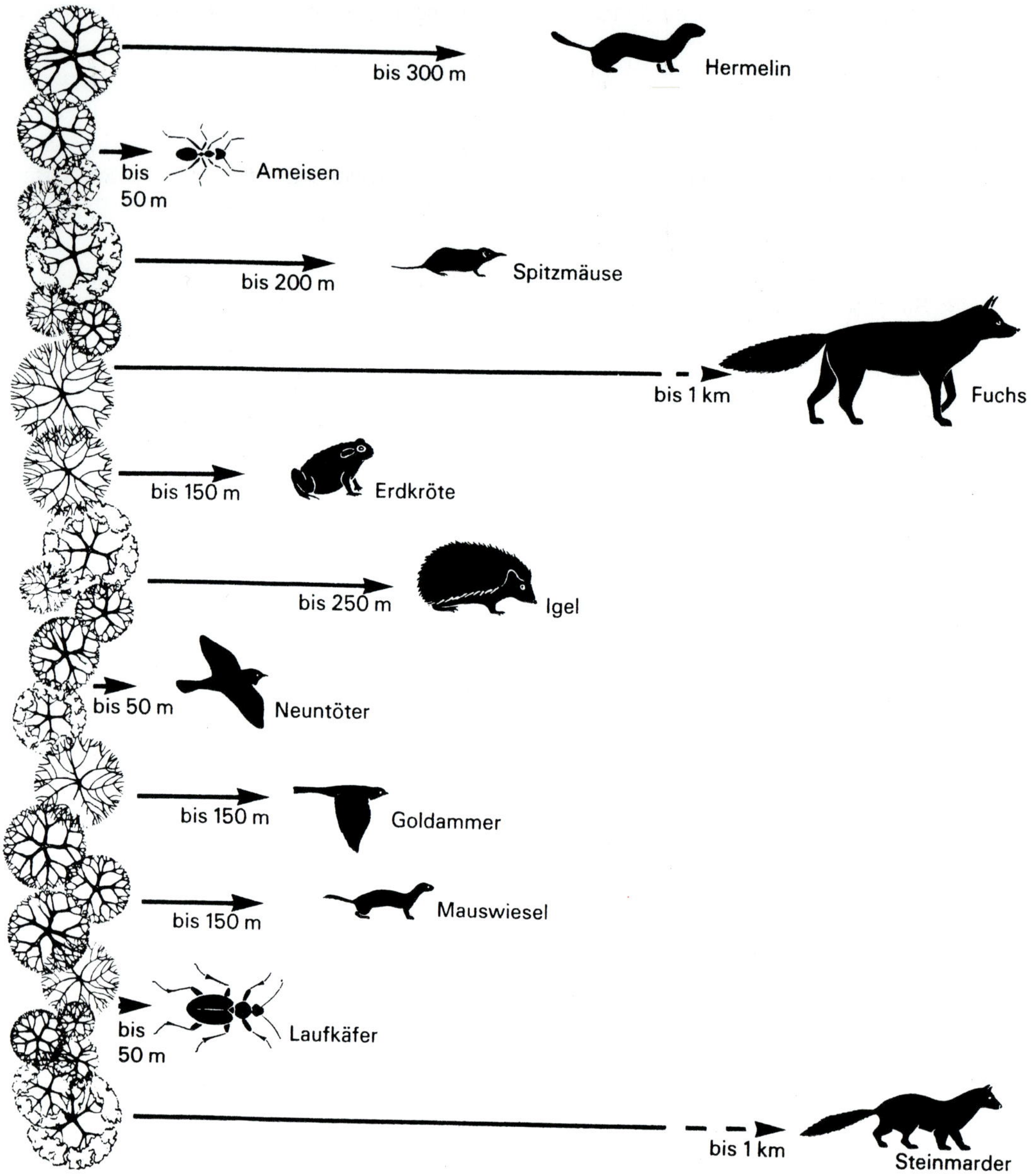

bis 300 m — Hermelin

bis 50 m — Ameisen

bis 200 m — Spitzmäuse

bis 1 km — Fuchs

bis 150 m — Erdkröte

bis 250 m — Igel

bis 50 m — Neuntöter

bis 150 m — Goldammer

bis 150 m — Mauswiesel

bis 50 m — Laufkäfer

bis 1 km — Steinmarder

Abb. 213: Ungefähre maximale Aktionsradien einiger heckenbewohnender, fleischfressender Tiere (WILDERMUTH, 1978).

Raum die größte Vielfalt an Kleinstandorten, die in der mitteleuropäischen Kulturlandschaft denkbar ist. Sofern sie von Ost nach West verlaufen, sind sie durch einen besonnten Südrand, einen feuchten Nordrand und ein waldartiges Innenklima gekennzeichnet. Außerdem sind sie vielfältig strukturiert; so lassen sich Bäume, Sträucher, Zwergsträucher, Stauden, Gräser, Totholz, eine Laubschicht und ggf. auch Steinhaufen unterscheiden. Diese Biotopvielfalt bietet zahlreichen, z. T. auf den Roten Listen stehenden Pflanzen- und Tierarten Lebensbedingungen. Auf Einzelheiten kann hier nicht eingegangen werden. Statt dessen wird auf BLAB (1984), KAULE (1986) und TISCHLER (1984) verwiesen. (Siehe auch Abb. 1 in Abschn. I.).

Die große Vielfalt der Heckenfauna ist außerdem eine Ursache für die große Bedeutung, die die Gehölzstreifen für die biologische Schädlingsbekämpfung haben (Abb. 213). Endlich üben Windschutzpflanzungen und Feldhecken wichtige Funktionen als Vernetzungselemente aus, nämlich als „Korridore" und „Trittsteine" (SUKOPP, 1985).

– Verschönerung des Landschaftsbildes (Abschn. I.).

7.2.2 Bauverfahren

Windschutzpflanzungen

Lebende Baustoffe
Jungpflanzen standortgerechter Baum- und Straucharten; ggf. auch Heister.

Bauweise
Es kann zwischen den senkrecht zu den Hauptwindrichtungen (NW, W, SW) verlaufenden höheren Hauptschutzpflanzungen und den dazu rechtwinklig ausgerichteten niedrigeren Nebenschutzpflanzungen unterschieden werden (s. unten). Im Gegensatz zu Hauptschutzpflanzungen sind in Nebenschutz-

pflanzungen Bäume 1. Größe gar nicht oder sehr sparsam zu verwenden, um den Schattenwurf auf ihrer Nordseite kurz zu halten.

In erster Linie werden die Gehölze durch Lochpflanzung eingebracht (Abschn. V. 2.1.1.2). Die für die Anlage von Windschutzpflanzungen bereitgestellten Bodenstreifen werden in der Regel durch Pflügen oder Fräsen vorbereitet. Ungünstige Standorte sind durch organische oder anorganische Düngung zu verbessern. Zu empfehlen ist auch eine Gründüngung (Abschn. V. 1.1.7).

Die Ansichten über die optimale Breite der Pflanzungen schwanken zwischen der Bevorzugung einreihiger Pflanzungen und Vorschlägen für bis zu 30 m breite Waldstreifen. Aus Gründen der Landersparnis haben sich in der Praxis vor allem drei- bis fünfreihige Windschutzpflanzungen durchgesetzt. Ihr Aufbau kann, wie in den Abb. 214 u. 215 dargestellt, vorgenommen werden. Die Bäume 1. und 2. Größe werden in Abständen von etwa 15 bis 25 m in die Mittelreihe gepflanzt. In den verbleibenden Lücken dieser Reihe und bei fünfreihigen Pflanzungen außerdem in den anderen inneren Reihen werden vorwiegend höhere Sträucher angesiedelt. Die beiden Außenreihen sind in erster Linie niedrigen, dichtwüchsigen Sträuchern vorzuhalten. Bei einer derartigen Kombination der Gehölze ist eine von der Krone bis zum Fuß der Pflanzungen gleichmäßig dichte, jedoch ungefähr 40 bis 50 % durchblasbare Struktur der Schutzpflanzungen zu erwarten. Durch Einbringen von Pflegeholzarten, wie vor allem der schnellwüchsigen und stickstoffsammelnden Roterle, wird versucht, in den ersten Jahren das Wachstum der übrigen Gehölze zu beschleunigen und frühzeitig eine geschlossene und genügend hohe Windschutzpflanzung zu erzielen. Sie können schräg in der Pflanzung (Abb. 214) oder, wenn ausreichend Land zur Verfügung steht, parallel zu ihr in besonderen, ausschließlich aus Pflegeholzarten bestehenden Reihen angeordnet werden. Ihr Anteil beträgt im Mittel rd. 20 bis 33 %.

In drei- bis fünfreihigen Pflanzungen hat es sich bewährt, die verschiedenen Holzarten in Trupps zu etwa 5 bis 10 Pflanzen pro Holzart einzubringen.

5 R. c.
5 L. x.
5 R. r.
5 C. s.
5 S. n.
5 C. a.
5 E. eu.
5 C. o.
5 Q. r.
5 A. c.
5 C. b.
5 S. c.
1 A.
5 C. o.
5 S. n.
5 C. a.
5 E. eu.
5 R. c.
5 L. x.
5 R. r.
5 C. s.
100 cm

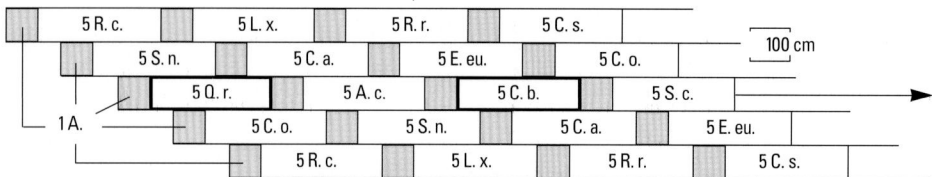

Abb. 214: Beispiel einer fünfreihigen Schutzpflanzung in der ehemaligen Aue des Illertales. Bodenart: Etwa 50 cm Auemergel über alluvialen und diluvialen Kalkschottern; Bodentyp: Pararendzina. Bäume 1: Größe: Q.r. = Quercus robur; Bäume 2. Größe: C.b. = Carpinus betulus; Sträucher: A.c. = Acer campestre, C.a. = Corylus avellana, C.o. = Crataegus oxyacantha (= C. laevigata), C.s. = Cornus sanguinea, E.eu. = Euonymus europaeus, L.x. = Lonicera xylosteum, R.c. = Rosa canina, R.r. = Rosa rubiginosa, S.c. = Salix caprea, S.n. = Sambucus nigra; Pflegeholzart: A. g. = Alnus glutinosa.

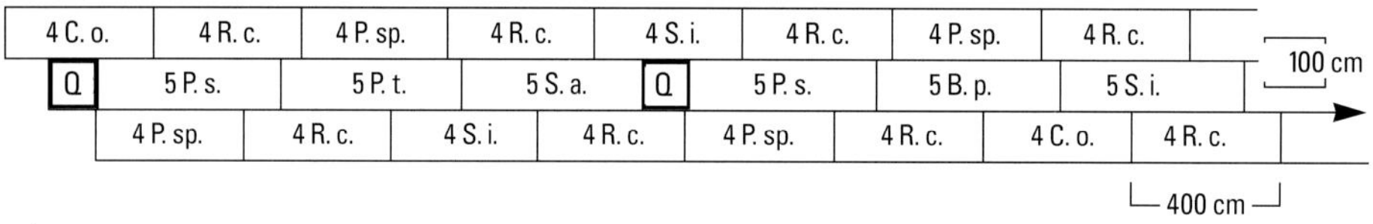

4 C. o.
4 R. c.
4 P. sp.
4 R. c.
4 S. i.
4 R. c.
4 P. sp.
4 R. c.
Q
5 P. s.
5 P. t.
5 S. a.
Q
5 P. s.
5 B. p.
5 S. i.
4 P. sp.
4 R. c.
4 S. i.
4 R. c.
4 P. sp.
4 R. c.
4 C. o.
4 R. c.
100 cm
400 cm

Abb. 215: Beispiel einer dreireihigen Windschutzpflanzung im nordwestdeutschen Diluvialgebiet. Bodenart: Diluviale schwach anlehmige Mittel- und Grobsande; Bodentyp: Podsolige Braunerde. Bäume 1. Größe: Q. = Quercus robur als Heister gepflanzt; Bäume 2. Größe: B.p. = Betula pendula, P.t. = Populus tremula; Sträucher: S.a. = Sorbus aucuparia; Gaststraucharten: C.o. = Crataegus oxyacantha (= C. laevigata), P.s. = Prunus serotina, P.sp. = Prunus spinosa, R.c. = Rosa canina, S.i. = Sorbus intermedia.

Eine Einzelmischung hat den Nachteil, daß schwachwüchsige Gehölze durch benachbarte starkwüchsige unterdrückt werden können. Bei Ansiedlung zu großer Pflanzengruppen einer Art, wie z. B. von 20 bis 30 Pflanzen, besteht Gefahr, daß bei Ausfällen infolge falscher Artenwahl oder vorübergehend auftretender ungünstiger Standortbedingungen zu große Lücken und somit Winddüsen entstehen.

Je ungünstiger die Standortverhältnisse der Baustelle sind, desto enger sind die Pflanzabstände zu wählen. Im allgemeinen betragen sie in der Reihe 50 bis 100 cm und zwischen den Reihen 80 bis 120 cm. Reihenabstände unter 80 cm erschweren eine maschinelle Pflege. Die Gehölze werden in der Regel in den Größen 50/80 bis 65/100 cm gepflanzt. Bäume 1. Größe können auch als Heister, am besten in den Größen 100/125 bis 125/150 cm eingebracht werden. In diesem Falle genügt es, an Stelle mehrerer Jungpflanzen einen Heister zu verwenden (Abb. 215).

Nach der Pflanzung hat sich ein Mulchen des Bodens mit Stroh, Grasmahd, Laub usw. als günstig erwiesen. Hierdurch werden vor allem der Krautwuchs eingedämmt, der Wasserhaushalt verbessert und Bodengare erzielt. Zum Schutz gegen Vieh- und Wildverbiß sind die neuerstellten Pflanzungen einzuzäunen. Die hierfür erforderlichen Mehraufwendungen werden in vielen Fällen durch geringere Nachbesserungskosten ausgeglichen. Vor allem in den ersten Jahren ist eine sorgfältige Pflege notwendig. Sie erstreckt sich besonders auf Bodenbearbeitung wie Hacken sowie auf Nachpflanzungen und Auslichten. Um keine Konkurrenzwirkung aufkommen zu lassen, ist eine rechtzeitige Unterdrückung zu stark wachsender Pflegeholzarten wichtig.

Die beste Schutzwirkung wird durch ein System von Pflanzungen erzielt, das zu einer Kammerung der zu schützenden Flächen führt. Unter Zugrundelegung der luvseitigen Schutzwirkung von 3 h und

Abb. 216: Junge Windschutz-pflanzung in Anlehnung an einen Bewirtschaftungsweg (Foto: DAR-MER).

Abb. 217: Kammerung landwirt-schaftlicher Nutzflächen durch ein System von Windschutzpflanzungen. Auch hier stehen die Pflanzungen soweit wie möglich an Bewirtschaf-tungswegen.

Abb. 218: Ältere, hinsichtlich der Winddurchlässigkeit gleichmäßig gut strukturierte Windschutzpflanzung.

der leeseitigen von 20 h sowie einer durchschnittlichen Höhe (h) der Pflanzungen von 15 bis 25 m ergeben sich als günstige Schutzpflanzungsabstände Entfernungen von etwa 350 bis 600 m. Dabei sind, wie angedeutet, die Hauptschutzpflanzungen möglichst senkrecht zur Hauptwindrichtung, also in der BRD vorwiegend in Nord-Süd-Richtung, und die Nebenschutzpflanzungen rechtwinklig dazu anzulegen. Zur Erleichterung der Bewirtschaftung der landwirtschaftlichen Nutzfläche sind die Pflanzungen an Straßen, Bewirtschaftungswegen, Wasserläufen usw. einseitig anzulehnen. Nebenschutzpflanzungen sind auf der Südseite von Wegen, Straßen usw. zu erstellen, damit die Beschattung der Nutzfläche so gering wie möglich gehalten wird (Abb. 216 bis 218).

Anwendungsbereich

Nach den bisherigen Untersuchungen der ökologischen Auswirkungen und der Beeinflussung von Ertragshöhe und -sicherheit durch Schutzpflanzungen kann über die Windschutzbedürftigkeit verschiedener Standorte folgendes gesagt werden:

a) Schutzpflanzungen sind überall dort nötig, wo die natürliche Wasserversorgung für einen optimalen Pflanzenertrag nicht ausreicht bzw. durch Dürre- und Trockenheitsperioden Ertragsrückgang und -ausfall drohen.

b) Schutzpflanzungen sind auf allen deflationsgefährdeten Standorten erforderlich.

c) Im Gegensatz zu den obengenannten, zu Dürre und Trockenheit neigenden Standorten gibt es eine Reihe von Böden mit ausreichender oder zeitweise sogar reichlicher Wasserversorgung, die im Frühjahr nur schwer und langsam abtrocknen: Tiefgründige Lehmböden, die zu Verdichtung, Pflugsohlenbildung oder oberflächigem Wasserstau neigen. Hier würde ein Verdunstungsschutz das Abtrocknen der Böden und damit die Bestellung verzögern, die Vegetationsperiode verkürzen.

d) Fragwürdig können Schutzpflanzungen auch auf Moorböden mit stark örtlicher Kaltluftbildung sein, wo die Pflanzungen den Abfluß der Kaltluft bzw. die Durchmischung mit höheren wärmeren Luftschichten durch den Wind verhindern können.

e) Zwischen den genannten Extremen liegt eine Reihe mittlerer, landwirtschaftlich intensiv genutzter Standorte von regionaler Verbreitung, die in langjährigen ökologischen und Ertragsuntersuchungen auf ihre Windschutzbedürftigkeit geprüft werden müssen.

f) Umstritten ist die Notwendigkeit von Windschutzpflanzungen in Lößgebieten. Als Nachteile werden der Verlust wertvollen Bodens sowie mangelhaftes Ausreifen und Trocknen der Ernte sowie des Bodens (Befahrbarkeit) infolge zu hoher Luft- und Bodenfeuchtigkeit angeführt. Die Befürworter weisen auf die auch bei Löß bestehende Möglichkeit der Deflation, auf die Denudationsgefahr sowie auf die Steigerung des Artenreichtums der Fauna durch Schutzpflanzungen hin.

g) Windschutzpflanzungen sind nicht nur auf Ackerflächen günstig. Windschutzversuche der Landwirtschaftskammer Weser-Ems in der Wesermarsch bei Infeld haben auf ungedräntem Grünland eine mittlere Ertragssteigerung von 10,4 %, auf gedräntem Grünland mittlere Mehrerträge von 6,2 % ergeben.

In Tab. 14 sind einige Standorte genannt, auf denen Schutzpflanzungen zur Sicherung oder Steigerung der landwirtschaftlichen Erträge notwendig sind.

Literatur: BLENK et al. (1956); GEIGER (1961); ILLNER et al. (1956); KREUTZ (1968, 1973); NÄGELI (1943, 1946); PFLUG (1959); SCHLÜTER (1971b, 1980, 1986).

Bodenverhältnisse	Beispiel	Ausschlaggebende Wirkungen	besonders günstig in Verbindung mit
Tonmineralarme Sandböden. Ackerzahlen bis etwa 30. Braunerden verschiedener Entwicklungsstufen, Podsole	Nordwestdeutsches Diluvialgebiet	Herabsetzung der Deflation. Verbesserung des Wasserhaushaltes	Beregnung
Entwässerte Moorböden (Hochmoor, Niedermoor)	Emsland Donauried	Herabsetzung der Deflation. Verbesserung des Wasserhaushaltes	Beregnung
Schotterböden ehemaliger Auen mit geringmächtiger Auelehm-, bzw. Auemergeldecke. Grundwasserspiegel durch Flußkorrektion gesenkt. U. a. Pararendzinen	Täler korrigierter Voralpenflüsse (u. a. Unteres Illertal)	Verbesserung des Wasserhaushaltes	Beregnung. Hebung des Grundwasserspiegels durch Staustufen
Flachgründige, durchlässige, windexponierte Mittelgebirgsböden. Rendzinen, Ranker	u. a. Hochflächen der Schwäbischen Alb	Verbesserung des Wasser- und Temperaturhaushaltes	

Tab. 14: Standorte für Windschutzpflanzungen (SCHLÜTER, 1971b, 1986).

Benjeshecken

Die Anlage von Benjeshecken beruht auf dem Prinzip, Hecken durch Sukzession aufzubauen (BENJES, 1986). Obwohl Benjeshecken in erster Linie aus ökologischen Gründen empfohlen werden, soll hier darauf eingegangen werden, da sie selbstverständlich auch für den Windschutz eingesetzt werden können.

Lebende Baustoffe

Benjeshecken: Ggf. standortgerechte Baumarten. „Modifizierte Benjeshecken": Jungpflanzen standortgerechter Baum- und Straucharten.

Bauweise

Auf den für die Hecken vorgesehenen Geländestreifen werden etwa 3 bis 4 m breite und ca. 1 m hohe Wälle aus Ästen und Zweigen aufgeschichtet. Dabei ist für eine gute Durchmischung der Äste und Zweige zu sorgen. Die Arbeiten können das ganze Jahr über durchgeführt werden. Von nun an wird die weitere Entwicklung der Sukzession überlassen. In der Regel wird sich in der ersten Vegetationsperiode unter der Reisigdecke zunächst eine Vegetation entwickeln, die überwiegend aus Gräsern und Kräutern besteht. In den Folgejahren verrotten die Reisigwälle allmählich, und gleichzeitig werden durch den Kot der Vögel und durch Wind in zunehmendem Maße Gehölzsamen eingebracht. Die daraus heranwachsenden Gehölzarten verdrängen nach und nach die Gras- und Krautvegetation. Um den Baumbestand der Hecken hinsichtlich Artenzusammensetzung und Ansiedlungsstellen bis zu einem gewissen Grade beeinflussen zu können, wird empfohlen, frühzeitig einige Bäume der gewünschten Arten an den dafür vorgesehenen Stellen in den Reisigwällen zu pflanzen.

Eine Variante ist die sogenannte „modifizierte Benjeshecke" (BERGER et al., 1994; GUBA, 1993). Bei ihrer Anlage werden auf etwa 5 bis 6 m breiten Streifen zwei 2 bis 2,50 m breite und etwa 2 m hohe Reisigwälle seitlich aufgeschichtet, so daß in der Mitte ein ca. 1 m breiter reisigfreier Streifen verbleibt. Während sich in den Reisigwällen Gehölze

natürlich ansiedeln, wird der reisigfreie Streifen mit Gehölzen bepflanzt, vor allem mit gewünschten Arten, die nicht durch Vögel oder Wind verbreitet werden. Größe des Pflanzgutes und Pflanzabstände sind in Anlehnung an die bei den herkömmlichen Windschutzpflanzungen gemachten Angaben zu wählen (s. oben).

Steht ausreichend Land zur Verfügung, kann die Anzahl der Reisigwälle und damit auch die Anzahl der reisigfreien Streifen beliebig erhöht werden.

Anwendungsbereich

Aus ingenieurbiologischer Sicht haben die „echten" Benjeshecken im Vergleich zu herkömmlichen Windschutzpflanzungen folgende Nachteile:
– Sie benötigen für ihre Entwicklung viel Zeit.
– Die Artenzusammensetzung bleibt dem Zufall überlassen.

Demgegenüber stehen folgende Vorteile:
– Die Reisigwälle und die verschiedenen Sukzessionsstadien steigern die Biotopvielfalt und bieten zahlreichen Pflanzen- und Tierarten Lebensbedingungen.
– Infolge der natürlichen Ansiedlung der Gehölzarten entspricht die Artenzusammensetzung den Standortverhältnissen aufs beste.

Benjeshecken sollten daher vor allem dort angelegt werden, wo
– die lange Entwicklungsdauer keine Rolle spielt,
– aus ingenieurbiologischer Sicht keine besonderen Anforderungen an die Artenzusammensetzung gestellt zu werden brauchen
– und wo die Biotopvielfalt gesteigert werden soll.

Die „modifizierten Benjeshecken" nehmen aus ingenieurbiologischer Sicht hinsichtlich ihrer Nach- und Vorteile eine Mittelstellung zwischen herkömmlichen Windschutzpflanzungen und „echten" Benjeshecken ein. Sie sind vor allem dort günstig, wo
– einerseits auch eine längere Entwicklungszeit hingenommen werden kann und die Biotopvielfalt erhöht werden soll,
– wo aber andererseits die ingenieurbiologische Zielsetzung die Verwendung bestimmter Gehölzarten und Artenkombinationen erfordert.

Literatur: BENJES (1986); BERGER et al. (1994); GUBA (1993).

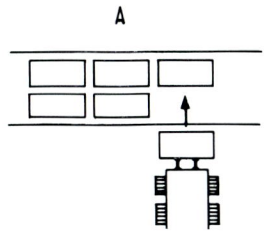
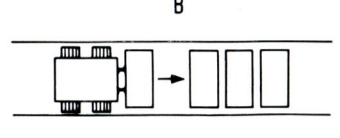

▲ *Abb. 219: Möglichkeiten des Einsetzens von Heckenabschnitten (UNGER 1981).*

Verpflanzen älterer Wallhecken (Knicks) und ebenerdiger Schutzpflanzungen

Lebende Baustoffe

Ältere Wallhecken (Knicks) oder ebenerdige Pflanzungen. Verpflanzenswert sind vor allem Wallhecken und ebenerdige Pflanzungen, die eine artenreiche Gehölz- und Krautflora aufweisen. Da sich ältere Bäume nur mit den in Abschn. V. 2.1.2 genannten aufwendigen Maßnahmen verpflanzen lassen, sollten diese möglichst nicht oder nur in geringer Anzahl vorhanden sein.

Bauweise

Umgesetzt werden können unzurückgeschnittene oder zurückgeschnittene Hecken. Das Versetzen nicht zurückgeschnittener Pflanzungen ist besonders dann erfolgversprechend, wenn sie vor nicht allzulanger Zeit, d. h. vor etwa ein bis drei Jahren, auf den Stock gesetzt wurden. Dieses Verfahren hat den Vorteil, daß die Pflanzungen ihre Windschutzwirkungen, aber auch ihre ökologischen und optischen Wirkungen weitgehend behalten oder schneller als beim Rückschnitt wiedererlangen. Beim Rückschnitt werden die Hecken bis etwa 20 cm über der Bodenoberfläche maschinell oder manuell auf den Stock gesetzt. Der Rückschnitt erfolgt i. d. R. vor dem Umpflanzen. Vereinzelt ist er aber auch erst nach dem Versetzen vorgenommen worden. Der Rückschnitt gewährleistet ein besseres Anwachsen, da durch den Rückschnitt die beim Umpflanzen unvermeidliche Verminderung des Wurzelsystems ausgeglichen und die verdunstende Oberfläche verkleinert wird.

Abgesehen von einigen Ausnahmen, bei denen der neue Standort nicht besonders vorbereitet wurde, hat es sich bewährt, Mulden von etwa 60 bis 80 cm auszuheben, die etwas breiter als die zu verpflanzende Hecke sein sollten. Sie bewirken vor allem, daß die umgesetzten Heckenabschnitte guten Kontakt mit dem Boden bekommen und besser mit Wasser versorgt werden. Da beim Ausschieben der Mulden Bodenverdichtungen nicht auszuschließen sind, sollten die Muldensohlen vor dem Einsetzen der Heckenabschnitte gelockert werden.

Das Verpflanzen ist bei ausreichender, aber nicht zu großer Bodenfeuchtigkeit durchzuführen. Ist der Boden zu trocken, besteht Gefahr, daß die Erdballen während des Umsetzens auseinanderfallen. In diesen Fällen ist vor dem Verpflanzen zu wässern. Bei zu nassem Boden sind im gesamten Arbeitsbereich Bodenverdichtungen zu erwarten. Außerdem sinkt bei diesen Verhältnissen die Arbeitsleistung. Das Umsetzen wird auf unterschiedliche Weise vorgenommen. Bei der einen Methode werden zwei Planierraupen eingesetzt. Der zu verpflanzende Heckenabschnitt wird zwischen den Planierschildern der auf beiden Seiten der Pflanzung stehenden Planierraupen eingeklemmt, vorsichtig gelöst und zum neuen Pflanzort transportiert. Dabei fährt die eine Planierraupe vorwärts und die andere rückwärts. In anderen Fällen wurden Planierraupen, Radlader oder Löffelbagger zum Lösen und Herausnehmen sowie Radlader oder Lkws mit Containern zum Transport verwendet.

Der Einbau erfolgt durch Löffelbagger, Planierraupen oder Radlader. Aus Abb. 219 ist ersichtlich, wie die Heckenabschnitte eingebaut werden können. Die Methode A hat den Vorteil, daß die Mulden nicht befahren werden und der Boden somit nicht verdichtet wird. Beim Arbeiten nach Methode B sind die Heckenabschnitte leichter abzuladen, und die Gefahr ist geringer, daß die Ballen zerfallen.

Nach dem Einsetzen in die Pflanzmulde liegt die Oberfläche der Heckenabschnitte etwa 60 bis 90 cm über dem Geländeniveau. Die Stubben bzw. die unzurückgeschnittenen Gehölze müssen mit Planierraupen oder Baggern nachgerichtet werden. Anschließend werden sie mit dem vorher abgetragenen Mutterboden überdeckt und sorgfältig eingerüttelt, damit möglichst wenige Hohlräume verbleiben. Bei Verpflanzungen ohne Rückschnitt sind beschädigte Gehölze zurechtzuschneiden. Größere Wunden sollten mit einem Wundverschlußmittel behandelt werden. Nach seitlicher Angleichung des Erdwalls an das angrenzende Gelände ist seitlich der versetzten Pflanzung der durch den Maschineneinsatz verdichtete Boden zu lockern. Die umgesetzten Pflanzungen sind bei Bedarf kräftig zu wässern und zu düngen. Auch beim sorgfältigsten Verpflanzen sind Ausfälle nicht immer zu vermeiden. Entstehende Lücken sind daher durch Nachpflanzen von Junggehölzen zu schließen.

Darauf zu achten ist, daß die Heckenabschnitte nach Möglichkeit in der gleichen Exposition eingesetzt werden, in der sie vorher gestanden haben; denn die Expositionen weisen unterschiedliche Standortverhältnisse auf, wie vor allem andersgeartete Belichtung, Luft- und Bodentemperaturen, Luft- und Bodenfeuchtigkeit und Windverhältnisse. Viele Holzarten und die Krautsäume ertragen es nicht gut, wenn sie beispielsweise aus ehemaliger Nord-Exposition in Süd-Exposition oder aus vorhergehender Ost-Exposition in West-Exposition verpflanzt werden und sich damit an die oben angedeuteten, vom ursprünglichen Standort abweichenden Lebensbedingungen anpassen müssen.

Eine Verpflanzung der Hecken kann nur in der Zeit vom einsetzenden Laubfall bis zum Beginn des Neuaustriebs vorgenommen werden.

Anwendungsbereich

Das Umsetzen wird vor allem bei Flurbereinigungsverfahren zur Erhaltung älterer, wertvoller Knicks und ebenerdiger Hecken durchgeführt.

Literatur: GLÜSING (1984); RESCHKE (1980); UNGER (1981).

7.3 Schutz vor Wassererosion

7.3.1 Allgemeines

Die Anlage von Pflanzungen gegen Wassererosion ist nur eine Maßnahme unter einer Reihe anderer erosionsverhütender Eingriffe und nur im Zusammenhang mit diesen zweckmäßig. Neben den Pflanzungen sind es vor allem ackerbauliche Maßnahmen wie Anpassung der Ackerflächen an die Höhenlinien, höhenlinienparalleles Pflügen, Verbesserung des Humusgehaltes, Anbau bodenschützender Kulturen, Zwischenfruchtanbau, Streifenanbau sowie kulturtechnische Arbeiten wie Bau von Wällen, Beseitigung von Verdichtungen im Untergrund und in schweren, undurchlässigen Böden die Anlage von Dränungen.

Pflanzungen gegen Wassererosion werden auf Wällen in Verbindung mit Fangmulden angelegt (s. unten). Da der Erosionsschutz in Nähe der Bodenoberfläche ausgeübt wird, ist die Verwendung von Bäumen nicht erforderlich, sondern die Pflanzungen können ausschließlich aus Sträuchern bestehen. (Das schließt jedoch nicht aus, daß aus ökologischen und landschaftsgestalterischen Gründen zusätzlich auch Baumarten angesiedelt werden können).

▲ *Abb. 220: Rinnenerosion auf einer land-*
wirtschaftlichen Nutzfläche. Auf derartigen,
durch Wassererosion gefährdeten agrarischen
Flächen kann die Erosionsgefahr durch
Schutzpflanzungen gegen Wassererosion in
Verbindung mit hangparalleler Bodenbearbei-
tung wesentlich gemindert werden.

Wie bei Windschutzpflanzungen (Abschn. V. 7.2) ist das Bestandsziel eine Kombination von Arten der HPNV. Da Pflanzungen gegen Wassererosion wie Windschutzpflanzungen auf landwirtschaftlichen oder gartenbaulichen Nutzflächen angelegt werden, gelten die in Abschn. V. 7.1 gemachten Bemerkungen zur HPNV sinngemäß auch für Pflanzungen gegen Wassererosion.

Wirkungsweise

a) Ingenieurbiologische Wirkungen:
– Die erosionsmindernden Wirkungen der Pflanzungen in Verbindung mit Wällen und Fangmulden beruhen zum einen darauf, daß sie die die Denudation beeinflussenden Gefällestrecken (s. unten) unterbrechen und somit verkürzen (Abb. 220).
– Zum anderen fangen sie oberhalb von ihnen abgetragenen Boden auf und bewirken dadurch eine gewisse Abflachung des geneigten Geländes in Richtung eines konkaven, abgetreppten Profils.
– Die Gehölze durchwurzeln die Wälle und sichern sie vor Abtrag.
– Sie tragen durch ihre Transpiration zum Verbrauch des in den Mulden aufgefangenen Wassers bei.

b) Weitere Wirkungen:
– Biotop (Abschn. I. und V. 7.2.1).
– Verschönerung des Landschaftsbildes (Abschn. I.).

7.3.2 Bauverfahren

Schutzpflanzungen gegen Wassererosion

Lebende Baustoffe

Insbesondere Jungpflanzen standortgerechter Straucharten.

Bauweise

Die Vorarbeiten zur Anlage von Pflanzungen gegen Wassererosion bestehen im wesentlichen aus dem Wegebau, dem Ausheben von Fangmulden und dem Aufwerfen von Wällen (s. unten). Auch diese Pflanzungen werden überwiegend durch Lochpflanzung begründet (Abschn. V. 2.1.1.2). Sie sind meist zwei- oder dreireihig. Wie bei der Anlage von Windschutzpflanzungen werden die Gehölze truppweise zu je 5 bis 10 Pflanzen einer Art gepflanzt. Pflanzabstände und Pflanzengrößen sind ebenfalls wie unter „Windschutzpflanzungen" beschrieben zu wählen (Abb. 221).

Wällen benutzt wird. Auf diesen Wällen werden anschließend die Erosionsschutzpflanzungen erstellt (Abb. 222A). Sofern die Pflanzungen nicht an Wege angelehnt werden können, sind sie bei Hangneigungen unter 12 % auf flachen (Abb. 222B) und bei Neigungen über 12 % auf höheren Wällen anzulegen (Abb. 222C). Die Abstände der Wege bzw. der Pflanzungen sollten bei 10 % Hangneigung zwischen 250 und 300 m und bei einem Gefälle von 20 % zwischen 125 und 150 m liegen.

Anwendungsbereich

Pflanzungen gegen Wassererosion sind vor allem auf stark bis sehr stark in dieser Hinsicht gefährdeten Flächen anzulegen. Wegen der vielen Wassererosion verursachenden Faktoren und der großen Zahl der aus ihrer Kombination abzuleitenden Möglichkeiten einer stärkeren oder schwächeren Erosionsgefährdung können an dieser Stelle nur allgemeine Angaben über die Standorte gemacht werden, die Pflanzungen gegen Wassererosion benötigen.

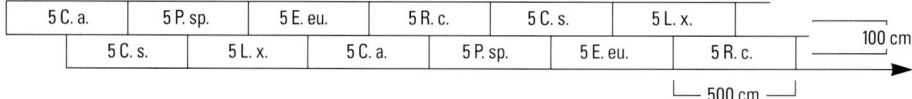

Abb. 221: Beispiel einer zweireihigen Erosionsschutzpflanzung im nordwestdeutschen Bördegebiet. Bodenart: Schluffig/lehmiger Lößlehm; Bodentyp: Parabraunerde.

Sträucher: C.a. = Corylus avellana, C.s. = Cornus sanguinea, E.eu. = Euonymus europaeus, L.x. = Lonicera xylosteum, P.sp. = Prunus spinosa, R.c. = Rosa canina.

Am besten sind die Pflanzungen in Verbindung mit Bewirtschaftungswegen aufzubauen, die parallel oder mit leichtem Gefälle zu den Höhenlinien verlaufen. Die Wege werden mit schwachem Gefälle zum Hang hin angelegt. An den Wegen hangseitig ausgehobene Fangmulden (Abschn. V. 6.6.2) sammeln das auf den Wegen anfallende Wasser und leiten es ab. Oberhalb der Wege sind ebenfalls Fangmulden zu bauen, deren Aushub für das Aufwerfen von etwa 150 bis 250 cm breiten, höheren

Anhaltspunkte mögen die folgenden Aussagen geben: Im allgemeinen ist die Wassererosionsgefahr um so stärker
– je größer Menge und Intensität der Niederschläge sind,
– je stärker das Gelände geneigt ist,
– je länger die Gefällestrecke ist, auf der das Oberflächenwasser abfließt und
– je weniger ausgeprägt die Krümelstruktur des Bodens ist.

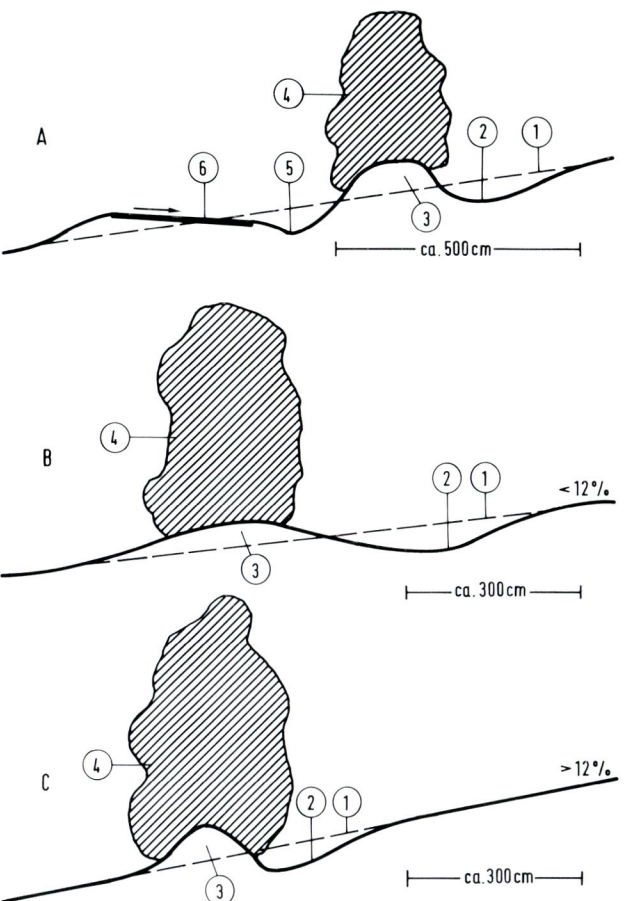

▲ *Abb. 222: Anlage von Pflanzungen gegen Wassererosion (in Anlehnung an BUCHWALD 1969, 1973).*
1 = ursprüngliche Geländeoberfläche, 2 = Mulde, 3 = Erdwall,
4 = Erosionsschutzpflanzung,
5 = Fangmulde mit Rasendecke,
6 = Weg.

Hinsichtlich der Bodennutzung steigt die Erosionsgefährdung der Flächen i. d. R. wie folgt: Wald < Wiese < Weide < Getreide < Hackfrucht < vegetationsloser Boden.
Eine Übersicht über die Einschätzung der Gefährdung durch Wassererosion gibt Tab. 15.

Literatur: BUCHWALD (1969, 1973); SCHLÜTER (1971b, 1986); SCHMIDT (1979).

7.3.3 Weitere, hier nicht beschriebene Bauverfahren

Zur Minderung der Wassererosion eignen sich außerdem Fang- und Ableitungsmulden mit Rasendecke oder mit Pflasterrasen, auch wenn in Verbindung mit ihnen keine Pflanzungen angelegt werden (Abschn. V. 6.6.2).

Autoren	Erosionsanfälligkeit			
	schwach	mäßig	stark	sehr stark
OBERDORF, F.	leichte Sandböden		–	–
SCHULTZE, J. H.	grobschuttreicher L	Feinschutt, S, sL	L	toniger L, Ton
KURON, H.	–	–	bindige Böden	
WEBER, H.	Sandböden	Tonböden	Schluff- und Lößböden	
HEMPEL, L.	Ton	toniger L	sL	Löß
SEEDORF, H.	anlehmiger S	fs Ton	Verwitt.-L	Lößlehm
KRUMMSDORF, A. u. BEER, W.-D.	leichte Böden		schwere Böden IS sL	Lößböden
WERNER, D.	skelettreicher Ton			IS und Löß
ROSCHKE, G.	skelettreicher Ton	sL	sL und Lößlehm	

Tab. 15: Einschätzung der Erosionsanfälligkeit des Bodens nach verschiedenen Autoren (SCHMIDT, 1979; etwas verändert).
S = Sand, fs = feinsandig,
L = Lehm, sL = sandiger Lehm,
IS = lehmiger Sand, – = keine Angabe.

8. Bauverfahren an Verkehrswegen und Siedlungen

Selbstverständlich werden im Bereich von Verkehrswegen und Siedlungen auch ingenieurbiologische Bauverfahren durchgeführt, die in vorhergehenden Abschnitten behandelt wurden, wie z. B. Maßnahmen an Gewässern und Böschungen.
Bei den hier beschriebenen ingenieurbiologischen Bauverfahren handelt es sich um Maßnahmen, die speziell an Verkehrswegen und im Siedlungsbereich ausgeführt werden, und zwar um Lärmschutz, Staubschutz und Blendschutz sowie um den Einsatz von Pflanzen zur Abwasserreinigung und zur Klärschlammentwässerung und -mineralisierung.

8.1 Vegetation

Lärm-, Staub- und Blendschutzpflanzungen

Sofern es sich um natürliche oder naturnahe Standorte handelt, dürften als HPNV meistens Waldgesellschaften in Frage kommen. Für diese Fälle gelten die in Abschn. V. 6.1 gemachten Anmerkungen. Oft liegen jedoch rein anthropogene, naturferne Standorte vor, wie z. B. Lärmschutzwälle. Zwar haben auch diese Standorte entsprechend der Definition in Abschn. V. 1.1.3 eine HPNV, sie dürfte sich aber oft nicht genau ermitteln lassen. Für die Artenwahl sind dann neben Erfüllung der ingenieurbiologischen Zielsetzung die einzelnen Standortfaktoren maßgebend, von denen die Artenzusammensetzung besonders abhängt (s. unten).

Anlagen zur Abwasserreinigung und Klärschlammbehandlung

Auch diese Standorte sind anthropogen und naturfern, so daß auch in diesen Fällen die HPNV nur schwerlich genau bestimmt werden kann. Sie zu kennen, ist auch gar nicht erforderlich, da unabhängig von der HPNV in jedem Fall für die Erreichung der ingenieurbiologischen Ziele Röhrichtarten verwendet werden.

8.2 Lärmschutz

Es lassen sich folgende ingenieurbiologische Lärmschutz-Bauobjekte unterscheiden:

a) Bauobjekte, für die ausschließlich lebende Baustoffe verwendet werden:
 – Lärmschutzpflanzungen.
  Es handelt sich um Pflanzungen ausreichender Breite, die auf ebenem Gelände sowie an Einschnitt- und Auftragsböschungen angelegt werden.

b) Bauobjekte, die aus lebenden und toten Baustoffen bestehen:
 – Begrünte Erdwälle.
  Diese herkömmlichen Lärmschutzwälle sind Erdaufschüttungen mit verhältnismäßig flachen Böschungen, die bepflanzt werden.
 – Begrünte Steilwälle.
  Es handelt sich um Stützkonstruktionen mit steilen Wandneigungen, die mit Erde ausgefüllt und bepflanzt werden.
 – Begrünte Lärmschutzwände.
  Hierunter sind wandartige Baukörper aus Metall, Holz, Glas, Beton, Kunststoffen und aus Kombinationen dieser Materialien zu verstehen. Sie erhalten auf einer oder auf beiden Seiten Pflanzungen.

8.2.1 Lärmschutzpflanzungen

8.2.1.1 Allgemeines

Das Ziel „Lärmschutz" erfordert die Verwendung von Arten mit hohem Lärmminderungsvermögen. Da diese Arten aber zum großen Teil Gastarten sind, ist es nicht ratsam, die HPNV als Schlußgesellschaft anzustreben. Zu empfehlen sind „halbnatürliche" Bestände aus Gast- und standorteigenen Arten mit möglichst hohem Lärmminderungsvermögen. Derartige Pflanzengemeinschaften erfüllen nicht nur die ingenieurbiologische Zielsetzung, sondern sind auch noch befriedigend ökologisch wirksam.

Sofern bei Verwendung standorteigener Arten die HPNV nicht bekannt ist, aber auch beim Einsatz von Gastarten, ist die Standortgerechtheit durch Vergleiche der Standortansprüche der Pflanzenarten mit den Standortverhältnissen der Baustelle zu ermitteln. Da Lärmschutzanlagen aber in der Regel unmittelbar neben Verkehrswegen gebaut werden, sind bei diesen Vergleichen auch die von den Verkehrswegen ausgehenden ungünstigen Einflüsse auf die Vegetation (insbesondere Salz, Staub, Fahrtwind, Abgase, erhöhte Temperaturen, Trockenheit, erhöhte Strahlung) mit zu berücksichtigen.

Wirkungsweise:

a) Ingenieurbiologische Wirkungen:
  Pflanzungen sind weitgehend schalldurchlässig. Sie haben zwischen den Ästen und Zweigen „Luftbrücken", über die Schall durch die Pflanzungen hindurchgehen kann. Außerdem bestehen Pflanzungen aus einer großen Anzahl von Einzelhindernissen kleiner und kleinster Abmessungen, hinter denen nur geringe Lärmschatten auftreten. Pflanzungen sind daher im Gegensatz zu Wällen und Wänden Hindernisse, die vom Schall nur einen kleinen Teil seiner Energie reflektieren oder absorbieren.
  Tab. 16 zeigt, daß die Angaben über die Lärmminderung (Abnahme des Lautstärkepegels = ΔL) durch Pflanzungen recht einheitlich sind.

Nach der RLS-81 sind Pegelminderungen unter 3 dB(A) subjektiv kaum wahrnehmbar. Mindestens sollten Pegelminderungen von 5 dB(A) erreicht werden (Der Bundesminister für Verkehr, 1981). Aus einem Vergleich dieser Aussagen mit den Lärmminderungsdaten in Tab. 16 geht hervor, daß die Lärmminderung (ΔL) durch Pflanzungen recht gering ist. Im Vergleich zu Lärmschutzwällen und -wänden kann dieser Nachteil nur durch eine Breite der Pflanzungen ausgeglichen werden, die diejenige von Wällen und Wänden erheblich übertrifft. Bei gleicher Entfernung und Lage zur Lärmquelle ist ΔL um so stärker, je breiter die Pflanzungen sind und je größer die Blätter, die Belaubungs- und Benadelungsdichte, die Verzweigungsdichte und die Bepflanzungsdichte sind. Außerdem verringern die Blätter am besten den Lärm, wenn sie senkrecht zur Schalleinfallrichtung stehen.

Neben der Minderung des Lautstärkepegels setzen Pflanzungen auch die Dynamik (mittlere Pegelschwankungen) herab und verändern das Frequenzspektrum in Richtung tieferer Frequenzen. Beides hat zur Folge, daß der Lärm weniger störend empfunden wird.

Endlich sollen die psychologischen Wirkungen nicht unerwähnt bleiben, die von Lärmschutzpflanzungen ausgehen. Ist durch Pflanzungen die Sicht auf die Lärmquelle eingeschränkt oder unterbunden, wird der Lärm weniger störend als bei uneingeschränkter Sicht empfunden.

b) Weitere Wirkungen:
   – Lärmschutzpflanzungen sind Biotope für zahlreiche Pflanzen- und Tierarten. Darauf hinzuweisen ist aber, daß die Lebensbedingungen in diesen Biotopen wegen der von den Verkehrswegen ausgehenden Emissionen nicht sehr gut sind.
   – Verschönerung des Landschaftsbildes (Abschn. I.).

8.2.1.2 Bauverfahren

Lärmschutzpflanzungen

Lebende Baustoffe

Standortgerechte Gehölze mit großem Lärmminderungsvermögen; und zwar sowohl Gastholzarten als auch standorteigene Holzarten.

Sofern sich für einen Standort nur Gastholzarten mit großem Lärmminderungsvermögen finden lassen, sollten diesen Arten zur Erhöhung der Vielfalt und zur Verbesserung der Stabilität bzw. des Selbstregelungsvermögens trotzdem einheimische Gehölze der HPNV beigemischt werden, auch wenn sie nur geringes Lärmminderungsvermögen aufweisen. Das artspezifische Lärmminderungsvermögen ist von BECK (1965, 1968) untersucht worden. Er teilt die Pflanzen nach dem Lärmminderungsvermögen in sechs Gruppen ein (Gruppe I: am geringsten geeignet; Gruppe VI: am besten geeignet). An dieser Stelle sind die vornehmlich geeigneten Arten der Wertgruppen III–VI aufgeführt.

Wertgruppe III: Wacholder (Juniperus chinensis „Pfitzeriana"), Sandbirke (Betula pendula), Grauerle (Alnus incana), Roter Hartriegel (Cornus sanguinea), Weißer Hartriegel (Cornus alba), Flügelnuß (Pterocarya fraxinifolia), Goldglöckchen (Forsythia intermedia), Schwarzer Holunder (Sambucus nigra), Heckenkirsche (Lonicera maackii), Pflaumenblättriger Weißdorn (Crataegus prunifolia), Ledebours Heckenkirsche (Lonicera ledebourii), Eschenahorn (Acer negundo), Hybridpappeln (Populus-canadensis-Hybr.), Hasel (Corylus avellana), Winterlinde (Tilia cordata).

Wertgruppe IV: Pfeifenstrauch (Philadelphus pubescens), Hainbuche (Carpinus betulus), Flieder (Syringa vulgaris), Buche (Fagus sylvatica), Stechpalme (Ilex aquifolium), Sparrige Stachelbeere (Ribes divaricatum), Stieleiche (Quercus robur), Rhododendron (Rhododendron spec.).

Wertgruppe V: Berliner Lorbeerpappel (Populus berolinensis), Wolliger Schneeball (Viburnum lantana), Schneeball (Viburnum rhytidophyllum), Sommerlinde (Tilia platyphyllos).

Wertgruppe VI: Bergahorn (Acer pseudoplatanus).

Quelle	Breite	Lärmminderung (ΔL) in dB(A)	ΔL auf 10 m in dB(A)
DEISS et al. (1978)	1 m	0,05 bis 0,15	0,5 bis 1,5
Der Bundesminister f. Verkehr (1981)	100 m	5 (6) bis 10	0,5 (0,6) bis 1
DIN 18005 (1971)	10 m	0,2 bis 1,5	0,2 bis 1,5
KRELL (1980)	50 bis 100 m	5 bis 10	≈ 1
Umweltbundesamt (1981)	„Riegel"	0 bis 2,5	–
Umweltbundesamt (1981)	100 m dichter Wald mit Unterholz	5 bis 10	0,5 bis 1

Tab. 16: Minderung des Lautstärke-pegels durch Gehölzpflanzungen.

Bauweise

Nach KRELL (1980) sollen Lärmschutzpflanzungen unmittelbar neben den Verkehrswegen beginnen. Lärmschutzpflanzungen werden in der Regel durch Lochpflanzung begründet (Abschn. V. 2.1.1.2). Hinsichtlich der Anordnung von Bäumen und Sträuchern sowie der Anzahl zu verwendender Pflanzen pro Artgruppe sind sie ähnlich wie Windschutzpflanzungen anzulegen (Abschn. V. 7.2).
Für den Aufbau sind außerdem die folgenden Gesichtspunkte maßgebend:
a) Zum Ausgleich ihrer relativ geringen Wirksamkeit (Abschn. V. 8.2) müssen sie möglichst breit und mindestens 5 m höher als die Fahrbahn (KRELL, 1980) sein.
b) Es sind Gehölze mit hohem Lärmminderungsvermögen anzusiedeln (s. oben).
c) Die besonders wirksamen, der Schallquelle zugewandten Randbereiche der Pflanzungen sind in der Weise aufzubauen, daß vom Fuß bis zur Krone fächerförmig übereinandergreifende Laubschirme mit schuppenförmigem Blattschluß entstehen. Öffnungen in den Randbereichen sind zu vermeiden.
d) Im Wuchsrauminneren sollten die Pflanzungen eine möglichst hohe, vom Fuß bis zur Krone reichende Belaubungs- bzw. Benadelungsdichte und starke Verzweigung aufweisen.

Ein derartiger Aufbau kann durch eine Reihe von Artenkombinationen erreicht werden, die vor allem von den jeweiligen Standortfaktoren und dem Lärmminderungsvermögen der dann standörtlich verwendbaren Gehölze abhängt. Es ist daher nicht möglich, allgemeingültige Vorschläge für die Gestaltung von Lärmschutzpflanzungen zu bringen. Abb. 223, die als erläuterndes Beispiel, nicht aber als Rezept gedacht ist, soll für den Aufbau Anregungen geben. Sofern ausreichend Gelände zur Verfügung steht, sind an Stelle einer breiten Pflanzung mehre-

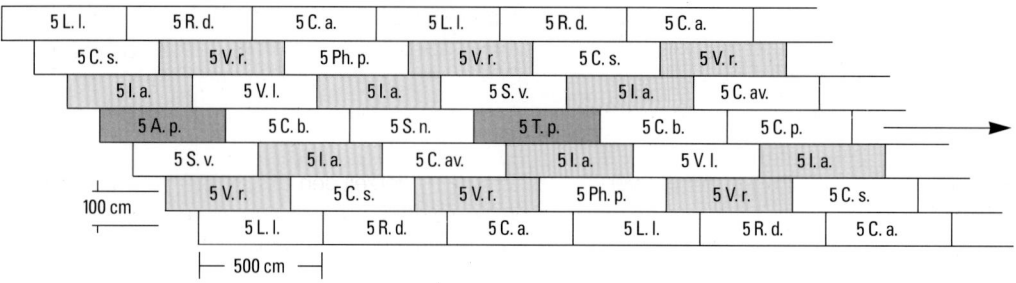

5 L. l.		5 R. d.		5 C. a.		5 L. l.		5 R. d.		5 C. a.
5 C. s.		5 V. r.		5 Ph. p.		5 V. r.		5 C. s.		5 V. r.
5 l. a.		5 V. l.		5 l. a.		5 S. v.		5 l. a.		5 C. av.
5 A. p.		5 C. b.		5 S. n.		5 T. p.		5 C. b.		5 C. p.
5 S. v.		5 l. a.		5 C. av.		5 l. a.		5 V. l.		5 l. a.
5 V. r.		5 C. s.		5 V. r.		5 Ph. p.		5 V. r.		5 C. s.
5 L. l.		5 R. d.		5 C. a.		5 L. l.		5 R. d.		5 C. a.

100 cm

500 cm

◢ Abb. 223: Beispiel einer siebenreihigen Lärmschutzpflanzung. Bäume 1. Größe: A.p. = Acer pseudoplatanus, T.p. = Tilia platyphyllos; Bäume 2. Größe: C.b. = Carpinus betulus; sommergrüne Sträucher: C.a. = Cornus alba, C.av. = Corylus avellana, C.p. = Crataegus prunifolia, C.s. = Cornus sanguinea, L.l. = Lonicera ledebourii, Ph.p. = Philadelphus pubescens, R.d. = Ribes divaricatum, S.n. = Sambucus nigra, S.v. = Syringa vulgaris, V.l. = Viburnum lantana; „immergrüne" Sträucher: I.a. = Ilex aquifolium, V.r. = Viburnum rhytidophyllum.

re schmale „Riegel" anzulegen. Hierdurch werden einmal die besonders wirksamen Randbereiche der Pflanzungen vermehrt und somit die Randeffekte erhöht. Zum anderen wird eine bessere Belichtung des Wuchsrauminneren und damit eine höhere Belaubungs-, Benadelungs- und Verzweigungsdichte erreicht. Aus Platzmangel dürften derartige Lärmschutzpflanzungen allerdings relativ selten aufgebaut werden können; denn schon wenn drei dreireihige Pflanzungen zu je 2 bis 3 m Breite in den geringen Abständen von nur 5 m angelegt werden, ergibt sich eine Gesamtbreite von 16 bis 19 m.

Anwendungsbereich

Insbesondere zwischen Straßen und Siedlungen (einschl. Erholungsgebieten), sofern ausreichend Gelände zur Verfügung steht, das eine befriedigende Lärmminderung nur durch Pflanzungen gewährleistet.

Literatur: BECK (1965, 1968); DEISS et al. (1978); Der Bundesminister für Verkehr (1981); KRELL (1980); SCHLÜTER (1971b, 1986); Umweltbundesamt (1981).

8.2.2 Begrünte Erdwälle, Steilwälle und Lärmschutzwände

8.2.2.1 Allgemeines

Wie bei den Lärmschutzpflanzungen ist auch bei diesen Objekten die Verwendung „halbnatürlicher" Bestände, also von Arten der HPNV – soweit sich diese hier überhaupt bestimmen läßt – und von Gastarten mit hohem Lärmminderungsvermögen zu empfehlen (Abschn. 8.2.1.1). Wichtig ist außerdem, daß die Arten die von den Verkehrswegen ausgehenden ungünstigen Einflüsse ertragen können (Abschn. 8.2.1.1).

Wirkungsweise

a) Ingenieurbiologische Wirkungen:

Diese Bauobjekte sind hinsichtlich des Lärmminderungsvermögens weitaus effektiver als Pflanzungen, so daß sich durch sie schon bei relativ geringer Breite Lärmminderungswerte erzielen lassen, die von Lärmschutzpflanzungen erst bei einer erheblich größeren Breite erreicht werden. Das Ausmaß der Lärmminderung ist abhängig besonders von Wallhöhe, Beugungswinkel, Wall- und Wandmaterial sowie von der Entfernung und

Anordnung der Lärmschutzbauten zur Lärmquelle bzw. zum Lärmempfänger. Hinsichtlich der Berechnung der Lärmminderung wird verwiesen auf: DEISS et. al. (1978); Der Bundesminister für Verkehr (1981); KRELL (1980).

In bezug auf das Lärmminderungsvermögen verhalten sich Erdwälle, Steilwälle und Lärmschutzwände ähnlich: Wenn der Schall auf sie auftrifft, kann er

– zurückgeworfen werden (Reflexion),
– absorbiert werden (Absorption),
– zu einem meist geringen Anteil das Hindernis durchdringen (Transmission),
– durch Kanten gestreut werden und auf diese Weise hinter die Hindernisse in deren Schallschatten gelangen.

Begrünte Erdwälle

Bei dichter Schüttung absorbiert ihre Masse den Schall fast vollständig, Reflexionen sind unbedeutend (KRELL, 1980).

Wie Pflanzungen senken Erdwälle auch die mittleren Pegelschwankungen und den Anteil hoher Frequenzen.

Bepflanzte Wälle bieten nach DEISS et al. (1978) besseren Lärmschutz als unbepflanzte Wälle. Dies gilt allerdings nur dann, wenn die Pflanzen die Oberkanten der Wälle nicht wesentlich überragen. Ist die Bepflanzung wesentlich höher, kann es durch die Äste, Zweige und Blätter über den Oberkanten zu Schalleinstreuungen kommen, die die Lärmschutzwirkung der Hindernisse um 1 bis 2 dB(A) mindern können (KRELL, 1980).

Die Hauptwirkung der Pflanzungen besteht darin, daß sie die Wälle festigen und vor Abtrag schützen.

Begrünte Steilwälle

Nach dem Reflexionsverlust an absorbierenden Flächen ($\Delta L_{A, \alpha, Str}$) werden die Steilwälle in drei Gruppen gegliedert:

– reflektierend $\Delta L_{A, \alpha, Str} < 4$ dB
– absorbierend $\Delta L_{A, \alpha, Str} \geq 4$ dB bis < 8 dB
– hochabsorbierend $\Delta L_{A, \alpha, Str} \geq 8$ dB.

Nach KRELL (1980) hängen Reflexions- und Absorptionseigenschaften vor allem davon ab, ob der Schall auf der Straßenseite der Steilwände mehr oder weniger auf den Füllboden oder eine „schallharte" Stützkonstruktion trifft.

Nach dem derzeitigen Erkenntnisstand beeinflußt die Vegetation die Reflexions- und Absorptionseigenschaften nicht wesentlich (KRELL, 1980).

Begrünte Lärmschutzwände

Wie Steilwälle werden auch Lärmschutzwände nach dem Reflexionsverlust an absorbierenden Flächen (ΔL_A, α, Str) in „reflektierend", „absorbierend" und „hochabsorbierend" eingeteilt (s. oben). Einzelheiten über die Einsatzmöglichkeiten dieser verschiedenen Wandarten finden sich in der RLS-81 (Der Bundesminister für Verkehr, 1981) und bei KRELL (1980).

Die Pflanzungen bewirken nur in geringem Maße eine zusätzliche Lärmminderung. Sie dienen in erster Linie der optischen Eingliederung der Wände. Sofern sie die Wandoberkanten erheblich überragen, besteht Gefahr der Schallstreuung (s. „Begrünte Erdwälle").

b) Weitere Wirkungen:

– Vor allem begrünte Erdwälle sind Biotope für zahlreiche Pflanzen- und Tierarten. Darauf hinzuweisen ist aber, daß die Lebensbedingungen in diesen Biotopen wegen der von den Verkehrswegen ausgehenden Emissionen nicht sehr gut sind.
– Außerdem tragen die Pflanzen zur optischen Eingliederung der Wälle und Wände bei.

Abb. 224: Begrünter Erdwall an einer Autobahn.

8.2.2.2 Bauverfahren

Begrünte Erdwälle

Lebende Baustoffe

Siehe „Lärmschutzpflanzungen". Da die Vegetation die Wallkronen nicht wesentlich überragen soll (Abschn. V. 8.2.2.1), sind jedoch nur Sträucher zu verwenden.

Bauweise

Der beste Lärmminderungseffekt wird erzielt, wenn die Wälle unmittelbar an der Lärmquelle liegen (Abb. 224).
Vor allem aus schalltechnischen Gründen sind die Wälle mit trapezförmigen Querschnitten auszubilden (Abb. 225).

Nach KRELL wird bei einer breiten Wallkrone der von der Straße kommende Schall im Idealfall an der straßenseitigen oberen Wallkrone so gebeugt, daß ein Teil des Schalls auf die obere Trapezseite (Wall-

krone) trifft. An der zweiten Beugungskante ist dann theoretisch mit Schall geringerer Energie zu rechnen. Die Wallkronen sollten mindestens 1 m breit sein. Da die Lärmschutzwirkung um so größer ist, je näher die straßenseitige Walloberkante an der Straße liegt, müssen die Wälle zur Straße hin so steil wie möglich (1:1,5) gebaut werden. Sofern genügend Platz vorhanden ist, sollten die von den Straßen abgewandten Böschungen dagegen aus gestalterischen Gründen flacher ausgebildet werden (Abb. 225). Inwieweit hier am Fuß eine besondere Entwässerung erforderlich ist, hängt von den örtlichen Verhältnissen ab.
Als Wallmaterial können alle Bodenarten verwendet werden, die Pflanzenwachstum zulassen, deren Scherfestigkeit ausreichend hoch ist und die keine grundwassergefährdenden Stoffe enthalten. Vor dem Bepflanzen oder Ansäen sind die Wälle mit etwa 10 bis 15 cm Mutterboden abzudecken.
Für die Bepflanzung gilt sinngemäß das unter „Lärmschutzpflanzungen" Gesagte. Da aus Lärmschutzgründen die Vegetation die Wälle nicht

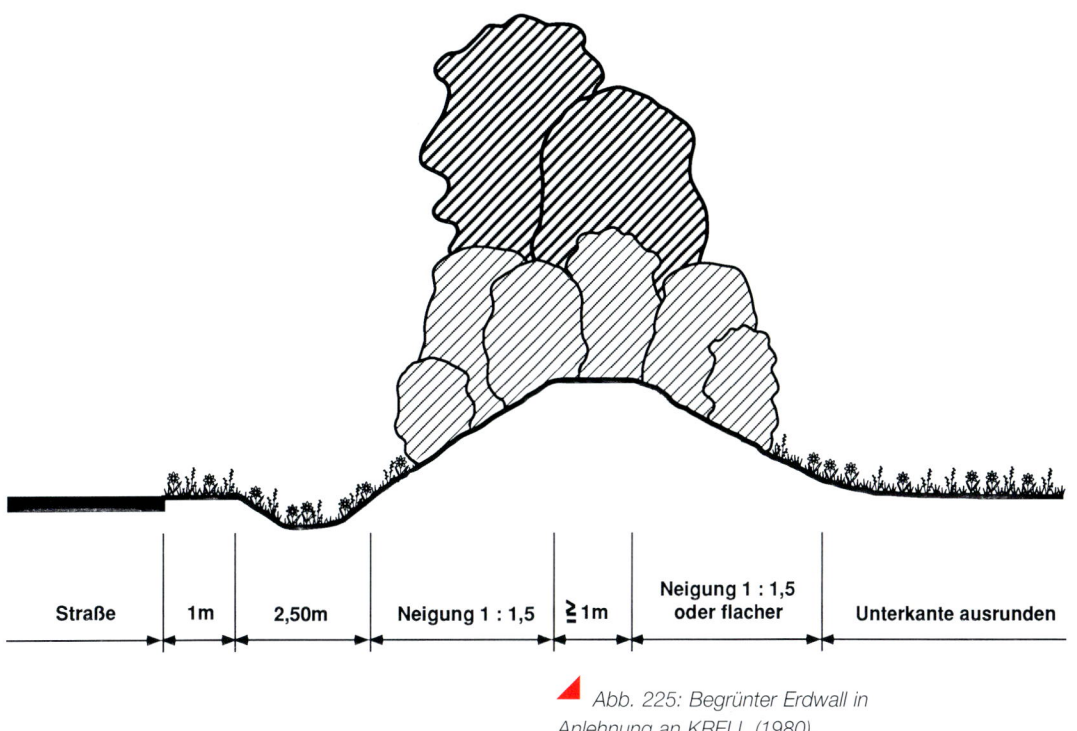

| Straße | 1m | 2,50m | Neigung 1 : 1,5 | $\geq$ 1m | Neigung 1 : 1,5 oder flacher | Unterkante ausrunden |

Abb. 225: Begrünter Erdwall in Anlehnung an KRELL (1980).

wesentlich überragen soll, ist es schalltechnisch günstig, beidseitig nur die beiden unteren Drittel mit Sträuchern zu bepflanzen, das obere Drittel aber mit Rasen anzusäen. Aus optischen Erwägungen ist jedoch eine vollständige Bepflanzung mit Gehölzen vorzuziehen.

A n w e n d u n g s b e r e i c h

Insbesondere zwischen Straßen und Siedlungen, und zwar dann, wenn
– relativ viel Gelände zur Verfügung steht, das aber für die Anlage von Lärmschutzpflanzungen nicht ausreicht und
– der Mittelungspegel am maßgebenden Aufpunkt um 6 bis 12 dB(A) gesenkt werden muß.

Literatur: KRELL (1980).

Begrünte Steilwälle

L e b e n d e   B a u s t o f f e

Niedrigbleibende Sträucher, Gräser oder Kräuter. Ggf. auch schlingende, rankende oder mit Haftwurzeln kletternde Gehölze. Die Frage einer richtigen Bepflanzung der Steilwälle, die sowohl schalltechnisch am günstigsten als auch standörtlich möglich ist, ist noch nicht vollständig geklärt. Z. Z. werden die unterschiedlichsten Bepflanzungen vorgenommen, die von der Verwendung von Gehölzen über die Ansiedlung von Wildgräsern und -kräutern bis zur Verwendung von „Zierstauden" reichen. Bei der Pflanzenauswahl ist zu beachten, daß neben den von den Verkehrswegen ausgehenden ungünstigen Standortfaktoren (Abschn. V. 8.2.1) vor allem im oberen Bereich der Steilwände erhöhte Trockenheit auftreten kann.

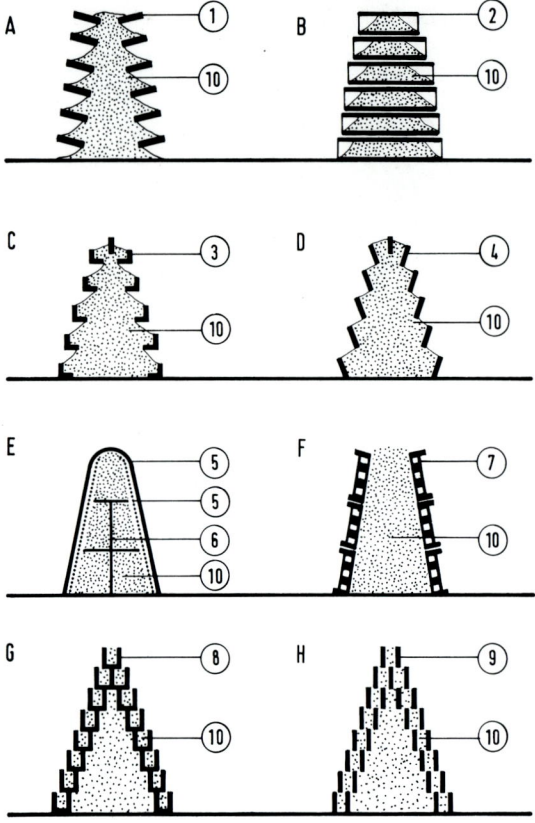

Abb. 226: Steilwall-Konstruktionen (KRELL, 1980).
A, B = Stützregale und Stützwaben; C, D = Stützbohlen; E, F = Stützkäfige; G, H = Stapel aus Bottichen oder Rahmen; 1 = Tragebenen aus Stahlbeton, 2 = Tragebenen aus aufeinandergestapelten Rohren, 3 = Stützbohlen aus Stahlbeton-Fertigteilen mit winkelförmigem Querschnitt, 4 = Stützbohlen aus Stahlbeton-Fertigteilen mit rechteckigem Querschnitt, 5 = Drahtgitter unterschiedlicher Maschenweite, 6 = Stabilisierungsgerüst, 7 = gelochte Betonfertigteile, 8 = Betonkübel (Bottiche), 9 = Betonrahmen (Ringe), 10 = zu bepflanzender Boden.

Bauweise

Wie die Erdwälle sind auch die Steilwälle möglichst nahe an der Lärmquelle zu bauen. Die Steilwälle bestehen aus Stützkonstruktionen mit steilen Wandneigungen, die mit Erde ausgefüllt und bepflanzt werden. Sie benötigen nur etwa 20 bis 25 % der Grundfläche herkömmlicher Erd-Lärmschutzwälle.

Nach KRELL werden z. Z. folgende Stützsysteme angeboten (Abb. 226):

a) Stützregale und Stützwaben

Hierbei ruht der Boden auf horizontalen bzw. fast horizontalen Tragebenen. Diese können aus an den Rändern der Steilwände angeordneten Stahlbetonböden (= Stützregalen; Abb. 226A) oder aus schalldicht aufeinandergestapelten vier- oder sechseckigen Rohren (= Stützwaben; Abb. 226B) bestehen.

Lärmschutzwirkung:

bis hochabsorbierend ($\Delta L_{A, \alpha, Str} \geq 8$ dB).

b) Stützbohlen

Das Füllmaterial wird durch Stützbohlen aus Stahlbeton-Fertigteilen mit winkelförmigem (Abb. 226C) oder rechteckigem Querschnitt (Abb. 226D) seitlich gehalten.

Lärmschutzwirkung:

Abb. 227: Begrünter Steilwall
aus einem Drahtgitter-Stützkäfig. Der
Schall wird überwiegend absorbiert.

Abb. 228: Derselbe Steinwall
aus der Nähe.

Abb. 229: Begrünter Steilwall.
Die als Stützgerüst verwendeten
Bottiche oder Ringe bewirken aufgrund ihrer „schallharten" Oberfläche
eine hohe Schall-Reflexion.

bis absorbierend ($\Delta L_{A,\alpha,Str} \geq 4$ dB bis < 8 dB).

c) Stützkäfige

Es handelt sich um „Käfige" aus Drahtgittern
(Abb. 226E bis 228) oder um Konstruktionen aus
gelochten Betonfertigteilen (Abb. 226F), die den
Boden zu Steilwällen zusammenhalten.

Lärmschutzwirkung:

Drahtgitterkäfige: absorbierend
($\Delta L_{A,\alpha,Str} \geq 4$ dB bis < 8 dB).

Beton-Fertigteil-Konstruktionen: reflektierend
($\Delta L_{A,\alpha,Str} < 4$ dB).

d) Stapel aus Bottichen oder Rahmen

Bei diesen Konstruktionen werden Betonkübel

oder -bottiche (Abb. 226G u. 229) bzw. Beton-rahmen oder -ringe (Abb. 226H u. 229) treppen-förmig übereinandergestapelt.
Lärmschutzwirkung:
Sofern die Außenseiten der Bottiche oder Rah-men „schallhart" sind: reflektierend
(ΔL_A, α, Str < 4 dB).

Die Bepflanzungsmöglichkeiten der Steilwälle sind in Abb. 226 bis 229 angedeutet.
Infolge der exponierten Lage und der relativ gerin-gen Niederschlags-Auffangfläche sind vor allem die oberen Bereiche der Steilwälle durch Trockenheit gefährdet. Zahlreiche Wandkonstruktionen können daher mit künstlicher Bewässerung geliefert wer-den.
Nach KRELL ist der Platzbedarf für Steilwälle etwa ebenso groß wie derjenige für beidseitig bepflanzte Lärmschutzwände. Es ist daher sorgfältig abzuwä-gen, ob Steilwälle oder Lärmschutzwände einzuset-zen sind.

Anwendungsbereich
Insbesondere zwischen Straßen und Siedlungen, wenn
– verhältnismäßig wenig Platz zur Verfügung steht und
– der Mittelungspegel am maßgebenden Aufpunkt um 6 bis 12 dB(A) vermindert werden muß.

Literatur: Der Bundesminister für Verkehr (1981); KRELL (1980).

Begrünte Lärmschutzwände

Da die Lärmschutzwände fast ausschließlich aus optischen Gründen bepflanzt werden, kann man geteilter Meinung sein, ob es sich um eine echte ingenieurbiologische Maßnahme handelt oder nicht. Der Vollständigkeit halber soll hier aber trotzdem darauf eingegangen werden.

Lebende Baustoffe
Siehe „Lärmschutzpflanzungen". Da die Vegetation die Wände nicht wesentlich überragen soll (Abschn. V. 8.2.2.1), sind jedoch nur Sträucher zu verwenden.

Wie unten ausgeführt wird, steht auf der Straßen-seite der Wände i. d. R. nur wenig Platz zur Verfü-gung. Deshalb ist es oft günstig, hier schlingende, rankende oder mit Haftwurzeln kletternde Gehölze anzusiedeln. Wichtig ist, daß diese Pflanzenarten die Absorptionseigenschaften der Wände nicht zu sehr herabsetzen, also einen möglichst hohen Reflexionsverlust an absorbierenden Flächen (ΔL_A, α, Str) bewirken. Untersuchungen von ROS-TOCK et al. (1979) haben ergeben, daß dies vor allem durch Wilden Wein (Parthenocissus quinque-folia), aber auch durch Brombeere (Rubus frutico-sus) und Knöterich (Polygonum aubertii) erreicht werden kann. Da jedoch nur vier Arten geprüft wur-den, sind Untersuchungen weiterer Arten auf ihre ΔL_A, α, Str-Werte erforderlich.

Bauweise
Es gibt die verschiedensten Wandtypen und -kon-struktionen sowie Einbau- und Gestaltungsmöglich-keiten. Wegen dieser großen Vielfalt kann hierauf an dieser Stelle nicht näher eingegangen werden, son-dern es wird auf KRELL (1980) verwiesen.
Wie die Wälle sind auch Wände um so wirksamer, je näher sie an der Lärmquelle errichtet werden. Der Regelabstand der Lärmschutzwände vom Rand der befestigten Straßenoberfläche beträgt daher bei Straßen, die nicht im Einschnitt liegen, nur 2,50 m. Da hier außerdem an der Wand Raum für die Prüfung des Zustandes verbleiben muß, ver-ringert sich der Platz für die Bepflanzung weiter. Dieser Raummangel kann durch Verwendung schlingender, rankender oder mit Haftwurzeln klet-ternder Gehölze ausgeglichen werden. Sie können einmal auf den Straßenseiten der Wände angesie-delt werden. Zum anderen ist es aber auch mög-lich, sie auf den straßenabgewandten Seiten anzu-siedeln, von denen aus sie dann nach einigen Jah-ren auch die Straßenseiten der Wände überdecken. Diese Anordnung hat den Vorteil, daß die Pflanzen weitgehend vor den schädlichen Emissionen der Verkehrswege geschützt sind. Zu beachten ist, daß schlingende oder rankende Arten Kletterhilfen wie Spanndrähte, Drahtgeflechte, Rankgerüste u. ä. benötigen.

Sofern auf der straßenabgewandten Seite mehr Platz vorhanden ist, wie z. B. bei Lärmschutzwänden, die auf Wällen oder Böschungsoberkanten verlaufen, sind hier die Pflanzungen sinngemäß, wie unter „Lärmschutzpflanzungen" beschrieben, aufzubauen. Um Schalleinstreuung zu vermeiden, dürfen die Gehölze die Wandoberkanten nicht wesentlich überragen. In der Pflanzreihe, die der Wand am nächsten liegt, sind u. U. die oben erwähnten Klettersträucher anzusiedeln. Bei Verwendung von Kletterhilfen ist zu überlegen, ob diese nicht schräg angebracht werden können, um die Prüfung der Wände zu erleichtern.

Anwendungsbereich

Vor allem zwischen Straßen bzw. Schienenwegen und Siedlungen, wenn wenig Gelände zur Verfügung steht.
An Straßen, wenn am maßgebenden Immissionsort der Mittellungspegel um 6 bis 12 dB(A) vermindert werden muß.

Literatur: KRELL (1980).

8.3 Staubschutz

Es handelt sich in erster Linie um Pflanzungen gegen Staubemissionen, die von Straßen ausgehen. Diese Pflanzungen haben meistens weitere Aufgaben, wie z. B. Lärmschutz, Sichtschutz oder Sicherung von Böschungen. Wenn hier trotzdem die Anlage von Staubschutzpflanzungen als eigenständige Bauweise beschrieben wird, dann deswegen, weil derartige Pflanzungen besondere Anforderungen hinsichtlich Artenwahl und Aufbau stellen.

8.3.1 Allgemeines

Von Straßen werden vor allem folgende Stäube emittiert: Ruß, Benzpyren, Blei, Reifenabrieb, Fahrbahnabrieb und Abrieb von Bremsbelägen; in Spuren auch Phosphor, Chrom, Nickel, Kupfer, Molyb-

dän, Arsen, Cadmium und Quecksilber. Wie unten ausgeführt wird, kann Schutz vor Staubemissionen nicht nur durch einen besonderen Aufbau der Pflanzungen, sondern auch durch Verwendung von Gehölzen mit hohem Staubfangvermögen erreicht werden. Da diese an den Baustellen z. T. Gastarten sind, kann oft nicht die HPNV als Bestandsziel angestrebt werden. Wie bei Lärmschutzmaßnahmen sind daher nicht selten „halbnatürliche" Pflanzengemeinschaften aus Gast- und standorteigenen Arten mit möglichst hohem Staubfangvermögen zu empfehlen, die neben der Erfüllung des ingenieurbiologischen Zieles auch noch eine zufriedenstellende ökologische Wirksamkeit gewährleisten. Unabhängig davon, ob es sich um Gast- oder standorteigene Arten handelt, ist wie bei den für Lärmschutz zu verwendenden Arten zu beachten, daß sie die von den Verkehrswegen ausgehenden ungünstigen Einflüsse (Abschn. V. 8.2.1) ertragen müssen.

Wirkungsweise

a) Ingenieurbiologische Wirkungen:
   Nach dem MLuS-82 (Forschungsgesellschaft für Straßen- und Verkehrswesen, 1982) und RÜMLER (1983) beruht die Staubfilterung durch Pflanzungen wahrscheinlich auf folgenden Vorgängen:
   – Durch Erzeugung kleinräumiger Durchmischungsbewegungen in bodennahen Luftschichten erfolgt eine Verdünnung der Schadstoffkonzentration.
   – Infolge Minderung der Windgeschwindigkeit und der turbulenten Mischbewegungen werden die Stäube vermehrt ausgefällt.
   – Infolge der Verdunstung und der damit verbundenen Luftfeuchtigkeitserhöhung kühlt sich die Luft im Bereich der Blätter ab und fördert die Feinstaubablagerung.
   – Blätter und Nadeln fangen die Stäube auf. Dieses Staubfangvermögen ist von verschiedenen Faktoren abhängig:
   Das MLuS-82 (Forschungsgesellschaft für Straßen- und Verkehrswesen, 1982) und RÜMLER (1983) nennen: Blattflächenindex (Summe der

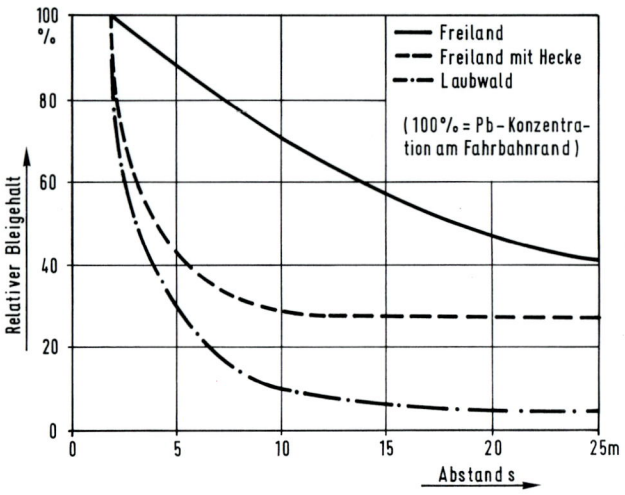

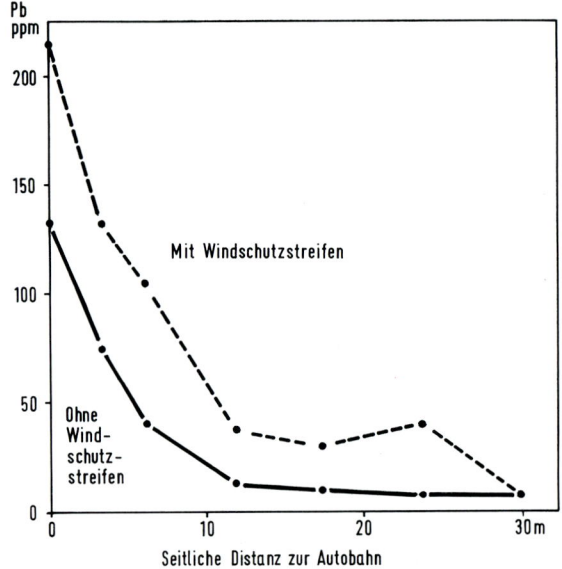

Abb. 230: Minderung des relativen Bleigehaltes von Moosproben durch Hecken und Laubwald (Forschungsgesellschaft für Straßen- und Verkehrswesen 1982).

Abb. 231: Bleianreicherung im Boden an einer Autobahn auf gehölzfreien Flächen und im Bereich einer 12 m hohen und 27 m breiten Pflanzung aus Weymouths-Kiefern (zit. bei RÜMLER, 1983).

Ober- und Unterseiten der Blätter oder Nadeln bezogen auf die Standfläche eines Gehölzes), Rauhigkeit und Haftwirkung. Nach RÜMLER (1983) wird es außerdem durch die Feuchtigkeit, Klebrigkeit, Behaarung und elektrostatische Aufladung der Blätter begünstigt. ULLRICH (1980) gibt an, daß

• „relativ starr am Zweig sitzende Blätter mit waagerechter oder schwach geneigter Oberfläche,

• rauhe und behaarte Blätter mit waagerechter oder schwach geneigter Oberfläche und nur geringer möglicher Blattbewegung,

• große Blätter mit waagerechter oder schwach geneigter Oberfläche, zahlreichen Spreitenunebenheiten und nur geringer möglicher Blattbewegung" ein hohes Staubfangvermögen aufweisen.

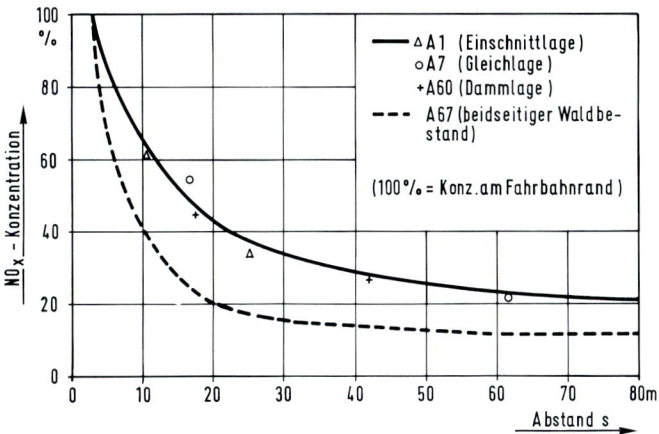

Abb. 232: Minderung der NO$_x$-Konzentration an einem ebenerdigen, beidseitig von Wald umgebenen Autobahnabschnitt im Vergleich zu unbewaldeten Abschnitten (Forschungsgesellschaft für Straßen- und Verkehrswesen, 1982).

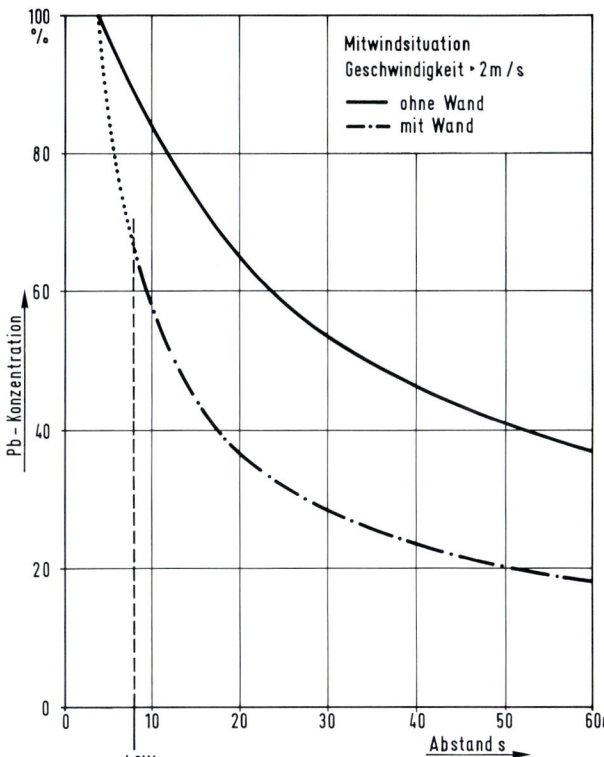

Abb. 233: Minderung der Bleikonzentration durch Lärmschutzwände (Forschungsgesellschaft für Straßen- und Verkehrswesen, 1982).

– Die an den Blättern oder Nadeln angelagerten Staubteilchen werden durch die Niederschläge abgewaschen und gelangen in den Boden. Für das Ausmaß der Filterwirkung gibt Abb. 230 ein Beispiel. Aus ihr ist u. a. ersichtlich, daß schon eine (niedrige, dicht am Straßenrand gepflanzte) Hecke den Bleigehalt der Moosproben in 10 m Abstand vom Straßenrand auf etwa 40 % des ohne Hecke gemessenen Wertes verringert.

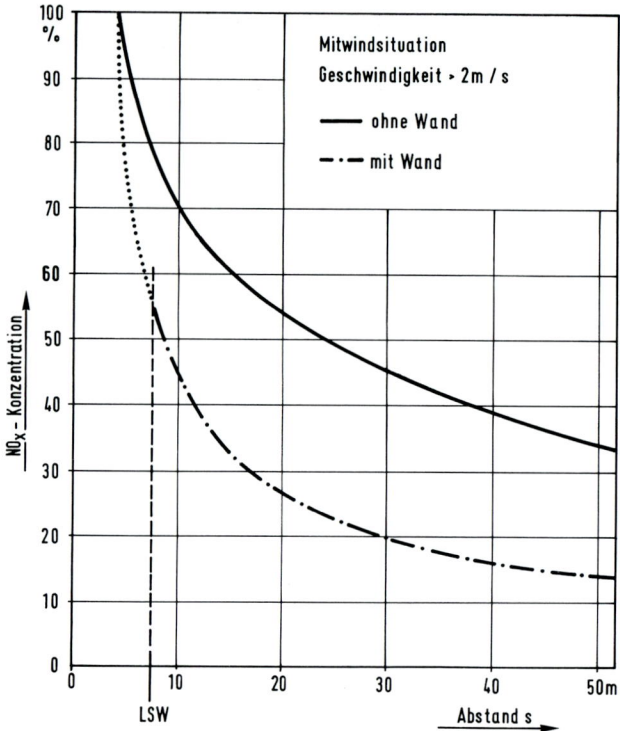

Abb. 234: Minderung der NO_x-Konzentration durch Lärm-schutzwände (Forschungsgesell-schaft für Straßen- und Verkehrswe-sen, 1982).

Pflanzungen bewirken nicht nur eine verstärkte Ausfilterung der Stäube, sondern auch eine erhöhte Anreicherung dieser Stoffe im Boden. Als Beispiel für diesen Sachverhalt dient Abb. 231.

Über die Wirksamkeit von Laub- und Nadelgehölzen ist folgendes zu sagen: Im Sommer haben Laubgehölze gegenüber Nadelgehölzen ein größeres Adsorptionsvermögen. Nadelgehölze haben andererseits aber den Vorteil, daß sie im Gegensatz zu Laubgehölzen auch im Winter voll funktionsfähig sind.

Betrachtet man Struktur und räumliche Anordnung der Pflanzungen in Hinblick auf das Staubfangvermögen, so sind aufgelockerte und bzw. oder gestaffelt angelegte Pflanzungen am wirkungsvollsten.

– Wie aus Abb. 232 hervorgeht, wirken sich

Pflanzungen außerdem günstig auf die Verdünnung gasförmiger Emissionen aus.

– Obwohl an dieser Stelle Staubschutzpflanzungen behandelt werden, sei der Vollständigkeit halber darauf hingewiesen, daß auch Lärmschutzwände die staub- und gasförmigen Schadstoffkonzentrationen herabsetzen. Nach Abb. 233 und 234 sind hinter einer Lärmschutzwand (Höhe: 4 m) die mittleren Konzentrationen an Blei und NO_x in 50 m Abstand vom Fahrbahnrand nur noch etwa halb so hoch wie in dem gleichen Abstand an einer ungeschützten Straße. Im Straßenraum wurden allerdings Konzentrationserhöhungen von etwa 5 % für Blei und 25 % für Stickoxide festgestellt (Forschungsgesellschaft für Straßen- und Verkehrswesen, 1982).

b) Weitere Wirkungen:
- Auch Staubschutzpflanzungen sind Biotope für zahlreiche Pflanzen- und Tierarten. Wie bei Lärmschutzpflanzungen ist aber darauf hinzuweisen, daß die Lebensbedingungen in diesen Biotopen wegen der Immissionen nicht besonders gut sind.
- Verschönerung des Landschaftsbildes (Abschn. I.).

8.3.2 Bauverfahren

Staubschutzpflanzungen

Lebende Baustoffe

Standortgerechte Holzarten mit großem Staubfangvermögen; und zwar sowohl Gastholzarten als auch standorteigene Gehölze. Sofern sich für eine Baustelle nur Gastarten mit großem Staubfangvermögen finden lassen, sollten diesen Arten zur Steigerung der Vielfalt und zur Verbesserung der Stabilität bzw. des Selbstregelungsvermögens trotzdem Gehölze der dortigen HPNV beigemischt werden, auch wenn sie nur ein geringes Staubfangvermögen haben. Untersuchungen über das Staubfangvermögen nahm vor allem ULLRICH (1980) vor. Zur allgemeinen Beurteilung des Staubfangvermögens kennzeichnete er die untersuchten Holzarten mit folgenden „Wertigkeitsziffern": 1 = sehr geringe Staubauflage; 2 = geringe Staubauflage; 3 = mittlere Staubauflage; 4 = hohe Staubauflage; 5 = sehr hohe Staubauflage. Außerdem klassifizierte er sie nach dem „unter natürlichen Bedingungen abgeschätzten" Staubfangvermögen. Beide Bewertungen sind in Tab. 17 zusammengestellt.

Bauweise

Die Gehölze werden i. d. R. durch Lochpflanzung eingebracht (Abschn. V. 2.1.1.2).
Für die Größe der aus einer Art bestehenden Pflanzengruppen gilt sinngemäß das unter „Windschutzpflanzungen" Gesagte (Abschn. V. 7.2.2). Es sind möglichst viele Arten mit großem Staubfangvermö-

Holzart	Staubauflage unter natürlichen Bedingungen. Mittlere Wertigkeitsziffer	Klassifizierung des unter natürlichen Bedingungen abgeschätzten Staubfangvermögens. Staubfangvermögen
Liguster (Ligustrum vulgare)	4,50	hoch bis sehr hoch
Salweide (Salix caprea)	4,16	
Weißdorn (Crataegus laevigata)	4,09	
Hasel (Corylus avellana)	4,00	mittel bis hoch
Sommerlinde (Tilia platyphyllos)	4,00	
Roterle (Alnus glutinosa)	4,00	
Stieleiche (Quercus robur)	3,66	
Grauerle (Alnus incana)	3,50	
Traubeneiche (Quercus petraea)	3,43	
Buche (Fagus sylvatica)	3,33	
Faulbaum (Rhamnus frangula)	3,00	gering bis mittel
Holunder (Sambucus nigra)	2,80	
Vogelbeere (Sorbus aucuparia)	2,75	
Vogelkirsche (Prunus avium)	2,75	
Sandbirke (Betula pendula)	2,70	
Bergahorn (Acer pseudoplatanus)	2,62	
Esche (Fraxinus excelsior)	2,37	
Traubenkirsche (Prunus padus)	2,33	
Robinie (Robinia pseudoacacia)	2,00	sehr gering
Schwarzpappel (Populus nigra)	1,85	
Aspe (Populus tremula)	1,75	
Spitzahorn (Acer platanoides)	1,66	

Tab. 17: Staubfangvermögen von Gehölzen nach ULLRICH (1980).

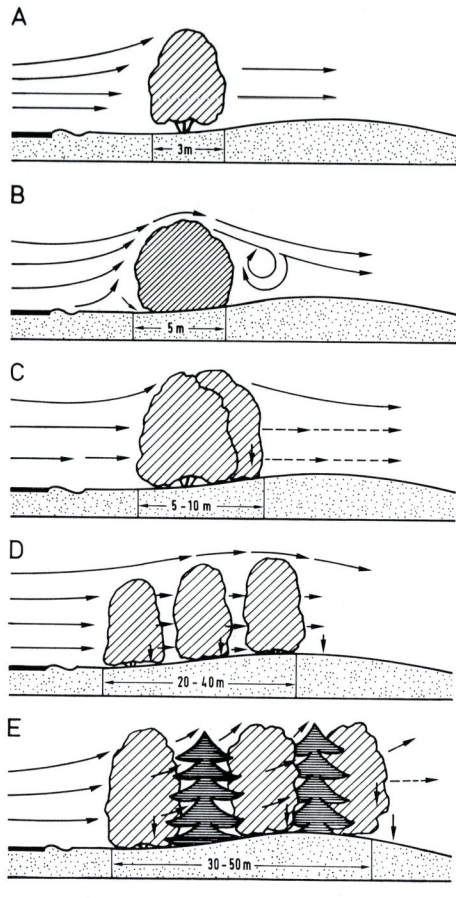

*Abb. 235: Minderung verkehrs-
bedingter Luftverunreinigungen
durch Pflanzungen unterschiedlicher
Struktur und Breite (Forschungsgesellschaft für Straßen- und Verkehrswesen, 1982).
A = einreihige, schmale, durchblasbare Pflanzstreifen: geringe Staubfilterung;
B = undurchblasbare Pflanzstreifen:
geringe Staubfilterung; unerwünsch-
te Wirbelbildung in Lee;
C = durchblasbare breitere Pflanzstreifen: gute Staubfilterung;
D = vielstufig und gestaffelt aufge-
baute breite Laubholzpflanzungen:
sehr gute Staubfilterung und -sedi-
mentation insbesondere im Sommer;
E = vielstufig und gestaffelt aufge-
baute Pflanzungen aus Laub- und
Nadelgehölzen: sehr gute Staubfilterung und -sedimentation im Sommer und Winter.*

gen zu verwenden, wobei aber zu berücksichtigen
ist, daß die Pflanzungen zumindest eine gewisse
„Naturnähe" aufweisen sollten (s. oben).
Die Staubschutzpflanzungen sind möglichst breit
und so nahe wie möglich an den Straßen anzulegen.

Abb. 235 gibt an, wie Staubschutzpflanzungen hinsichtlich Breite, Aufbau und Struktur am wirkungsvollsten anzulegen sind. Für die Ausarbeitung von
Bepflanzungsplänen ergeben sich folgende Konse-
quenzen:

a) Es sollten ein relativ hoher Anteil von Straucharten, aber nur verhältnismäßig wenig Baumarten
vorgesehen werden.
Auf diese Weise bleiben ein vielstufiger Aufbau
der Pflanzungen und damit ein ausgewogenes
Staubfangvermögen in unterschiedlichen Höhen
erhalten. Denn es wird vermieden, daß die
Bäume die Strauchschicht unterdrücken und
dadurch mit zunehmendem Alter der Pflanzungen in den unteren Bereichen immer größere
Lücken entstehen, die ihr Filterungsvermögen
beeinträchtigen.

8.4 Blendschutz

Blendschutzpflanzungen werden vor allem auf Autobahn-Mittelstreifen angelegt, aber auch an anderen Stellen, wie beispielsweise an kurvenreichen Straßen ohne Mittelstreifen, auf Freiflächen von Autobahnkreuzen sowie in der Umgebung von Sportanlagen. Vor allem in der Zeit der 60er bis Anfang der 80er Jahre war die Bedeutung der Blendschutzpflanzungen auf Autobahn-Mittelstreifen stark zurückgegangen, weil dort Gehölze wegen der übermäßigen Tausalzverwendung kaum noch Lebensbedingungen vorfanden. Seit etwa ab Mitte der 80er Jahre, als das Salzstreuen zunehmend eingeschränkt wurde, gewinnen jedoch Blendschutzpflanzungen auf Autobahn-Mittelstreifen wieder in steigendem Maße an Bedeutung.
Auch Blendschutzpflanzungen haben oft weitere Funktionen, wie vor allem Staubschutz und Windschutz.

8.4.1 Allgemeines

Blendung, also eine Beeinträchtigung des Sehvermögens, kann durch verschiedene Lichtquellen verursacht werden. Wie oben angedeutet, werden Blendschutzpflanzungen überwiegend zur Abschirmung des von Kraftfahrzeugen ausgesendeten Scheinwerferlichtes verwendet. Da zahlreiche einheimische Arten wirksamen Blendschutz geben, können in vielen Fällen naturnahe, der HPNV angenäherte Bestände oder die HPNV selbst als Bestandsziel angestrebt werden. Obwohl auf Mittelstreifen in der Regel nur einreihig, also hinsichtlich der Pflanzenanordnung kaum naturnah gepflanzt werden kann, sind auch hier möglichst viele Arten der dortigen HPNV einzubringen. In diesem Zusammenhang ist allerdings darauf hinzuweisen, daß es dort oft schwierig ist, diese HPNV zu ermitteln; denn es sind die ungünstigen Einflüsse der Straßen mit zu berücksichtigen.

Wirkungsweise

a) Ingenieurbiologische Wirkungen:
– Nach Untersuchungen von BAUCH (1969) minderten Pflanzungen die Beleuchtungsstärke im Mittel folgendermaßen:
  • Gehölze mit dichter Verzweigung und weniger dichter Winterbelaubung bzw. Benadelung: bei trockener Fahrbahn um 85 %, bei nasser Fahrbahn um 84 %;
  • Gehölze mit lockerer Verzweigung ohne Winterbelaubung: bei trockener Fahrbahn um 71,5 %, bei nasser Fahrbahn um 72 %;
  • in Bodennähe kahle oder fälschlich aufgeastete Gehölze: bei trockener Fahrbahn um 38 %.
– Die Schutzwirkung ist um so besser, je dichter die Aststruktur und je größer die Breite der Pflanzungen ist. Im Winter schirmen die Pflanzungen außerdem das Licht um so stärker ab, je größer in ihnen der Anteil „immergrüner" Gehölze bzw. von sommergrünen Arten ist, die das trockene Laub lange halten.
b) Weitere Wirkungen:
– Wie Lärmschutz- und Staubschutzpflanzungen sind auch Blendschutzpflanzungen Biotope, deren Qualität jedoch ebenfalls nicht sehr gut ist.
– Außerdem tragen die Pflanzungen zur optischen Eingliederung der Verkehrswege und anderer Objekte bei.

8.4.2 Bauverfahren

Blendschutzpflanzungen

Lebende Baustoffe

Nach HOFFMANN et al. (1976) zeigen folgende Holzarten hinsichtlich des Blendschutzes eine „gute Wirksamkeit":
Feldahorn (Acer campestre), Spitzahorn (Acer platanoides), Bergahorn (Acer pseudoplatanus), Kastanie (Aesculus hippocastanum), Berberitze (Berberis vulgaris), Hainbuche (Carpinus betulus), Kornelkir-

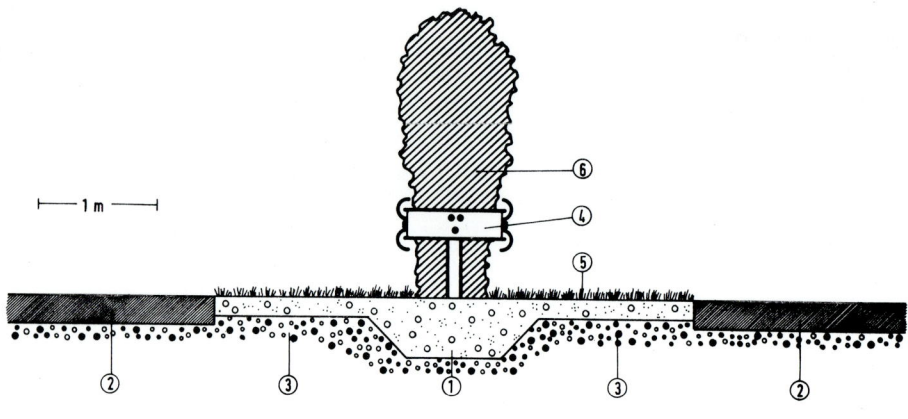

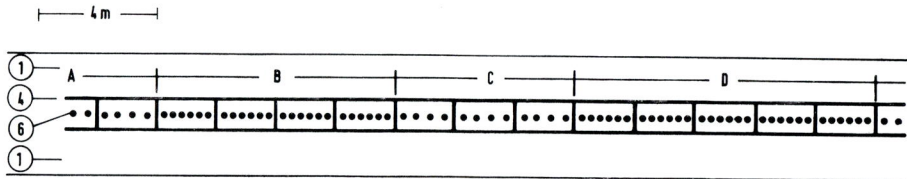

▸ *Abb. 236: Blendschutzpflanzungen auf Autobahn-Mittelstreifen nach Angaben der Niedersächsischen Straßenverwaltung.*
1 = Mittelstreifen mit Kulturboden,
2 = Fahrbahnen, 3 = nicht kulturfähiger Unterbau, 4 = Distanz-Leitplanke,
5 = Rasensaat, 6 = Pflanzung;
A, B, C, D = Pflanzengruppen einer Art.

sche (Cornus mas), Weißdorn (Crataegus laevigata und C. monogyna), Besenginster (Cytisus scoparius), Buche (Fagus sylvatica), Sanddorn (Hippophae rhamnoides), Stechpalme (Ilex aquifolium), Liguster (Ligustrum vulgare und L. vulgare atrovirens), Heckenkirsche (Lonicera xylosteum), Fichte (Picea abies), Bergkiefer (Pinus montana mugo), Waldkiefer (Pinus sylvestris), Kirschpflaume (Prunus cerasifera), Steinweichsel (Prunus mahaleb), Schlehe (Prunus spinosa), Traubeneiche (Quercus petraea), Kreuzdorn (Rhamnus catharticus), Bergjohannisbeere (Ribes alpinum), Kartoffelrose (Rosa rugosa), Virginische Rose (Rosa virginiana), Hundsrose (Rosa canina), Weinrose (Rosa rubiginosa), Ohrwei-

de (Salix aurita), Purpurweide (Salix purpurea), Korallenbeere (Symphoricarpos orbiculatus), Schneebeere (Symphoricarpos racemosus), Eibe (Taxus baccata), Lebensbaum (Thuja occidentalis), Runzelblättriger Schneeball (Viburnum rhytidophyllum).
Als „wirksam" stufen HOFFMANN et al. (1976) die nachstehenden Holzarten ein:
Roterle (Alnus glutinosa), Grauerle (Alnus incana), Pfaffenhütchen (Euonymus europaeus), Lärche (Larix decidua), Silberpappel (Populus alba), Kanadische Pappel (Populus canadensis), Schwarzpappel (Populus nigra), Vogelkirsche (Prunus avium), Traubenkirsche (Prunus padus), Faulbaum (Frangula

alnus), Holunder (Sambucus nigra), Winterlinde (Tilia cordata), Sommerlinde (Tilia platyphyllos), Feldulme (Ulmus carpinifolia), Bergulme (Ulmus scabra).

Bei der Artenwahl für Blendschutzpflanzungen an Straßen, insbesondere für die den ungünstigen Einflüssen des Straßenverkehrs besonders ausgesetzten Mittelstreifenbepflanzungen, ist das Vermögen, die extremen Standortbedingungen zu ertragen, besonders zu berücksichtigen. Diese sind vor allem gekennzeichnet durch:
Geringen Wurzelraum, erhöhte Trockenheit, hohe Temperaturen, starke Strahlung, Staub, Fahrtwind, Abgase, Tausalz (Belastung ist zurückgegangen) (Abschn. 8.4).

Bauweise

Blendschutzpflanzungen auf Mittelstreifen:
Sie werden i. d. R. durch Lochpflanzung begründet (Abschn. V. 2.1.1.2).
Damit den Pflanzen auf Mittelstreifen ausreichender Lebensraum geboten wird und sie sich dort ohne stärkeren Rückschnitt einigermaßen natürlich seitlich ausdehnen können, müssen die Mittelstreifen mindestens 3 m, besser 4 m breit sein.
Im Querschnitt ist die Anordnung der Pflanzungen von den Distanzleitplanken abhängig, die im allgemeinen in der Mitte der Mittelstreifen stehen (Abb. 236 u. 237).
Bei dieser Anordnung ist es nur möglich, einreihig in der Mitte der Distanzleitplanken zu pflanzen, da weitere Pflanzreihen neben den Leitplanken nach dem Heranwachsen der Pflanzen den Straßenraum zu sehr einengen und außerdem Reparaturen der Leitplanken behindern würden. Da infolge der auf Mittelstreifen besonders ungünstigen Standortbedingungen mit größeren Ausfällen zu rechnen ist, sind die Pflanzen in dieser einen Reihe sehr dicht, in Abständen von etwa 30 bis 50 cm, einzubringen. Zu verwenden sind überwiegend niedrig-, mittelhoch- und hochwachsende Straucharten, da es vor allem darauf ankommt, von Bodennähe bis ungefähr 2 bis 4 m Höhe eine befriedigende blendschutzwirksame Dichte zu erreichen. Aus diesem Grund und auch, weil in der Mitte der Distanzleit-

Abb. 237: Junge einreihige Mittelstreifenbepflanzung innerhalb der Distanzleitplanke. Der gute Wuchs der Gehölze ist vor allem auf die eingeschränkte Tausalzverwendung zurückzuführen.

planken stehende Bäume durch ihr Dickenwachstum die Leitplanken beschädigen können, sollten Baumarten nur dann angesiedelt werden, wenn sie das Auf-den-Stock-Setzen ertragen und es sichergestellt ist, daß dieses auch im erforderlichen Umfang geschieht.
Die Gehölze sind so einzubringen, daß etwa 6 bis 10 m lange Abschnitte aus einer Holzart bestehen (Abb. 236). Das ergibt bei Pflanzabständen von 30

cm pro Abschnitt 20 bis 33 Pflanzen und bei Abständen von 50 cm pro Abschnitt 12 bis 20 Pflanzen. Durch diese Gruppengröße werden sowohl die Nachteile einer Einzelmischung als auch diejenigen einer Verwendung zu langer, aus einer Art bestehender Gruppen vermieden. Wie unter „Windschutzpflanzungen" angedeutet wurde, hat die Einzelmischung den Nachteil, daß schwachwüchsige Gehölze durch benachbarte starkwüchsige unterdrückt werden können, während bei Wahl zu großer Gruppen einer Art nach Ausfällen von Arten zu lange Lücken entstehen würden.

Im Längsschnitt gesehen, richtet sich die Anordnung der Mittelstreifenpflanzungen nicht nur nach ingenieurbiologischen Erfordernissen, sondern in starkem Maße auch nach verkehrstechnischen und landschaftsgestalterischen Gesichtspunkten. Da die Behandlung solcher Fragen Zielsetzung und Rahmen dieses Buches überschreiten würde, kann hier nicht näher darauf eingegangen werden.

Blendschutzpflanzungen auf anderen Flächen:
Die Gehölze werden ebenfalls i. d. R. durch Lochpflanzung eingebracht (Abschn. V. 2.1.1.2). Pflanzabstände und Anzahl der Pflanzen für die verschiedenen, aus einer Art bestehenden Trupps sind wie bei der Anlage von Windschutzpflanzungen zu wählen (Abschn. V. 7.2.2). Damit die Pflanzungen vom Boden bis zu ihren Kronen ausreichend dicht bleiben, sind vorwiegend Sträucher, aber nur verhältnismäßig wenig Bäume zu verwenden. Auf diese Weise bleiben ein vielstufiger Aufbau der Pflanzungen und eine gute Blendschutzwirkung erhalten. Denn es wird dadurch verhindert, daß die Bäume die Sträucher unterdrücken und die Pflanzungen mit zunehmendem Alter in Bodennähe immer offener werden.

Zu der Anordnung der Pflanzungen können hier wegen der unterschiedlichen Form der zur Verfügung stehenden Flächen und der verschiedenen Blendschutzaufgaben kaum allgemeine Hinweise gegeben werden. Es versteht sich von selbst, daß die Flächen so vollständig wie möglich zu bepflanzen sind, um möglichst große Pflanzungsbreiten und damit möglichst gute Blendschutzwirkungen zu erzielen. Nach HOFFMANN et al. (1976) sollten die Pflanzungen so dicht wie möglich an den vor Blendung zu Schützenden angelegt werden, während Schutzbauwerke aus toten Baustoffen (Wände usw.) in größtmöglicher Nähe der Lichtquellen errichtet werden sollten.

Anwendungsbereich

Vor allem auf Mittelstreifen und an den Rändern von Straßenverkehrswegen.

Literatur: BAUCH (1969); DEISS et al. (1978); HOFFMANN et al. (1976).

8.5 Abwasserreinigung

Wie schon in Abschnitt V. 3.5.1.1 angedeutet, wies bereits Mitte der 60er Jahre SEIDEL auf Möglichkeiten hin, Wasser und Abwasser mittels Röhrichtarten zu reinigen. Sie schlägt bis in die jüngste Zeit vor, Abwasser dadurch zu klären, daß es durch mit Röhrichtarten bepflanzte Kiesbeete, also Substrate mit hohem Anteil an Grobporen, geleitet wird.

Seit Ende der 70er Jahre wird von KICKUTH die „Wurzelraumentsorgung" zur Abwasserklärung empfohlen, bei der im Gegensatz zu den Anlagen SEIDELs Abwasser durch mit Röhricht bestandene bindige, also weitgehend feinporige Substrate geleitet wird. Aus diesen beiden Verfahren sind in den vergangenen Jahren zahlreiche Reinigungssysteme entwickelt worden. Bei allen diesen Verfahren wird ungeklärtes oder vorgereinigtes Abwasser über Rohre oder offene Gräben in abgedichtete Becken eingeleitet, dort unter Mithilfe von Pflanzenarten gereinigt und dann in Rohren oder offenen Gräben abgeleitet. Z. Z. lassen sich die verschiedenen Reinigungssysteme in die folgenden Hauptgruppen einteilen:

a) Reinigung in dauernd überstauten Becken oder Gräben;
b) Reinigung in Bodenfiltern;
c) verschiedene Kombinationen dieser Reinigungssysteme.

8.5.1 Abwasserreinigung in dauernd überstauten Becken oder Gräben

8.5.1.1 Allgemeines

Die Frage nach der HPNV der Becken oder Gräben stellt sich nicht, da in jedem Fall für die Reinigung Röhrichtarten oder Schwimmpflanzen verwendet werden; nämlich unabhängig davon, ob sie der HPNV angehören oder nicht.

W i r k u n g s w e i s e

a) Ingenieurbiologische Wirkungen:

Die Röhrichtarten werden in den Reinigungsbecken oder -gräben vor allem zur Erzielung folgender Wirkungen verwendet:

– Adsorption von Abwasserbestandteilen an den Mikroorganismen, die sich an den Pflanzenteilen befinden, sowie Umwandlung und Abbau der Stoffe an den Pflanzenteilen durch die dort epiphytisch lebenden Biozönosen aus pflanzlichen und tierischen Mikroorganismen (DE JONG et al., 1987).

Über die Anzahl von Röhrichthalmen/m^2 liegen sehr unterschiedliche Angaben vor: DE JONG et al. (1987) stellten in Klärbecken im Durchschnitt 150 bis 250 Schilfhalme/m^2 fest. Auf nicht bindigen Bodenfiltern einer Versuchsanlage der TU Berlin sollen sogar bis zu 1546 Schilfhalme/m^2 und 3985 Flechtbinsenhalme/m^2 gezählt worden sein (KRAFT, 1987). Auch wenn nur die Zahl von 150 bis 250 Halmen/m^2 zugrunde gelegt wird, darf daraus gefolgert werden, daß die Reinigungsleistung der auf den Halmen lebenden Mikroorganismen erheblich sein kann.

– Aufnahme von Stoffen durch die Pflanzen (DE JONG et al., 1987). Die Flechtbinse kann z. B. Phenole, Indol und Schwermetalle aufnehmen (Abschn. 3.5.1.1). Die Verminderung des Stickstoff- und Phosphorgehaltes im Abwasser durch die Pflanzen hält sich jedoch nach

BUCKSTEEG (1987) und HAIDER (1987) in Grenzen.

Eine Reinigungswirkung durch Stoffaufnahme ist selbstverständlich nur dann zu erreichen, wenn die oberirdischen Pflanzenteile von Zeit zu Zeit aus dem Becken entfernt werden.

– Abtötung pathogener Keime, wahrscheinlich durch die epiphytisch lebenden Mikroorganismen (Abschn. 3.5.1.1).

– Erhaltung relativ hoher Wassertemperaturen während Frostperioden durch die isolierende Wirkung der Pflanzenteile oberhalb des Wasserspiegels.

Hierdurch wird ein Beitrag zur Aufrechterhaltung des mikrobiellen Abwasserabbaus bei Frost geleistet (HAIDER, 1987).

Die Schwimmpflanzen üben vor allem die folgenden Wirkungen aus:

– Adsorption, Umwandlung und Abbau der Stoffe an den Pflanzenteilen durch die dort epiphytisch lebenden Biozönosen (s. oben).

– Abwasserreinigung durch Stoffaufnahme. Zu diesem Zweck müssen die Pflanzen von Zeit zu Zeit teilweise aus den Anlagen entfernt werden (s. oben).

– Wahrscheinlich töten auch sie oder die auf ihnen lebenden Mikroorganismen pathogene Keime ab (s. oben).

Über die Leistungsfähigkeit der Anlagen liegen noch keine endgültig gesicherten Aussagen vor, besonders wohl deswegen nicht, weil langfristige Untersuchungen und Erfahrungen fehlen. Zur Zeit gibt es von allen Systemen befriedigend und mangelhaft arbeitende Anlagen. Bei zufriedenstellend funktionierenden Anlagen ist im allgemeinen die Reinigungswirkung hinsichtlich des Abbaus der organischen Substanz und der Abtötung pathogener Keime gut, aber im Hinblick auf die Verminderung des Stickstoff- und Phosphorgehaltes nur mäßig bis gering.

Die Frage, nach welcher Verweildauer des Abwassers in den Reinigungsanlagen befriedigende Reinigungsergebnisse zu erwarten sind, kann nicht mit genauen Zahlen beantwortet werden.

Da die Abbaugeschwindigkeit nicht nur von der Art der Reinigungsanlagen und der Verweildauer des Abwassers in ihnen, sondern auch von variablen Faktoren wie insbesondere Abwasserkonzentration, Art der Vorreinigung, Wassertemperatur und Art der abzubauenden Stoffe abhängt, ist die zum befriedigenden Abbau erforderliche Verweildauer unterschiedlich. Anhaltspunkte über die Größenordnungen mögen die folgenden Beobachtungswerte bieten:

– 3 bis 5 Tage für den Abbau von Stickstoffverbindungen in überstauten, bepflanzten Becken (CZINKI, 1987);
– 3 bis 10 Tage für den Abbau von Phosphorverbindungen in überstauten, bepflanzten Becken (CZINKI, 1987).

b) Weitere Wirkungen:
– Biotop (Abschn. I.).

8.5.1.2 Bauverfahren

An dieser Stelle können weder ausführungsreife Baupläne für diese verschiedenen Reinigungsanlagen angeboten noch Hinweise über die Höhe der Abwassergaben und darüber gegeben werden, ob die Anlagen kontinuierlich oder intermittierend und in diesem Fall, in welchen zeitlichen Abständen sie mit Abwasser beschickt werden. Da die Anlagen in jedem Planungsfall dem Bedarf und den Geländeverhältnissen angepaßt werden müssen, sind oft von Planungsfall zu Planungsfall voneinander abweichende Lösungen zu suchen. Aus diesem Grund können hier nur allgemeine Angaben über Bau und Betrieb der Anlagen mitgeteilt werden. Im übrigen wird auf die einschlägige Literatur (s. unten) und das Informationsmaterial der Anbieterfirmen verwiesen.

Z. Z. können folgende Systeme unterschieden werden:

Dauernd überstaute Becken oder Gräben
– horizontal durchflossen, mit Röhrichtarten bepflanzt (Abb. 238);

– horizontal durchflossen, mit Schwimmpflanzen bewachsen (Abb. 239 bis 242).
– Im Versuchsstadium befinden sich horizontal durchflossene Becken, die mit bepflanzten Schwimmkörpern besetzt sind (Abb. 243).

Überstaute, mit Röhrichtarten bepflanzte Becken oder Gräben

Lebende Baustoffe

Pflanzen oder Rhizome, vor allem von Schilf (Phragmites australis) und Flechtbinse (Schoenoplectus lacustris), aber auch Pflanzen von Kalmus (Acorus calamus), Gelbe Schwertlilie (Iris pseudacorus), Flatterbinse (Juncus effusus), Blaugrüne Binse (Juncus inflexus), Igelkolben (Sparganium spec.) und Breitblättriger Rohrkolben (Typha latifolia).

Bauweise

Bei diesen Anlagen ist von einem Flächenbedarf für die Becken von 3 bis 5 m²/Einwohner auszugehen (BUCKSTEEG, 1987). Anzahl und Form der Becken sind so zu wählen, daß eine möglichst lange Verweilzeit des Abwassers in den Anlagen gewährleistet ist. Die Becken müssen so tief bemessen sein, daß nach dem Einbringen der Dichtung und des Bodens Überstauungen von 0,5 bis 1 m Höhe mit einem ausreichenden Sicherheitsabstand zu den Böschungsoberkanten vorgenommen werden können. Die Becken sind mit Folie, Ton o. ä. zu dichten. Es sind Dichtungen zu wählen, die nicht von den Rhizomen und Wurzeln der Röhrichtarten durchstoßen werden können. Auf die Dichtung ist Boden oder Feinkies aufzubringen. Da das Substrat nicht der Abwasserreinigung dienen, sondern nur das Pflanzenwachstum ermöglichen soll, reichen in der Regel 0,3 bis 0,5 m als durchwurzelbare Schicht aus. Werden dünnere Substrate gewählt, besteht die Gefahr des Aufschwimmens der durchwurzelten Schicht von der Dichtung. Da sich die Pflanzen vorwiegend aus dem Abwasser ernähren, brauchen keine besonderen Anforderungen an die Bodenart gestellt zu werden (Abb. 238).

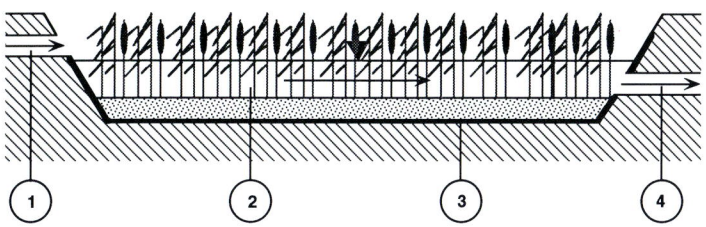

◢ *Abb. 238: Überstaute, mit Röh-*
richtarten bepflanzte Becken oder
Gräben. Unmaßstäbliche Prinzip-
skizze.
1 = Zulauf, 2 = mit Röhrichtarten
bewachsenes Reinigungsbecken,
3 = Dichtung, 4 = Ablauf.

Die Becken sind mit den oben angegebenen Röhrichtarten zu bepflanzen. Dabei können die Röhrichtarten in unterschiedlicher Art und Weise kombiniert werden:
– Es werden ausschließlich Monokulturen eingesetzt.
– Verschiedene Arten werden innerhalb eines Beckens gemischt.
– Mehrere Becken mit Monokulturen werden hintereinandergeschaltet, aber pro Becken wird die Röhrichtart gewechselt.
   Welche Kombination am günstigsten ist, kann bei dem derzeitigen Wissensstand nicht beantwortet werden.
Die Röhrichtarten sind in Pflanzverbänden von 30x30 cm bis 50x50 cm einzubringen. Je dichter gepflanzt wird, desto eher ist in der Regel eine befriedigende Reinigungsleistung zu erwarten.
Nach der Pflanzung sollten zunächst nur geringe Abwassermengen gegeben werden. Sie sind mit dem Heranwachsen der Röhrichtarten allmählich bis zur vorgesehenen vollen Überstauungshöhe zu steigern.

Anwendungsbereich

Vor allem kleinere Siedlungen und Einzelgebäude, für die sich der Bau herkömmlicher Kläranlagen nicht lohnt.

Literatur: BUCKSTEEG (1987); CZINKI (1987); DE JONG et al. (1987); KRAFT (1987).

Überstaute, mit Schwimmpflanzen bewachsene Becken oder Gräben

Dieses Abwasserreinigungssystem ist mir aus Brasilien bekannt. Und zwar befindet sich die Anlage in Silva Jardim, einem Ort, der etwa 100 km nordöstlich von Rio de Janeiro liegt[1].
Es mag sein, daß derartige Reinigungssysteme in Mitteleuropa nicht funktionieren, vor allem deswegen nicht, weil hier völlig andere klimatische Bedingungen herrschen und vielleicht auch die hier zur Verfügung stehenden Schwimmpflanzenarten nicht geeignet sind[2]. Trotzdem soll diese Anlage hier kurz behandelt werden, da nicht auszuschließen ist, daß sich solche Anlagen auch für mitteleuropäische Verhältnisse entwickeln und – ggf. in Kombination mit den hier bisher benutzten Reinigungssystemen – anwenden lassen.

[1] Über die Anlage wurde auch in „Die Zeit" berichtet (VON RANDOW, 1993).
[2] Die in der BRD vorkommenden Arten überwintern nicht als Schwimmpflanzen.

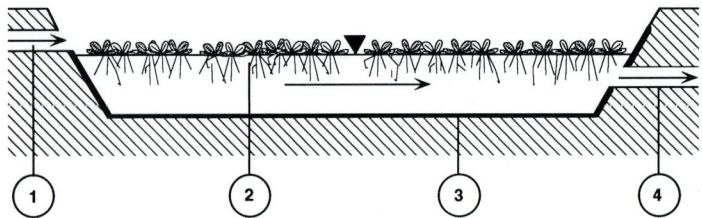

◢ Abb. 239: Überstaute, mit
Schwimmpflanzen bewachsene
Becken oder Gräben. Unmaßstäbliche Prinzipskizze.
1 = Zulauf, 2 = mit Schwimmpflanzen bewachsenes Reinigungsbecken, 3 = Dichtung, 4 = Ablauf.

◢ Abb. 240: Zur Abwasserreinigung in Silva Jardim (Brasilien) ver-
wendete Schwimmpflanzenarten.
Von links nach rechts: Muschelblume (Pistia), Schwimmfarn (Salvinia)
und Wasserhyazinthe (Eichhornia).

Die Anlage in Silva Jardim ist folgendermaßen
aufgebaut:

Lebende Baustoffe
Wasserhyazinthe (Eichhornia), Muschelblume
(Pistia), Schwimmfarn (Salvinia).

Bauweise
Die Anlage reinigt das Abwasser einer Siedlung mit
etwa 420 Einwohnern. Das Abwasser wird in einem
Teich vorgeklärt und gelangt dann über einen Ver-
teiler in eines von vier Reinigungsbecken. Jedes
dieser Becken ist 5x100 m, also 500 m² groß, so
daß sich insgesamt eine Fläche von 2000 m²
ergibt. Hieraus errechnet sich ein Verhältnis von
Reinigungsfläche pro Einwohner = 4,76 m²/Einwoh-
ner, ein Wert, der gut mit dem von BUCKSTEEG
(1987) angegebenen Flächenbedarf von 3–5
m²/Einwohner übereinstimmt (s. oben).

Alle vier Becken sind in vier hintereinandergeschal-
tete Einzelbecken unterteilt, die dicht mit den oben
genannten Schwimmpflanzenarten bewachsen sind
(Abb. 239 bis 242). Pro Einzelbecken werden eine
bis zwei Arten verwendet. Wird ein Becken mit
zwei Arten besetzt, werden diese nicht gemischt,
sondern bleiben voneinander räumlich getrennt
(Abb. 241). Um die Abwasserstoffe und die Biomasse der Schwimmpflanzen dem Stoffkreislauf im
Wasser zu entziehen, wird der Bewuchs von Zeit zu
Zeit teilweise aus den Becken entfernt.
Nach Angaben des Betreibers (Hamburger
Umweltinstitut) arbeitet die Anlage zufriedenstel-
lend.

Anwendungsbereich
Vor allem kleinere Siedlungen und Einzelgebäude,
für die sich der Bau herkömmlicher Kläranlagen
nicht lohnt.

◢ Abb. 241: Die Abwasserreinigungsanlage in Silva Jardim (Brasilien) mit den vier Reinigungsbecken.

◢ Abb. 242: Abwasserreinigungsanlage in Silva Jardim (Brasilien). Detail von zwei hintereinandergeschalteten Einzelbecken. Das linke Becken ist mit Muschelblume (Pistia) bewachsen, das rechte mit Schwimmfarn (Salvinia).

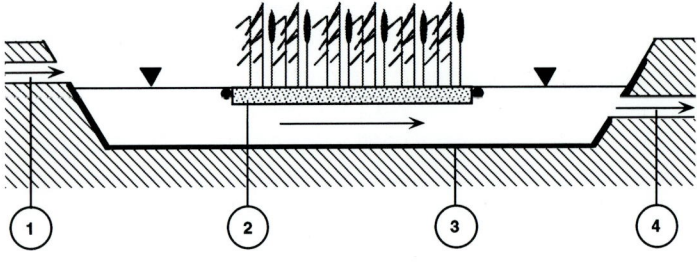

 Abb. 243: Überstaute Becken mit bepflanzten Schwimmkörpern. Unmaßstäbliche Prinzipskizze. 1 = Zulauf, 2 = mit Röhrichtarten bewachsene Schwimmkörper, 3 = Dichtung, 4 = Ablauf.

Überstaute Becken mit bepflanzten Schwimmkörpern

L e b e n d e   B a u s t o f f e

Pflanzen der unter „Überstaute, mit Röhrichtarten bepflanzte Becken" genannten Arten.

B a u w e i s e

Da sie sich noch im Versuchsstadium befinden, können keine Hinweise für ihre Anlage gegeben werden (Abb. 243).

Anwendungsbereich

Vor allem kleinere Siedlungen und Einzelgebäude, für die sich der Bau herkömmlicher Kläranlagen nicht lohnt.

Literatur: KRAFT (1987).

8.5.2 Abwasserreinigung in Bodenfiltern (Beeten)

8.5.2.1 Allgemeines

Die Frage nach der HPNV der Bodenfilter erübrigt sich hier ebenfalls, da auch in diesen Reinigungssystemen zur Abwasserreinigung ausschließlich Röh-

richtarten unabhängig davon eingesetzt werden, ob sie zur HPNV gehören oder nicht.

W i r k u n g s w e i s e

a) Ingenieurbiologische Wirkungen:

– Auflockerung von Schlammablagerungen auf der Oberfläche der Bodenfilter durch das Rhizom- und Wurzelwachstum der Röhrichtarten. Hierdurch bleibt vor allem die vertikale Filtration erhalten (HAIDER, 1987).

– Durchdringung der gesamten Bodenfilter mit Rhizomen und Wurzeln und damit Aufrechterhaltung der vertikalen und horizontalen Wasserleitfähigkeit der Bodenfilter (HAIDER, 1987).

– Steigerung der mikrobiologischen Aktivität der Bodenfilter durch die im Wurzelraum verdichtete Mikroflora und -fauna (HAIDER, 1987).

– Sauerstoffeintrag aus den oberirdischen Pflanzenteilen über das Aerenchymgewebe in den Wurzelraum. Auf diese Weise werden in grobporigen Bodenfiltern die aerobe Abwasserreinigung und in feinporigen Bodenfiltern das gewünschte Mosaik von aeroben und anaeroben Bereichen zum aeroben und anaeroben Abwasserabbau gefördert (BUCKSTEEG, 1987, SCHWEDKE, 1987).

– Aufnahme von Abwasserstoffen (siehe:

Abschn. V. 8.5.1.1).

– Abtötung pathogener Keime, wahrscheinlich durch die im Wurzelraum lebenden Mikroorganismen.

– Erhaltung relativ hoher Temperaturen während Frostperioden durch die isolierende Wirkung der oberirdischen Pflanzenteile. Hierdurch leisten die Röhrichtarten einen Beitrag zur Aufrechterhaltung des mikrobiellen Abwasserabbaus bei Frost (HAIDER, 1987).

Auch über das Leistungsvermögen der Bodenfilter gibt es noch keine endgültigen gesicherten Erkenntnisse. Z. Z. sind von allen Systemen befriedigend und mangelhaft arbeitende Anlagen bekannt.

Bei zufriedenstellend funktionierenden Anlagen ist im allgemeinen die Reinigungswirkung hinsichtlich des Abbaus der organischen Substanz und der Abtötung pathogener Keime gut, aber hinsichtlich der Verminderung des Stickstoff- und Phosphorgehaltes nur mäßig bis gering.

Ursachen für mangelhaft arbeitende Anlagen sind oft ungleichmäßige Abwasserverteilung in den Reinigungsanlagen und Verstopfung, insbesondere der bindigen Bodenfilter.

Über die zur Reinigung erforderliche Verweildauer des Abwassers in den Anlagen gibt es keine exakten Zahlen. Auch bei den Bodenfiltern ist die Abbaugeschwindigkeit nicht nur vom Typ der Reinigungsanlagen und der Verweildauer des Abwassers in ihnen, sondern auch von den variablen Faktoren wie vor allem Abwasserkonzentration, Art der Vorreinigung, Wassertemperatur und Art der abzubauenden Stoffe abhängig und deswegen oft nicht nur von Anlage zu Anlage, sondern auch zeitlich unterschiedlich.

Die folgenden Angaben bieten daher nur ungefähre Anhaltspunkte für die erforderliche Verweildauer des Abwassers in den Bodenfiltern:

– 10 Stunden für die Reinigung von Rohabwasser in einer kleineren Anlage, die aus zwei vertikal und einem horizontal durchflossenen, bepflanzten nichtbindigen Bodenfiltern besteht

(HAIDER, 1987);

– 1,5 bis 2 Tage für die Reinigung von mechanisch vorgeklärtem Abwasser in einer kleineren Anlage, die aus vier horizontal durchflossenen, bepflanzten nichtbindigen Bodenfiltern besteht (HAIDER, 1987).

b) Weitere Wirkungen:

– Biotop (Abschn. I.).

8.5.2.2 Bauverfahren

Für die Bodenfilter können hier ebenfalls keine ausführungsreifen Baupläne angeboten werden, sondern es wird auf die Vorbemerkungen in Abschn. 8.5.1.2 verwiesen.

Z. Z. lassen sich die Bodenfilter in folgende Systeme einteilen:

Mit Abwasser beschickte Bodenfilter (Beete)

– vertikal durchflossen, mit Röhrichtarten bepflanzt (Abb. 244);

– horizontal durchflossen, mit Röhrichtarten bepflanzt (Abb. 245);

– vertikal und horizontal durchflossen, mit Röhrichtarten bepflanzt (Abb. 246).

Die Bodenfiltersysteme können überdies in Anlagen mit grobporigen Substraten und in solche mit feinporigen Substraten unterteilt werden.

Die folgenden Ausführungen erstrecken sich nicht auf die Beckenkonstruktionen, sondern vor allem auf die Filtersubstrate und die Ansiedlung der Röhrichtarten. Da diese Objekte bei allen Systemen ähnlich sind, brauchen sie hier nicht für jedes System gesondert behandelt zu werden. Es genügt eine Beschreibung, die dann auf alle Anlagen sinngemäß übertragen werden kann.

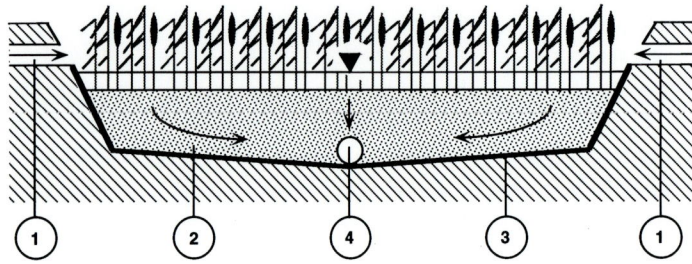

◢ *Abb. 244: Mit Röhrichtarten bepflanzte
Bodenfilter, vertikal durchflossen. Unmaßstäbliche Prinzipskizze.
1 = Zulauf, 2 = mit Röhrichtarten bewachse-
ner Bodenfilter, 3 = Dichtung, 4 = Ablauf.*

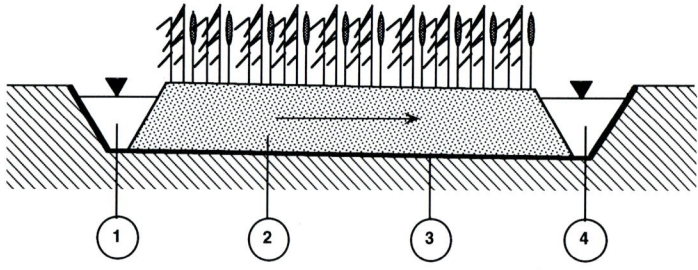

◢ *Abb. 245: Mit Röhrichtarten bepflanzte
Bodenfilter, horizontal durchflossen. Unmaßstäbliche Prinzipskizze.
1 = Zulauf, 2 = mit Röhrichtarten bewachse-
ner Bodenfilter, 3 = Dichtung, 4 = Ablauf.*

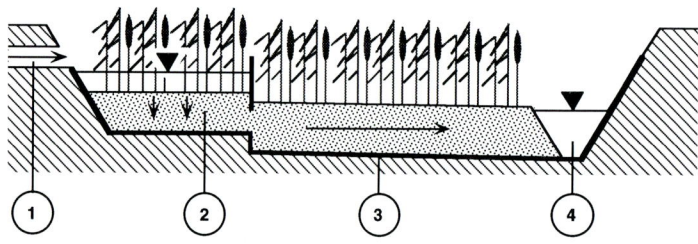

◢ *Abb. 246: Mit Röhrichtarten bepflanzte
Bodenfilter, vertikal und horizontal durchflossen. Unmaßstäbliche Prinzipskizze.
1 = Zulauf, 2 = mit Röhrichtarten bewachse-
ner Bodenfilter, 3 = Dichtung, 4 = Ablauf.*

Mit Röhrichtarten bepflanzte Bodenfilter

Lebende Baustoffe

Pflanzen oder Rhizome der unter „Überstaute, mit Röhrichtarten bepflanzte Becken" genannten Arten.

Bauweise

Für Bodenfilter ist folgender Flächenbedarf anzusetzen (BUCKSTEEG, 1987):
– für nichtbindige Bodenfilter 3 bis 5 m²/Einwohner,
– für bindige Bodenfilter 1 bis 4 m²/Einwohner.

Auch beim Bau dieser Reinigungsanlagen sind Anzahl und Form der Bodenfilter so zu gestalten, daß eine möglichst lange Verweilzeit des Abwassers in den Anlagen sichergestellt ist.
Die Becken müssen so tief sein, daß nach dem Einbau der Dichtung die Bodenfilter in ausreichender Stärke aufgebracht werden können und darüber noch ein ausreichender Sicherheitsabstand zu den Böschungsoberkanten eingehalten wird. Die Bodenfilter sind mit Folien, Ton u. ä. zu dichten. Es sind Dichtungen zu verwenden, die nicht von den Rhizomen und Wurzeln der Pflanzen durchstoßen werden können.
Nach Einbau der Dichtungen sind die Bodenfilter aufzubringen. Für die nichtbindigen Bodenfilter sind Sand, Kies, Splitt, Schotter oder Kombinationen dieser Stoffe zu verwenden, die bindigen Bodenfilter bestehen aus bindigen Böden unterschiedlicher Art. Über die Mächtigkeit der Bodenfilter liegen recht unterschiedliche Angaben vor. Ihre Stärke hängt nicht zuletzt davon ab, ob sie horizontal, vertikal oder in beiden Richtungen durchflossen werden. Um eine Vorstellung von der Größenordnung zu vermitteln: Die Stärke der Bodenfilter liegt etwa zwischen 0,5 und 1,5 m (KRAFT, 1987).
Anschließend sind die Bodenfilter mit den oben angegebenen Röhrichtarten in Abständen von 30x30 cm bis 50x50 cm zu bepflanzen. Auch in diesen Fällen kann bei dem gegenwärtigen Erkenntnisstand die Frage noch nicht beantwortet werden, ob es günstiger ist, pro Becken Monokulturen oder Artengemische einzubringen bzw. mehrere Becken mit unterschiedlichen Monokulturen zu bepflanzen (Abb. 244 bis 246).

Nach Ansiedlung der Röhrichtarten sind die Bodenfilter zunächst nur gering mit Abwasser zu belasten. Die Abwassergaben sind dann mit dem Heranwachsen der Pflanzen Schritt für Schritt bis zur endgültigen Beschickungshöhe zu steigern. Vor allem bei horizontal durchflossenen Bodenfiltern ist darauf zu achten, daß keine oberirdischen Abwasserabflüsse stattfinden und daß eine gleichmäßige Abwasserverteilung in den Bodenfiltern gewährleistet ist.

Anwendungsbereich

Vor allem kleinere Siedlungen und Einzelgebäude, für die sich der Bau herkömmlicher Kläranlagen nicht lohnt.

Literatur: BUCKSTEEG (1987); EBELING (1987); GELLER (1987); HAIDER (1987); HÜLSTEDE (1987); KRAFT (1987); RAUSCH (1987); SCHWEDTKE (1987).

8.5.3 Kombinierte Anlagen

Lebende Baustoffe

Pflanzen oder Rhizome der unter „Überstaute, mit Röhrichtarten bepflanzte Becken" genannten Röhrichtarten.

Bauweise

Es handelt sich um Anlagen, bei denen die oben beschriebenen überstauten Becken und Bodenfilter durch Hintereinanderschalung in unterschiedlicher Art und Weise miteinander kombiniert werden.
Daher siehe „Überstaute, bepflanzte Becken" und „Bepflanzte Bodenfilter".

Anwendungsbereich

Vor allem kleinere Siedlungen und Einzelgebäude, für die sich der Bau herkömmlicher Kläranlagen nicht lohnt.

Literatur: KRAFT (1987).

8.6 Klärschlammentwässerung und -mineralisierung

8.6.1 Allgemeines

Der bei der Abwasserreinigung anfallende Klärschlamm enthält in der Regel über 95 % Wasser und weniger als 5 % überwiegend organische Feststoffe. Um den Klärschlamm in der Landwirtschaft als Kompost oder als Kultursubstrat zu verwenden[1] oder ihn zumindest platzsparend deponieren zu können, ist es erforderlich, den Klärschlamm zu entwässern und ihn möglichst weitgehend zu mineralisieren. Neben den herkömmlichen Trockenbeeten können hierfür auch mit Röhrichtarten bepflanzte Entwässerungsbecken bzw. „Vererdungsbeete" eingesetzt werden.

Auch hier spielt die Frage nach der HPNV der Trockenbeete keine Rolle, da für die Schlammbehandlung in jedem Fall Röhrichtarten verwendet werden, unabhängig davon, ob sie der HPNV angehören oder nicht.

Wirkungsweise

Die Röhrichtarten üben in den Trockenbeeten vor allem die folgenden Wirkungen aus:
a) Ingenieurbiologische Wirkungen:
 – Sie durchdringen den intermittierend aufgebrachten Klärschlamm Schicht für Schicht horizontal und vertikal mit ihren Rhizomen und Wurzeln.
 – Durch die Transpiration tragen sie wesentlich zur Entwässerung des Klärschlamms bei.
 – Sie fördern den aeroben Abbau des Klärschlamms durch Sauerstoffeintrag aus den oberirdischen Pflanzenteilen über das Aerenchymgewebe in den Wurzelraum.
 – Sie nehmen bis zu einem gewissen Grade die freigesetzten Nährstoffe auf. Die Nährstoffaufnahme wird allerdings nur dann wirksam,

wenn die oberirdischen Pflanzenteile von Zeit zu Zeit aus den Becken entfernt werden.
 – Durch ihr Rhizom- und Wurzelwachstum erhalten sie die Wasserdurchlässigkeit des Klärschlamms.

Über die Frage, bei welchen Beschickungshöhen mit befriedigenden Leistungen der bepflanzten Entwässerungsbecken in bezug auf die Klärschlammentwässerung und -mineralisierung zu rechnen ist, liegen unterschiedliche Angaben vor. RAUSCH (1987) führt folgende Zahlen an: 3 cm Klärschlamm pro Woche, also 1,6 m (= 1,6 m^3/m^2) pro Jahr.

Nach DE JONG et al. (1987) wurde bei Beschickungshöhen von 0,2 und 0,3 m, also insgesamt 0,5 m (0,5 m^3/m^2), nach einem Jahr eine Zunahme der Feststoffe von 2 % auf 30 % beobachtet.

b) Weitere Wirkungen
 – Biotop (Abschn. I.).

Literatur DE JONG et al. (1987); KRAFT (1987); RAUSCH (1987).

8.6.2 Bauverfahren

Da die Anlagen in jedem Planungsfall den jeweiligen Bedürfnissen angepaßt werden müssen, können hier keine ausführungsreifen Bauvorschläge gegeben werden, sondern die Angaben müssen sich auf allgemeine Hinweise beschränken. Einzelheiten sind der einschlägigen Literatur und dem Informationsmaterial der Anbieterfirmen zu entnehmen.

Mit Röhrichtarten bepflanzte Schlammwässerungsbecken

Lebende Baustoffe

Pflanzen oder Rhizome von Schilf (Phragmites australis).

Bauweise

Für die Dimensionierung der Becken ist ein Flächenbedarf von 4 bis 6 m²/Einwohner zugrundezulegen (HÜLSTEDE, 1987). Die Anzahl der Becken

---

[1] Selbstverständlich nur dann, wenn er nicht mit Schadstoffen, insbesondere mit Schwermetallen, belastet ist.

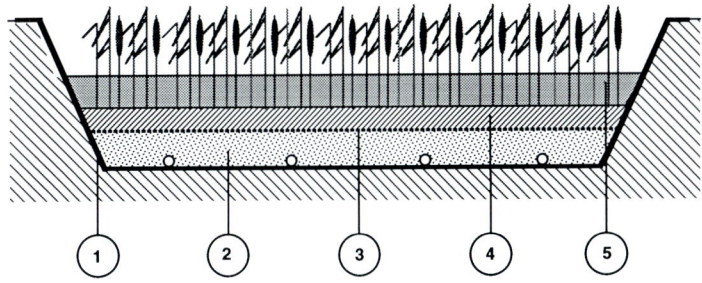

 Abb. 247: Mit Röhrichtarten bepflanzte Schlammentwässerungsbecken. Unmaßstäbliche Prinzipskizze. 1 = Betonbecken oder gedichtetes Erdbecken, 2 = mit Kiesschicht überdeckte Dränung, 3 = Filtermatte (fakultativ), 4 = Bodenschicht, 5 = vom Röhricht durchwachsener Klärschlamm.

ist von den jeweiligen Erfordernissen abhängig. Bei der Wahl der Beckentiefe ist von den oben angegebenen Beschickungshöhen und der Anzahl der Jahre auszugehen, nach denen die Anlage geräumt und neu eingerichtet werden soll.

Die Becken können als mit Folien gedichtete Erdbecken, als Ortbetonbecken oder als Fertigteil-Betonbecken gebaut werden. Bei der Anlage von Erdbecken ist darauf zu achten, daß die Foliendichtung nicht von den Rhizomen und Wurzeln des Schilfs durchstoßen werden kann.

Zum Auffangen und Ableiten von Wasser, das aus dem Schlamm sickert, sind in den Becken Dränungen vorzusehen, die mit einer Kiesschicht überdeckt sind. Um bei der ersten Beschickung eine Vegetation zur Verfügung zu haben, die die oben angedeuteten Wirkungen zufriedenstellend ausübt, ist das Schilf rechtzeitig vor der ersten Klärschlammgabe anzusiedeln. Zu diesem Zweck ist es günstig, auf die Kiesschicht etwa 0,3 m Boden als Substrat aufzubringen, auf dem sich die Pflanzen bis zur ersten Beschickung entwickeln können. Bei Bedarf kann zwischen der Kiesschicht und der Bodenschicht eine wasserdurchlässige Filtermatte

eingebaut werden. Die Schilfpflanzen sind dann in Abständen von 30x30 cm bis 50x50 cm zu pflanzen (Abb. 247).

Nach dem Heranwachsen kann mit der Beschickung begonnen werden. Die Becken können mehrere Jahre lang betrieben werden, nach HÜLSTEDE (1987) ca. 10 Jahre. Danach sind die Anlagen zu räumen und neu einzurichten. Nach übereinstimmenden Angaben von RAUSCH (1987) und HÜLSTEDE (1987) sind die aus den bepflanzten Schlammentwässerungsbecken gewonnenen Endprodukte ohne weitere Behandlung für die in Abschn. 8.6.1 angedeuteten Verwendungsmöglichkeiten einsetzbar.

Anwendungsbereich

In Verbindung mit herkömmlichen Kläranlagen und den in Abschn. 8.5 beschriebenen „Pflanzenkläranlagen."

Literatur: DE JONG et al. (1987); HÜLSTEDE (1987); RAUSCH (1987); ZACHER (1987).

VI. Anhang

1. Saatgut einheimischer Pflanzenarten

Bei den folgenden Angaben handelt es sich um Mittelwerte, die also unter- und überschritten werden können.

1.1 Laubgehölze

Tab. 18: Samenkörner je g und Keimprozente

Art	Samenkörner je g	Keimprozent	Art	Samenkörner je g	Keimprozent
Acer campestre Feldahorn	12 bis 12,5	30 bis 70	Betula pendula Sandbirke	3300 bis 3333	30 bis 70
Acer platanoides Spitzahorn	9	30 bis 70	Betula pubescens Moorbirke	1600 bis 1667	30 bis 70
Acer pseudoplatanus Bergahorn	12 bis 12,5	70 bis 100	Calluna vulgaris Heidekraut	60000	
Alnus glutinosa Roterle, Schwarzerle	700 bis 770	30 bis 70	Carpinus betulus Hainbuche	25	30 bis 70
Alnus incana Weißerle, Grauerle	1500 bis 1667	30 bis 70	Castanea sativa Eßkastanie	0,25	30 bis 70
Amelanchier ovalis Felsenbirne	12 bis 12,5		Colutea arborescens Blasenstrauch	1000	30 bis 70
Berberis vulgaris Berberitze	100		Cornus mas Kornelkirsche	6	30 bis 70

299

Art	Samenkörner je g	Keimprozent
Cornus sanguinea Roter Hartriegel	33	30 bis 70
Corylus avellana Hasel	1	70 bis 100
Crataegus laevigata Zweigriffeliger Weißdorn	18	
Crataegus monogyna Eingriffeliger Weißdorn	18	70 bis 100
Cytisus scoparius Besenginster	120 bis 125	70 bis 100
Daphne mezereum Seidelbast	14	70 bis 100
Euonymus europaeus Pfaffenhütchen	40 bis 43	70 bis 100
Fagus sylvatica Buche	4	70 bis 100
Fraxinus excelsior Esche	14	70 bis 100
Genista germanica Deutscher Ginster	312	
Genista tinctoria Färberginster	300 bis 312	30 bis 70
Hippophae rhamnoides Sanddorn	130 bis 133	70 bis 100
Ilex aquifolium Stechpalme	10	70 bis 100
Juglans regia Walnuß	0,04 bis 0,1	70 bis 100
Laburnum anagyroides Gewöhnlicher Goldregen	38	30 bis 70
Ligustrum vulgare Liguster	50	70 bis 100
Lonicera xylosteum Rote Heckenkirsche	100	70 bis 100
Lycium halimifolium Bocksdorn	167	
Malus sylvestris Holzapfel	33	70 bis 100
Pirus pyraster Wildbirne	33 bis 34	30 bis 70
Populus alba Silberpappel	8333	
Populus tremula Aspe	100000	
Prunus avium Vogelkirsche	5,7 bis 6	70 bis 100

Art	Samenkörner je g	Keimprozent
Prunus mahaleb Steinweichsel	10 bis 11	70 bis 100
Prunus padus Traubenkirsche	22	70 bis 100
Prunus spinosa Schlehe	4	70 bis 100
Quercus petraea Traubeneiche	0,3 bis 0,4	70 bis 100
Quercus robur Stieleiche	0,3	70 bis 100
Rhamnus cathartica Kreuzdorn	71	30 bis 70
Rhamnus frangula Faulbaum	33	30 bis 70
Rosa canina Hundsrose	30 bis 34	30 bis 70
Rosa rubiginosa Weinrose	100	70 bis 100
Rubus fructicosus Brombeere	500	
Sambucus nigra Schwarzer Holunder	400	70 bis 100
Sambucus racemosa Traubenholunder	140 bis 143	70 bis 100
Sorbus aria Mehlbeere	2,2 bis 2,3	70 bis 100
Sorbus aucuparia Vogelbeere	4 bis 5,3	30 bis 70
Sorbus domestica Speierling	30	
Sorbus torminalis Elsbeere	2,5	
Tilia cordata Winterlinde	33	70 bis 100
Tilia platyphyllos Sommerlinde	10	30 bis 70
Ulmus glabra Bergulme	56 bis 67	30 bis 70
Ulmus minor Feldulme	70	30 bis 70
Viburnum lantana Wolliger Schneeball	22,5 bis 23	30 bis 70
Viburnum opulus Gewöhnlicher Schneeball	25	

Literatur: BÄRTELS (1978); Forschungsgesellschaft für das Straßenwesen (1971); KRÜSSMANN (1978).

1.2 Nadelgehölze

Tab. 19: Samenkörner je g und Keimprozente

Art	Samenkörner je g	Keimprozent
Abies alba Weißtanne	21 bis 22	30 bis 70
Larix decidua Europäische Lärche	160 bis 167	30 bis 70
Picea abies Fichte	125	70 bis 100

Art	Samenkörner je g	Keimprozent
Pinus cembra Arve	4,2	70 bis 100
Pinus sylvestris Waldkiefer	140	70 bis 100
Taxus baccata Eibe	14	30 bis 70

Literatur: BÄRTELS (1978); Forschungsgesellschaft für das Straßenwesen (1971); KRÜSSMANN (1978).

1.3 Gräser

Tab. 20: Samenkörner je g, Reinheit und Keimfähigkeit

Art	Samenkörner je g	Reinheit (R) in %	Keimfähigkeit (K) in %
Agropyron repens Quecke	400 bis 430	90 bis 100	70 bis 80
Agrostis alba Weißes Straußgras	10000	90 bis 100	80 bis 90
Agrostis canina Hundsstraußgras	20000	90 bis 100	80 bis 90
Agrostis stolonifera Flechtstraußgras	17000	90 bis 100	80 bis 90
Agrostis tenuis Rotes Straußgras	16000	90 bis 100	80 bis 90
Alopecurus pratensis Wiesenfuchsschwanz	1100	80 bis 90	70 bis 80
Anthoxantum odoratum Ruchgras	1700	80 bis 90	60 bis 70
Arrhenatherum elatius Glatthafer	500	90 bis 100	80 bis 90
Brachypodium pinnatum Fiederzwenke	800	80 bis 90	70 bis 80
Bromus arvensis Ackertrespe	250	90 bis 100	80 bis 90
Bromus erectus Aufrechte Trespe	220	90 bis 100	80 bis 90

Art	Samenkörner je g	Reinheit (R) in %	Keimfähigkeit (K) in %
Bromus inermis Wehrlose Trespe	240 bis 250	90 bis 100	80 bis 90
Bromus mollis Weiche Trespe	250	80 bis 90	70 bis 80
Corynephorus canescens Silbergras	10000	40 bis 50	50 bis 60
Cynodon dactylon Hundszahn	1700	90 bis 100	80 bis 90
Cynosurus cristatus Kammgras	1700	90 bis 100	80 bis 90
Dactylis glomerata Knaulgras	550	90 bis 100	80 bis 90
Deschampsia caespitosa Rasenschmiele	4000	80 bis 90	60 bis 70
Deschampsia flexuosa Drahtschmiele	1600 bis 1700	80 bis 90	70 bis 80
Festuca arundinacea Rohrschwingel	500	90 bis 100	80 bis 90
Festuca duriuscula Blauschwingel	1700	90 bis 100	80 bis 90
Festuca ovina Schafschwingel	2000	90 bis 100	80 bis 90

Art	Samenkör-ner je g	Reinheit (R) in %	Keimfähig-keit (K) in %
Festuca pratensis Wiesenschwingel	800	90 bis 100	80 bis 90
Festuca rubra ssp. commutata Horstbildender Rotschwingel	1000	90 bis 100	90 bis 100
Festuca rubra ssp. rubra Ausläufertreibender Rotschwingel	900 bis 1000	90 bis 100	80 bis 90
Festuca tenuifolia Feinschwingel	2000	80 bis 90	80 bis 90
Holcus lanatus Wolliges Honiggras	2500	90 bis 100	80 bis 90
Holcus mollis Weiches Honiggras	2500	60 bis 70	50 bis 60
Lolium multiflorum Weidelgras	480	90 bis 100	90 bis 100
Lolium perenne Deutsches Weidelgras	500 bis 600	90 bis 100	90 bis 100
Lolium westerwoldicum[1] Einjähriges Weidelgras	500	90 bis 100	90 bis 100

Art	Samenkör-ner je g	Reinheit (R) in %	Keimfähig-keit (K) in %
Phleum nodosum Zwiebellieschgras	2000 bis 5800	90 bis 100	80 bis 90
Phleum pratense Wiesenlieschgras	2000	90 bis 100	80 bis 90
Poa annua Einjähriges Rispengras	6500	80 bis 90	80 bis 90
Poa compressa Flaches Rispengras	6500	80 bis 90	80 bis 90
Poa nemoralis Hainrispengras	5500	80 bis 90	80 bis 90
Poa palustris Sumpfrispe	5000	90 bis 100	80 bis 90
Poa pratensis Wiesenrispengras	3300	90 bis 100	80 bis 90
Poa trivialis Gewöhnliches Rispengras	5500	90 bis 100	80 bis 90
Trisetum flavescens Goldhafer	2500	70 bis 80	70 bis 80

[1] Nicht einheimisch. Hier aber trotzdem genannt, weil sich die Art wegen der sehr kurzen Keimzeit sehr gut für Saatgutmischungen zum schnellen Begrünen eignet.

Literatur: Kataloge der Firmen A. Düsing, Gelsenkirchen-Horst; J. Wagner, Heidelberg.

1.4 Kräuter

Tab. 21: Samenkörner je g, Reinheit und Keimfähigkeit

Art	Samenkör-ner je g	Reinheit (R) in %	Keimfähig-keit (K) in %
Achillea millefolium Schafgarbe	6700 bis 7000	90 bis 100	90 bis 100
Adonis aestivalis Sommer-Adonisröschen	100		
Alyssum maritimum Silberkraut	3000		
Anthemis tinctoria Färberkamille	2500		
Aquilegia vulgaris Gewöhnliche Akelei	600		
Aster alpinus Alpenaster	500		

Art	Samenkör-ner je g	Reinheit (R) in %	Keimfähig-keit (K) in %
Aster amellus Kalkaster	500		
Bellis perennis Gänseblümchen	7000	80 bis 90	70 bis 80
Campanula persicifolia Pfirsichblättrige Glockenblume	9000		
Campanula rotundifolia Rundblättrige Glockenblume	1500		
Campanula trachelium Nesselblättrige Glockenblume	7000		

Art	Samenkör- ner je g	Reinheit (R) in %	Keimfähig- keit (K) in %
Carum carvi Wiesenkümmel	300 bis 400	90 bis 100	80 bis 90
Centaurea cyanus Kornblume	200		
Centaurea jacea Wiesen-Flockenblume	150		
Centaurea montana Berg-Flockenblume	150		
Centaurea scabiosa Skabiosen-Flockenblume	150		
Chrysanthemum leucanthemum Margerite	700 bis 3300	80 bis 90	60 bis 70
Chrysanthemum segetum Saat-Wucherblume	300		
Chrysanthemum vulgare Rainfarn	3000	90 bis 100	70 bis 80
Cichorium intybus Gewöhnliche Wegwarte	500 bis 800	90 bis 100	80 bis 90
Coronilla varia Bunte Kronwicke	2500 bis 2800	90 bis 100	90 bis 100
Daucus carota Wilde Möhre	800		
Dianthus carthusianorum Karthäusernelke	500		
Dianthus deltoides Heidenelke	700		
Digitalis purpurea Roter Fingerhut	10000 bis 15000	90 bis 100	70 bis 80
Eschscholtzia californica Goldmohn	500		
Galium mollugo Wiesen-Labkraut	1600		
Galium verum Echtes Labkraut	1800		
Geum montanum Berg-Nelkenwurz	250		
Geum urbanum Echte Nelkenwurz	300		
Gypsophila paniculata Rispen-Gipskraut	2500		
Hypericum perforatum Echtes Johanniskraut	2500 bis 8000	90 bis 100	80 bis 90
Knautia arvensis Wiesen-Witwenblume	170		
Linaria vulgaris Gewöhnliches Leinkraut	3800		
Linum perenne Stauden-Lein	300		

Art	Samenkör- ner je g	Reinheit (R) in %	Keimfähig- keit (K) in %
Luzula campestris Feld-Hainsimse	800	80 bis 90	70 bis 80
Lychnis flos-cuculi Kuckucks-Lichtnelke	2500		
Lythrum salicaria Blut-Weiderich	1500		
Malva sylvestris Wilde Malve	150		
Matricaria chamomilla Echte Kamille	15000	80 bis 90	80 bis 90
Myosostis alpestris Alpen-Vergißmeinnicht	2000		
Myosotis arvensis Acker-Vergißmeinnicht	1000		
Myosotis sylvatica Wald-Vergißmeinnicht	2000		
Papaver rhoeas Klatschmohn	8000		
Pastinaca sativa Pastinak	670	90 bis 100	80 bis 90
Pimpinella saxifraga Kleine Bibernelle	450 bis 2000	90 bis 100	80 bis 90
Plantago lanceolata Spitzwegerich	600 bis 800	90 bis 100	80 bis 90
Plantago media Mittlerer Wegerich	2500	90 bis 100	80 bis 90
Primula elatior Große Schlüsselblume	1100		
Primula veris Arznei-Schlüsselblume	1100		
Prunella grandiflora Große Brunelle	800		
Prunella vulgaris Gewöhnliche Brunelle	1000 bis 1400	80 bis 90	70 bis 80
Ranunculus repens Kriechender Hahnenfuß	2800		
Salvia nemorosa Hain-Salbei	100		
Salvia officinalis Garten-Salbei	100		
Salvia pratensis Wiesen-Salbei	150 bis 850	90 bis 100	70 bis 80
Sanguisorba minor Kleiner Wiesenknopf	100 bis 130	90 bis 100	70 bis 80
Saponaria ocymoides Kleines Seifenkraut	5000		
Stachys officinalis Heil-Ziest	300		
Taraxacum officinale Löwenzahn	1200 bis 1400	80 bis 90	60 bis 70

Art	Samenkör-ner je g	Reinheit (R) in %	Keimfähig-keit (K) in %
Thymus serpyllum Sand-Thymian	4000 bis 5000	90 bis 100	70 bis 80
Thymus vulgaris Garten-Thymian	3000	90 bis 100	70 bis 80
Urtica dioica Große Brennessel	2500 bis 6500	80 bis 90	70 bis 80
Verbascum phoenicium Violette Königskerze	6000		

Art	Samenkör-ner je g	Reinheit (R) in %	Keimfähig-keit (K) in %
Verbascum thapsiformae Großblütige Königskerze	6500		
Viola odorata Wohlriechendes Veilchen	1000		
Viola tricolor Acker-Stiefmütterchen	800		

Literatur: Kataloge der Firmen A. Düsing, Gelsenkirchen-Horst; J. Wagner, Heidelberg.

1.5 Arten für Pionier- und Zwischensaaten

Tab. 22: Samenkörner je g, Reinheit und Keimfähigkeit

Art	Samenkör-ner je g	Reinheit (R) in %	Keimfähig-keit (K) in %
Leguminosen			
Anthyllis vulneraria Wundklee	400	90 bis 100	70 bis 80
Lotus corniculatus Hornschotenklee	970	90 bis 100	80 bis 90
Lotus uliginosus Sumpfschotenklee	1400	90 bis 100	80 bis 90
Lupinus albus Einjährige weiße Lupine	2	90 bis 100	80 bis 90
Lupinus angustifolius Einjährige blaue Lupine	7	90 bis 100	80 bis 90
Lupinus luteus Einjährige gelbe Lupine	7	90 bis 100	75 bis 85
Lupinus perennis Ausdauernde Lupine	48	90 bis 100	85 bis 95
Medicago lupulina Gelbklee	560	90 bis 100	80 bis 90
Medicago sativa Luzerne	500	90 bis 100	80 bis 90
Melilotus albus Weißer Steinklee	490	90 bis 100	80 bis 90
Melilotus officinalis Gelber Steinklee	480	90 bis 100	80 bis 90

Art	Samenkör-ner je g	Reinheit (R) in %	Keimfähig-keit (K) in %
Onobrychis viciaefolia Esparsette	50	90 bis 100	80 bis 90
Ornithopus sativus Seradella	270	90 bis 100	80 bis 90
Trifolium dubium Fadenklee	2000	90 bis 100	80 bis 90
Trifolium hybridum Schwedenklee	1500	90 bis 100	80 bis 90
Trifolium incarnatum Inkarnatklee	290	90 bis 100	80 bis 90
Trifolium pratense Rotklee	620	90 bis 100	80 bis 90
Trifolium repens Weißklee	1600 bis 1630	90 bis 100	80 bis 90
Trifolium resupinatum Persischer Klee	310	90 bis 100	80 bis 90
Vicia sativa Sommerwicke	17	90 bis 100	85 bis 95
Vicia villosa Winterwicke	17	80 bis 90	75 bis 85
Sonstige			
Phacelia tanacetifolia Büschelschön	600	90 bis 100	80 bis 90

Literatur: Kataloge der Firmen A. Düsing u. Sohn, Gelsenkirchen-Horst; J. Wagner, Heidelberg.

Literatur

AGRICOLA, G. A., 1772:
Versuch einer allgemeinen Vermehrung aller Bäume, Stauden und Blumengewächse, theoretisch und practisch vorgetragen. Zwei Theile, mit vielen Kupfern erläutert. J. L. Montag und J. H. Gruner Verlag, Regensburg.

AICHINGER, E., 1948:
Die Pflanzensoziologie im Dienste der Forstwirtschaft. – Berichte der forstwissenschaftlichen Arbeitsgemeinschaft an der Hochschule für Bodenkultur, Wien.

ANONYMUS, 1825:
Sogenannte lebendige Straßen mit Weidenzweigen. – Monatsblatt für Bauwesen und Landesverschönerung, 11.

ANSELM, R., K. von KÜGELGEN, R. SCHLIMME, U. SCHLÜTER, 1994:
Erfahrungen mit der Ansiedlung von Röhricht im Tide- und Brackwasserbereich der Unterweser. – Wasser und Boden, H. 12.

AUGUST, G., 1792:
Anleitung zur Wasserbaukunst. Walter Verlag, Dresden.

BÄRTELS, A., 1978:
Gehölzvermehrung. Ulmer Verlag, Stuttgart.

BARNARD, E., 1981:
30 Jahre Arbeitskreis der Landschaftsanwälte e. V. Rückblick und Ausblick. (Unveröffentlichtes, maschinengeschriebenes Mskr.).

BARNER, J., 1978:
Rekultivierung zerstörter Landschaften. Enke Verlag, Stuttgart.

BAUCH, W., 1969:
Blendschutz mit pflanzlichen Mitteln. – Wissenschaftliche Zeitschrift der Technischen Universität Dresden, 18, H. 1.

BECK, G., 1965:
Untersuchung über Planungsgrundlagen für eine Lärmbekämpfung im Freiraum mit Experimenten zum artspezifischen Lärmminderungsvermögen verschiedener Baum- und Straucharten. – Dissertation. Technische Universität Berlin.

BECK, G., 1968:
Pflanzen als Mittel zur Lärmbekämpfung. – Technische Universität Berlin, H. 12.

BECKER, A., 1940:
Über die wirksame Bekämpfung von Böschungsrutschungen durch Reisigauflage. – Der RAB-Straßenmeister.

BECKER, A., 1944:
Wehrtechnischer Einsatz der Ingenieurbiologie. – Schriften des Frontingenieurs (Feldpostausgabe der Schriftenreihe der „Straße". Hrsg.: Organisation Todt und Fachgruppe Bauwesen im NSBDT). Volk und Reich Verlag, Berlin, Amsterdam, Prag, Wien.

BECKER, A., F. FRANK, H. CZERMAK, 1943:
Die lebende Verbauung. – Archiv für Wasserwirtschaft, H. 72.

BEGEMANN, W., H. M. SCHIECHTL, 1994:
Ingenieurbiologie. Handbuch zum ökologischen Wasser- und Erdbau. 2. Aufl. Bauverlag, Wiesbaden, Berlin.

BENJES, H., 1986:
Die Vernetzung von Lebensräumen durch Feldhecken. Natur und Umwelt Verlag, München.

BENNECKE, W., 1930:
Zur Biologie der Strand- und Dünenflora I. – Berichte der deutschen botanischen Gesellschaft, 48.

BENNECKE, W., A. ARNOLD, 1931:
Zur Biologie der Strand- und Dünenflora II. – Berichte der deutschen botanischen Gesellschaft, 49.

BERGER, H.-J., E. GUBA, 1994:
Erfahrungen mit der Anlage von Benjeshecken. – Naturschutz und Landschaftsplanung, H. 4.

BETTONI, C., 1782:
Pensieri sul governo dei Fiumi. Brescia.

BICK, H., 1989:
Ökologie. Fischer Verlag, Stuttgart, New York.

BITTMANN, E., 1953:
Das Schilf und seine Verwendung im Wasserbau. – Angewandte Pflunzensoziologie, H. 7.

BITTMANN, E., 1965:
Grundlagen und Methoden des biologischen Wasserbaues. – Der biologische Wasserbau. Ulmer Verlag, Stuttgart.

BITTMANN, E., 1969:
Lebendbaumaßnahmen an Still- und Fließgewässern mit Ausnahme von Wildbächen. – BUCHWALD, K., W. ENGELHARDT (Hrsg.): Handbuch für Landschaftspflege und Naturschutz, Bd. 4. Bayerischer Landwirtschaftsverlag, München, Basel, Wien.

BITTMANN, E., 1973:
Lebendbaumaßnahmen an Still- und Fließgewässern mit Ausnahme von Wildbächen. – BUCHWALD, K., W. ENGELHARDT (Hrsg.): Landschaftspflege und Naturschutz in der Praxis. BLV Verlagsgesellschaft, München, Bern, Wien.

BLAB, J., 1984:
Grundlagen des Biotopschutzes für Tiere. – Schriftenreihe für Landschaftspflege und Naturschutz, Nr. 24.

BLAUERMEL, G., 1978:
Maßnahmen zur Verbesserung der Lebensbedingungen der Stadtbäume. – MEYER, F. H. (Hrsg.): Bäume in der Stadt. Ulmer Verlag, Stuttgart.

BLENK, H., H. TRIENES, 1956:
Strömungstechnische Beiträge zum Windschutz. – Grundlagen der Landtechnik, $\underline{8}$, H. 1 u. 2.

BOEKER, P., 1970:
Böschungsansaaten mit verschiedenen Mischungen. – Rasen, Turf, Gazon, H. 1.

BOHN, U., 1981:
Vegetationskarte der Bundesrepublik Deutschland 1:200000 – Potentielle natürliche Vegetation – Blatt CC 5518 Fulda. – Schriftenreihe für Vegetationskunde, H. 15.

BUCHENAU, F., 1889:
Über die Vegetationsverhältnisse des „Helms". – Abhandlungen des naturwissenschaftlichen Vereins Bremen, $\underline{10}$, Nr. 3.

BUCHWALD, K., 1969:
Lebendbaumaßnahmen zur Verhinderung von Denudation und Rinnenerosion durch fließendes Wasser und zur Wasserrückhaltung auf landwirtschaftlich genutzten Flächen. – BUCHWALD, K., W. ENGELHARDT (Hrsg.): Handbuch für Landschaftspflege und Naturschutz, Bd. 4. Bayerischer Landwirtschaftsverlag, München, Basel, Wien.

BUCHWALD, K., 1973:
Lebendbaumaßnahmen zur Verhinderung von Denudation und Rinnenerosion durch fließendes Wasser und zur Wasserrückhaltung auf landwirtschaftlich genutzten Flächen. – BUCHWALD, K., W. ENGELHARDT (Hrsg.): Landschaftspflege und Naturschutz in der Praxis. BLV Verlagsgesellschaft, München, Bern, Wien.

BUCHWALD, K., H. DUTHWEILER, 1969:
Verbreitete Methoden zur Sicherung und Begrünung instabiler Hänge gegen Erosion durch fließendes Wasser, Rutschung, Steinschlag. – BUCHWALD, K., W. ENGELHARDT (Hrsg.): Handbuch für Landschaftspflege und Naturschutz, Bd. 4. Bayerischer Landwirtschaftsverlag, München, Basel, Wien.

BUCHWALD, K., H. DUTHWEILER, 1973:
Entwicklung der Lebendbaumethoden in Mitteleuropa und im Alpenraum. – BUCHWALD, K., W. ENGELHARDT (Hrsg.): Landschaftspflege und Naturschutz in der Praxis. BLV Verlagsgesellschaft, München, Bern, Wien.

BUCKSTEEG, K., 1987:
Einführung in die Problematik. – Pflanzenkläranlagen. Pfriemer Verlag in der Bauverlag GmbH, Wiesbaden, Berlin.

BURCKHARDT, H., 1893:
Säen und Pflanzen nach forstlicher Praxis. Verlag der Fr. Lintz'schen Buchhandlung, Trier.

C HRISTIANSEN, W., 1927:
Die Vegetationsverhältnisse der Dünen auf Föhr. – Botanisches Jahrbuch, $\underline{61}$, Nr. 2 und 3.

CHRISTIANSEN, W., 1955:
Salicornietum. – Mitteilungen der Floristisch-soziologischen Arbeitsgemeinschaft, N. F., H. 5.

CZERMAK, H., 1944:
Unsere heimischen Laubgehölze, ihre Vermehrung und Verwendung beim Fluß- und Straßenbau in der Steiermark. – Pflanzenbiologische Stelle des Reichswasserwirtschaftsamtes Bruck/Mur.

CZINKI, L., 1987:
Das Eutrostop-Verfahren. – Pflanzenkläranlagen. Pfriemer Verlag in der Bauverlag GmbH, Wiesbaden, Berlin.

D ÄUMEL, G., 1961:
Über die Landesverschönerung. Debus Verlag, Geisenheim.

DAHL, H.-J., 1972:
Untersuchung von Pflanzenarten auf ihre Eignung zum Bau schwimmender Pflanzeninseln. – Dissertation. Technische Universität Hannover.

DAHL, H.-J., U. SCHLÜTER, 1983:
Versuchsstrecke Oberaller. Neun Jahre Versuchsstrecke für ingenieurbiologische Ufersicherungsmaßnahmen an der Oberaller bei Gifhorn. Erfahrungsbericht. – Informationsdienst Naturschutz, Nr. 4.

DARMER, G., 1973:
Landschaft und Tagebau. Patzer Verlag, Hannover, Berlin.

DEISS, F., J. LITZKA, J. MITSCH, 1978:
Grundlagen für die Bepflanzung des Straßenbereiches aus verkehrstechnischer Sicht. – Bundesministerium für Bauten und Technik (Hrsg.): Straßenforschung, H. 88.

DE JONG, J., R. W. GREINER, G. D. BUTJIN, 1987:
Abwasserbehandlung und Klärschlammentwässerung in schilfbepflanzten Anlagen in den Niederlanden. – Pflanzenkläranlagen. Pfriemer Verlag in der Bauverlag GmbH, Wiesbaden, Berlin.

DEMONTZEY, P., 1880:
Studien über die Arbeiten der Wiederbewaldung und Berasung der Gebirge. Wien.

Der Bundesminister für Verkehr (Abteilung Straßenbau) (Hrsg.), 1981:
Richtlinien für den Lärmschutz an Straßen. RLS-81. – Forschungsgesellschaft für das Straßen- und Verkehrswesen, Köln.

Der Niedersächsische Minister für Ernährung, Landwirtschaft und Forsten, 1989:
Niedersächsisches Landschaftsprogramm. Hannover.

Der Rat von Sachverständigen für Umweltfragen, 1980:
Umweltprobleme der Nordsee. Kohlhammer Verlag, Stuttgart, Mainz.

Deutscher Verband für Wasserwirtschaft und Kulturbau (DVWK) (Hrsg.), 1984:
Merkblätter 204/1984 – Ökologische Aspekte bei Ausbau und Unterhaltung von Fließgewässern. Parey Verlag, Hamburg, Berlin.

DIEREN, J. W. van, 1934:
Organogene Dünenbildung. Den Haag.

Die Umweltministerin des Landes Mecklenburg-Vorpommern, 1992:
Vorläufiges gutachtliches Landschaftsprogramm. Schwerin.

DIN 18005, 1971:
Schallschutz im Städtebau. Beuth Verlag, Berlin, Köln.

DIN 18916, 1990:
Pflanzen und Pflanzarbeiten. Beuth Verlag, Berlin.

DIN 18917, 1973:
Landschaftsbau. Rasen. Beuth Verlag, Berlin, Köln.

DIN 18917, 1990:
Rasen und Saatarbeiten. Beuth Verlag, Berlin.

DIN 18918, 1990:
Ingenieurbiologische Sicherungsbauweisen. Beuth Verlag, Berlin.

DIN 19657, 1973:
Sicherung von Gewässern, Deichen und Küstendünen. Beuth Verlag, Berlin, Köln.

DÖRJES, J., 1970:
Flora – REINECK, H. E. (Hrsg.): Das Watt. Kramer Verlag, Frankfurt am Main.

DUILE, J., 1826:
Über die Verbauung der Wildbäche in den Gebirgsländern. Innsbruck.

DUMLER, H., 1946:
Beobachtung und Versuche über die Eignung von Tussilago farfara zur Begrünung von Blaiken und zur Bodenbildung. – Vereinszeitschrift der Ingenieure der Wildbach- und Lawinenverbauung.

DUTHWEILER, H., 1967:
Lebendbau an instabilen Böschungen, Erfahrungen und Vorschläge. – Forschungsarbeiten aus dem Straßenwesen, N. F., H. 70.

E BELING, W., 1987:
Wurzelraumkläranlagen, eine alternative Abwasserreinigung für den ländlichen Raum? – Pflanzenkläranlagen. Pfriemer Verlag in der Bauverlag GmbH, Wiesbaden, Berlin.

EIGNER, J., 1977:
Knicks knicken. – Bauernblatt, Nr. 13.

EISELE, C., 1973:
Rasen, Gras und Grünflächen. 2. Aufl. Parey Verlag, Berlin, Hamburg.

ELLENBERG, H., 1963, 1978, 1982:
Vegetation Mitteleuropas mit den Alpen. 1., 2., 3. Aufl. Ulmer Verlag, Stuttgart.

ELLENBERG, H., 1973:
Ziele und Stand der Ökosystemforschung. – ELLENBERG, H. (Hrsg.): Ökosystemforschung. Springer Verlag, Berlin, Heidelberg, New York.

ENGLER, A., 1900:
Über Verbau und Aufforstung von Lawinenzügen. – Centralblatt für das gesamte Forstwesen, H. 3/4.

ERCHINGER, H. F., 1985:
Dünen, Watt und Salzwiesen. Soltau-Kurier-Verlag, Norden.

ERXLEBEN, G., 1935:
Sicherung und Bepflanzung der Tonböden im Einschnitt der Reichsautobahn am Kaiserberg in Duisburg. – Die Straße.

F orschungsgesellschaft für das Straßenwesen, 1971:
Richtlinien für den Lebendverbau an Straßen (RLS). Köln.

Forschungsgesellschaft für das Straßenwesen, 1980:
Richtlinien für die Anlagen von Straßen (RAS), Teil: Landschaftsgestaltung (RAS-LG), Abschnitt 2: Grünflächen. Planung, Ausführung, Pflege (RAS-LG 2). Köln.

Forschungsgesellschaft für Straßen- und Verkehrswesen, 1982:
MLuS 82. Merkblatt über Luftverunreinigungen an Straßen. Teil: Straßen ohne oder mit lockerer Randbebauung. Köln.

FRANCK, H. J., 1781:
Vom Wasserbau. Harmsen Verlag, Hamburg.

FRÖSE, L., 1993:
Ansaaten mit Begrünungshilfsmitteln. Diplomarbeit am Institut für Landschaftspflege und Naturschutz der Universität Hannover. (Unveröffentlicht).

FUCHS, C. W., 1791:
Praktisches Handbuch für Hydrotechniker. Weidmann Verlag, Leipzig.

G AMS, H., 1939:
Die Wahl zur künstlichen Berasung und Bebuschung von Bachbetten, Schutthängen und Straßenböschungen geeigneter Pflanzen des Alpengebietes. (Vervielf. Mskr. für Wildbach- und Lawinenverbauungsämter).

GAMS, H., 1940:
Die natürliche und künstliche Begrünung von Fels-Schutthängen in den Hochalpen. – Forschungsarbeiten aus dem Straßenwesen, H. 25.

GAMS, H., 1941:
Die ökologischen und biozönotischen Voraussetzungen der Lebendverbauung. – Forschungsdienst, Organ der deutschen Landwirtschaftswissenschaft, Bd. 12, H. 4.

GEIGER, R., 1961:
Das Klima der bodennahen Luftschicht. – Die Wissenschaft, Bd. 78, Braunschweig.

GELLER, G., 1987:
Pflanzenkläranlagensystem „Bepflanzte Bodenfilter". – Pflanzenkläranlagen. Pfriemer Verlag in der Bauverlag GmbH, Wiesbaden, Berlin.

GERHARDT, P., J. ABROMEIT, P. BOCK, A. JENTZSCH, 1900:
Handbuch des deutschen Dünenbaues. Berlin.

GLÜSING, C.-P., 1984:
Möglichkeiten der Erhaltung von Wallhecken bei Flurbereinigungsmaßnahmen in Schleswig-Holstein und Nordrhein-Westfalen. – Diplomarbeit am Institut für Landschaftspflege und Naturschutz der Universität Hannover. (Unveröffentlicht).

GRAEBNER, P., 1910:
Pflanzenleben in den Dünen. – Dünenbuch. Stuttgart.

GRÖNING, G., J. WOLSCHKE-BUHLMANN, 1987:
Die Liebe zur Landschaft. Teil III: Der Drang nach Osten. – Arbeiten zur sozialwissenschaftlich orientierten Freiraumplanung, Bd. 9.

GUBA, E., 1993:
Hinweise zur Anlage von modifizierten Benjeshecken. – Forstmaschinen-Profi, August-Heft.

GUTSCHICK, V., 1963:
Saat und Pflanzung. – LOYCKE, H. J. (Hrsg.): Die Technik der Forstkultur. Bayerischer Landwirtschaftsverlag, München, Basel, Wien.

HÄNSLER, G., 1969:
LB-Gala. Leistungsbeschreibung Garten- und Landschaftsbau. Callwey Verlag, München.

HÄRTEL, O., 1942:
Die Wildbachverbauung im Forstwesen. – Deutsche Technik, November.

HÄRTEL, O., 1946:
Biologie und Technik. – Zeitschrift des österreichischen Ingenieur- und Architektenvereines, H. 11/12.

HÄRTEL, O., 1948:
Zeitprobleme im Wasserwesen. – Zeitschrift des österreichischen Ingenieur- und Architektenvereins, H. 13/14.

HAIDER, R., 1987:
Erfahrungen mit kleinen Pflanzenkläranlagen in Österreich und Bayern. – Pflanzenkläranlagen. Pfriemer Verlag in der Bauverlag GmbH, Wiesbaden, Berlin.

HANSEN, R. 1968:
Rasenansaaten. – LEHR, R. (Hrsg.): Taschenbuch für den Garten- und Landschaftsbau. Parey Verlag, Berlin, Hamburg.

HAUTUM, F., 1941:
Lebende Verbauung. – Deutsche Wasserwirtschaft, Landwirtschaftlicher Wasserbau, H. 7.

HESMER, H., F.- G. SCHROEDER, 1963:
Waldzusammensetzung und Waldbehandlung im Niedersächsischen Tiefland westlich der Weser und in der Münsterschen Bucht bis zum Ende des 18. Jahrhunderts. – DECHENIANA, Beihefte 11.

HETTCHE, H., 1974:
Die Lawinenverbauung am Fahrenberg. – Sportgemeinschaft des Wasserwirtschaftsamtes Weilheim i. OB. (Hrsg.): 10. Skiwettbewerb, 3. Eisstock-Turnier der Bayerischen Wasserwirtschaftsverwaltung am 16./17. Januar 1975 in Garmisch-Partenkirchen.

HEUSOHN, R., 1928:
Das Kultivieren von Kippen und Halden. – Braunkohle, <u>27</u>, H. 44.

HEUSOHN, R., 1929:
Praktische Kulturvorschläge für Kippen, Brachfelder, Dünen und Ödländereien. Neumann Verlag, Neudamm.

HEUSOHN, R., 1935:
Praktische Kulturvorschläge für Kippen, Brachfelder, Dünen und Ödländereien. Neumann Verlag, Neudamm, Berlin.

HEUSON, R., 1946:
Biologischer Wasserbau und Wasserschutz. Berlin.

HEUSON, R., 1947:
Die Kultivierung roher Mineralböden. Siebeneicher Verlag, Berlin-Charlottenburg.

HINRICHS, W., 1931:
Nordseedeiche, Küstenschutz und Landgewinnung. Husum.

HIRSCHFELD, C. C. L., 1785:
Theorie der Gartenkunst. 5. Bd. M. G. Weidmanns Erben und Reich Verlag, Leipzig.

HOFFMANN, P., H. W. HALLMAN, H. WOLTER, W. KLOSTERKÖTTER, J. KROCHMANN, W. SCHMIED, E. BONES, H. TIETZ, 1976:
Freisportanlagen und Umgebung. – Bundesinstitut für Sportwissenschaft (Hrsg.): Schriftenreihe Sport- und Freizeitanlagen B 1/75.

HOFMANN, A., 1936:
La sistsemazione idraulico-forestale dei bacini montani. Unione tipografico torinese, Torino.

HÜLSTEDE, E., 1987:
Pflanzenbiologische Klärsysteme und deren Wirksamkeit. – Pflanzenkläranlagen. Pfriemer Verlag in der Bauverlag GmbH, Wiesbaden, Berlin.

ILLNER, K., K. D. GANDERT, 1956:
Windschutzhecken. Berlin.

KAULE, G., 1986:
Arten- und Biotopschutz. Ulmer Verlag, Stuttgart.

KELLER, E., 1936:
Lebende Verbauung. – Wasserwirtschaft und Technik, H. 18/19.

KELLER, E., 1937:
Die bautechnische Anwendung und Durchführung der lebenden Verbauung. – Wasserwirtschaft und Technik, H. 1/2.

KELLER, E., 1938 a:
Wildbachverbauung und Flußregulierung nach den Gesetzen der Natur. – Deutsche Wasserwirtschaft, H. 6.

KELLER, E., 1938 b:
Lebende Verbauung im Flußbau. – Centralblatt für das gesamte Forstwesen, H. 7/8.

KELLER, E., 1938 c:
Kampf dem Bergschutt. – Deutsche Wasserwirtschaft, H. 12.

KIEMSTEDT, H., 1992:
Landschaftsplanung. Inhalte und Verfahrensweisen. Bundesministerium für Umwelt, Naturschutz und Reaktorsicherheit, Bonn.

KIRCHMANN, A. A., 1797:
Anleitung zur Deich-Schleusen- und Stak-Bau-Kunst, worin die gebräuchlichsten Kunst-Wörter erkläret. Herold und Wohlstab Verlag, Lüneburg.

KIRWALD, E., 1940:
Forstliche Wasserhaushaltstechnik und Raumordnung. – Centralblatt für das gesamte Forstwesen.

KIRWALD, E., 1941:
Wald und Wasserhaushalt. – Deutsche Wasserwirtschaft.

KIRWALD, E., 1942:
Forstliche Wasserhaushaltstechnik in gefährdeten Mittelgebirgslagen (Untersuchungen). – Tharandter Forstliches Jahrbuch.

KIRWALD, E., 1942/44:
Wasserhaushaltslehre und Wildbachverbauung. – Neudammer Forstliches Lehrbuch. Neudamm.

KIRWALD, E., 1944:
Forstliche Wasserhaushaltstechnik einschließlich Wildbachverbauung. Neudamm.

KIRWALD, E., 1949:
Lebender Uferschutz. – Das Grüne Blatt.

KIRWALD, E., 1951:
Lebendbau und Gewässerpflege. Hannover.

KIRWALD, E., 1964:
Gewässerpflege. Bayerischer Landwirtschaftsverlag, München, Basel, Wien.

KLAPP, E., 1974:
Taschenbuch der Gräser. 10. Aufl. Parey Verlag, Berlin, Hamburg.

KLEIN, H. A., 1965:
Der biologische Wasserbau an Tidegewässern und im Küstenbereich. – Der biologische Wasserbau. Ulmer Verlag, Stuttgart.

KÖNIG, K., 1949:
Die Ausbreitung des Grases Spartina townsendii an der schleswig-holsteinischen Westküste und ihre Folgen für die Landeskulturarbeiten. – Forschung und Fortschritt, 25, H. 7 u. 8.

KÖSTLER, J. N., E. BRÜCKNER, H. BIEBELRIETHER, 1968:
Die Wurzeln der Waldbäume. Parey Verlag, Berlin, Hamburg.

KOLUMBE, E., 1931:
Spartina townsendii-Anpflanzungen im schleswig-holsteinischen Wattenmeer. – Wissenschaftliche Meeresuntersuchungen, Abt. Kiel, N. F. 21, H. 1.

KOLUMBE, E., 1932:
Die Bedeutung der Pflanzen für die Landgewinnung an der schleswig-holsteinischen Westküste. – Die Heimat, 42.

KOLUMBE, E., 1933:
Die Landgewinnung an den Küsten der Nordsee auf biologischer Grundlage. – Der Biologe.

KRAFT, H., 1987:
Erfahrungen beim Bau und Betrieb von Pflanzenkläranlagen. – Pflanzenkläranlagen. Pfriemer Verlag in der Bauverlag GmbH, Wiesbaden, Berlin.

KRAUSE, A., 1975:
Über die Folgen des Ausbaus kleiner Fließgewässer für die Gewässervegetation. – Jahrbuch für Naturschutz und Landschaftspflege, 24.

KRAUSE, A., 1979:
Ufergehölzpflanzungen an kleinen Wasserläufen. – Deutscher Rat für Landespflege, H. 33.

KRAUSE, A., 1980:
Über den Zuwachs junger Ufergehölzpflanzen an Fließgewässern. – Natur und Landschaft, 55, H. 9.

KRELL, K. (Hrsg.), 1980:
Handbuch für Lärmschutz an Straßen und Schienenwegen. Darmstadt.

KREUTZ, W., 1937:
Agrarmeteorologische Studien über Bestandsklima, über Windschutz und über Transpirationsverhältnisse im Gewächshaus. – Wissenschaftliche Abhandlungen des Reichsamtes für Wetterdienst, Nr. 7. Berlin.

KREUTZ, W., 1938:
Das Windschutzproblem. – Bioklimatische Beiblätter, H. 1.

KREUTZ, W., 1952:
Der Windschutz. Ardey Verlag, Dortmund.

KREUTZ, W., 1968:
Beeinflussung des Standortklimas durch Windschutz. – BUCHWALD, K., W. ENGELHARDT (Hrsg.): Handbuch für Landschaftspflege und Naturschutz, Bd. 2. Bayerischer Landwirtschaftsverlag, München, Basel, Wien.

KREUTZ, W., 1973:
Beeinflussung des Standortklimas durch Windschutz. – BUCHWALD, K., W. ENGELHARDT (Hrsg.): Landschaftspflege und Naturschutz in der Praxis. BLV Verlagsgesellschaft, München, Bern, Wien.

KRUEDENER, A. von, 1941 a:
Biologisches Ingenieurwesen und Wasserbau. – Wasserwirtschaft.

KRUEDENER, A. von, 1941 b:
Erosionsbekämpfung durch ingenieurbiologische Maßnahmen. – Straße.

KRUEDENER, A. von, 1951:
Ingenieurbiologie. Reinhardt Verlag, München, Basel.

KRUEDENER, A. von, BECKER, 1940:
Stammendenform und Wurzelwerk. – Schriftenreihe der „Straße", H. 19.

KRÜSSMANN, G., 1978:
Die Baumschule. 4. Aufl. Parey Verlag, Berlin, Hamburg.

KÜHL, J., 1962:
Der Böschungsverbau im Weichboden. – Die Neue Landschaft, 7, H. 12.

L AFRENZ, P., 1957:
Über die Pflege und Nutzung des Anwachses und der Deiche an der Dithmarschen Küste. – Die Küste, 6, H. 2.

Landesamt für Wasser und Abfall Nordrhein-Westfalen (Hrsg.), 1980:
Fließgewässer in Nordrhein-Westfalen. Richtlinie für naturnahen Ausbau und Unterhaltung. Düsseldorf.

Landkreis Hannover, 1990:
Landschaftsrahmenplan Landkreis Hannover. Hannover.

Landkreis Wesermarsch, 1992:
Landschaftsrahmenplan Landkreis Wesermarsch. Brake.

LANGE, G., 1993:
Sicherung der Gewässerprofile. – LANGE, G., K. LECHER (Hrsg.): Gewässerregelung, Gewässerpflege. 3. Auflage. Parey Verlag, Hamburg, Berlin.

LANGE, G., K. LECHER (Hrsg.), 1993:
Gewässerregelung, Gewässerpflege. Naturnaher Ausbau und Unterhaltung von Fließgewässern. 3. Aufl. Parey Verlag, Hamburg, Berlin.

LANGER, H., A. HOPPENSTEDT, 1989:
Umweltverträglichkeitsstudie zu den geplanten Industrie-/Gewerbegebieten VW Wolfsburg und Roiwekamp. Planungsgruppe Ökologie und Umwelt, Hannover. (Unveröffentlicht).

LECHER, K., U. SCHLÜTER, 1993:
Hochwasserschutz. – LANGE, G., K. LECHER (Hrsg.): Gewässerregelung, Gewässerpflege. 3. Aufl. Parey Verlag, Hamburg, Berlin.

LEHMANN, P., 1926:
Zum Problem des Windschutzes in der Landwirtschaft. – Fortschritte der Landwirtschaft, H. 16.

LEHR, R., 1981:
Taschenbuch für den Garten- und Landschaftsbau. 3. Aufl. Parey Verlag, Hamburg, Berlin.

LENGERKE, A. von, 1847:
Anleitung zur Anlage, Pflege und Nutzung der lebendigen Hecken. Zweite Aufl. Verlag von Veit und Comp., Berlin.

LEVSEN, P., 1961:
Die Begrünung der Dünen. Ein Erfahrungsbericht. – Angewandte Pflanzensoziologie, H. 17.

LINKE, O., 1939:
Die Biota des Jadebusenwattes. – Helgoländer wissenschaftliche Meeresuntersuchungen, 1.

LOHMEYER, W., 1961:
Die pflanzensoziologische Karte als Grundlage für Bepflanzung und Ansaat im Straßenbau. – Angewandte Pflanzensoziologie, H. 17.

LOHMEYER, W., A. KRAUSE, 1975:
Über die Auswirkungen des Gehölzbewuchses an kleinen Wasserläufen des Münsterlandes auf die Vegetation im Wasser und an den Böschungen im Hinblick auf die Unterhaltung der Gewässer. – Schriftenreihe für Vegetationskunde, H. 9.

LORENZ, H., 1942:
Gestaltungsaufgaben im Straßenbau. – Forschungsarbeiten aus dem Straßenwesen, H. 14.

LORENZ, H., 1964:
Natur und Technik am Beispiel der Spessartautobahn. – Natur und Landschaft, 39, H. 7.

LORENZ, H., 1971:
Trassierung und Gestaltung von Straßen und Autobahnen. Bauverlag, Wiesbaden, Berlin.

LUDWIG, K. H., 1979:
Technik und Ingenieure im Dritten Reich. Droste Verlag, Düsseldorf.

LÜRZER, F. von, 1943:
Naturnahe Wildbachverbauung. – Deutsche Wasserwirtschaft, H. 1.

LUX, H., 1964:
Die biologischen Grundlagen der Strandhaferpflanzung und Silbergrasansaat im Dünenbau. – Angewandte Pflanzensoziologie, H. 20.

LUX, H., 1969:
Festlegung und Begrünung von Dünen. – BUCHWALD, K., W. ENGELHARDT (Hrsg.): Handbuch für Landschaftspflege und Naturschutz, Bd. 4. Bayerischer Landwirtschaftsverlag, München, Basel, Wien.

LUX, H., 1973:
Festlegung und Begrünung von Dünen. – BUCHWALD, K., W. ENGELHRDT (Hrsg.): Landschaftspflege und Naturschutz in der Praxis. BLV Verlagsgesellschaft, München, Bern, Wien.

LUX, H., 1980:
Landschaftsbaumaßnahmen zur Festlegung von Dünen. – BUCHWALD, K., W. ENGELHARDT (Hrsg.): Handbuch für Planung, Gestaltung und Schutz der Umwelt, Bd. 3. BLV Verlagsgesellschaft, München, Wien, Zürich.

M ÄDING, E., 1943:
Regeln für die Gestaltung der Landschaft. Einführung in die Allgemeine Anordnung Nr. 20/VI/42 des Reichsführers SS, Reichskommissars für die Festigung deutschen Volkstums, über die Gestaltung der Landschaft in den eingegliederten Ostgebieten. Verlag Deutsche Landbuchhandlung, Berlin.

MANG, F. W. C., 1974:
Biologische Uferschutzmaßnahmen im Tidegebiet der Elbe. (Unveröffentliches Manuskript. Freie und Hansestadt Hamburg, Behörde für Wirtschaft, Verkehr und Landwirtschaft, Strom- und Hafenbau).

MAYER, H., 1977:
Waldbau auf soziologisch-ökologischer Grundlage. Fischer Verlag, Stuttgart, New York.

MEYER, F. H., 1980:
Lebensbedingungen der Straßenbäume. – MEYER, F. H. (Hrsg.): Bäume in der Stadt. 2. Aufl. Ulmer Verlag, Stuttgart.

Minister für Ernährung, Landwirtschaft und Forsten – Landesamt für Naturschutz und Landschaftspflege Schleswig-Holstein (Hrsg.), 1977:
Informationsblatt Nr. 2. In Schleswig-Holstein geschützt – Moore und Knicks. Kiel.

MRASS, W., 1970:
Die Organisation des staatlichen Naturschutzes und der Landschaftspflege. – Landschaft + Stadt, Beiheft 1.

N ÄGELI, W., 1941:
Über die Bedeutung von Windschutzstreifen zum Schutze landwirtschaftlicher Kulturen. – Schweizerische Zeitschrift für das Forstwesen, Nr. 11.

NÄGELI, W., 1943:
Untersuchungen über die Windverhältnisse im Bereich von Windschutzanlagen. – Mitteilungen der Schweizer Anstalt für das forstliche Versuchswesen, H. 1.

NÄGELI, W., 1946:
Weitere Untersuchungen über die Windverhältnisse im Bereich von Windschutzstreifen. – Mitteilungen der Schweizer Anstalt für das forstliche Versuchswesen, H. 2.

O BERDORFER, E., 1983:
Pflanzensoziologische Exkursionsflora. 5. Aufl. Ulmer Verlag, Stuttgart.

OLBRICH, A., 1949 a:
Windschutzpflanzungen. Hannover.

OLBRICH, A., 1949 b:
Windschutzpflanzungen und Ernährungen aus dem Wald. – Forstwissenschaftliches Zentralblatt, Nr. 31/32.

P FLUG, W., 1959:
Landschaftspflege, Schutzpflanzungen, Flurholzanbau. Wirtschafts- und Forstverlag Euting, Neuwied.

PFLUG, W., 1962:
Erfahrungen aus den verschiedenartigen Methoden der biologischen Hangsicherung. – Grünverbau im Straßenbau. Forschungsarbeiten aus dem Straßenwesen, N. F., H. 51.

PREISING; E., 1942:
Die Begrünung offener Sandböden im ostdeutschen Flachland. – Die Straße, H. 11/12.

PRÜCKNER, R., 1942:
Heilung von Bodenwunden in der Wildbachverbauung. – Deutsche Wasserwirtschaft.

PRÜCKNER, R., 1947:
Das kolksichere Uferdeckwerk. – Zentralblatt für die gesamte Forst- und Holzwirtschaft, H. 3/4.

PRÜCKNER, R., 1948:
Die Technik der lebenden Verbauung und das Weidenproblem im Flußbau und in der Wildbachverbauung. Wien.

PRÜCKNER, R., 1965:
Die Technik der Lebendverbauung. Österreichischer Agrarverlag, Wien.

R ANDOW, G. von, 1993:
Simpel, aber pfiffig. – Die Zeit vom 30. 7.

RAUSCH, F., 1987:
Abwasserreinigung und Klärschlammvererdung mit Hilfe von Pflanzen. – Pflanzenkläranlagen. Pfriemer Verlag in der Bauverlag GmbH, Wiesbaden, Berlin.

REMMERT, H., 1989:
Ökologie. Springer Verlag, Berlin, Heidelberg, New York.

RESCHKE, K., 1980:
Lebende Hecken werden versetzt – Neue Arbeitsweisen in der Flurbereinigung. – Natur und Landschaft, 55, H. 9.

RITTER, K., P. FUCHS, W. BEGEMANN, 1977:
Die grüne Beton-Krainerwand. – Straße und Autobahn, 28, 12.

ROSTOCK, F., R. RÜMLER, F. KÜSTER, D. HEIDELBERG, 1979:
Besserer Schallschutz durch Bepflanzung. – Landschaft + Stadt, 11, H. 2.

RÜMLER, R., 1983:
Möglichkeiten zur Minderung der Schadstoffbelastung an Straßen. – Straße und Autobahn, H. 12.

RUNGE, F., 1990:
Die Pflanzengesellschaften Mitteleuropas. 10./11. Aufl. Aschendorff Verlag, Münster.

S CHAARSCHMIDT, G., 1974:
Zur ingenieurbiologischen Sicherung von Straßenböschungen durch Bewuchs und Lebendverbau. – Dissertation. Rheinisch-Westfälische Technische Hochschule Aachen.

SCHAARSCHMIDT, G., V. KONEČNY, 1971:
Der Einfluß von Bauweisen des Lebendverbaues auf die Standsicherheit von Böschungen. – Mitteilungen aus dem Institut für Verkehrswasserbau, Grundbau und Bodenmechanik der Technischen Hochschule Aachen, Heft 49.

SCHAEDE; R. (MEYER, F. H. Bearb.), 1962:
Die pflanzlichen Symbiosen. Stuttgart.

SCHEYER, J. G., 1794:
J. G. Scheyers praktisch-ökonom. Wasserbaukunst zur Unterrichtung für Beamte, Förster, Landwirthe, Müller und jeden Landmann, besonders für die, welche an Flüssen und Strömen wohnen. Kommissionsverlag Fleischer, Leipzig.

SCHEYER, J. G., 1795:
Scheyers praktisch-ökonomische Wasserbaukunst zum Unterricht für Beamte, Förster, Landwirthe, Müller und jeden Landmann. Kommissionsverlag Fleischer, Leipzig.

SCHIECHTL, H. M., 1958:
Grundlagen der Grünverbauung. – Mitteilungen der forstlichen Versuchsanstalt Mariabrunn, H. 55.

SCHIECHTL, H. M., 1969:
Wildbach- und Lawinenverbauung in den Alpen. – BUCHWALD, K., W. ENGELHARDT (Hrsg.): Handbuch für Landschaftspflege und Naturschutz, Bd. 4. Bayerischer Landwirtschaftsverlag, München, Basel, Wien.

SCHIECHTL, H. M., 1973:
Sicherungsarbeiten im Landschaftsbau. Callwey Verlag, München.

SCHINDLER, A., 1888:
Die Wildbach- und Flußverbauung nach den Gesetzen der Natur. Zürich.

SCHLÜTER, U., 1967 a:
Über die Eignung einiger Weidenarten als lebende Baustoffe für den Spreitlagenbau. – Beiträge zur Landespflege, 3, H. 1.

SCHLÜTER, U., 1967 b:
Werkblatt. Constructive Details. Erfahrungen mit einigen Weidenarten als lebende Baustoffe für Spreitlagen. – Garten und Landschaft, H. 9.

SCHLÜTER, U., 1968:
Zur Bestimmung der Ansiedlungshöhen der Ufer-Vegetationszonen an Hochwasserrückhaltebecken. – Natur und Landschaft, H. 7.

SCHLÜTER, U., 1970:
Die Bedeutung der Karte der heutigen potentiell natürlichen Vegetation für die Planung von Lebendbaumaßnahmen. – Landschaft + Stadt, 2, H. 1.

SCHLÜTER, U., 1971 a:
Die Eignung von Holzarten für den Busch- und Heckenlagenbau. Untersuchungen an mergelhaltigen Kalkstein- und Lößlehmböschungen. – Landschaft + Stadt, Beiheft 6.

SCHLÜTER, U., 1971 b:
Lebendbau. Ingenieurbiologische Bauweisen und lebende Baustoffe. Callwey Verlag, München.

SCHLÜTER, U., 1971 c:
Versuche über die Eignung von Gehölzen als Heckenlagen zur Stabilisierung steiler Kippenböschungen aus saurem tertiärem Abraummaterial. – Landschaft + Stadt, 3, H. 1.

SCHLÜTER, U., 1975:
Ingenieurbiologische Rasenansaaten. – Das Gartenamt, H. 3.

SCHLÜTER, U., 1976:
Schräg- und Tiefpflanzung als Lebendbauweisen. – Landschaft + Stadt, 8, H. 2.

SCHLÜTER, U., 1978:
Rekultivierung von Entnahmestellen und Deponien. – Der Forst- und Holzwirt, 33, H. 2.

SCHLÜTER, U., 1980:
Landschaftsbau an Fließgewässern. – BUCHWALD, K., W. ENGELHARDT (Hrsg.): Handbuch für Planung, Gestaltung und Schutz der Umwelt, Bd. 3, BLV Verlagsgesellschaft, München, Wien, Zürich.

SCHLÜTER, U., 1981:
Naturnaher Ausbau und Gestaltung von Wasserflächen. Landschaftsplanerische Aspekte. – Deutscher Verband für Wasserwirtschaft und Kulturbau (Hrsg.): 20. Seminar. Naturnaher Ausbau und Gestaltung von Wasserflächen. Bonn.

SCHLÜTER, U., 1984:
Zur Geschichte der Ingenieurbiologie. – Landschaft + Stadt, 16, H. 1/2.

SCHLÜTER, U., 1986:
Pflanze als Baustoff. Ingenieurbiologie in Praxis und Umwelt. Patzer Verlag, Berlin, Hannover.

SCHLÜTER, U., 1990:
Laubgehölze. Ingenieurbiologische Einsatzmöglichkeiten. Patzer Verlag, Berlin, Hannover.

SCHLÜTER, U., 1992:
Renaturierung von Fließgewässern. Ziele und Maßnahmen aus der Sicht der Landschaftsplanung. – Naturschutz und Landschaftsplanung, H. 6.

SCHLÜTER, U., 1993:
Umweltverträglichkeitsprüfung und Eingriffsregelung im Rahmen der landschaftspflegerischen Begleitplanung. – Wasser, Abwasser, Abfall. Schriftenreihe des Fachgebiets Siedlungswasserwirtschaft der Universität/Gesamthochschule Kassel, H. 11.

SCHMIDT, R.-G., 1979:
Probleme der Erfassung und Quantifizierung von Ausmaß und Prozessen der aktuellen Bodenerosion (Abspülung) auf Ackerflächen. – Physiogeographica – Basler Beiträge zur Physiogeographie, Bd. 1.

SCHOLZ, A., 1957:
Erfahrungen und Untersuchungen über die Bepflanzung von Deichen und des Deichvorlandes. – Wasserwirtschaft – Wassertechnik, H. 12.

SCHRODT, W., 1949:
Erfahrungen mit der Lebendverbauung an der großen Erlauf in Trübenbach. – Allgemeine Forstzeitung, H. 21/22.

SCHUPP, D., H.-J. DAHL, 1992:
Wallhecken in Niedersachsen. – Informationsdienst Naturschutz Niedersachsen, Nr. 5.

SCHURHAMMER, H., 1939:
Über die Behandlung von Felsböschungen. – Schriftenreihe der „Straße", H. 14.

SCHWEDTKE, P., 1987:
Die Sumpfbeet-Klärstufe von Plastoplan. – Pflanzenkläranlagen. Pfriemer Verlag in der Bauverlag GmbH, Wiesbaden, Berlin.

SECKENDORF, A., 1884:
Verbauung der Wildbäche, Aufforstung und Berasung der Gebirgsgründe. Wien.

SEIBERT, P., 1962:
Die Auenvegetation an der Isar nördlich von München und ihre Beeinflussung durch den Menschen. – Landschaftspflege und Vegetationskunde, H. 3.

SEIBERT, P., 1968:
Gesellschaftsring und Gesellschaftskomplex in der Landschaftsgliederung. – Pflanzensoziologie und Landschaftsökologie. Den Haag.

SEIDEL, K., 1966:
Reinigung von Gewässern durch höhere Pflanzen. – Die Naturwissenschaften, 53, H. 12.

SEIDEL, K., 1967:
Biologischer Schutz unserer Seen durch Pflanzen. – Österreichs Fischerei, 20, H. 1.

SEIDEL, K., F. SCHEFFER, R. KICKUTH, E. SCHLIMME, 1967:
Aufnahme und Umwandlung organischer Stoffe durch die Flechtbinse. – Das Gas- und Wasserfach, 108, H. 6.

SEIFERT; A., 1934:
Baum und Strauch an der Straße. – Die Straße, H. 1.

SEIFERT, A., 1936:
Die Bepflanzung der Reichs- und Landstraßen. – Jahrbuch der Forschungsgesellschaft für das Straßenwesen.

SEIFERT, A., 1938 a:
Naturnäherer Wasserbau. – Deutsche Wasserwirtschaft, H. 12.

SEIFERT, A., 1938 b:
Wiesenblumen am Straßenrand. – Die Straße, H. 19.

SEIFERT, A., 1939:
Böschungen in Hochlagen. – Die Straße, H. 6.

SEIFERT, A., 1941 a:
Im Zeitalter des Lebendigen. Dresden, Planegg.

SEIFERT, A., 1941 b:
Reise zu französischen Wasserstraßen. – Deutsche Wasserwirtschaft, H. 8.

SEIFERT, A., 1944:
Die Heckenlandschaft. Potsdam.

SEIFERT, A., 1962:
Ein Leben für die Landschaft. Diederichs Verlag, Düsseldorf, Köln.

SILBERSCHLAG, J. E., 1772/73:
Ausführlichere Abhandlung der Hydrotechnik oder des Wasserbaues. Fritsch Verlag, Leipzig.

SKALLER, P., M., 1981:
Vegetation Management by Minimal Intervention: Working with
Succession. – Landscape Planning, 8.

SKALSKI, K., 1961:
Selbstreinigung von Oberflächengewässern, die mit Abwässern
der Lebensmittelindustrie belastet sind (unter Mitwirkung von Ufer-
pflanzen). – Verh. Internat. Verein Limnol. 14. Stuttgart.

SPERLING, W., 1939:
Natürliche Dünenentstehung und künstliche Dünenpflege. – Geol.
Meere und Binnengewässer, 3, Nr. 4.

SPIELMANN, T., 1962:
Hangsicherung und Felsverbau als angewandte Ingenieurbiologie.
– Die neue Landschaft, 7, H. 12.

STADELMANN, R., 1878:
Preußens Könige in ihrer Thätigkeit für die Landescultur. – Publica-
tionen aus den k. preußischen Staatsarchiven. 1. Teil. Leipzig.

STELLWAG-CARION, Fr., 1936 a:
Lebende Verbauung. 1. Teil. Pflanzenbauliche Belange. – Wasserwirtschaft und Technik, H. 1/2.

STELLWAG-CARION, Fr., 1936 b:
Eignungsprüfung bei Steckhölzern. – Zentralblatt für die gesamte
Forstwirtschaft, H. 7/8.

STINY, J., 1908:
Berasung und Bebuschung des Ödlandes im Gebirge. Graz.

STINY, J., 1934:
Die Begrünung von Böschungen und anderen technischen
Ödflächen im Hochgebirge. – Geologie und Bauwesen, H. 4.

STINY, J., 1939:
Naturnahe Wildbachverbauung. – Geologie und Bauwesen, H. 4.

SUKOPP, H., 1985:
Vernetzte Biotopsysteme. Aufgabe, Zielsetzung, Problematik. –
Ministerium für Soziales, Gesundheit und Umwelt Rheinland-Pfalz
(Hrsg.): Arten- und Biotopschutz. Aufbau eines vernetzten Biotop-
systems. Mainz.

THAER, A., 1798:
Einleitung zur Kenntnis der englischen Landwirtschaft....
Hahn Verlag, Hannover.

TISCHLER, W., 1984:
Einführung in die Ökologie. Fischer Verlag, Stuttgart, New York.

TRAUTMANN, W., 1966:
Erläuterungen zur Karte der potentiellen natürlichen Vegetation der
Bundesrepublik Deutschland, 1:200000 Blatt 85, Minden. – Schrif-
tenreihe für Vegetationskunde, H. 1.

TÜXEN, R., 1935:
Pflanzensoziologie im Hinblick auf den Straßenbau in Deutschland.
– Die Straße, H. 19.

TÜXEN, R., 1956:
Die heutige potentielle Vegetation als Gegenstand der Vegetations-
kartierung. – Angewandte Pflanzensoziologie, H. 13.

ULLRICH, T., 1980:
Bestimmung des artspezifischen Staubfangvermögens von Laub-
gehölzen. – Archiv für Naturschutz und Landschaftsforschung, 20,
H. 1.

Umweltbundesamt (Hrsg.), 1981:
Lärmbekämpfung '81. Berlin.

UNGER, H.-J., 1981:
Verpflanzung von Hecken und Feldrainen im Rahmen der Flurbereinigung. – Natur und Landschaft, 56, H. 9.

VOIT, 1821:
Über Verschönerung eines Landes durch rationelle Landwirtschaft,
... durch Gartenkunst und Architektonik. – Polytechnisches Jour-
nal, Bd. 4.

VOLGMANN, W., 1979:
Landschaftsbau. Ulmer Verlag, Stuttgart.

VOLKART, A., 1927:
Die Berasung von Schutthalden im Tiefland und im Hochgebirge. –
Mitteilungen der schweizerischen Zentralanstalt für das forstliche
Versuchswesen, H. 2.

WALLNER, J., 1965:
Der biologische Wasserbau an den natürlichen und kanalisierten
Binnenwasserstraßen. – Der biologische Wasserbau. Ulmer Verlag,
Stuttgart.

WALTER, H., H. LITH, 1960:
Klimadiagramm-Weltatlas. Fischer Verlag, Jena.

WALTL, A., 1948:
Der natürliche Wasserbau an Bächen und Flüssen. Amt der o. ö.
Landesregierung. Linz.

WANG, F., 1901/1903:
Grundriß der Wildbachverbauung. Teil 1 u. 2. Leipzig.

WIEBEKING, C. F., 1792:
Beiträge zum praktischen Wasserbau und zur Maschinenlehre.
Dänzer Verlag, Düsseldorf.

WIELAND, P., 1967:
Begrünung von Deichen und Dämmen des Küstenbereiches. –
Neue Landschaft, 12, H. 3.

WIEPKING, H. F., 1963:
Umgang mit Bäumen. BLV Verlagsgesellschaft, München, Basel,
Wien.

WIEPKING-JÜRGENSMANN, H. F., 1942:
Die Landschaftsfibel. Verlag Deutsche Landbuchhandlung, Berlin.

WILDERMUTH, H., 1978:
Natur als Aufgabe. Schweizerischer Bund für Naturschutz, Eigen-
verlag, Basel.

WOELFLE, M., 1938 a:
Hecken als Windschutzanlagen. Forstwirtschaftliches Zentralblatt,
H. 1.

WOELFLE, M., 1938 b:
Windschutzanlagen. – Forstwissenschaftliches Zentralblatt, H. 3.

WOHLENBERG, E., 1931:
Die grüne Insel in der Eidermündung. Eine entwicklungsphysiologi-
sche Untersuchung. – Archiv der deutschen Seewarte, 50.

WOHLENBERG, E., 1933 a:
Über die tatsächliche Leistung von Salicornia herbacea L. im
Haushalt der Watten. – Wissenschaftliche Meeresuntersuchungen,
Abt. Helgoland. Bd. XIX, H. 3.

WOHLENBERG, E., 1933 b:
Das Andelpolster und die Entstehung einer charakteristischen
Abrasionsform im Wattenmeer. – Wissenschaftliche Meeresunter-
suchungen, Abt. Helgoland, Bd. XIX, H. 4.

WOHLENBERG, E., 1934:
Biologische Landgewinnungsarbeiten im Wattenmeer. – Der Biologe.

WOHLENBERG, E., 1936:
Biologische Forschung und Praxis an der Westküste. – Jahrbuch
Heimatbund Nordfriesland, Bd. 23.

WOHLENBERG, E., 1938:
Biologische Kulturmaßnahmen mit dem Queller (Salicornia herbacea
L.) zur Landgewinnung im Wattenmeer. – Westküste, Bd. I, H. 2.

WOHLENBERG, E., 1939:
Zeitgemäße Landgewinnung an der deutschen Nordseeküste. –
Die Umschau in Wissenschaft und Technik, H. 25.

WOHLENBERG, E., 1953:
Produktionsbiologische Untersuchungen auf eingedeichten Wattflächen. – Die Küste, 1, H. 1.

WOHLENBERG, E., 1954:
Sinkstoff, Sediment und Anwachs am Hindenburgdamm. – Die
Küste, 2, H. 2.

WOHLENBERG, E., 1965:
Deichbau und Deichpflege auf biologischer Grundlage. – Die
Küste, 13, H. 1.

WOHLENBERG, E., 1969 a:
Deichbau und Deichpflege auf biologischer Grundlage. – BUCH-
WALD, K., W. ENGELHARDT (Hrsg.): Handbuch für Landschafts-
pflege und Naturschutz, Bd. 4. Bayerischer Landwirtschaftsverlag,
München, Basel, Wien.

WOHLENBERG, E., 1969 b:
Landgewinnung an der Küste durch biogene Verlandung. – BUCH-
WALD, K., W. ENGELHARDT (Hrsg.): Handbuch für Landschafts-
pflege und Naturschutz, Bd. 4. Bayerischer Landwirtschaftsverlag,
München, Basel, Wien.

WOHLENBERG, E., 1973 a:
Deichbau und Deichpflege auf biologischer Grundlage. – BUCH-
WALD, K., W. ENGELHARDT (Hrsg.): Landschaftspflege und
Naturschutz in der Praxis. BLV Verlagsgesellschaft, München,
Bern, Wien.

WOHLENBERG, E., 1973 b:
Landgewinnung an der Küste durch biogene Verlandung. – BUCH-
WALD, K., W. ENGELHARDT (Hrsg.): Landschaftspflege und
Naturschutz in der Praxis. BLV Verlagsgesellschaft, München,
Bern, Wien.

WOHLENBERG, E., H. SNUIS, 1955:
Anwachs, Landgewinnung und Deichbau in Nordfriesland. –
Schriften des Nissenhauses in Husum.

WOLSCHKE, J., 1980:
Landespflege und Nationalsozialismus – ein Beitrag zur Geschichte der Freiraumplanung. – Diplomarbeit am Lehrgebiet für Grünpla-
nung – Landschaftsplanung der Ballungsräume der Universität
Hannover. (Unveröffentlicht).

WOLTMANN, R., 1791/1792:
Beyträge zur hydraulischen Architektur, Bd. 1 u. 2. Dieterich Verlag, Göttingen.

Z ACHER, B., 1987:
Schilf entwässert Klärschlamm. – Umwelt, H. 7/8.

Stichwortverzeichnis

– Bedeutung für ingenieurbiologische
  Baumaßnahmen 48 ff.
– Definition 48 ff.
Hochpflanzung 63 f.
Hügelpflanzung 63 f.
Hydrosaaten 79 ff.
Hygromull-Verfahren 84
Hygropor-Verfahren 84 f.

I mpfung mit Mikroorganismen 60 ff.
Ingenieurbiologie 11 ff.
– Definition 11 ff.
– Geschichte 21 ff.
– synonyme Begriffe 11
– Ziele 11 ff.
Ingenieurbiologische Baumaßnahmen 12, 33 ff.
– Ablehnung 39
– Ausführungsplanungen 41 ff.
– Ausnutzung der Sukzession 52 f.
– Bestandsziel 48 ff.
– Planung 33 ff.
– Rahmenkonzepte 40 f.
– Stellung im System der landschaftspflegerischen
  Begleitplanung 35 ff.
– Stellung im System der Landschaftsplanung
  33 ff.
Ingenieurbiologische Bauwerke 13 f., 15 ff., 17 ff.
– Bedeutung als Biotope 13 f., 15 ff.
– Bedeutung als Ökosysteme 15 ff.
– Bedeutung für das Landschaftsbild 13, 19
– Bedeutung im Landschaftshaushalt 15 ff., 18
– Eigenschaften 17 ff.
– Fähigkeiten 17 ff.
– Vor- und Nachteile gegenüber technischen
  Bauten 17 ff.

K eimfähigkeit in % 299 ff.
– Arten für Pionier- und Zwischensaaten 304
– Gräser 301 f.
– Kräuter 302 f.
– Laubgehölze 299 f.
– Nadelgehölze 301
Kiesschüttung 106
Klärschlamm-Entwässerung 296 ff.
Klärschlamm-Mineralisierung 296 f.

Kleber 86 ff.
Klemmpflanzung 67
Knöllchenbakterien 60 ff.
Kolktafeln 246 f.
Kombinierte Bauweisen 45 f.
Kulturtechnische Baumaßnahmen zur
  Landgewinnung 162 f.

L ärmschutz 267 ff.
Lärmschutzpflanzungen 268 ff.
Lärmschutzwälle 270 ff.
Lärmschutzwände 276 f.
Landgewinnung 161 ff.
landschaftspflegerische Begleitplanung 35 ff.
Landschaftsplanung 33 ff.
Lawinenschutz 246 ff.
lebende Baustoffe 12, 17 ff., 44 f., 58 f.
– Auswahl 44 f.
– Baustoffarten 44 f.
– Eigenschaften 17 ff.
– Fähigkeiten 17 ff.
Lebende Bürsten 156 f.
Lebende Buschdräns 241 f.
Lebende Dränfaschinen 242 f.
Lebende Faschine 45, 132 f.
Lebende Faschinendräns 242 f.
Lebende Holzstangenrinnen 240 f.
Lebende Kämme 156 f.
Lebende Künetten 240 f.
Lebende Palisaden 230
Lebende Querschwellen 230 ff.
Lebende Sperren 230 ff.
Lebende Stangendräns 243 f.
Leitverbauungen 246 ff.
Lochpflanzung 67 f.
Lochsaat 77 f.
Löchersaat 77 f.

M atten ohne Saatgut 92 f.
Mst-Erosionsschutzmatte ohne Saatgut 92 f.
Mst-Grünfix-Erosionsschutz-Rasenmatte
  (mit Grassamen) 92
Mulchstoffe 89 f.
Mykorrhiza 60 ff.

Schutzpflanzungen gegen Wassererosion 262 ff.

Schwimmende Inseln 140 ff.

Schwimmkampen 140 ff.

Setzpflock 44

Setzpflockschwellen 230

Setzstange 44

Setzstangenschwellen 230

Sode 45

Sodenbelag s. Fertigrasenbelag

Spaltpflanzung 67

Spreitlage 123 ff.

Spritzansaaten 79 ff.

Sprößlingsbesatz 114 f.

Standortveränderung 59 f.

Staubschutz 277 ff.

Staubschutzpflanzungen 277 ff.

Steckholz 44

Steckholzbesatz 126 ff.

   – und Ansaat 127

   – von Felsböschungen 206

   – von Natursteinpflaster 130

   – von Netzbelägen 127

   – von Reisiglagen 128 f.

   – von Stein- und Kiesschüttungen 129 f.

   – von ungeschützten Ufern 127

Steilböschungssicherung 211 ff.

Steilhangsicherung 211 ff.

Steinmatte 107

Steinsatz 106

Steinschüttung 106

Steinschüttung mit Astbesatz 131 f.

Stockosorb-Verfahren 85

Strahlenpilze 60 f.

Strohdecksaat 90

Stützverbauungen 246 ff.

Sukzession 49 ff., 52 f.

   – Ausnutzung bei ingenieurbiologischen
     Baumaßnahmen 52 f.

T errasol-Verfahren 88

Terravest-Verfahren 88

Tiefpflanzung 70 f.

Tote Baustoffe 45, 106 ff.

Ü bersandung von Deckwerken 181 ff.

U ferschutz an breiteren Fließgewässern 108 ff.

Uferschutz an schmalen Fließgewässern 143 ff.

Uferschutz an stehenden Gewässern 108 ff.

Uferschutz durch Roterlen 143 ff.

Umpflanzen von Großgehölzen 72 ff.

Umpflanzen von Hecken 261 f.

Umpflanzen von Wallhecken 261 f.

Umweltverträglichkeitsprüfung (UVP) 35 ff.

Umweltverträglichkeitsstudie (UVS) 35 ff.

V egetation s. natürliche Vegetation

Vegetationsfaschine 118 f.

Vegetationsmatte 45, 120

Vegetationspalette 45, 120

Vegetationszonen s. natürliche Vegetation

Veränderung der Standortverhältnisse 59 f.

Verdyol-Verfahren 85

Verwehungszäune 246

Vollsaat 77

W aagerechter Halmstecklingsbesatz 116 f.

Wallheckenverpflanzung 261 f.

Wasserstandsganglinie 103 ff.

Windschutz 251 ff.

Windschutzpflanzungen 251 ff.

Wippen 132

Wurzelstück 44

Z weig 44

Zweiglagenbau 207

Zwischensaaten 55 f.